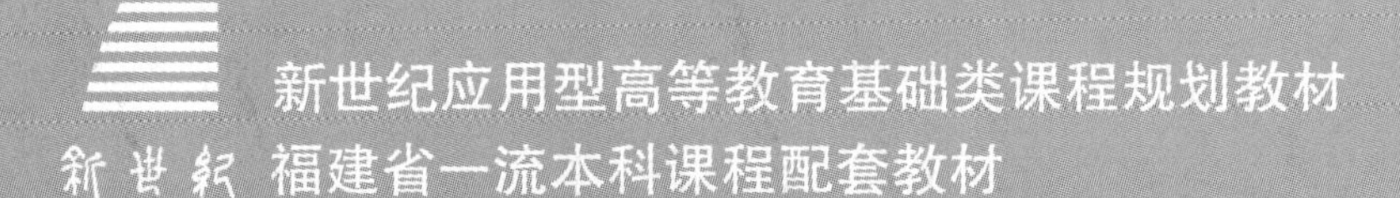

新世纪 福建省一流本科课程配套教材

新编高等数学

XINBIAN GAODENG SHUXUE

主　编 陈育栎 陈江彬 曾怀杰
副主编 方　侃 侯　远 沈金良

大连理工大学出版社

图书在版编目(CIP)数据

新编高等数学 / 陈育栎，陈江彬，曾怀杰主编. -- 大连 ：大连理工大学出版社，2021.8(2024.7 重印)
新世纪应用型高等教育基础类课程规划教材
ISBN 978-7-5685-3110-8

Ⅰ. ①新… Ⅱ. ①陈… ②陈… ③曾… Ⅲ. ①高等数学－高等学校－教材 Ⅳ. ①O13

中国版本图书馆 CIP 数据核字(2021)第 141918 号

大连理工大学出版社出版
地址:大连市软件园路 80 号　邮政编码:116023
发行:0411-84708842　邮购:0411-84708943　传真:0411-84701466
E-mail:dutp@dutp.cn　URL:https://www.dutp.cn
大连雪莲彩印有限公司印刷　　大连理工大学出版社发行

幅面尺寸:185mm×260mm　印张:18.75　字数:450 千字
2021 年 8 月第 1 版　　2024 年 7 月第 5 次印刷

责任编辑:孙兴乐　　责任校对:齐　欣
封面设计:对岸书影

ISBN 978-7-5685-3110-8　　定　价:49.80 元

前　言

应用型教育是高等教育的重要组成部分，其目的是为国家现代化建设培养高层次应用型人才。随着经济的发展和社会的进步，应用型教育发挥着越来越重要的作用。高等数学不仅是高等院校必修的一门重要基础课和工具课，也是一门解决实际问题和广泛应用的基础学科，它对于培养学生的逻辑思维能力、分析问题和解决问题的能力，以及提高综合素质，都有很大帮助。

本教材内容深浅适度、习题配置合理。以实例引入概念，讲解理论，用理论知识解决实际问题，尽可能再现知识的归纳过程。注意讲清用数学知识解决实际问题的基本思想和方法，注重培养学生的逻辑思维、应用能力和创新思维能力。对公共基础数学课程的传统内容进行重新整合，力求体现以下特色：

1. 以“掌握概念、强化应用、培养技能”为重点

本教材以应用为目的，以必需、够用为原则，以提高学生的综合能力为指导思想，以培养高素质的技能型人才为根本任务。

2. 选材适当，内容由浅入深，讲解循序渐进

本教材不过于追求数学体系的逻辑性及理论的完整性，主要突出基本概念和定理的几何背景以及实际应用背景的介绍。强调对基本概念的理解，淡化概念的抽象性；强调基本理论的实际应用，淡化理论的证明技巧；强调基本计算方法的运用，淡化运算技巧。尊重数学的系统性，注重直观描述与实际背景，初步涉及数学建模案例，让学生运用所学数学知识分析和解决实际问题。

3. 涵盖知识面广

本教材包括微积分、线性代数和概率论与数理统计三大方面知识，对公共基础数学课的各重要知识版块都做了具体说明。每一篇章均制作了思维导图，各个章节均提供了相应的习题，帮助学生将知识点网络化、体系化。

4. 教材配套资源丰富

本教材对重要知识点或典型易错题，随文提供视频微课供学生即时扫描二维码进行观看，实现了教材的数字化、信息

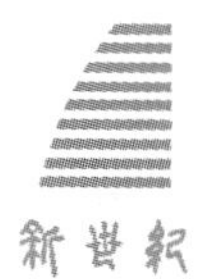

化、立体化，增强了学生学习的自主性与自由性，将课堂教学与课下学习紧密结合，力图为广大读者提供更为全面并且多样化的教材配套服务。

5. 以丰富的数学史料为载体

本教材以贴近生活的数学应用为触角，结合相关案例的引入和数学大家的学术成就以及道德风范作为拓展阅读，尝试在高等院校数学课程中进行数学文化思想的渗透，强化工程伦理教育，通过严谨的数学思维培养学生精益求精的大国工匠精神，激发学生科技报国的家国情怀和使命担当。充分利用信息化手段，建设含有课程思政元素的融媒体教材。

本教材分为3篇，第1篇为微积分，共7章：极限与连续、导数与微分、导数应用、不定积分、定积分及其应用、微分方程、无穷级数；第2篇为线性代数，共3章：矩阵、行列式、矩阵的秩与线性方程组；第3篇为概率论与数理统计，共2章：概率论、数理统计。另外，每篇开篇都提供了相应的预备知识。通过本教材的学习，学生可以掌握微积分、线性代数和概率论与数理统计的基础知识、运算方法及应用。本教材鼓励读者跨专业全面发展，扩大知识面，有利于培养复合型应用技术人才，也希望以此来提高读者学习高等数学的兴趣和利用高等数学知识解决实际问题的能力。本教材适用于应用型高等院校理工类及经管类各专业以及专升本学生使用。

本教材由福州大学至诚学院陈育栎、陈江彬、曾怀杰任主编；福州大学至诚学院方侃、侯远、沈金良任副主编。具体编写分工如下：第1篇的预备知识、第1章、第2章、第3章由陈育栎编写；第4章由侯远编写；第5章由方侃编写；第6章由沈金良编写；第7章以及第2篇由曾怀杰编写；第3篇由陈江彬编写。全书由陈育栎统稿并定稿。

在编写本教材的过程中，编者参考、引用和改编了国内外出版物中的相关资料以及网络资源，在此表示深深的谢意！相关著作权人看到本教材后，请与出版社联系，出版社将按照相关法律的规定支付稿酬。

限于水平，书中仍有疏漏和不妥之处，敬请专家和读者批评指正，以使教材日臻完善。

编　者

2021年8月

所有意见和建议请发往：dutpbk@163.com
欢迎访问高教数字化服务平台：https://www.dutp.cn/hep/
联系电话：0411-84708445　84708462

目　录

第 1 篇　微积分

第1篇

微积分

本篇思政目标：通过学习微积分知识，逐步培养学生的综合数学素养，加强逻辑思维能力、推理能力、空间想象力和自学能力。本篇知识点强调数学的系统性，注重直观描述与实际背景。通过学习，学生能够运用所学数学知识分析和解决实际问题，强化工程伦理教育，通过严谨的数学思维培养学生精益求精的大国工匠精神，激发学生科技报国的家国情怀和使命担当。

预备知识

一、函数的概念

1. 函数的定义及表示法

定义 1 设 x 和 y 是两个变量，若当变量 x 在非空数集 D 内任取一数值时，变量 y 依照某一规则 f 总有一个确定的数值与之对应，则称变量 y 为变量 x 的函数，记作 $y=f(x)$.

这里 x 称为自变量，y 称为因变量或函数，集合 D 称为函数的定义域，相应的 y 值的集合称为函数的值域，f 是函数符号，表示 y 与 x 的对应规则，有时函数符号也可用其他字母来表示，如 $y=g(x)$ 或 $y=\varphi(x)$ 等.

函数的表示法通常有三种：公式法、表格法和图形法.

(1)以数学式子表示函数的方法叫公式法，如 $y=x$，$y=\cos x$，公式法的优点是便于理论推导和计算.

(2)以表格形式表示函数的方法叫表格法，它是将自变量的值与对应的函数值列为表格，如三角函数表、对数表等，表格法的优点是所求的函数值容易查到.

(3)以图形表示函数的方法叫图形法或图像法，这种方法在工程技术上应用普遍，其优点是直观形象，可看到函数的变化趋势.

2. 分段函数

在实际应用中经常会遇到一类函数，在定义域的不同区间用不同的式子来表达，这类函数称为分段函数. 例如，

(1)绝对值函数 $y=|x|=\begin{cases} x, & x\geqslant 0 \\ -x, & x<0 \end{cases}$.

(2)符号函数 $y=\operatorname{sgn}x=\begin{cases} 1, & x>0 \\ 0, & x=0 \\ -1, & x<0 \end{cases}$.

(3)取整函数 $y=[x]=n$ (当 $n\leqslant x<n+1, n\in\mathbf{Z}$). 根据取整函数的定义可以看出，记号 $[x]$ 表示不超过 x 的最大整数，例如 $[4.8]=4$，$[0.6]=0$，$[-7.3]=-8$，$[-5]=-5$ 等.

上述三个函数的图像如图 1 所示.

对于分段函数我们要能够正确求其定义域及自变量为 x_0 时对应的函数值，下面举例说明.

【例 1】 分段函数 $f(x)=\begin{cases} x+1, & -2\leqslant x<0 \\ 0, & x=0 \\ 3-x, & 0<x<3 \end{cases}$ 的定义域为 $[-2,3)$，这即是说分段函数的定义域为各段定义域的并集.

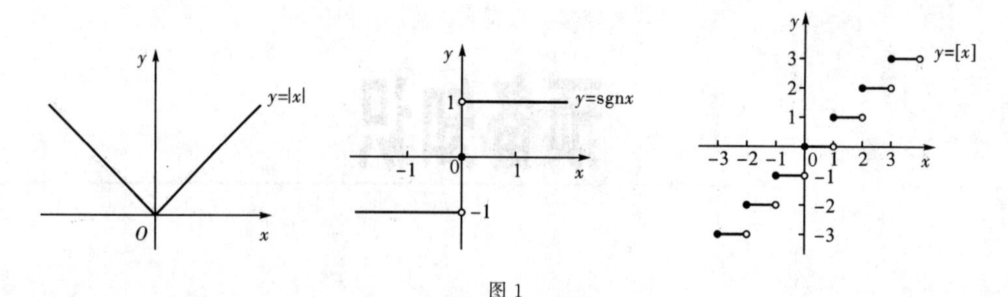

图 1

【例 2】 设有分段函数 $f(x)=\begin{cases}\frac{1}{2}x, & 0\leqslant x<1\\ x, & 1\leqslant x<2.\\ x^2-6x+\frac{19}{2}, & 2\leqslant x\leqslant 4\end{cases}$

求:(1)$f\left(\frac{1}{2}\right)$;

(2)$f(1)$; (3)$f(3)$; (4)$f(4)$.

解 (1)$f\left(\frac{1}{2}\right)=\frac{1}{2}\times\frac{1}{2}=\frac{1}{4}$;

(2)$f(1)=1$;

(3)$f(3)=3^2-6\times 3+\frac{19}{2}=\frac{1}{2}$;

(4)$f(4)=4^2-6\times 4+\frac{19}{2}=\frac{3}{2}$.

3. 反函数

定义 2 设 $y=f(x)$是 x 的函数,其值域为 $\mathbf{R}$,如果对于 $\mathbf{R}$ 中的每一个 y 值,都有一个确定的且满足 $y=f(x)$的 x 值与之对应,那么得到一个定义在 $\mathbf{R}$ 上的以 y 为自变量,x 为因变量的新函数,我们称之为 $y=f(x)$的反函数,记作 $x=f^{-1}(y)$,并称 $y=f(x)$为直接函数.

显然,由定义可知,单值函数一定有反函数.习惯上,我们总是用 x 表示自变量,用 y 表示因变量,所以通常把 $x=f^{-1}(y)$改写为 $y=f^{-1}(x)$.从上面的定义容易得出,求反函数的过程可分为两步:第一步,从 $y=f(x)$中解出 $x=f^{-1}(y)$;第二步交换字母 x 和 y.

【例 3】 求 $y=2^{x-1}$ 的反函数.

解 由 $y=2^{x-1}$ 解得 $x=1+\log_2 y$,然后交换 x 和 y,得 $y=1+\log_2 x$,即 $y=1+\log_2 x$ 是 $y=2^{x-1}$ 的反函数.

可以证明,函数 $y=f(x)$与其反函数 $y=f^{-1}(x)$的图形关于直线 $y=x$ 对称.

二、函数的几种特性

1. 单调性

定义 3 设函数 $y=f(x)$在区间 I 上有定义,如果对于任意的 $x_1,x_2\in I$,当 $x_1<x_2$ 都有 $f(x_1)<f(x_2)$,那么称函数 $y=f(x)$在区间 I 上是单调增加的,区间 I 称为函 $y=$

$f(x)$的一个单调增加区间. 如果对任意的 $x_1, x_2 \in I$, 当 $x_1 < x_2$ 时, 都有 $f(x_1) > f(x_2)$, 那么称函数 $y=f(x)$在区间 I 上是单调减少的, 区间 I 称为函数 $y=f(x)$的一个单调减少区间. 单调增加和单调减少函数统称为单调函数.

单调增加函数的图形沿 x 轴正向逐渐上升, 单调减少函数的图形沿 x 轴正向逐渐下降, 如图 2 所示.

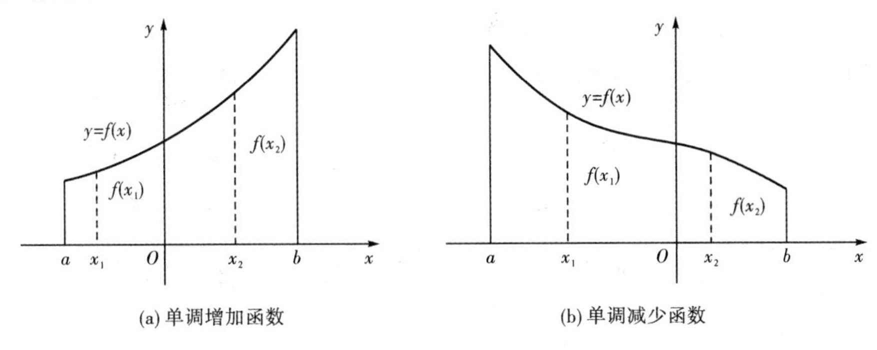

(a) 单调增加函数　　(b) 单调减少函数

图 2

例如, 函数 $f(x)=x^2+1$ 在区间$[0,+\infty)$是单调增加的; 在区间$(-\infty,0]$是单调减少的.

又如, 函数 $f(x)=x^3$ 在区间$(-\infty,+\infty)$内是单调增加的.

2. 奇偶性

定义 4　设函数 $y=f(x)$的定义域 D 关于原点对称(即若 $x \in D$, 则必有 $-x \in D$), 如果对任意的 $x \in D$, 都有 $f(-x)=-f(x)$, 那么称函数 $y=f(x)$为奇函数; 如果对任意的 $x \in D$, 都有 $f(-x)=f(x)$, 那么称函数 $y=f(x)$为偶函数.

奇函数的图形关于原点对称, 偶函数的图形关于 y 轴对称, 如图 3 所示.

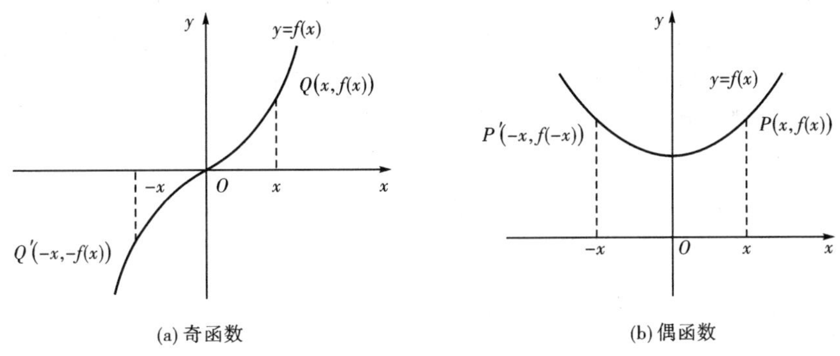

(a) 奇函数　　(b) 偶函数

图 3

例如, $y=x^3$, $y=\sin x$, $y=x\cos x$ 等都为奇函数; $y=x^2$, $y=\cos x$, $y=\sqrt{1-x^2}$ 等都为偶函数. 平时经常会遇到一些常见函数及其奇偶性的判定, 现将常见奇(偶)函数及其运算性质归纳如下:

奇函数: $\sin x$, $\arcsin x$, $\tan x$, $\arctan x$, $\dfrac{1}{x}$, $x^{2n+1}(n \in \mathbf{N})$, …

偶函数: $\cos x$, $|x|$, $x^{2n}(n \in \mathbf{N})$, $\mathrm{e}^{|x|}$, e^{x^2}, …

奇(偶)函数有如下运算性质:

性质 1 奇函数的代数和仍是奇函数，偶函数的代数和仍是偶函数.

性质 2 奇数个奇函数的乘积是奇函数，偶数个奇函数的乘积是偶函数.

性质 3 偶函数的乘积仍是偶函数.

性质 4 奇函数与偶函数的乘积是奇函数.

性质 5 奇函数与奇函数的复合是奇函数，奇函数与偶函数的复合是偶函数，偶函数与偶函数的复合是偶函数.

【例 4】 判断下列函数的奇偶性：

(1) $y=x^3+\tan x$；

(2) $y=x\sin x$；

(3) $y=x^3 e^{x^2}\tan x$；

(4) $y=\sin(\sin x)$；

(5) $y=\cos(\sin x)$；

(6) $y=\cos^2 x$.

解 根据常见奇(偶)函数及其运算性质可知，(1)、(4)为奇函数；(2)、(3)、(5)、(6)为偶函数.

3. 周期性

定义 5 设函数 $y=f(x)$ 的定义域为 D，如果存在一个不为零的实数 T，使得对于任意的 $x\in D$，都有 $(x+T)\in D$，且 $f(x+T)=f(x)$，那么称 $y=f(x)$ 为周期函数，T 称为它的周期. 通常我们说周期函数的周期是指最小正周期.

例如，函数 $y=\sin x$，$y=\cos x$ 都是以 2π 为周期的周期函数，$y=\tan x$ 是以 π 为周期的周期函数.

4. 有界性

定义 6 设函数 $y=f(x)$ 的定义域为 D，如果存在一个正常数 M，使得对于任意的 $x\in D$，都有 $|f(x)|\leqslant M$，那么称函数 $y=f(x)$ 在 D 上有界. 如果不存在这样的正常数 M，即对任意的正常数 M，都存在某个点 $x_0\in D$，使得 $|f(x_0)|>M$，那么称函数 $y=f(x)$ 在 D 上无界.

例如，函数 $y=\sin x$ 在 $(-\infty,+\infty)$ 内有界，因为对任意的 $x\in(-\infty,+\infty)$，都有 $|\sin x|\leqslant 1$.

又例如，函数 $f(x)=\dfrac{1}{x}$ 在 $(0,1)$ 内无界.

三、初等函数

1. 基本初等函数

我们在中学学习过的六大类函数：常数函数、幂函数、指数函数、对数函数、三角函数和反三角函数统称为基本初等函数. 为了便于应用，下面对其图像和基本性质作简单复习(表 1).

表 1　　**基本初等函数及图像和性质**

函数	图像	性质
常数函数 $y=C$	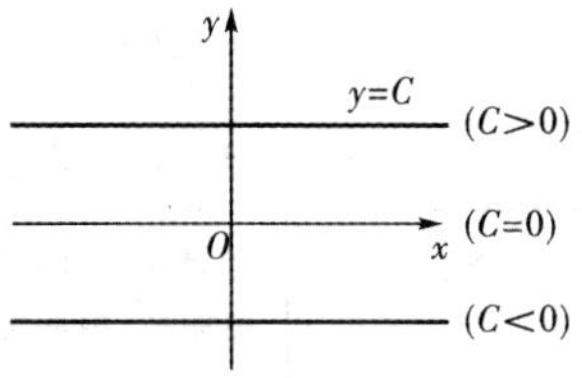	一条平行于 x 轴且截距为 C 的直线，偶函数
幂函数 $y=x^{\alpha}$	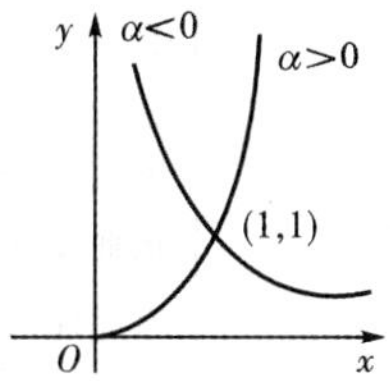	在$(0,+\infty)$内总有定义，当 $\alpha>0$ 时函数图像过点$(0,0)$和$(1,1)$，在$(0,+\infty)$内单调增加且无界 当 $\alpha<0$ 时函数图像过点$(1,1)$，在$(0,+\infty)$内单调减少且无界
指数函数 $y=\alpha^{x}$ $(\alpha>0$ 且 $\alpha\neq1)$	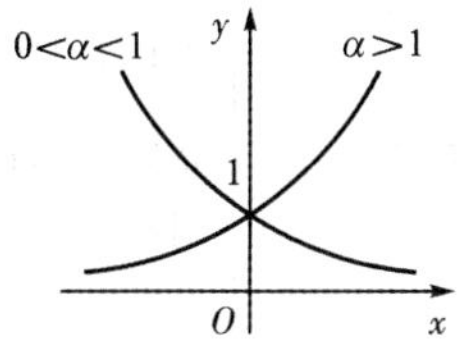	单调性： 当 $0<\alpha<1$ 时，在$(-\infty,+\infty)$内单调减少 当 $\alpha>1$ 时，在$(-\infty,+\infty)$内单调增加 奇偶性：非奇非偶函数 周期性：非周期函数 有界性：无界函数
对数函数 $y=\log_{\alpha}x$ $(\alpha>0$ 且 $\alpha\neq1)$	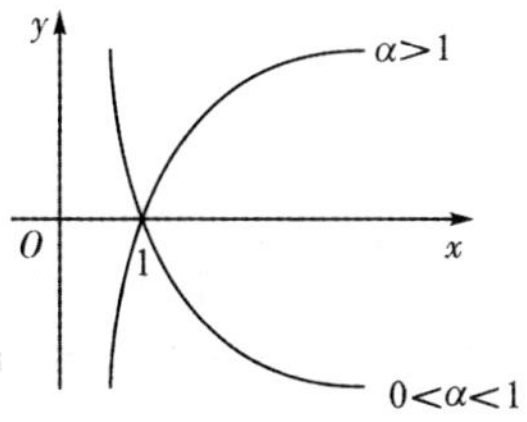	单调性： 当 $0<\alpha<1$ 时，在$(0,+\infty)$内单调减少 当 $\alpha>1$ 时，在$(0,+\infty)$内单调增加 奇偶性：非奇非偶函数 周期性：非周期函数 有界性：无界函数

(续表)

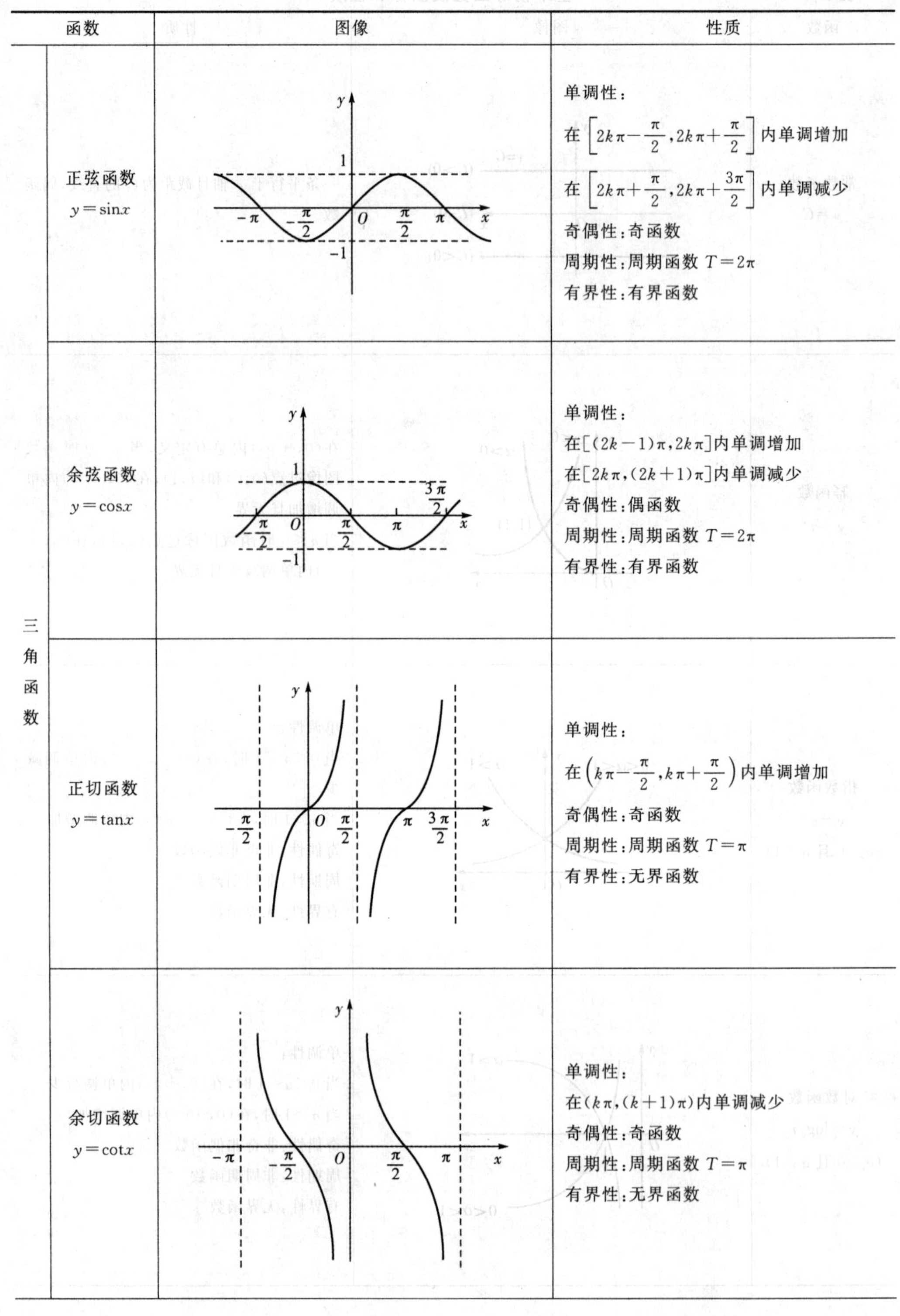

	函数	图像	性质
三角函数	正弦函数 $y=\sin x$		单调性： 在 $\left[2k\pi-\frac{\pi}{2},2k\pi+\frac{\pi}{2}\right]$ 内单调增加 在 $\left[2k\pi+\frac{\pi}{2},2k\pi+\frac{3\pi}{2}\right]$ 内单调减少 奇偶性：奇函数 周期性：周期函数 $T=2\pi$ 有界性：有界函数
	余弦函数 $y=\cos x$		单调性： 在 $[(2k-1)\pi,2k\pi]$ 内单调增加 在 $[2k\pi,(2k+1)\pi]$ 内单调减少 奇偶性：偶函数 周期性：周期函数 $T=2\pi$ 有界性：有界函数
	正切函数 $y=\tan x$		单调性： 在 $\left(k\pi-\frac{\pi}{2},k\pi+\frac{\pi}{2}\right)$ 内单调增加 奇偶性：奇函数 周期性：周期函数 $T=\pi$ 有界性：无界函数
	余切函数 $y=\cot x$		单调性： 在 $(k\pi,(k+1)\pi)$ 内单调减少 奇偶性：奇函数 周期性：周期函数 $T=\pi$ 有界性：无界函数

（续表）

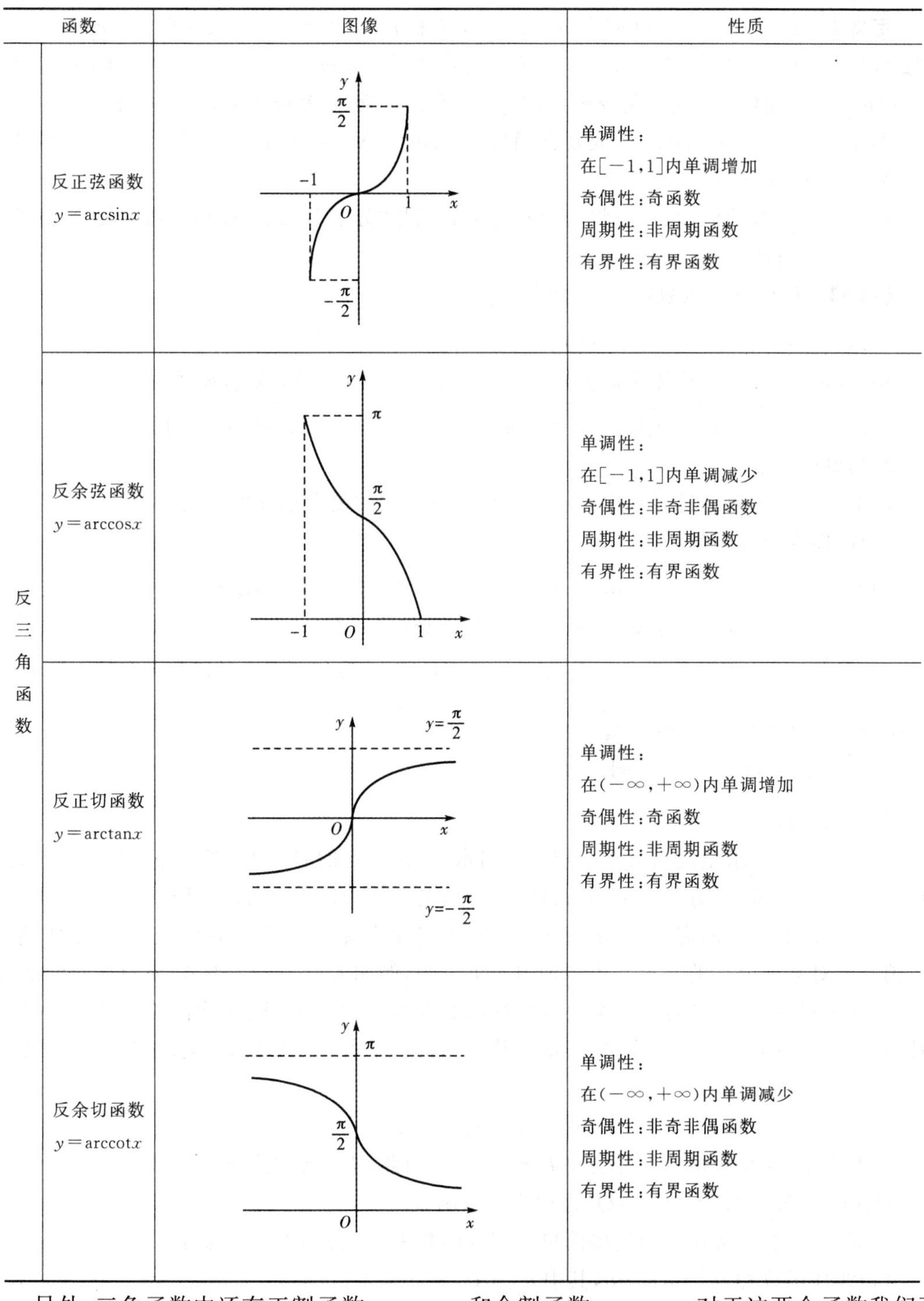

函数		图像	性质
反三角函数	反正弦函数 $y=\arcsin x$		单调性： 在$[-1,1]$内单调增加 奇偶性：奇函数 周期性：非周期函数 有界性：有界函数
	反余弦函数 $y=\arccos x$		单调性： 在$[-1,1]$内单调减少 奇偶性：非奇非偶函数 周期性：非周期函数 有界性：有界函数
	反正切函数 $y=\arctan x$		单调性： 在$(-\infty,+\infty)$内单调增加 奇偶性：奇函数 周期性：非周期函数 有界性：有界函数
	反余切函数 $y=\operatorname{arccot} x$		单调性： 在$(-\infty,+\infty)$内单调减少 奇偶性：非奇非偶函数 周期性：非周期函数 有界性：有界函数

另外，三角函数中还有正割函数 $y=\sec x$ 和余割函数 $y=\csc x$，对于这两个函数我们不做详细讨论，只需知道它们分别为 $\sec x=\dfrac{1}{\cos x}$ 和 $\csc x=\dfrac{1}{\sin x}$.

2. 复合函数

定义 7 已知函数 $y=f(u)$ 与 $u=g(x)$，其中 $f(u)$ 的定义域为 $D(f)$，$g(x)$ 的值域为 $R(g)$，如果 $g(x)$ 的值域与 $f(u)$ 的定义域的交集非空，那么称函数 $y=f[g(x)]$ 为函数 $y=f(u)$ 与 $u=g(x)$ 构成的复合函数，其中 x 为自变量，y 为因变量，u 为中间变量.

例如，$y=u^2$ 与 $u=\sin x$ 构成复合函数 $y=\sin^2 x$；$y=\ln u$，$u=v^2$ 与 $v=7x+8$ 构成复合函数 $y=\ln(7x+8)^2$ 等.

利用复合函数的概念，可以将一个较复杂的函数"分解"成几个简单函数的复合，这样更便于对函数进行研究.

【例 5】 讨论下列函数的复合过程：

(1) $y=\sin 5x$；　　　　(2) $y=e^{\sqrt{x^2+1}}$.

解 (1) $y=\sin 5x$ 可以看成是由 $y=\sin u$，$u=5x$ 两个函数复合而成.

(2) $y=e^{\sqrt{x^2+1}}$ 可以看成是由 $y=e^u$，$u=\sqrt{v}$，$v=x^2+1$ 三个函数复合而成.

3. 初等函数

由基本初等函数经过有限次的四则运算和有限次的复合运算所构成的能用一个式子表达的函数，称为初等函数.

例如，$y=e^{\cos x}+7x^2$，$y=\sqrt{\ln(x^2+1)}$，$y=3^{\tan\frac{1}{x}}$ 等都是初等函数. 分段函数一般不是初等函数，例如，符号函数 $y=\operatorname{sgn}x$ 不是初等函数，绝对值函数 $y=|x|$ 虽可分段表示，但由于 $|x|=\sqrt{(x^2)}$，故它仍是初等函数. 在今后的学习过程中，我们所讨论的函数大多是初等函数.

四、经济学中常用的函数

1. 需求函数

某一商品的需求量是指关于一定的价格水平，在一定的时间内，消费者愿意而且有支付能力购买的商品量. 所有经济活动的目的在于满足人们的需求，因此经济理论的重要任务是分析消费及由此产生的需求，需求量并不等同于实际购买量，因为后者还牵涉商品的供给情况，消费者对某种商品的需求是由多种因素决定的，例如人口、收入、季节、该商品的价格、其他商品的价格等，甚至还有一些无法定量描述的因素，如"嗜好"等. 如果除价格外，收入等其他因素在一定时期内变化很小，即可认为其他因素对需求暂无影响，则需求量 Q_d 便是价格 P 的函数，称为需求函数，记为

$$Q_d=Q_d(P).$$

一般说来，商品价格的上涨会使需求量减少，因此，需求函数是单调减少的.

$Q_d(P)$ 的反函数 $P=Q_d^{-1}(Q)$ 也称为需求函数.

根据统计数据，常用下面这些简单的初等函数来近似表示需求函数：

(1) 线性函数 $Q_d=-aP+b$，其中 $a>0$；

(2) 幂函数 $Q_d=kP^{-a}$，其中 $k>0$，$a>0$；

(3) 指数函数 $Q_d=ae^{-bP}$，其中 a、$b>0$.

【例 6】 设某商品的需求函数为 $Q_d=-aP+b$，其中 a、$b>0$. 讨论 $P=0$ 时的需求量和 $Q_d=0$ 时的价格.

解 当 $P=0$ 时，$Q_d=b$ 表示当价格为零时，消费者对商品的需求量为 b，b 也就是市场对该商品的饱和需求量.

当 $Q_d=0$ 时，$P=\dfrac{b}{a}$，表示价格上涨到$\dfrac{b}{a}$时，没有人愿意购买该产品.

2. 供给函数

某一商品的供给量是指在一定的价格条件下，在一定时期内生产者愿意生产并可供出售的商品量. 供给量也是由多个因素决定的，如果认为在一段时间内除价格以外的其他因素变化很小，则供给量 Q 便是价格 P 的函数，称为供给函数，记为

$$Q_s=Q_s(P).$$

一般说来，商品的市场价格越高，生产者愿意而且能够向市场提供的商品量也就越多，因此一般的供给函数都是单调增加的. 根据统计数据，常用下面这些简单的初等函数来近似表示供给函数：

(1)线性函数 $Q_s=aP+b$，其中 $a>0$；

(2)幂函数 $Q_s=kP^a$，其中 $k>0,a>0$；

(3)指数函数 $Q_s=a\mathrm{e}^{bP}$，其中 $a,b>0$.

【例 7】 设某工厂生产一种产品，经市场统计预测，得该产品的需求函数为

$$Q_d=Q_d(P);$$

供给函数为

$$Q_s=Q_s(P),$$

在同一个坐标系中做出需求曲线 D 和供给曲线 S(图 4)，若曲线 D 和曲线 S 存在交点 $E(P_0,Q_0)$(或记为(P_e,Q_e))，则该交点就是供需平衡点，而 P_0 或 P_e 称为均衡价格，Q_0 或 Q_e 称为均衡数量.

在经济学中，常常也用 $D=D(P)$ 和 $S=S(P)$ 分别表示需求函数和供给函数.

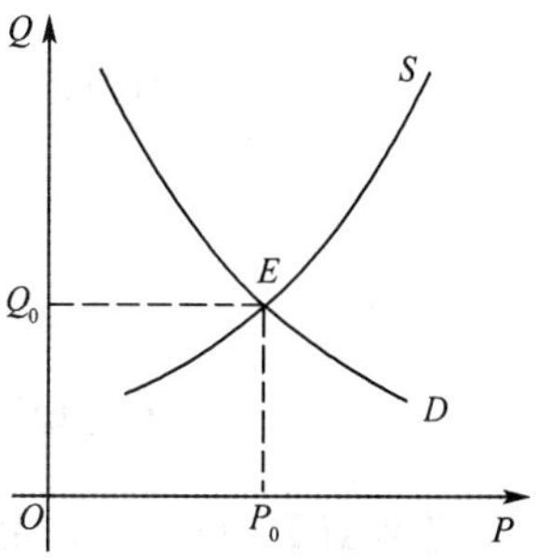

【例 8】 考虑下列线性需求函数和供给函数：

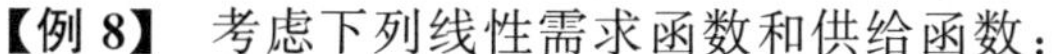

$$D(P)=a-bP,b>0;S(P)=c+dP,d>0.$$

试问 a,c 满足什么条件时，存在正的均衡价格(即 $P_0>0$).

图 4

解 由 $D(P)=S(P)$ 得 $a-bP=c+dP$，由此可得均衡价格为

$$P_0=\frac{a-c}{b+d}$$

因此 $P_0>0$ 的充分必要条件是 $a>c$.

3. 总成本函数、总收益函数、总利润函数

厂商在从事生产经营活动时，总希望尽可能降低产品的生产成本，增加收入与利润. 总成本是指生产和经营一定数量产品所需要的总投入；总收益(亦称总收入)是指出售一定数量产品所得到的全部收入；总利润是指总收益减去总成本和上缴税金后的余额(为简单起见，以后在计算总利润时一般不计上缴税金).

总成本、总收益与总利润这些经济变量都与产品的产能或销售量 Q 密切相关，在不计市场的其他次要影响因素的情况下，它们都可简单地看成是 Q 的函数，并分别称为总成本

函数，记为 $C(Q)$；总收益（总收入）函数，记为 $R(Q)$；总利润函数，记为 $L(Q)$. 另外，我们把 $\overline{C}=\frac{C(Q)}{Q}$，$\overline{R}=\frac{R(Q)}{Q}$，$\overline{L}=\frac{L(Q)}{Q}$ 分别称为平均成本、平均收益和平均利润.

通常，总成本由固定成本 C_0（亦称不变成本）与可变成本 C_1 两部分构成，固定成本是指支付固定生产要素的费用，包括厂房、设备折旧以及管理费等，它与产量 Q 无关；可变成本是指支付可变生产要素的费用，包括原材料、燃料的支出以及工人的工资，它随着产量 Q 的变动而变动. 所以

$$C(Q)=C_0+C_1(Q).$$

总成本函数 $C(Q)$ 是 Q 的单调增加函数. 常用的比较简单的总成本函数为多项式. 例如，如果 $C(Q)=a+bQ+cQ^2$，其中 a,b,c 为正的常数，则 a 为固定成本，$bQ+cQ^2$ 代表原材料成本、劳动力成本等可变成本（原材料成本可以认为与产量 Q 成正比，而劳动力成本由于产量加大时引起的加班成本和工作效率降低，可能与 Q 的高次幂成正比）.

如果产品的价格 P 保持不变，销售量为 Q，则

$$R(Q)=PQ,\overline{R}=P.$$

总利润函数为

$$L(Q)=R(Q)-C(Q).$$

【例 9】 某商品的单价为 100 元，单位成本为 60 元，商家为了促销，规定凡是购买超过 200 单位时，对超过部分按单价的九五折出售，求成本函数、收益函数和利润函数.

解 设购买量为 Q 个单位，则 $C(Q)=60Q$.

$$R(Q)=\begin{cases}100Q, & Q\leqslant 200\\ 200\times 100+(Q-200)\times 100\times 0.95, & Q>200\end{cases}$$

$$=\begin{cases}100Q, & Q\leqslant 200\\ 95Q+10\ 00, & Q>200\end{cases}.$$

$$L(Q)=R(Q)-C(Q)=\begin{cases}40Q, & Q\leqslant 200,\\ 35Q+1\ 000, & Q>200\end{cases}.$$

【例 10】 已知某产品价格为 P，需求函数为 $Q=50-5P$，成本函数为 $C=50+2Q$，求产量 Q 为多少时利润 L 最大？最大利润是多少？

解 已知需求函数为 $Q=50-5P$，故 $P=10-\frac{Q}{5}$，于是收益函数

$$R=P\cdot Q=10Q-\frac{Q^2}{5}.$$

这样，利润函数

$$L=R(Q)-C(Q)=8Q-\frac{Q^2}{5}-50$$

$$=-\frac{1}{5}(Q-20)^2+30.$$

因此 $Q=20$ 时取得最大利润，最大利润为 30.

4. 库存函数

设某企业在计划期 T 内，对某种物品的总需求量为 Q. 由于库存费用及资金占用等因

素，显然一次进货是不合算的，考虑均匀地分 n 次进货，每批次进货量为 $q=\frac{Q}{n}$，进货周期为 $t=\frac{T}{n}$，假设每件物品的储存单位时间费用为 C_1，每次进货费用为 C_2，每次进货量相同，进货间隔时间不变，以匀速消耗储存物品，则平均库存为$\frac{q}{2}$，在时间 T 内的总费用E 为

$$E=\frac{1}{2}C_1Tq+C_2\frac{Q}{q},$$

其中$\frac{1}{2}C_1Tq$ 是储存费，$C_2\frac{Q}{q}$是进货费用.

5. 戈珀兹曲线

戈珀兹(Gompertz)曲线是指指数函数 $y=ka^{b^t}$ 所表示的曲线. 在经济预测中，经常使用该曲线. 当 $\lg a<0, 0<b<1$ 时，其图形如图 5 所示. 由图可见戈珀兹曲线当 $t>0$ 且无限增大时，其与直线 $y=k$ 无限接近，且始终位于该直线下方. 在产品销售预测中，当预测销售量充分接近 k 值时，表示该产品在商业流通中将达到市场饱和.

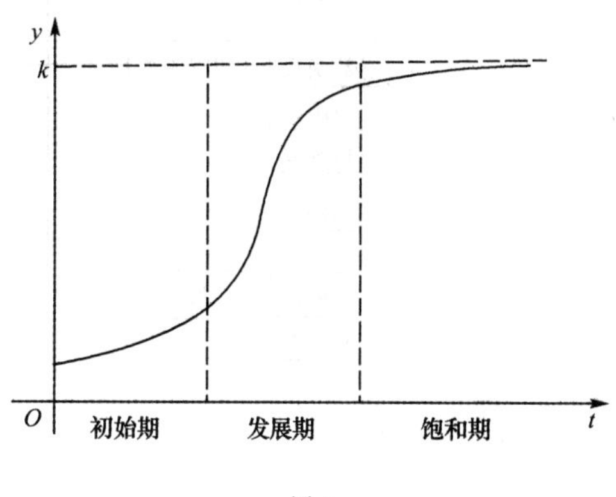

图 5

从上面的讨论可见，由于实际问题的需求，我们不仅需要建立一些经济量之间的函数关系，而且需要对这些函数的性质做进一步的研究. 例如，讨论规模报酬的增减和可变成本的变化，寻求产品的最大利润等. 在后面的几章中，我们将为这些问题的讨论提供一些十分有效的数学工具.

习　题

1. 下列函数中哪些是奇函数？哪些是偶函数？

(1) $x+\sin^3 x$；　(2) $x^2\cos x$；　(3) $\sin x^2$；　(4) $\frac{\sin x}{x}$.

2. $f(x)=\begin{cases} |\sin x|, & x<1, \\ 0, & x\geqslant 1. \end{cases}$

求：(1) $f(1)$；　(2) $f\left(\frac{\pi}{4}\right)$；　(3) $f(\pi)$.

3. 设 $f(x)=\begin{cases} 0, & -2\leqslant x<2 \\ (x-2)^2, & 2\leqslant x\leqslant 4 \end{cases}$. 求 $f(x)$的定义域.

4. 在以下各题中，将 y 表示为 x 的函数.

(1) $y=u^2, u=\sin t, t=\frac{x}{2}$；　(2) $y=\sqrt{u}, u=\cos t, t=2^x$.

5. 讨论下列函数的复合过程.

(1) $y=\arctan[\lg(x-1)]$；　(2) $y=2^{\cos(x^2-5)}$.

本篇思维导图

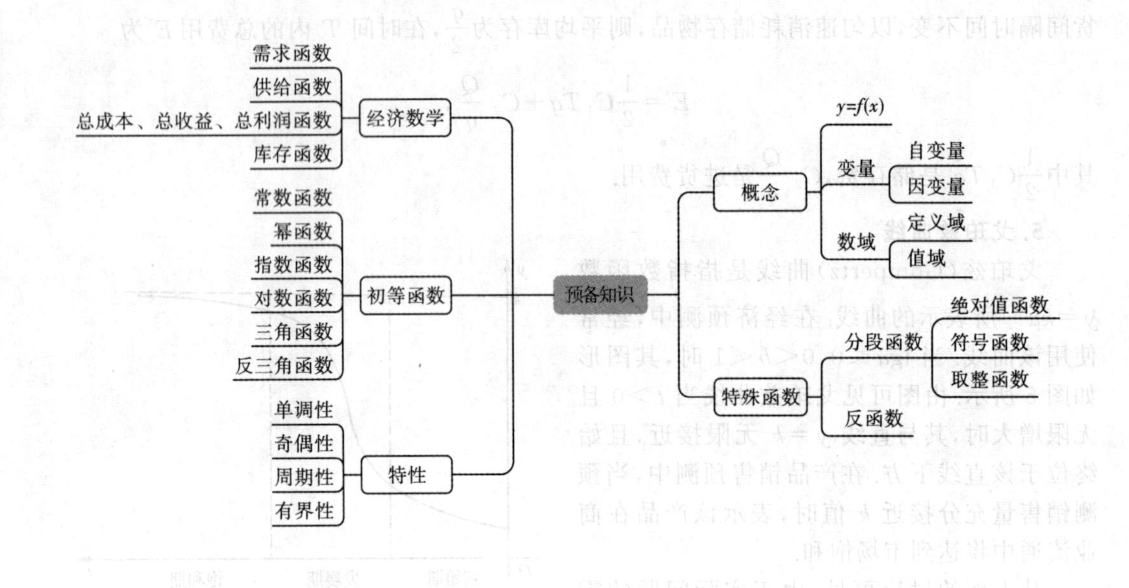

需求函数
供给函数
总成本、总收益、总利润函数
库存函数
经济数学
常数函数
幂函数
指数函数
对数函数
三角函数
反三角函数
初等函数
单调性
奇偶性
周期性
有界性
特性
预备知识
概念
y=f(x)
变量
自变量
因变量
数域
定义域
值域
特殊函数
分段函数
绝对值函数
符号函数
取整函数
反函数

第1章 极限与连续

1.1 函数、极限及应用

一、极限的概念

1. x 趋向于有限值 x_0 时的极限定义

(1) $x \to x_0$

定义 1-1 设函数 $f(x)$ 在点 x_0 的某个去心邻域 $\mathring{U}(x_0,\delta)$ 内有定义，如果当 $x \to x_0$ 时，函数值 $f(x)$ 能够无限趋近于某个常数 A，则称当 $x \to x_0$ 时，函数 $f(x)$ 的极限为 A，记作 $\lim\limits_{x \to x_0} f(x)=A$，或者 $f(x) \to A(x \to x_0)$.

【例 1】 $\lim\limits_{x \to 2}(3x+5)=11$.

我们指出，在定义中并没有说明函数 $f(x)$ 在点 x_0 是否有定义，这即是说，极限 $\lim\limits_{x \to x_0} f(x)$ 是否存在与 $f(x)$ 在点 x_0 是否有定义没有关系.

例如，$f(x)=\dfrac{x^2-1}{x+1}$ 在点 $x_0=-1$ 处无定义，但是极限 $\lim\limits_{x \to -1}\dfrac{x^2-1}{x+1}=-2$ 存在.

(2) $x \to x_0^+$

定义 1-1′ 设函数 $f(x)$ 在点 x_0 的某个右邻域 $(x_0,x_0+\delta)$ 内有定义，如果当 $x \to x_0^+$ 时，函数值 $f(x)$ 能够无限趋近于某个常数 A，那么称 A 为函数 $f(x)$ 在点 x_0 的右极限，记作 $\lim\limits_{x \to x_0^+} f(x)=A$ 或者 $f(x_0+0)=A$.

(3) $x \to x_0^-$

定义 1-1″ 设函数 $f(x)$ 在点 x_0 的某个左邻域 $(x_0-\delta,x_0)$ 内有定义，如果当 $x \to x_0^-$ 时，函数值 $f(x)$ 能够无限趋近于某个常数 A，那么称 A 为函数 $f(x)$ 在点 x_0 的左极限，记作 $\lim\limits_{x \to x_0^-} f(x)=A$ 或者 $f(x_0-0)=A$.

【例 2】 设 $f(x)=\begin{cases} x+1, & x>0 \\ 3, & x=0 \\ x-1, & x<0 \end{cases}$，求 $\lim\limits_{x \to 0^+} f(x)$，$\lim\limits_{x \to 0^-} f(x)$.

解 $\lim\limits_{x \to 0^+} f(x)=\lim\limits_{x \to 0^+}(x+1)=1$，$\lim\limits_{x \to 0^-} f(x)=\lim\limits_{x \to 0^-}(x-1)=-1$.

【例 3】 设 $f(x)=\begin{cases} x, & x \geqslant 0 \\ -x, & x<0 \end{cases}$，求 $\lim\limits_{x \to 0^+} f(x)$，$\lim\limits_{x \to 0^-} f(x)$.

解 $\lim\limits_{x\to 0^+} f(x)=\lim\limits_{x\to 0^+} x=0$，$\lim\limits_{x\to 0^-} f(x)=\lim\limits_{x\to 0^-}(-x)=0$.

定理 1-1 函数 $f(x)$ 当 $x\to x_0$ 时极限存在的充要条件是左极限与右极限同时存在并且相等，即 $\lim\limits_{x\to x_0^-} f(x)=\lim\limits_{x\to x_0^+} f(x)$.

显然在例 2 中 $\lim\limits_{x\to 0} f(x)$ 不存在，在例 3 中 $\lim\limits_{x\to 0} f(x)$ 存在且为 0.

【例 4】 设 $f(x)=\begin{cases} x^2-3, & x\leqslant 3 \\ 2x-1, & x>3 \end{cases}$，讨论 $\lim\limits_{x\to 3} f(x)$ 是否存在.

解 因为 $\lim\limits_{x\to 3^-} f(x)=\lim\limits_{x\to 3^-}(x^2-3)=6$，$\lim\limits_{x\to 3^+} f(x)=\lim\limits_{x\to 3^+}(2x-1)=5$，所以 $\lim\limits_{x\to 3} f(x)$ 不存在.

【例 5】 设 $f(x)=\begin{cases} \cos x+a, & x\leqslant 0 \\ 2x-3, & x>0 \end{cases}$，且 $\lim\limits_{x\to 0} f(x)$ 存在，求 a 的值.

解 $\lim\limits_{x\to 0^-} f(x)=\lim\limits_{x\to 0^-}(\cos x+a)=1+a$，$\lim\limits_{x\to 0^+} f(x)=\lim\limits_{x\to 0^+}(2x-3)=-3$.

因为 $\lim\limits_{x\to 0} f(x)$ 存在，所以 $\lim\limits_{x\to 0^-} f(x)=\lim\limits_{x\to 0^+} f(x)$，即 $1+a=-3$，所以 $a=-4$.

2. x 趋向于无穷大时的极限定义

(1) $x\to+\infty$.

定义 1-2 设函数 $f(x)$ 在区间 $[a,+\infty)(a>0)$ 上有定义，如果当 $x\to+\infty$ 时，函数值 $f(x)$ 能够无限趋近于某个常数 A，那么称当 $x\to+\infty$ 时，函数 $f(x)$ 的极限为 A，记作 $\lim\limits_{x\to+\infty} f(x)=A$，或者 $f(x)\to A(x\to+\infty)$.

【例 6】 $\lim\limits_{x\to+\infty}\dfrac{1}{x}=0$.

(2) $x\to-\infty$.

定义 1-2′ 设函数 $f(x)$ 在区间 $[-\infty,a)(a>0)$ 上有定义，如果当 $x\to-\infty$ 时，函数值 $f(x)$ 能够无限趋近于某个常数 A，那么称当 $x\to-\infty$ 时，函数 $f(x)$ 的极限为 A，记作 $\lim\limits_{x\to-\infty} f(x)=A$ 或者 $f(x)\to A(x\to-\infty)$.

【例 7】 $\lim\limits_{x\to-\infty} 3^x=0$.

(3) $x\to\infty$.

定义 1-2″ 设函数 $f(x)$ 在 $|x|>a(a>0)$ 时有定义，如果当 $x\to\infty$ 时，函数值 $f(x)$ 能够无限趋近于某个常数 A，那么称当 $x\to\infty$ 时，函数 $f(x)$ 的极限为 A，记作 $\lim\limits_{x\to\infty} f(x)=A$ 或者 $f(x)\to A(x\to\infty)$.

【例 8】 $\lim\limits_{x\to\infty}\dfrac{1}{x^4}=0$.

定理 1-2 函数 $f(x)$ 当 $x\to\infty$ 时极限存在的充要条件是 $\lim\limits_{x\to-\infty} f(x)$ 与 $\lim\limits_{x\to+\infty} f(x)$ 同时存在且 $\lim\limits_{x\to+\infty} f(x)=\lim\limits_{x\to-\infty} f(x)$.

【例 9】 设 $f(x)=\arctan x$，讨论 $\lim\limits_{x\to\infty} f(x)$ 是否存在.

解 因为 $\lim\limits_{x\to-\infty} f(x)=\lim\limits_{x\to-\infty}\arctan x=-\dfrac{\pi}{2}$，$\lim\limits_{x\to+\infty} f(x)=\lim\limits_{x\to+\infty}\arctan x=\dfrac{\pi}{2}$，所以 $\lim\limits_{x\to\infty} f(x)$ 不存在.

【例 10】 设 $f(x)=\begin{cases} 2^x, & x<0 \\ \dfrac{1}{x+1}, & x\geqslant 0 \end{cases}$，求 $\lim\limits_{x\to\infty} f(x)$.

解 因为 $\lim\limits_{x\to-\infty} f(x)=\lim\limits_{x\to-\infty} 2^x=0$，$\lim\limits_{x\to+\infty} f(x)=\lim\limits_{x\to+\infty}\dfrac{1}{x+1}=0$，所以 $\lim\limits_{x\to\infty} f(x)=0$.

习题 1-1

1. 设 $f(x)=\begin{cases}2x+1, & x<2 \\ x^2+1, & x\geqslant 2\end{cases}$，求$\lim\limits_{x\to 2}f(x)$.

2. 设 $f(x)=\begin{cases}-1, & x<0 \\ x^2+k, & x\geqslant 0\end{cases}$，若$\lim\limits_{x\to 0}f(x)$存在，求 k 的值.

3. 设 $f(x)=\text{arccot}x$，讨论$\lim\limits_{x\to\infty}f(x)$是否存在.

4. 设 $f(x)=\begin{cases}2^x, & x\leqslant 0 \\ \left(\dfrac{1}{2}\right)^x, & x>0\end{cases}$，求$\lim\limits_{x\to\infty}f(x)$.

1.2 无穷小量与无穷大量

一、无穷小量

1. 定义

定义 1-3 极限为零的变量称为无穷小量，简称为无穷小，常用符号 α,β,γ 等表示.

【例 1】 当 $x\to 0$ 时，x^2，$\sin x$，$\tan x$，$1-\cos x$ 都趋近于零，因此，当 $x\to 0$ 时，这些变量都是无穷小量.

【例 2】 当 $x\to+\infty$时，$\dfrac{1}{x}$，$\dfrac{1}{2^x}$，$\dfrac{1}{\ln x}$都趋近于零. 因此，当 $x\to+\infty$时，这些变量都是无穷小量.

注意：

(1)无穷小量不是一个很小的数，因此任意的非零常数 C，不论它的绝对值多么小都不是无穷小量，0 是唯一的可以作为无穷小量的常数.

(2)某个变量是否是无穷小量与自变量的变化过程有关. 例如，$\lim\limits_{x\to+\infty}\dfrac{1}{x}=0$，所以当 $x\to+\infty$时，$\dfrac{1}{x}$为无穷小量，又$\lim\limits_{x\to 1}\dfrac{1}{x}=1\neq 0$，所以当 $x\to 1$ 时，不是无穷小量. 因此不能笼统地说某个变量是无穷小量，必须同时指明自变量的变化过程.

2. 性质

无穷小量有下列重要性质：

性质 1 有限个无穷小量的代数和仍为无穷小量.

性质 2 有限个无穷小量的乘积仍为无穷小量.

性质 3 常量与无穷小量的乘积为无穷小量.

性质 4 有界变量与无穷小量的乘积为无穷小量.

【例 3】 求极限$\lim\limits_{x\to 0}x\sin\dfrac{1}{x}$.

解 因为当 $x\to 0$ 时，x 为无穷小量，且$\left|\sin\dfrac{1}{x}\right|\leqslant 1$，即 $\sin\dfrac{1}{x}$为有界变量，所以由性质

4 得$\lim\limits_{x\to 0} x\sin\frac{1}{x}=0$.

3. 无穷小的比较

在同一变化过程中有许多无穷小量，例如，当 $x\to 0$ 时，x，x^2，$\sin x$，$\tan x$，$1-\cos x$ 等都是无穷小量，但是它们趋近于零的速度却不相同，为了区别这些无穷小量趋近于零的速度，我们引入无穷小量的比较的概念.

定义 1-4 设 α，β 是同一变化过程中的两个无穷小量，且 $\alpha\neq 0$.

(1)若 $\lim\frac{\beta}{\alpha}=0$，则称 β 是 α 的高阶无穷小，记作 $\beta=o(\alpha)$.

(2)若 $\lim\frac{\beta}{\alpha}=C(C\neq 0)$，则称 β 与 α 是同阶无穷小，特别是当 $C=1$ 时，则称 β 与 α 是等价无穷小，记作 $\alpha\sim\beta$.

例如，因为$\lim\limits_{x\to 0}\frac{x^3}{x}=0$，所以当 $x\to 0$ 时，x^3 是 x 的高阶无穷小；

因为$\lim\limits_{x\to 0}\frac{3x}{x}=3$，所以当 $x\to 0$ 时，$3x$ 与 x 是同阶无穷小；

因为$\lim\limits_{x\to 0}\frac{\sin x}{\tan x}=1$，所以当 $x\to 0$ 时，$\sin x$ 与 $\tan x$ 是等价无穷小.

当 $x\to 0$ 时，有下列常见等价无穷小：

$x\sim\sin x\sim\tan x\sim\arcsin x\sim\arctan x\sim(e^x-1)\sim\ln(1+x)$，$1-\cos x\sim\frac{1}{2}x^2$，$(1+x)^\alpha-1\sim\alpha x$、($\alpha$ 为非零常数)，$\alpha^x-1\sim x\ln\alpha$.

等价无穷小在极限运算中有重要的应用.

定理 1-3 设在同一变化过程中，$\alpha\sim\beta$，且 α，$\beta\neq 0$.

(1)若 $\lim\alpha\gamma=A$，则 $\lim\beta\gamma=A$；

(2)若 $\lim\frac{\gamma}{\alpha}=B$，则 $\lim\frac{\gamma}{\beta}=B$.

此定理说明，在乘除运算的极限中，用非零的等价无穷小替换不改变其极限值，因此，求极限时，在乘除运算中可以将无穷小用其形式简单的等价无穷小替换，从而简化极限的计算.

【例 4】 求下列极限：

(1)$\lim\limits_{x\to 0}\frac{\sin 4x}{\tan 3x}$；　　(2)$\lim\limits_{x\to 0}\frac{\ln(1+\sin x)}{\sin 2x}$；

(3 $\lim\limits_{x\to 0}\frac{1-\cos x}{x\sin x}$；　　(4)$\lim\limits_{x\to 0}\frac{\tan x-\sin x}{x^3}$.

解 (1)$\lim\limits_{x\to 0}\frac{\sin 4x}{\tan 3x}=\lim\limits_{x\to 0}\frac{4x}{3x}=\frac{4}{3}$；

(2)$\lim\limits_{x\to 0}\frac{\ln(1+\sin x)}{\sin 2x}=\lim\limits_{x\to 0}\frac{\sin x}{2x}=\lim\limits_{x\to 0}\frac{x}{2x}=\frac{1}{2}$；

(3)$\lim\limits_{x\to 0}\frac{1-\cos x}{x\sin x}=\lim\limits_{x\to 0}\frac{\frac{1}{2}x^2}{x^2}=\frac{1}{2}$；

(4)$\lim\limits_{x\to 0}\frac{\tan x-\sin x}{x^3}=\lim\limits_{x\to 0}\frac{\tan x(1-\cos x)}{x^3}=\lim\limits_{x\to 0}\frac{x\cdot\frac{1}{2}x^2}{x^3}=\frac{1}{2}$.

二、无穷大量

定义 1-5 在自变量 x 的某个变化过程中，相应的函数值的绝对值 $|f(x)|$ 能够无限增大，则称 $f(x)$ 为该自变量变化过程中的无穷大量，简称为无穷大.

【例 5】 当 $x\to 0$ 时，$\frac{1}{x^2}$，$\frac{1}{\sin x}$，$\frac{1}{\tan x}$ 都是无穷大量.

【例 6】 当 $x\to +\infty$ 时，x^2，e^x，$\ln(x+1)$ 都是无穷大量.

注意：

(1)无穷大量不是很大的数，因此任意的常数，不论它的绝对值多么大，都不是无穷大量.

(2)某个变量是否是无穷大量与自变量的变化过程有关.

例如，因为 $\lim\limits_{x\to 1}\ln(1+x)=\ln 2$，所以当 $x\to 1$ 时，$\ln(1+x)$ 不是无穷大量，又因为当 $x\to +\infty$ 时，$\ln(1+x)$ 的值能够无限增大，所以当 $x\to +\infty$ 时，$\ln(1+x)$ 是无穷大量. 因此，不能笼统地说某个变量是无穷大量，必须同时指明自变量的变化过程.

三、无穷小量与无穷大量的关系

从无穷小量与无穷大量的定义，可以看出它们之间有着密切的关系，体现为下列的定理.

定理 1-4 在同一变化过程中，无穷大的倒数为无穷小；恒不等于零的无穷小的倒数为无穷大.

例如，当 $x\to +\infty$ 时，2^x 为无穷大，所以 $\frac{1}{2^x}$ 为无穷小；当 $x\to 1$ 时，$x-1$ 为非零无穷小，所以 $\frac{1}{x-1}$ 为无穷大.

根据该定理，我们可以把对无穷大的研究转化为对无穷小的研究，而无穷小的分析正是微积分学中的精髓.

四、极限与无穷小量的关系

定理 1-5 在自变量的某个变化过程中，函数 $f(x)$ 的极限为 A 的充分必要条件是 $\lim\limits_{x\to x_0} f(x)=A+\alpha$，其中 α 为这个变化过程中的无穷小量，即 $\lim\alpha=0$.

习题 1-2

1. 下列变量中，哪些是无穷小量？哪些是无穷大量？

(1) $50x^2\ (x\to 0)$；　　(2) $\frac{3}{\sqrt{x}}\ (x\to 0)$；

(3) $e^{\frac{1}{x}}-1\ (x\to\infty)$；　　(4) $\tan x\ \left(x\to\frac{\pi}{2}\right)$.

2. 函数 $f(x)=\frac{1}{(x-1)^2}$ 在什么变化过程中是无穷小量，又在什么变化过程中是无穷大量？

3. 求极限$\lim\limits_{x\to\infty}\dfrac{\sin x}{x}$.

1.3 极限运算法则与极限计算

一、极限运算法则

1. 定理

定理 1-6 $\lim f(x)=A$, $\lim g(x)=B$，则

(1)$\lim[f(x)\pm g(x)]=\lim f(x)\pm\lim g(x)=A\pm B$；

(2)$\lim[f(x)g(x)]=\lim f(x)\cdot\lim g(x)=AB$；

(3)$\lim\dfrac{f(x)}{g(x)}=\dfrac{\lim f(x)}{\lim g(x)}=\dfrac{A}{B}(B\neq 0)$.

2. 推论

由上述定理可以得到下面的推论.

推论 设$\lim f(x)=A$.

(1)若C为常数，则$\lim[Cf(x)]=C\lim f(x)=CA$；

(2)若n为正整数，则$\lim[f(x)]^n=[\lim f(x)]^n=A^n$.

3. 常见类型及其解法

在应用极限的四则运算法则时，通常会遇到以下三种类型的未定式.

(1)$\dfrac{0}{0}$型未定式

$\dfrac{0}{0}$型未定式的求解方法通常有两种，一种是分解因式，分子、分母约去极限为零的公因子；另一种是分子或分母中含有根式时，分子或分母有理化.

【例 1】 求极限$\lim\limits_{x\to 2}\dfrac{x^2-5x+6}{x^2-4}$.

解 $\lim\limits_{x\to 2}\dfrac{x^2-5x+6}{x^2-4}=\lim\limits_{x\to 2}\dfrac{(x-2)(x-3)}{(x-2)(x+2)}=\lim\limits_{x\to 2}\dfrac{(x-3)}{(x+2)}=-\dfrac{1}{4}$.

【例 2】 求极限$\lim\limits_{x\to 1}\dfrac{\sqrt{3x+1}-2}{x-1}$.

解
$$\begin{aligned}\lim_{x\to 1}\frac{\sqrt{3x+1}-2}{x-1}&=\lim_{x\to 1}\frac{(\sqrt{3x+1}-2)(\sqrt{3x+1}+2)}{(x-1)(\sqrt{3x+1}+2)}\\&=\lim_{x\to 1}\frac{3(x-1)}{(x-1)(\sqrt{3x+1}+2)}\\&=\lim_{x\to 1}\frac{3}{\sqrt{3x+1}+2}\\&=\frac{3}{4}.\end{aligned}$$

【例 3】 求极限$\lim\limits_{x\to 5}\dfrac{\sqrt{x+4}-3}{\sqrt{x-1}-2}$.

解 $$\lim_{x\to 5}\frac{\sqrt{x+4}-3}{\sqrt{x-1}-2}=\lim_{x\to 5}\frac{(\sqrt{x+4}-3)(\sqrt{x+4}+3)(\sqrt{x-1}+2)}{(\sqrt{x-1}-2)(\sqrt{x-1}+2)(\sqrt{x+4}+3)}$$
$$=\lim_{x\to 5}\frac{(x-5)(\sqrt{x-1}+2)}{(x-5)(\sqrt{x+4}+3)}=\lim_{x\to 5}\frac{\sqrt{x-1}+2}{\sqrt{x+4}+3}=\frac{2}{3}.$$

(2)$\dfrac{\infty}{\infty}$型未定式

对于$\dfrac{\infty}{\infty}$型未定式,若分子与分母都是关于 x 的多项式,则$\dfrac{\infty}{\infty}$型未定式的求解方法是分子与分母同时除以分子、分母中 x 的最高次幂.

【例 4】 求极限$\lim\limits_{x\to\infty}\dfrac{5x^3-2x-1}{7x^2+6x+1}$.

解 $$\lim_{x\to\infty}\frac{5x^3-2x-1}{7x^2+6x+1}=\lim_{x\to\infty}\frac{5-\dfrac{2}{x^2}-\dfrac{1}{x^3}}{\dfrac{7}{x}+\dfrac{6}{x^2}+\dfrac{1}{x^3}}=\infty.$$

【例 5】 求极限$\lim\limits_{x\to\infty}\dfrac{5x^2-2x-1}{7x^2+6x+1}$.

解 $$\lim_{x\to\infty}\frac{5x^2-2x-1}{7x^2+6x+1}=\lim_{x\to\infty}\frac{5-\dfrac{2}{x}-\dfrac{1}{x^2}}{7+\dfrac{6}{x}+\dfrac{1}{x^2}}=\frac{5}{7}.$$

【例 6】 求极限$\lim\limits_{x\to\infty}\dfrac{5x^2-2x-1}{7x^3+6x+1}$.

解 $$\lim_{x\to\infty}\frac{5x^2-2x-1}{7x^3+6x+1}=\lim_{x\to\infty}\frac{\dfrac{5}{x}-\dfrac{2}{x^2}-\dfrac{1}{x^3}}{7+\dfrac{6}{x^2}+\dfrac{1}{x^3}}=0.$$

总结上面三个极限可得到一般的结果,用数学式子可表示为

当 $a_0,b_0\neq 0$ 时,

$$\lim_{x\to\infty}\frac{a_0x^m+a_1x^{m-1}+\cdots+a_m}{b_0x^n+b_1x^{n-1}+\cdots+b_n}=\begin{cases}0, & m<n\\ \dfrac{a_0}{b_0}, & m=n,\\ \infty, & m>n\end{cases}$$

以后在计算上述$\dfrac{\infty}{\infty}$型未定式的极限时,可利用上面一般的结果直接得到极限值,特别是在求解填空题、选择题时.

【例 7】 求极限$\lim\limits_{x\to\infty}\dfrac{(x^3+1)(5x-2)}{(x^2+1)^2}$.

解 注意到 $x\to\infty$时,这是$\dfrac{\infty}{\infty}$型未定式,容易判断分子最高幂次等于分母最高幂次,都等于 4,因此,当 $x\to\infty$时,此未定式极限等于分子 x^4 的系数与分母 x^4 的系数的比值,即

$$\lim_{x\to\infty}\frac{(x^3+1)(5x-2)}{(x^2+1)^2}=\frac{5}{1}=5.$$

(3)∞－∞型未定式

若 $\lim f(x)=\infty$，$\lim g(x)=\infty$，则称极限 $\lim[f(x)-g(x)]$为∞－∞型未定式.

∞－∞型未定式的求解方法通常有两种：一种是通分；另一种是含有根式时，考虑有理化.

【例 8】 求极限$\lim\limits_{x\to1}\left(\dfrac{x}{x-1}-\dfrac{1}{x^2-x}\right)$.

解 $\lim\limits_{x\to1}\left(\dfrac{x}{x-1}-\dfrac{1}{x^2-x}\right)=\lim\limits_{x\to1}\dfrac{x^2-1}{(x-1)x}=\lim\limits_{x\to1}\dfrac{(x-1)(x+1)}{(x-1)x}=\lim\limits_{x\to1}\dfrac{x+1}{x}=2.$

【例 9】 求极限 $\lim\limits_{x\to+\infty}(\sqrt{x^2+x}-\sqrt{x^2-x})$.

解 $\lim\limits_{x\to+\infty}(\sqrt{x^2+x}-\sqrt{x^2-x})$

$$=\lim_{x\to+\infty}\frac{(\sqrt{x^2+x}-\sqrt{x^2-x})(\sqrt{x^2+x}+\sqrt{x^2-x})}{(\sqrt{x^2+x}+\sqrt{x^2-x})}$$

$$=\lim_{x\to+\infty}\frac{2x}{\sqrt{x^2+x}+\sqrt{x^2-x}}=\lim_{x\to+\infty}\frac{2}{\sqrt{1+\frac{1}{x}}+\sqrt{1-\frac{1}{x}}}=1.$$

二、两个重要极限

1. $\lim\limits_{x\to0}\dfrac{\sin x}{x}=1$

该极限在极限计算中有重要作用，它在形式上有以下特点：

(1)它是$\dfrac{0}{0}$型未定式；

(2)它可以写成$\lim\limits_{\square\to0}\dfrac{\sin\square}{\square}=1$（□代表同样的变量或同样的表达式）.

【例 10】 求极限$\lim\limits_{x\to0}\dfrac{\sin7x}{x}$.

解 $\lim\limits_{x\to0}\dfrac{\sin7x}{x}=\lim\limits_{x\to0}\dfrac{\sin7x}{7x}\cdot7=7.$

【例 11】 求极限$\lim\limits_{x\to3}\dfrac{\sin(x-3)}{x^2-7x+12}$.

解 $\lim\limits_{x\to3}\dfrac{\sin(x-3)}{x^2-7x+12}=\lim\limits_{x\to3}\dfrac{\sin(x-3)}{(x-3)}\cdot\dfrac{1}{(x-4)}$

$$=\lim_{x\to3}\frac{\sin(x-3)}{(x-3)}\cdot\lim_{x\to3}\frac{1}{(x-4)}=-1.$$

【例 12】 求极限$\lim\limits_{x\to0}\dfrac{\tan x}{x}$.

解 $\lim\limits_{x\to0}\dfrac{\tan x}{x}=\lim\limits_{x\to0}\dfrac{\sin x}{x}\cdot\dfrac{1}{\cos x}$

$$=\lim_{x\to0}\frac{\sin x}{x}\cdot\lim_{x\to0}\frac{1}{\cos x}=1.$$

【例 13】 求极限$\lim\limits_{x\to 0}\dfrac{\arcsin x}{x}$.

解 令 $\arcsin x=t$,则 $x=\sin t$,且 $x\to 0$ 时,$t\to 0$. 所以$\lim\limits_{x\to 0}\dfrac{\arcsin x}{x}=\lim\limits_{t\to 0}\dfrac{t}{\sin t}=1$.

2. $\lim\limits_{x\to 0}(1+x)^{\frac{1}{x}}=\mathrm{e}$ 或 $\lim\limits_{x\to\infty}\left(1+\dfrac{1}{x}\right)^{x}=\mathrm{e}$

该重要极限在形式上有以下特点:

(1)它是底数的极限为 1,指数为无穷大的变量的极限,这也是一种未定式,通常记为 1^{∞} 型未定式;

(2)它可写成$\lim\limits_{\square\to 0}(1+\square)^{\frac{1}{\square}}=\mathrm{e}$ 或 $\lim\limits_{\square\to\infty}\left(1+\dfrac{1}{\square}\right)^{\square}=\mathrm{e}$.

数学先驱:柯西

【例 14】 求极限$\lim\limits_{x\to\infty}\left(1+\dfrac{2}{x}\right)^{x}$.

解 $\lim\limits_{x\to\infty}\left(1+\dfrac{2}{x}\right)^{x}=\lim\limits_{x\to\infty}\left[\left(1+\dfrac{2}{x}\right)^{\frac{x}{2}}\right]^{2}=\mathrm{e}^{2}$.

【例 15】 求极限$\lim\limits_{x\to 0}(1+x)^{\frac{3}{x}+2}$.

解 $\lim\limits_{x\to 0}(1+x)^{\frac{3}{x}+2}=\lim\limits_{x\to 0}[(1+x)^{\frac{1}{x}}]^{3}\cdot\lim\limits_{x\to 0}(1+x)^{2}=\mathrm{e}^{3}$.

【例 16】 求极限$\lim\limits_{x\to\infty}\left(1-\dfrac{1}{x}\right)^{x}$.

解 $\lim\limits_{x\to\infty}\left(1-\dfrac{1}{x}\right)^{x}=\lim\limits_{x\to\infty}\left[\left(1+\dfrac{1}{-x}\right)^{-x}\right]^{-1}=\dfrac{1}{\mathrm{e}}$.

【例 17】 求极限$\lim\limits_{x\to\infty}\left(\dfrac{x+3}{x+1}\right)^{x}$.

解 $\lim\limits_{x\to\infty}\left(\dfrac{x+3}{x+1}\right)^{x}=\lim\limits_{x\to\infty}\left(\dfrac{1+\dfrac{3}{x}}{1+\dfrac{1}{x}}\right)^{x}=\lim\limits_{x\to\infty}\dfrac{\left(1+\dfrac{3}{x}\right)^{x}}{\left(1+\dfrac{1}{x}\right)^{x}}=\mathrm{e}^{2}$.

习题 1-3

1. 求下列极限.

(1)$\lim\limits_{x\to 1}\dfrac{x^{2}-1}{2x^{2}-x-1}$;

(2)$\lim\limits_{x\to 0}\dfrac{x^{2}}{1-\sqrt{1+x^{2}}}$;

(3)$\lim\limits_{x\to\infty}\dfrac{2x+3}{6x-1}$;

(4)$\lim\limits_{x\to+\infty}(\sqrt{x^{2}+1}-\sqrt{x^{2}-1})$.

2. 求下列极限.

(1)$\lim\limits_{x\to 0}\dfrac{\sin 5x}{x}$;

(2)$\lim\limits_{x\to 2}\dfrac{\sin(x-2)}{x^{2}+2x-8}$;

(3)$\lim\limits_{x\to 0}\dfrac{1-\cos x}{x^{2}}$;

(4)$\lim\limits_{x\to 0}\dfrac{\arctan x}{x}$.

3. 求下列极限.

(1)$\lim\limits_{x\to\infty}\left(1+\dfrac{1}{x}\right)^{2x+3}$;

(2)$\lim\limits_{x\to 0}\left(\dfrac{2-x}{2}\right)^{\frac{2}{x}}$;

(3) $\lim\limits_{x\to\infty}\left(\dfrac{x-1}{x+1}\right)^x$;　　　　(4) $\lim\limits_{x\to\infty}\left(1-\dfrac{5}{x}\right)^{x-1}$.

1.4 函数的连续性

一、函数的连续性概述

自然界中有许多现象,如气温的变化、河水的流动、植物的生长等,都是连续变化的.这些现象在函数关系上的反映,就是函数的连续性.

1. 增量

定义 1-6　变量 u 从它的一个初值 u_1 变到终值 u_2,终值与初值的差 u_2-u_1 叫作变量 u 的增量,记为 Δu.即 $\Delta u=u_2-u_1$.

变量的增量也称为变量的改变量或变化量,增量 Δu 可以是正的,也可以是负的.在 Δu 为正时,变量 u 从 u_1 变到 $u_2=u_1+\Delta u$ 是增大的;在 Δu 为负时,变量 u 从 u_1 变到 $u_2=u_1+\Delta u$ 是减小的.

2. 连续函数的概念

(1) $f(x)$在点 x_0 连续的定义

定义 1-7　设函数 $y=f(x)$在点 x_0 的某邻域内有定义,自变量 x 在点 x_0 取得增量 Δx 时,相应的函数增量为 $\Delta y=f(x_0+\Delta x)-f(x_0)$,若当 $\Delta x\to 0$ 时,极限 $\lim\limits_{\Delta x\to 0}\Delta y=0$,则称函数 $y=f(x)$在点 x_0 连续.

事实上,设 $x=x_0+\Delta x$,则 $\Delta y=f(x_0+\Delta x)-f(x_0)=f(x)-f(x_0)$,且 $\Delta x\to 0$ 就是 $x\to x_0$,所以 $f(x)=f(x_0)+\Delta y$,所以 $\lim\limits_{\Delta x\to 0}\Delta y=0$ 等价于 $\lim\limits_{x\to x_0}f(x)=f(x_0)$,于是得到函数连续的等价定义.

定义 1-7′　设函数 $y=f(x)$在点 x_0 的某邻域内有定义,若当 $x\to x_0$ 时,极限 $\lim\limits_{x\to x_0}f(x)=f(x_0)$,则称函数 $y=f(x)$在点 x_0 连续.

(2) $f(x)$在区间上的连续性定义

定义 1-8　若函数 $f(x)$在区间(a,b)内每一点都连续,则称函数 $f(x)$在区间(a,b)内连续.

若函数 $f(x)$在区间(a,b)内连续,且在左端点 $x=a$ 处右连续,右端点 $x=b$ 处左连续,则称函数 $f(x)$在$[a,b]$上连续.

$f(x)$在左端点 $x=a$ 处右连续是指 $\lim\limits_{x\to a^+}f(x)=f(a)$;在右端点 $x=b$ 处左连续是指 $\lim\limits_{x\to b^-}f(x)=f(b)$.

仿照函数 $f(x)$在开区间(a,b)内及闭区间$[a,b]$上连续性的定义,请思考函数 $f(x)$在半开区间$(a,b]$与$[a,b)$及开区间$(-\infty,+\infty)$内连续性的定义.

3. 函数 $f(x)$在点 x_0 连续的条件

由定义可以分析得到 $f(x)$在点 x_0 连续必须同时满足以下三个条件:

(1) $f(x)$在点 x_0 有定义;

(2) $\lim\limits_{x\to x_0}f(x)$存在;

(3) $\lim\limits_{x\to x_0} f(x)=f(x_0)$.

【例 1】 讨论函数 $f(x)=\begin{cases}\dfrac{\sin x}{x}, & x\neq 0\\ 1, & x=0\end{cases}$,在点 $x=0$ 是否连续.

解 $f(x)$在点 $x=0$ 有定义,且 $f(0)=1$,$\lim\limits_{x\to 0} f(x)=\lim\limits_{x\to 0}\dfrac{\sin x}{x}=1$,即 $\lim\limits_{x\to x_0} f(x)=f(x_0)$,故 $f(x)$在点 $x=0$ 连续.

【例 2】 设函数 $f(x)=\begin{cases}(1+ax)^{\frac{1}{x}}, & x>0\\ \mathrm{e}, & x=0\\ \dfrac{\sin ax}{bx}, & x<0\end{cases}$,在点 $x_0=0$ 处连续,求 a,b 的值.

解 由 $f(x)$在点 $x_0=0$ 连续,得 $\lim\limits_{x\to 0^+} f(x)=\lim\limits_{x\to 0^-} f(x)=f(0)$,又

$$\lim_{x\to 0^+} f(x)=\lim_{x\to 0^+}(1+ax)^{\frac{1}{x}}=\lim_{x\to 0^+}\left[(1+ax)^{\frac{1}{ax}}\right]^{a}=\mathrm{e}^{a},$$

$$\lim_{x\to 0^-} f(x)=\lim_{x\to 0^-}\frac{\sin ax}{bx}=\lim_{x\to 0^-}\frac{ax}{bx}=\frac{a}{b},f(0)=\mathrm{e},$$

所以 $\mathrm{e}^{a}=\dfrac{a}{b}=\mathrm{e}$,解得 $a=1$,$b=\dfrac{1}{\mathrm{e}}$.

综上所述,当 $a=1$,$b=\dfrac{1}{\mathrm{e}}$时,$f(x)$在点 $x_0=0$ 处连续.

4. 函数的间断点及其分类

(1)函数的间断点

定义 1-9 若函数 $f(x)$在点 x_0 满足下列条件之一,则称点 x_0 为函数 $f(x)$的间断点或不连续点.

① $f(x)$在点 x_0 无定义;

② $\lim\limits_{x\to x_0} f(x)$不存在;

③ $\lim\limits_{x\to x_0} f(x)\neq f(x_0)$.

(2)间断点的分类

①第一类间断点

极限 $\lim\limits_{x\to x_0^+} f(x)$与 $\lim\limits_{x\to x_0^-} f(x)$都存在的间断点称为第一类间断点. 第一类间断点又分为两种情形,即可去间断点与跳跃间断点.

可去间断点:若 $\lim\limits_{x\to x_0^+} f(x)$与 $\lim\limits_{x\to x_0^-} f(x)$都存在,且 $\lim\limits_{x\to x_0^+} f(x)=\lim\limits_{x\to x_0^-} f(x)$,即 $\lim\limits_{x\to x_0} f(x)$存在,但是 $f(x)$在点 x_0 无定义或 $\lim\limits_{x\to x_0} f(x)\neq f(x_0)$,则称点 x_0 为 $f(x)$的可去间断点.

【例 3】 讨论下列指定的点是否为函数的可去间断点.

(1) $f(x)=\dfrac{x^2-4}{x-2}$,$x_0=2$;

(2) $g(x)=\begin{cases}(1+x)^{\frac{1}{x}}, & x\neq 0\\ 1, & x=0\end{cases}$,$x_0=0$.

解 (1)$f(x)=\dfrac{x^2-4}{x-2}$在点 $x_0=2$ 无定义,但$\lim\limits_{x\to 2}f(x)=\lim\limits_{x\to 2}\dfrac{x^2-4}{x-2}=\lim\limits_{x\to 2}(x+2)=4$,故点 $x_0=2$ 为函数 $f(x)=\dfrac{x^2-4}{x-2}$的可去间断点.

(2)$g(x)$在点 $x_0=0$ 有定义且 $g(0)=1$,$\lim\limits_{x\to 0}g(x)=\lim\limits_{x\to 0}(1+x)^{\frac{1}{x}}=\mathrm{e}\neq g(0)$,故点 $x_0=0$ 为函数 $g(x)=\begin{cases}(1+x)^{\frac{1}{x}}, & x\neq 0\\ 1, & x=0\end{cases}$的可去间断点.

跳跃间断点:若 $\lim\limits_{x\to x_0^+}f(x)$与 $\lim\limits_{x\to x_0^-}f(x)$都存在,但 $\lim\limits_{x\to x_0^+}f(x)\neq\lim\limits_{x\to x_0^-}f(x)$,则称点 x_0 为函数 $f(x)$的跳跃间断点.

【例 4】 讨论函数 $f(x)=\begin{cases}x-1, & x<0\\ 0, & x=0\\ x+1 & x>0\end{cases}$,在点 $x_0=0$ 的连续性.

解 因为$\lim\limits_{x\to 0^-}f(x)=\lim\limits_{x\to 0^-}(x-1)=-1$,$\lim\limits_{x\to 0^+}f(x)=\lim\limits_{x\to 0^+}(x+1)=1$,所以,函数 $f(x)$在点 $x_0=0$ 不连续,且点 x_0 为函数 $f(x)$的跳跃间断点.

②第二类间断点

$\lim\limits_{x\to 0^+}f(x)$与$\lim\limits_{x\to 0^-}f(x)$至少有一个不存在的间断点称为第二类间断点.第二类间断点常见的有两种情形,即无穷间断点与振荡间断点.

无穷间断点:若$\lim\limits_{x\to 0^+}f(x)=\infty$,或$\lim\limits_{x\to 0^-}f(x)=\infty$,或$\lim\limits_{x\to x_0}f(x)=\infty$,则称点 x_0 为函数 $f(x)$的无穷间断点.

【例 5】 讨论下列指定点是否是函数的无穷间断点.

(1)$f(x)=\dfrac{1}{x-2}$,$x_0=2$;

(2)$g(x)=\begin{cases}\mathrm{e}^{\frac{1}{x}}, & x>0\\ 2x+1, & x\leqslant 0\end{cases}$,$x_0=0$.

解 (1)$\lim\limits_{x\to 2}f(x)=\lim\limits_{x\to 2}\dfrac{1}{x-2}=\infty$,故点 $x_0=2$ 为函数 $f(x)=\dfrac{1}{x-2}$的无穷间断点.

(2)因为$\lim\limits_{x\to 0^+}g(x)=\lim\limits_{x\to 0^+}\mathrm{e}^{\frac{1}{x}}=\infty$,所以点 $x_0=0$ 为函数 $g(x)$的无穷间断点.

振荡间断点:若当 $x\to x_0$ 时,函数值 $f(x)$无限次地在两个不同的数之间变动,则称点 x_0 为函数 $f(x)$的振荡间断点.

例如,函数 $f(x)=\sin\dfrac{1}{x}$在 $x=0$ 处无定义,且当 $x\to 0$ 时,函数值 $f(x)$在-1与$+1$之间无限次地变动,故点 $x=0$ 为函数 $f(x)=\sin\dfrac{1}{x}$的振荡间断点.

二、初等函数的连续性

定理 1-7 若函数 $f(x)$,$g(x)$都在点 x_0 处连续,则函数 $f(x)\pm g(x)$,$f(x)\cdot g(x)$也在点 x_0 处连续.

定理 1-8 若函数 $f(x)$，$g(x)$ 都在点 x_0 处连续，且 $g(x_0)\neq 0$，则函数 $\dfrac{f(x)}{g(x)}$ 也在点 x_0 处连续.

定理 1-9 函数 $u=\varphi(x)$ 在点 x_0 处连续且 $u_0=\varphi_0(x)$，函数 $y=f(u)$ 在点 u_0 处连续，则复合函数 $y=f[\varphi(x)]$ 在点 x_0 处连续，即 $\lim\limits_{x\to x_0}f[\varphi(x)]=f[\varphi(x_0)]$.

【例 6】 求极限 $\lim\limits_{x\to 1}\sin\left(\pi x-\dfrac{\pi}{2}\right)$.

解 $y=\sin\left(\pi x-\dfrac{\pi}{2}\right)$ 是由 $y=\sin u$ 与 $u=\pi x-\dfrac{\pi}{2}$ 复合而成.

$u=\pi x-\dfrac{\pi}{2}$ 在点 $x=1$ 处连续且当 $x=1$ 时，$u=\pi\times 1-\dfrac{\pi}{2}=\dfrac{\pi}{2}$，$y=\sin u$ 在点 $u=\dfrac{\pi}{2}$ 处连续，故由上述定理可得：

$$\lim_{x\to 1}\sin\left(\pi x-\frac{\pi}{2}\right)=\sin\left(\pi\times 1-\frac{\pi}{2}\right)=\sin\frac{\pi}{2}=1.$$

定理 1-10 基本初等函数在其定义域内的任一区间上都是连续的，即基本初等函数是连续函数.

定理 1-11 一切初等函数在其定义域内的任一区间上都是连续的.

三、闭区间上连续函数的性质

定理 1-12（零点定理） 设函数 $f(x)$ 在区间 $[a,b]$ 上连续，且 $f(a)$ 与 $f(b)$ 异号，则至少有一点 $\xi\in(a,b)$，使得 $f(\xi)=0$.

【例 7】 证明方程 $x^3-4x^2+1=0$ 在区间 $(0,1)$ 内至少有一个根.

证明 令 $f(x)=x^3-4x^2+1$，则 $f(x)$ 在 $[0,1]$ 上连续，且 $f(0)=1>0$，$f(1)=-2<0$，故由零点定理，至少有一点 $\xi\in(0,1)$，使得 $f(\xi)=0$，即 $\xi^3-4\xi^2+1=0(0<\xi<1)$，这个等式说明方程 $x^3-4x^2+1=0$ 在区间 $(0,1)$ 内至少有一个根是 ξ.

定理 1-13（最大值、最小值定理） 设函数 $f(x)$ 在 $[a,b]$ 上连续，则函数 $f(x)$ 在 $[a,b]$ 上一定能够取得最大值 M 与最小值 m.

习题 1-4

1. 找出下列函数的间断点，并指明这些间断点的类型.

(1) $f(x)=\dfrac{1}{(x-3)^2}$；

(2) $f(x)=\dfrac{x^2-1}{x^2-3x+2}$；

(3) $f(x)=\begin{cases}\dfrac{x^2-1}{x-1}, & x\neq 1\\ 0, & x=1\end{cases}$；

(4) $f(x)=\begin{cases}\dfrac{\sin(x-1)}{x-1}, & x<1\\ 3x-1, & x\geqslant 1\end{cases}$；

(5) $f(x)=\cos\dfrac{1}{x}$.

2. 设函数 $f(x)=\begin{cases}a+x+x^2, & x\leqslant 0\\ \dfrac{\sin 3x}{x}, & x>0\end{cases}$，在点 $x=0$ 处连续，求 a 的值.

复习题 1

1. 求函数 $y=\arcsin(\ln x)$ 的定义域.

2. 设函数 $f(x)$ 的定义域为 $[0,1]$，求函数 $f[\ln(x-1)]$ 的定义域.

3. 若 $f(u)=u-1, u=\varphi(x)=\ln x$，求 $f[\varphi(10)]$.

4. 设 $f\left(x+\dfrac{1}{x}\right)=x^2+\dfrac{1}{x^2}$，求 $f(x)$.

5. 求下列极限.

(1) $\lim\limits_{x\to4}\dfrac{x+\sqrt{x}-6}{x-4}$；

(2) $\lim\limits_{x\to+\infty}x\left(\sqrt{9x^2+1}-3x\right)$；

(3) $\lim\limits_{x\to\infty}x^2\left(1-\cos\dfrac{1}{x}\right)$；

(4) $\lim\limits_{x\to\infty}\left(\dfrac{2x+3}{2x+1}\right)^{x+2}$；

(5) $\lim\limits_{x\to1}(3-2x)^{\frac{3}{x-1}}$；

(6) $\lim\limits_{x\to\pi}\dfrac{\sin x}{x-\pi}$；

(7) $\lim\limits_{x\to0}\dfrac{\tan x-\sin x}{\sin^3 x}$；

(8) $\lim\limits_{x\to0}\dfrac{1}{x}\left(\dfrac{1}{\sin x}-\dfrac{1}{\tan x}\right)$.

6. 设 $\lim\limits_{x\to+\infty}\left(\dfrac{x^2+1}{x-1}-\alpha x-\beta\right)=1$，求 α，β 的值.

7. 设 $\lim\limits_{x\to1}\left(\dfrac{x^2+ax+b}{x-1}\right)=-5$，求 a，b 的值.

8. 若 $\lim\limits_{x\to\infty}x\cdot\sin\dfrac{e^{2k-2}}{x}=\lim\limits_{x\to\infty}\left(1+\dfrac{1}{x}\right)^{kx}$，求 k 的值.

9. 设 $f(x)=\begin{cases}\dfrac{\tan x}{x}, & x<0\\ a, & x=0\\ x\cdot\sin\dfrac{1}{x}+b, & x>0\end{cases}$.

求：(1) $f(x)$ 在点 $x=0$ 的左极限与右极限；

(2) 当 a 和 b 取何值时，$f(x)$ 在点 $x=0$ 连续.

10. 设 $f(x)=e^x-2$. 证明：至少有一点 $\xi\in(0,2)$，使得 $f(\xi)=\xi$.

本章思维导图

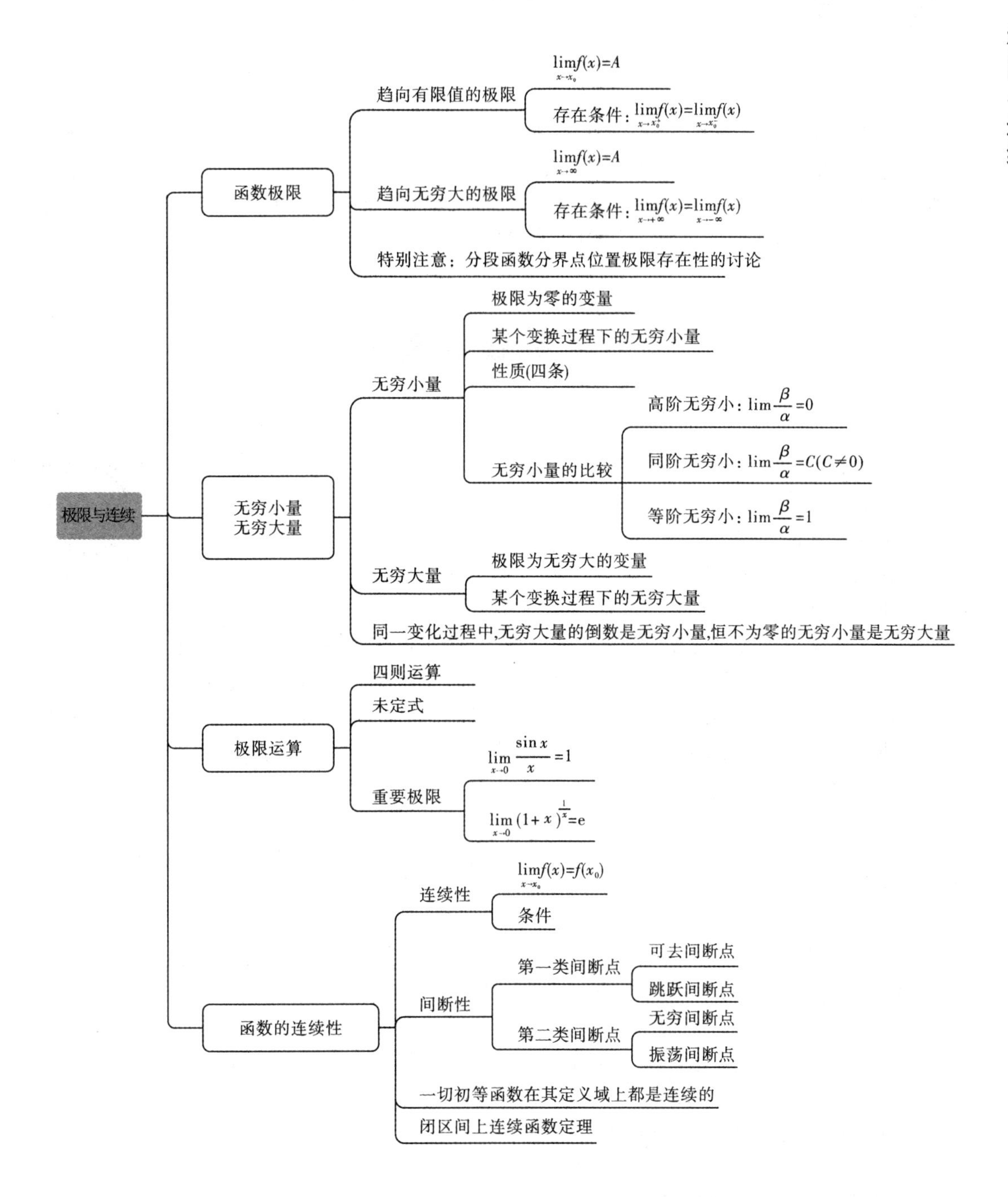

极限与连续
函数极限
趋向有限值的极限
$\lim_{x\to x_0} f(x)=A$
存在条件：$\lim_{x\to x_0^+} f(x)=\lim_{x\to x_0^-} f(x)$
趋向无穷大的极限
$\lim_{x\to\infty} f(x)=A$
存在条件：$\lim_{x\to+\infty} f(x)=\lim_{x\to-\infty} f(x)$
特别注意：分段函数分界点位置极限存在性的讨论
无穷小量
无穷大量
无穷小量
极限为零的变量
某个变换过程下的无穷小量
性质(四条)
无穷小量的比较
高阶无穷小：$\lim\frac{\beta}{\alpha}=0$
同阶无穷小：$\lim\frac{\beta}{\alpha}=C(C\neq0)$
等阶无穷小：$\lim\frac{\beta}{\alpha}=1$
无穷大量
极限为无穷大的变量
某个变换过程下的无穷大量
同一变化过程中,无穷大量的倒数是无穷小量,恒不为零的无穷小量是无穷大量
极限运算
四则运算
未定式
重要极限
$\lim_{x\to0}\frac{\sin x}{x}=1$
$\lim_{x\to0}(1+x)^{\frac{1}{x}}=e$
函数的连续性
连续性
$\lim_{x\to x_0} f(x)=f(x_0)$
条件
间断性
第一类间断点
可去间断点
跳跃间断点
第二类间断点
无穷间断点
振荡间断点
一切初等函数在其定义域上都是连续的
闭区间上连续函数定理

第 2 章 导数与微分

微分学是微积分学的两大部分之一，微分学又分为一元函数微分学和多元函数微分学两个部分，本章讨论一元函数微分学. 一元函数微分学中最基本的概念是导数与微分，导数反映了函数相对于自变量变化而变化，微分则指明了当自变量有微小变化时，函数变化量的近似值. 在本章中我们主要讨论导数和微分的概念以及它们的计算方法.

2.1 导数的概念

一、问题引入

数学先驱：
波尔察诺

1. 平面曲线的切线

已知曲线 $y=f(x)$ 过点 $P(x_0,f(x_0))$，求曲线 $y=f(x)$ 在点 $P(x_0,f(x_0))$ 处的切线方程.

我们先来学习切线的定义. 建立直角坐标系，画出已知曲线 $y=f(x)$ 及它上面的定点 $P(x_0,f(x_0))$，再在曲线 $y=f(x)$ 上点 $P(x_0,f(x_0))$ 的附近任取一点 $Q(x_0+\Delta x,f(x_0+\Delta x))$，连接 P,Q 两点，得到曲线 $y=f(x)$ 过点 $P(x_0,f(x_0))$ 处的割线. 当点 Q 沿曲线 $y=f(x)$ 无限趋近于点 P 时，称割线 PQ 的极限位置 PT 为曲线 $y=f(x)$ 在点 $P(x_0,f(x_0))$ 处的切线，如图 2-1-1 所示.

图 2-1-1

下面我们来求曲线 $y=f(x)$ 在点 $P(x_0,f(x_0))$ 处的切线. 根据切线的定义我们知道割线的极限位置就是切线，因此割线斜率的极限就是切线的斜率，而割线斜率为 $\dfrac{\Delta y}{\Delta x}=\dfrac{f(x_0+\Delta x)-f(x_0)}{\Delta x}$，且点 Q 沿曲线 $y=f(x)$ 无限趋近于点 P 时，即有 $\Delta x\to 0$，所以切线的斜率

$$k=\lim_{\Delta x\to 0}\frac{f(x_0+\Delta x)-f(x_0)}{\Delta x},$$

代入直线的点斜式方程，切线方程为

$$y-f(x_0)=k(x-x_0).$$

2. 变速直线运动的瞬时速度

物体沿直线的运动可理想化为质点在数轴上的运动. 假设质点在 $t=0$ 时刻位于数轴的原点，在任意的时刻 t，质点在数轴上的坐标为 $s=s(t)$. 下面讨论质点在时刻 $t_0\in[0,t]$ 的

瞬时速度 $v(t_0)$，即：已知质点的运动方程 $s=s(t)$，求瞬时速度 $v(t_0)$.

质点从 t_0 到 $t_0+\Delta t$ 这段时间间隔内通过的路程为

$$\Delta s=s(t_0+\Delta t)-s(t_0),$$

平均速度为 $\overline{v}=\dfrac{\Delta s}{\Delta t}=\dfrac{s(t_0+\Delta t)-s(t_0)}{\Delta t}$.

一般情况下，平均速度 $\overline{v}$ 与时间间隔 Δt 有关. 当时间间隔 Δt 很短时，可以用平均速度 $\overline{v}$ 近似表示物体做直线运动在时刻 $t=t_0$ 的快慢程度，时间间隔 Δt 越短，近似程度就越高. 当 $\Delta t\to 0$ 时，称平均速度 $\overline{v}$ 的极限为 t_0 时刻的瞬时速度，即

$$v(t_0)=\lim_{\Delta t\to 0}\frac{\Delta s}{\Delta t}=\lim_{\Delta t\to 0}\frac{s(t_0+\Delta t)-s(t_0)}{\Delta t}.$$

在上面两个具体问题中，尽管实际背景不一样，但从抽象的数量关系来看却是一样的，都归结为计算形如 $\lim\limits_{\Delta x\to 0}\dfrac{f(x_0+\Delta x)-f(x_0)}{\Delta x}$ 的极限问题，其中 $\dfrac{f(x_0+\Delta x)-f(x_0)}{\Delta x}=\dfrac{\Delta y}{\Delta x}$ 为函数的平均变化率. 通过取极限，平均变化率就转化为函数在点 x_0 的瞬时变化率. 在自然科学和工程技术领域中，甚至在社会科学中，还有许多概念，例如物质比热、电流强度、线密度等，都可以归结为上述形式的极限问题，因此撇开这些量的具体意义，抓住它们在数量关系上的共性，引入导数的概念.

二、导数定义

1. 函数在一点处的导数

定义 2-1 设函数 $y=f(x)$ 在点 x_0 的某个邻域内有定义，当自变量 x 在点 x_0 处取得改变量 $\Delta x(\Delta x\neq 0, x_0+\Delta x$ 仍然在该邻域内）时，相应的函数改变量 $\Delta y=f(x_0+\Delta x)-f(x_0)$，若极限 $\lim\limits_{\Delta x\to 0}\dfrac{\Delta y}{\Delta x}=\lim\limits_{\Delta x\to 0}\dfrac{f(x_0+\Delta x)-f(x_0)}{\Delta x}$ 存在，则称函数 $y=f(x)$ 在点 x_0 可导，并称此极限值为函数 $y=f(x)$ 在点 x_0 处的导数，记作

$$f'(x_0),\ y'\big|_{x=x_0},\ \left.\frac{\mathrm{d}f(x)}{\mathrm{d}x}\right|_{x=x_0},\ \left.\frac{\mathrm{d}y}{\mathrm{d}x}\right|_{x=x_0},$$

即

$$f'(x_0)=\lim_{\Delta x\to 0}\frac{f(x_0+\Delta x)-f(x_0)}{\Delta x}.$$

导数定义还有不同的表达形式，常见的有 $f'(x_0)=\lim\limits_{h\to 0}\dfrac{f(x_0+h)-f(x_0)}{h}$，$f'(x_0)=\lim\limits_{x\to x_0}\dfrac{f(x)-f(x_0)}{x-x_0}$（其中 $x=x_0+\Delta x$）.

若极限 $\lim\limits_{\Delta x\to 0}\dfrac{f(x_0+\Delta x)-f(x_0)}{\Delta x}$ 不存在，则称函数 $y=f(x)$ 在点 x_0 处不可导.

【例 1】 求函数 $f(x)=x^3$ 在点 $x_0=2$ 处的导数.

解 $f'(2)=\lim\limits_{x\to 2}\dfrac{f(x)-f(2)}{x-2}=\lim\limits_{x\to 2}\dfrac{x^3-8}{x-2}=\lim\limits_{x\to 2}\dfrac{(x-2)(x^2+2x+4)}{x-2}=12.$

2. 单侧导数

定义 2-2 设函数 $y=f(x)$ 在点 x_0 的某个左邻域 $(x_0-\delta, x_0)(\delta>0)$ 内有定义，当自变

量 x 在点 x_0 取得改变量 $\Delta x(\Delta x<0, x_0+\Delta x$ 仍然在该邻域内)时,相应的函数改变量为

$$\Delta y=f(x_0+\Delta x)-f(x_0),$$

若极限

$$\lim_{\Delta x\to 0^-}\frac{f(x_0+\Delta x)-f(x_0)}{\Delta x}$$

存在,则称此极限值为函数 $y=f(x)$ 在点 x_0 的左导数,记作 $f'_-(x_0)$,即

$$f'_-(x_0)=\lim_{\Delta x\to 0^-}\frac{f(x_0+\Delta x)-f(x_0)}{\Delta x} \text{或} f'_-(x_0)=\lim_{x\to x_0^-}\frac{f(x)-f(x_0)}{x-x_0}.$$

定义 2-3 设函数 $y=f(x)$ 在点 x_0 的某个右邻域 $(x_0, x_0+\delta)(\delta>0)$ 内有定义,当自变量 x 在点 x_0 取得改变量 $\Delta x(\Delta x>0, x_0+\Delta x$ 仍然在该邻域内)时,相应的函数改变量为

$$\Delta y=f(x_0+\Delta x)-f(x_0),$$

若极限

$$\lim_{\Delta x\to 0^+}\frac{f(x_0+\Delta x)-f(x_0)}{\Delta x}$$

存在,则称此极限值为函数 $y=f(x)$ 在点 x_0 的右导数,记作 $f'_+(x_0)$,即

$$f'_+(x_0)=\lim_{\Delta x\to 0^+}\frac{f(x_0+\Delta x)-f(x_0)}{\Delta x} \text{或} f'_+(x_0)=\lim_{x\to x_0^+}\frac{f(x)-f(x_0)}{x-x_0}.$$

【例 2】 求函数 $f(x)=|x|=\begin{cases}x, & x\geqslant 0\\ -x, & x<0\end{cases}$,在点 $x=0$ 处的左导数与右导数.

解

$$f'_-(0)=\lim_{x\to 0^-}\frac{f(x)-f(0)}{x-0}=\lim_{x\to 0^-}\frac{-x}{x}=-1,$$

$$f'_+(0)=\lim_{x\to 0^+}\frac{f(x)-f(0)}{x-0}=\lim_{x\to 0^+}\frac{x}{x}=1.$$

3. 导函数

定义 2-4 函数 $y=f(x)$ 在开区间 (a,b) 内每一点都可导,则称函数 $y=f(x)$ 在开区间 (a,b) 内可导.设函数 $y=f(x)$ 在开区间 (a,b) 内可导,且在左端点 $x=a$ 处存在右导数,在右端点 $x=b$ 处存在左导数,则称函数 $y=f(x)$ 在闭区间 $[a,b]$ 上可导.

设函数 $f(x)$ 在区间 I (I 可以是开区间,闭区间或半开区间)上可导,则对于区间 I 上任一点 x,都有一个导数值 $f'(x)$ 与之相对应,于是得到一个新函数 $f'(x)$,称这个新函数 $f'(x)$ 为原来函数 $y=f(x)$ 的导函数,简称为导数,记作 $f'(x), y', \frac{df(x)}{dx}$ 或 $\frac{dy}{dx}$,即

$$f'(x)=\lim_{\Delta x\to 0}\frac{\Delta y}{\Delta x}=\lim_{\Delta x\to 0}\frac{f(x+\Delta x)-f(x)}{\Delta x}.$$

注意:

①在极限过程中上式中的 x 是常量,Δx 是变量.

②函数 $f(x)$ 在点 x_0 的导数 $f'(x_0)$ 就是导函数 $f'(x)$ 在点 $x=x_0$ 处的函数值,即 $f'(x_0)=f'(x)|_{x=x_0}$.

【例 3】 求函数 $f(x)=C$(C 为常数)的导数.

解 因为 $f'(x)=\lim\limits_{\Delta x\to 0}\frac{f(x+\Delta x)-f(x)}{\Delta x}=\lim\limits_{\Delta x\to 0}\frac{C-C}{\Delta x}=0$,所以 $(C)'=0$.

这就是常值函数的导数公式,利用该公式可以求出具体的常值函数的导数.例如,

$(1)'=0,\left(\frac{\pi}{3}\right)'=0,(\ln 3)'=0$ 等.

【例 4】 求函数 $f(x)=\sin x$ 的导数.

解 $$f'(x)=\lim_{\Delta x\to 0}\frac{f(x+\Delta x)-f(x)}{\Delta x}=\lim_{\Delta x\to 0}\frac{\sin(x+\Delta x)-\sin x}{\Delta x}$$

$$=\lim_{\Delta x\to 0}\frac{2\sin\frac{\Delta x}{2}\cos\left(x+\frac{\Delta x}{2}\right)}{\Delta x}=\lim_{\Delta x\to 0}\frac{\sin\frac{\Delta x}{2}\cos\left(x+\frac{\Delta x}{2}\right)}{\frac{\Delta x}{2}}=\cos x.$$

即 $(\sin x)'=\cos x$.

这就是正弦函数的导数公式.

【例 5】 求函数 $f(x)=\log_a x(a>0$ 且 $a\neq 1)$ 的导数.

解 $$f'(x)=\lim_{\Delta x\to 0}\frac{f(x+\Delta x)-f(x)}{\Delta x}=\lim_{\Delta x\to 0}\frac{\log_a(x+\Delta x)-\log_a x}{\Delta x}$$

$$=\lim_{\Delta x\to 0}\frac{\log_a\left(1+\frac{\Delta x}{x}\right)}{\Delta x}=\lim_{\Delta x\to 0}\frac{1}{x}\cdot\frac{x}{\Delta x}\cdot\log_a\left(1+\frac{\Delta x}{x}\right)$$

$$=\frac{1}{x}\lim_{\Delta x\to 0}\log_a\left(1+\frac{\Delta x}{x}\right)^{\frac{x}{\Delta x}}=\frac{1}{x}\log_a e=\frac{1}{x\ln a}.$$

即 $(\log_a x)'=\frac{1}{x\ln a}$.

这就是对数函数的导数公式,利用该公式可以方便地求出具体的对数函数的导数.

例如,$(\log_2 x)'=\frac{1}{x\ln 2}$,$(\log_5 x)'=\frac{1}{x\ln 5}$,特别地,$(\ln x)'=\frac{1}{x}$.

【例 6】 求函数 $f(x)=x^\mu$(μ 为正整数)在 $x=a$ 处的导数.

解 $$f'(x)=\lim_{\Delta x\to 0}\frac{f(x+\Delta x)-f(x)}{\Delta x}=\lim_{\Delta x\to 0}\frac{(x+\Delta x)^\mu-x^\mu}{\Delta x}$$

$$=\lim_{\Delta x\to 0}x^\mu\frac{\left(1+\frac{\Delta x}{x}\right)^\mu-1}{\Delta x}(x\neq 0).$$

因为当 $\Delta x\to 0$ 时,$\frac{\Delta x}{x}\to 0$,这时 $\left(1+\frac{\Delta x}{x}\right)^\mu-1\sim\mu\frac{\Delta x}{x}$,$f'(x)=\lim_{\Delta x\to 0}x^\mu\frac{\mu\frac{\Delta x}{x}}{\Delta x}=\mu x^{\mu-1}$.

即 $(x^\mu)'=\mu x^{\mu-1}$.

利用该公式可以方便地求出具体的幂函数的导数.

例如,$(x^3)'=3x^2$,$(x^{\frac{1}{2}})'=\frac{1}{2}x^{-\frac{1}{2}}=\frac{1}{2\sqrt{x}}$,$\left(\frac{1}{x}\right)'=(x^{-1})'=-\frac{1}{x^2}$等.

三、函数可导的充要条件

由导数定义及极限存在的充要条件可得到下面函数可导的充要条件,我们把它写成定理的形式.

定理 2-1 函数 $y=f(x)$ 在点 x_0 可导的充要条件是左导数 $f'_-(x)$ 与右导数 $f'_+(x)$ 存在且相等.

显然,在例 2 中根据上述定理可知函数 $f(x)=|x|$ 在点 $x=0$ 处的导数不存在.

【例 7】 讨论函数 $f(x)=\begin{cases}x^3-x+3, & x<1\\2x+1, & x\geqslant1\end{cases}$,在点 $x=1$ 处的可导性.

解 $$f'_-(1)=\lim_{x\to1^-}\frac{f(x)-f(1)}{x-1}=\lim_{x\to1^-}\frac{x^3-x+3-3}{x-1}$$
$$=\lim_{x\to1^-}\frac{x(x-1)(x+1)}{x-1}=\lim_{x\to1^-}x(x+1)=2,$$
$$f'_+(1)=\lim_{x\to1^+}\frac{f(x)-f(1)}{x-1}=\lim_{x\to1^+}\frac{2x+1-3}{x-1}=\lim_{x\to1^+}\frac{2(x-1)}{x-1}=2.$$
所以函数 $f(x)$ 在点 $x=1$ 处可导,且 $f'(1)=2$.

四、导数的几何意义

函数 $y=f(x)$ 在点 x_0 的导数 $f'(x_0)$ 就是曲线 $y=f(x)$ 在点 $P(x_0,y_0)$ 处切线的斜率,即 $f'(x_0)=\tan\alpha$,α 为切线的倾斜角,如图 2-1-2 所示.

根据导数几何意义可知,曲线 $y=f(x)$ 在点 $P(x_0,y_0)$ 处的切线方程为
$$y-y_0=f'(x_0)(x-x_0),$$
法线方程为
$$y-y_0=-\frac{1}{f'(x_0)}(x-x_0),f'(x_0)\neq0.$$

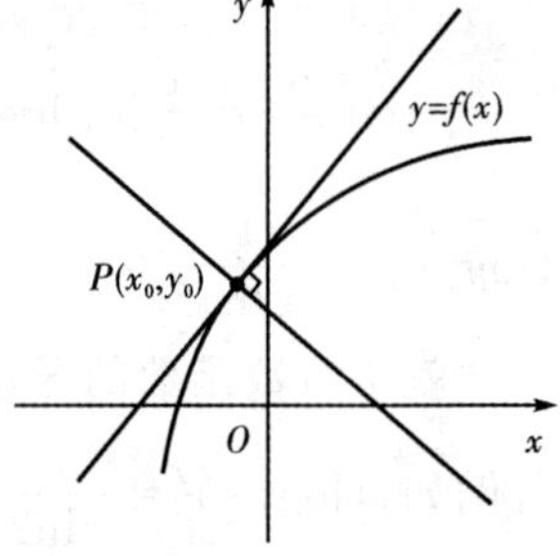

图 2-1-2

五、函数可导与连续的关系

定理 2-2 设函数 $y=f(x)$ 在点 x_0 处可导,则函数 $y=f(x)$ 在点 x_0 处连续.

证明 因为函数 $y=f(x)$ 在点 x_0 处可导,所以有极限 $\lim\limits_{\Delta x\to0}\dfrac{\Delta y}{\Delta x}=f'(x_0)$. 因为
$$\lim_{\Delta x\to0}\Delta y=\lim_{\Delta x\to0}\frac{\Delta y}{\Delta x}\cdot\Delta x=\lim_{\Delta x\to0}\frac{\Delta y}{\Delta x}\cdot\lim_{\Delta x\to0}\Delta x=f'(x_0)\cdot0=0,$$
所以函数 $y=f(x)$ 在点 x_0 处连续.

由该定理我们知道函数在可导的点处一定连续. 反之函数在连续的点处不一定可导. 例如,由前面的讨论可知函数 $f(x)=|x|$ 在点 $x=0$ 处连续,却在点 $x=0$ 处不可导.

因此,连续是可导的必要而非充分条件.

【例 8】 设函数 $f(x)=\begin{cases}x^2, & x\leqslant1\\ax+b, & x>1\end{cases}$,在点 $x=1$ 处可导,试确定 a,b 的值.

解 因为函数 $f(x)$ 在点 $x=1$ 处可导,所以函数 $f(x)$ 在点 $x=1$ 处必连续,即
$$\lim_{x\to1^-}f(x)=\lim_{x\to1^+}f(x)=f(1).$$
而 $\lim\limits_{x\to1^-}f(x)=\lim\limits_{x\to1^-}x^2=1$,$\lim\limits_{x\to1^+}f(x)=\lim\limits_{x\to1^+}(ax+b)=a+b$,所以
$$a+b=1 \tag{2-1-1}$$

又因为

$$f'_-(1)=\lim_{x\to 1^-}\frac{f(x)-f(1)}{x-1}=\lim_{x\to 1^-}\frac{x^2-1}{x-1}=\lim_{x\to 1^-}(x+1)=2,$$

$$f'_+(1)=\lim_{x\to 1^+}\frac{f(x)-f(1)}{x-1}=\lim_{x\to 1^+}\frac{ax+b-1}{x-1}$$
$$=\lim_{x\to 1^+}\frac{ax+(1-a)-1}{x-1}=\lim_{x\to 1^+}\frac{a(x-1)}{x-1}=a,$$

且 $f(x)$在点 $x=1$ 处可导,所以

$$a=2. \tag{2-1-2}$$

式(2-1-2)代入式(2-1-1)中,得 $b=-1$.

综上所述,当函数 $f(x)$在点 $x=1$ 处可导时,$a=2,b=-1$.

习题 2-1

1. 设函数 $f(x)=\begin{cases}\sin x, & x\leqslant 0\\ \sqrt{1+x}-\sqrt{1-x}, & 0<x\leqslant 1\end{cases}$,求 $f'(0)$.

2. 设函数 $f(x)=\begin{cases}2\sin x, & x\leqslant 0\\ a+bx, & x>0\end{cases}$,在点 $x=0$ 处可导,试确定 a, b 的值.

2.2 导数的运算

已知函数 $f(x)$求导数 $f'(x)$的运算,称为导数运算.

一、导数的四则运算法则

设函数 $u=u(x)$和 $v=v(x)$在点 x 处可导,则它们的和、差、积、商(除分母为零的外)在点 x 处也可导,且

(1) $[u(x)\pm v(x)]'=u'(x)\pm v'(x)$;

(2) $[u(x)v(x)]'=u'(x)v(x)+u(x)v'(x)$;

(3) $[Cu(x)]'=Cu'(x)$(C 为常数);

(4) $\left[\dfrac{u(x)}{v(x)}\right]'=\dfrac{u'(x)v(x)-u(x)v'(x)}{v^2(x)}(v(x)\neq 0)$.

以上求导方法可以推广到有限多项.

【例 1】 已知 $y=5x^4+7x^3-x-4\cos x$,求 y'.

解 $y'=5(x^4)'+7(x^3)'-(x)'-4(\cos x)'$
$=5\times 4x^3+7\times 3x^2-1-4\times(-\sin x)$
$=20x^3+21x^2+4\sin x-1$.

【例 2】 设 $y=x\ln x$,求 y'.

解 $y'=(x\ln x)'=x'\ln x+x(\ln x)'=1+\ln x$.

【例 3】 求函数 $y=\tan x$ 的导数.

解 $y'=(\tan x)'=\left(\dfrac{\sin x}{\cos x}\right)'=\dfrac{(\sin x)'\cos x-(\cos x)'\sin x}{\cos^2 x}$

$$=\frac{\cos^2 x+\sin^2 x}{\cos^2 x}=\frac{1}{\cos^2 x}=\sec^2 x,$$

即 $(\tan x)'=\sec^2 x$.

二、复合函数的求导法则

定理 2-3 如果 $u=\varphi(x)$ 在点 x 处可导，而 $y=f(u)$ 在点 $u=\varphi(x)$ 处可导，那么复合函数 $y=f[\varphi(x)]$ 在点 x 处可导，且其导数为

$$\frac{dy}{dx}=f'(u)\cdot\varphi(x)\text{或}\frac{dy}{dx}=\frac{dy}{du}\cdot\frac{du}{dx}.$$

这个定理说明，复合函数的导数等于已知函数对中间变量的导数乘以中间变量对自变量的导数.

【例 4】 求下列复合函数的导数.

(1) $y=\sin 3x$； (2) $y=\sqrt{4-3x^2}$.

解 (1) 设 $y=\sin u, u=3x$. 由复合函数的求导法则

$$\frac{dy}{dx}=\frac{dy}{du}\cdot\frac{du}{dx}=\cos u\cdot 3=3\cos 3x$$

(2) 设 $y=\sqrt{u}, u=4-3x^2$. 由复合函数的求导法则

$$\frac{dy}{dx}=\frac{dy}{du}\cdot\frac{du}{dx}=\frac{1}{2\sqrt{u}}\cdot(-6x)=-\frac{3x}{\sqrt{4-3x^2}}.$$

熟练后，可以不引入中间变量，直接由外向内逐层求导即可.

【例 5】 求下列函数的导数.

(1) $y=\ln\sin x$； (2) $y=\sin^2(2-3x)$； (3) $y=\ln(x+\sqrt{1+x^2})$.

解 (1) $\dfrac{dy}{dx}=(\ln\sin x)'=\dfrac{1}{\sin x}(\sin x)'=\dfrac{\cos x}{\sin x}=\cot x$.

(2) $\dfrac{dy}{dx}=(\sin^2(2-3x))'=2\sin(2-3x)(\sin(2-3x))'$

$$=2\sin(2-3x)\cos(2-3x)(2-3x)'=-3\sin 2(2-3x).$$

(3) $\dfrac{dy}{dx}=\dfrac{1}{x+\sqrt{1+x^2}}(x+\sqrt{1+x^2})'=\dfrac{1}{x+\sqrt{1+x^2}}\left(1+\dfrac{2x}{2\sqrt{1+x^2}}\right)=\dfrac{1}{\sqrt{1+x^2}}$.

三、隐函数取对数求导法

1. 隐函数的导数

函数 $y=f(x)$ 表示两个变量 y 与 x 之间的对应关系，这种对应关系可以用不同的方式表达，如 $y=x-e, y=\sin^2 x, y=\ln(x^2+5)$ 等，这种形式的函数称为显函数，有些函数的表达方式却不是这样，例如，方程 $x+y^3-10=0$ 也表示一个函数. 像这样用二元方程 $F(x,y)=0$ 来表示函数关系的，称为隐函数.

如：(1) $x^2+y^2=4$； (2) $x+y+\sin xy=0$； (3) $e^{x-y}+xy=6$.

有些隐函数是可以化成显函数的，我们称为隐函数的显化，而有些隐函数是无法化成显函数的，如上面的函数(2)与(3).

在实际问题中，有时需要计算隐函数的导数.因此，我们希望有一种方法，不管隐函数能否显化，都能直接由方程计算出它所确定的隐函数的导数来.

隐函数求导数的方法是：方程的两端同时对 x 求导，遇到含有 y 的项，把 y 看作是 x 的复合函数，先对 y 求导，再乘以 y 对 x 的导数 y'，得到一个含有 y 的方程式，然后从中解出 y' 即可.

【例6】 求由方程 $e^y+xy-e=0$ 所确定的隐函数 y 对 x 的导数.

解 把 y 看作是 x 的函数，方程两边分别对 x 求导数，得

$$e^y\frac{dy}{dx}+y+x\frac{dy}{dx}=0,$$

解得

$$\frac{dy}{dx}=-\frac{y}{x+e^y}\quad(x+e^y\neq0).$$

【例7】 由方程 $y\sin x+e^y-x=1$ 确定变量 y 为 x 的函数，求导数 $y'|_{x=0}$.

解 在方程 $y\sin x+e^y-x=1$ 中，令 $x=0$，得 $y=0$.

方程两边分别对 x 求导，得

$$(y'\sin x+y\cos x)+e^y y'-1=0,$$

即

$$(\sin x+e^y)y'=1-y\cos x,$$

$$y'=\frac{1-y\cos x}{\sin x+e^y}$$

把 $x=0$ 和 $y=0$ 代入，得

$$y'|_{x=0}=1.$$

【例8】 求函数 $y=\arcsin x$ 的导数.

解 由 $y=\arcsin x$ 可得 $x=\sin y$.

方程 $x=\sin y$ 两边分别对 x 求导，得

$$1=\cos y\cdot y',$$

解得

$$y'=\frac{1}{\cos y}.$$

又因为 $\cos y=\sqrt{1-\sin^2 y}$，所以 $\cos y=\sqrt{1-x^2}$. 因此，

$$y'=(\arcsin x)'=\frac{1}{\sqrt{1-x^2}}.$$

类似地，可以得到 $(\arccos x)'=-\frac{1}{\sqrt{1-x^2}}$；$(\arctan x)'=\frac{1}{1+x^2}$；$(\text{arccot}\,x)'=-\frac{1}{1+x^2}$.

【例9】 求曲线 $xy+\ln y=1$ 在点 $P(1,1)$ 处的切线方程与法线方程.

解 方程两边分别对 x 求导数，得

$$(xy)'+(\ln y)'=(1)'$$

即

$$y+xy'+\frac{1}{y}y'=0,\ y'=-\frac{y^2}{xy+1}.$$

在点 $P(1,1)$ 处,切线的斜率为 $k_{切}=y'|_{x=1,y=1}=-\dfrac{1}{2}$,法线的斜率为 $k_{法}=-\dfrac{1}{k_{切}}=2$.

在点 $P(1,1)$ 处的切线方程为

$$y-1=-\frac{1}{2}(x-1),即\ x+2y-3=0;$$

法线方程为

$$y-1=2(x-1),即\ 2x-y-1=0.$$

2.取对数求导法

在某些场合,利用取对数求导法求导数比用通常的方法简便些.这种方法是先在 $y=f(x)$ 的两边取对数,然后再求出 y 的导数.对数求导法适用于幂指函数 $y=u^{v}(u>0$,其中 u,v 都是 x 的函数)与一种几个因子之幂的连乘积的函数,如 $y=u_1(x)\cdot u_2(x)\cdot\cdots\cdot u_n(x)$ 的导数.

【例 10】 求函数 $y=(\cos x)^{\sin x}$ 的导数.

解 函数的两边分别取对数,得

$$\ln y=\sin x\cdot\ln\cos x.$$

上式两边对 x 求导,得

$$\frac{1}{y}y'=\cos x\cdot\ln\cos x+\sin x\cdot\frac{1}{\cos x}\cdot(-\sin x),$$

$$y'=y\left(\cos x\cdot\ln\cos x-\frac{\sin^2 x}{\cos x}\right)=(\cos x)^{\sin x}\left(\cos x\cdot\ln\cos-\frac{\sin^2 x}{\cos x}\right).$$

【例 11】 求函数 $y=\sqrt{\dfrac{(x-1)(x-2)}{(x-3)(x-4)}}$,其中 $x>4$ 的导数 y'.

解 先在两边取对数,得

$$\ln y=\frac{1}{2}[\ln(x-1)+\ln(x-2)-\ln(x-3)-\ln(x-4)].$$

上式两边对 x 求导,得

$$\frac{1}{y}y'=\frac{1}{2}\left(\frac{1}{x-1}+\frac{1}{x-2}-\frac{1}{x-3}-\frac{1}{x-4}\right),$$

$$y'=\frac{y}{2}\left(\frac{1}{x-1}+\frac{1}{x-2}-\frac{1}{x-3}-\frac{1}{x-4}\right).$$

即

$$y'=\frac{1}{2}\sqrt{\frac{(x-1)(x-2)}{(x-3)(x-4)}}\left(\frac{1}{x-1}+\frac{1}{x-2}-\frac{1}{x-3}-\frac{1}{x-4}\right).$$

习题 2-2

1.求下列函数的导数.

(1) $y=x^3-3x^2+4x-5$;

(2) $y=\dfrac{2}{x^3}+\dfrac{4}{x}+18$;

(3) $y=x^2\ln x$;

(4) $y=\sin x\cdot\cos x$;

(5) $y=(2+5x)(4-3x)$;

(6) $y=\dfrac{2\csc x}{1+x^2}$;

(7) $y=\dfrac{2\ln x+x^3}{3\ln x+x^2}$；

(8) $y=\dfrac{1}{3+x+x^2}$

2. 求下列函数的导数.

(1) $y=(2x+5)^7$；

(2) $y=\cos(4-3x)$；

(3) $y=(\arcsin x)^2$；

(4) $y=\arctan e^x$；

(5) $y=\ln[\ln(\ln x)]$；

(6) $y=\ln\tan\dfrac{x}{2}$；

(7) $y=e^{\tan\frac{1}{x}}$；

(8) $y=\dfrac{e^x-e^{-x}}{e^x+e^{-x}}$.

3. 下列方程式确定变量 y 为 x 的函数，求 y'.

(1) $\ln y=xy+\cos x$；

(2) $\sin y+e^x-xy^2=e$.

4. 求下列函数的导数.

(1) $y=x^x$；

(2) $y=x^{\sqrt{x}}$.

2.3 高阶导数

一、高阶导数的概念

在很多实际问题的研究中，我们不仅要知道 $f'(x)$，还要求 $f'(x)$的导数. 例如，已知变速直线运动的瞬时速度 $v(t)$是位置函数 $s(t)$对时间 t 的导数，即 $v=\dfrac{ds}{dt}$或$v=s'(t)$，而加速度 $a(t)$又是速度 $v(t)$对时间 t 的导数，即 $a=\dfrac{dv}{dt}=\dfrac{d}{dt}\left(\dfrac{ds}{dt}\right)$或$a=[s'(t)]'$. 这种导数的导数$\dfrac{d}{dt}\left(\dfrac{ds}{dt}\right)$或$[s'(t)]'$叫作$s(t)$对时间 t 的二阶导数，记作$\dfrac{d^2s}{dt^2}$或 $s''(t)$，所以直线运动的加速度就是位置函数 $s(t)$对时间 t 的二阶导数. 像定义位置函数的二阶导数一样，我们引入一般函数 $y=f(x)$的二阶导数及高阶导数的概念.

1. 二阶导数

函数 $y=f(x)$的导数 $f'(x)$的导数叫作函数 $y=f(x)$的二阶导数，记作

$$f''(x),y''\text{或}\frac{d^2y}{dx^2},$$

即

$$f''(x)=[f'(x)]'.$$

相应地，把 $y=f(x)$的导数 $f'(x)$叫作 $y=f(x)$的一阶导数.

类似地，二阶导数的导数叫作三阶导数，三阶导数的导数叫作四阶导数，……，分别记作

$$y''',y^{(4)},\cdots\text{或}\frac{d^3y}{dx^3},\frac{d^4y}{dx^4},\cdots$$

2. n 阶导数

函数 $y=f(x)$的$(n-1)$阶导数的导数叫作函数 $y=f(x)$的 n 阶导数，记作

$$f^{(n)}(x), y^{(n)} \text{或} \frac{d^n y}{dx^n},$$

即

$$f^{(n)}(x)=[f^{(n-1)}(x)]'.$$

3. 高阶导数

二阶及二阶以上的导数统称为高阶导数.

二、高阶导数计算

由定义求高阶导数就是接连多次求导，因此，可用函数的求导法则及求导公式计算高阶导数，下面举例来介绍高阶导数的计算方法.

【例 1】 设 $y=\ln(1+x^2)$，求 y''.

解 $y'=\frac{2x}{1+x^2}, y''=2\left(\frac{x}{1+x^2}\right)'=2\cdot\frac{1+x^2-x\cdot 2x}{(1+x^2)^2}=\frac{2(1-x^2)}{(1+x^2)^2}.$

【例 2】 设 $y=(1+x^2)\arctan x$，求 y''.

解 $y'=2x\arctan x+(1+x^2)\cdot\frac{1}{1+x^2}=2x\arctan x+1,$

$$y''=2\left(\arctan x+x\cdot\frac{1}{1+x^2}\right)=2\arctan x+\frac{2x}{1+x^2}.$$

【例 3】 设 $y=\sin\ln x$，求 y''.

解 $y'=\cos\ln x\cdot\frac{1}{x}=\frac{\cos\ln x}{x},$

$$y''=\frac{-\sin\ln x\cdot\frac{1}{x}\cdot x-\cos\ln x}{x^2}=\frac{-(\sin\ln x-\cos\ln x)}{x^2}.$$

【例 4】 设 $y=e^x$，求 $y^{(n)}$.

解 $y'=e^x, y''=e^x, \cdots, y^{(n)}=e^x$，即$(e^x)^{(n)}=e^x$.

【例 5】 设 $y=x^\mu$（μ 为实数），求 $y^{(n)}$.

解

$$y'=\mu x^{\mu-1},$$
$$y''=\mu(\mu-1)x^{\mu-2}$$
$$\cdots$$
$$y^{(n)}=\mu(\mu-1)\cdots(\mu-n+1)x^{\mu-n}.$$

即$(x^\mu)^{(n)}=\mu(\mu-1)\cdots(\mu-n+1)x^{\mu-n}$.

特别地，当 $\mu=n$ 时，$(x^n)^{(n)}=n!$，而$(x^n)^{(n+1)}=0$.

习题 2-3

1. 求下列函数的二阶导数.

(1) $y=x^4-2x^3+8$；　　(2) $y=x^4\ln x$；

(3) $y=e^x\sin x$；　　(4) $y=x\,\text{arccot}\,x$；

(5) $y=\ln^3 x$；　　(6) $y=\ln\tan x$；

(7) $y=(x^2+1)e^{-x}$；　　(8) $y=2xe^{x^2}$.

2. 求下列函数的 n 阶导数.

(1) $y=\ln(1+x)$；　　(2) $y=\alpha^x(\alpha>0$，且 $\alpha\neq 1)$.

2.4 函数的微分

一、函数微分的概念

在实际问题中，有时还需要研究函数改变量的近似值. 我们先看一个具体的例子.

【例 1】 一块正方形金属薄片由于温度的变化，其边长由 x_0 变为 $x_0+\Delta x$，此时薄片的面积改变了多少？

解 设此薄片的边长为 x，面积为 S，则 $S=x^2$. 当自变量 x 在 x_0 有改变量 Δx 时，相应的面积函数有改变量 ΔS，则

$$\Delta S=(x_0+\Delta x)^2-x_0^2=2x_0\Delta x+(\Delta x)^2.$$

ΔS 由两部分组成：一部分 $2x_0\Delta x$ 是 Δx 的线性函数，即图 2-5-1 所示灰色阴影部分的两个矩形面积之和；另一部分 $(\Delta x)^2$，当 $\Delta x\to 0$ 时，是比 Δx 高阶的无穷小量，即图 2-5-1 所示黑色小正方形的面积. 因此，当 Δx 很小时，我们可以用第一部分 $2x_0\Delta x$ 近似地表示 ΔS，而将第二部分忽略，其差 $\Delta S-2x_0\Delta x$ 是一个比 Δx 高阶的无穷小量. 我们把 $2x_0\Delta x$ 叫作正方形面积函数 S 的微分，记作 dS，即 $dS=2x_0\Delta x$.

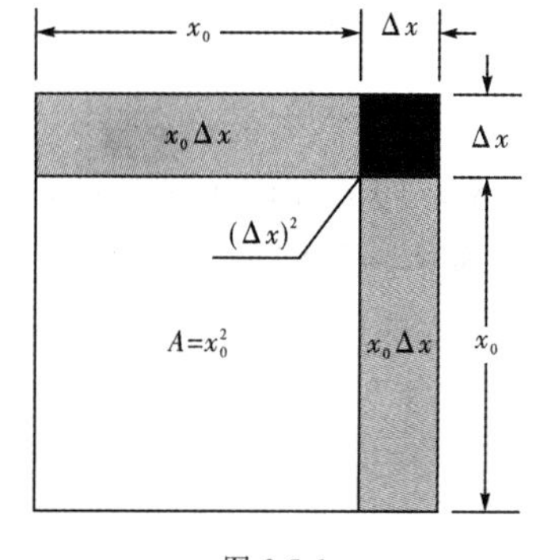

图 2-5-1

下面我们来分析正方形面积函数 S 的微分表达式. $2x_0$ 恰好是面积函数 $S=x^2$ 在点 x_0 的导数，这也即是说正方形面积函数 S 在点 x_0 的微分就是该点的导数乘以自变量的改变量，这是面积函数的微分的定义. 与此相仿，下面我们给出一般函数微分的定义.

1. 函数 $y=f(x)$ 在点 x_0 可微的定义

定义 2-5 设函数 $y=f(x)$ 在点 x_0 处有导数 $f'(x_0)$，则称 $f'(x_0)\Delta x$ 为函数 $y=f(x)$ 在点 x_0 处的微分，记作

$$dy\big|_{x=x_0} \text{ 或 } df(x)\big|_{x=x_0},$$

即

$$dy\big|_{x=x_0}=f'(x_0)\Delta x,$$

这时也称函数 $y=f(x)$ 在点 x_0 处可微.

【例 2】 求函数 $y=\sqrt[3]{x}$ 在 $x=1$ 处当 $\Delta x=0.003$ 时的微分.

解 $y'=(\sqrt[3]{x})'=\frac{1}{3}x^{-\frac{2}{3}}$，$y'\big|_{x=1}=\frac{1}{3}$，$dy\Big|_{\substack{x=1\\ \Delta x=0.003}}=\frac{1}{3}\times 0.003=0.001$.

2. 区间上的可微函数

若函数 $y=f(x)$ 在区间 I 上每一点处都可微，则称函数 $y=f(x)$ 在区间 I 上可微.

函数 $y=f(x)$ 在区间 I 上任意一点 x 处的微分称为函数 $y=f(x)$ 的微分，记作 dy，即

$$dy=f'(x)\Delta x.$$

【例 3】 求函数 $y=x$ 的微分.

解 因为 $y'=1$,所以 $dy=1\cdot\Delta x=\Delta x$.

对于例 3,因为 $y=x$,所以 $dy=dx$,故有 $dx=\Delta x$,即自变量的微分就等于自变量的改变量,因此,函数 $y=f(x)$的微分可记作

$$dy=f'(x)dx.$$

我们习惯上把函数的微分记作这一形式,即函数 $y=f(x)$的微分等于函数的导数与自变量微分的乘积.

从函数 $y=f(x)$的微分表达式容易得到$\frac{dy}{dx}=f'(x)$,说明函数的导数就等于函数微分与自变量微分的商,因此,导数也常称为微商.

【例 4】 求下列函数的微分:

(1)$y=x\ln x$;　　　　(2)$y=e^{\cos x}$;

(3)$y=\ln\sin\frac{x}{2}$.

解 (1)$y'=\ln x+x\cdot\frac{1}{x}=\ln x+1$,$dy=(\ln x+1)dx$;

(2)$y'=-\sin x e^{\cos x}$,$dy=-\sin x e^{\cos x}dx$;

(3)$y'=\frac{1}{\sin\frac{x}{2}}\cdot\cos\frac{x}{2}\cdot\frac{1}{2}=\frac{1}{2}\cot\frac{x}{2}$,$dy=\frac{1}{2}\cot\frac{x}{2}dx$.

【例 5】 方程式 $x^2-xy+y^2=3$ 确定变量 y 为 x 的函数,求 dy.

解 方程两边同时对自变量 x 求导,得 $2x-y-xy'+2yy'=0$,整理,得

$$y'(2y-x)=y-2x,$$

解得

$$y'=\frac{y-2x}{2y-x},$$

于是

$$dy=\frac{y-2x}{2y-x}dx.$$

二、基本初等函数微分公式

由微分表达式及基本初等函数的导数公式,可以直接写出基本初等函数的微分公式.对应于每一个导数公式与求导法则,都有相应的微分公式与微分运算法则,为了便于查阅与对照,见表 2-1:

表 2-1　　基本初等函数微分公式

导数公式	微分公式
$(x^{\mu})'=\mu x^{\mu-1}$	$d(x^{\mu})=\mu x^{\mu-1}dx$
$(a^x)'=a^x\ln a$	$d(a^x)=a^x\ln a\,dx$
$(\log_a x)'=\frac{1}{x\ln a}$	$d(\log_a x)=\frac{1}{x\ln a}dx$

（续表）

导数公式	微分公式
$(\sin x)'=\cos x$	$d(\sin x)=\cos x dx$
$(\cos x)'=-\sin x$	$d(\cos x)=-\sin x dx$
$(\tan x)'=\sec^2 x$	$d(\tan x)=\sec^2 x dx$
$(\cot x)'=-\csc^2 x$	$d(\cot x)=-\csc^2 x dx$
$(\sec x)'=\sec x \cdot \tan x$	$d(\sec x)=\sec x \cdot \tan x dx$
$(\csc x)'=-\csc x \cdot \cot x$	$d(\csc x)=-\csc x \cdot \cot x dx$
$(\arcsin x)'=\frac{1}{\sqrt{1-x^2}}$	$d(\arcsin x)=\frac{1}{\sqrt{1-x^2}}dx$
$(\arccos x)'=-\frac{1}{\sqrt{1-x^2}}$	$d(\arccos x)=-\frac{1}{\sqrt{1-x^2}}dx$
$(\arctan x)'=\frac{1}{1+x^2}$	$d(\arctan x)=\frac{1}{1+x^2}dx$
$(\text{arccot} x)'=-\frac{1}{1+x^2}$	$d(\text{arccot} x)=-\frac{1}{1+x^2}dx$

三、微分的四则运算法则

定理 2-4 设函数 $u(x)$，$v(x)$都可微，则

(1)函数 $u(x)+v(x)$也可微，且 $d(u+v)=du+dv$.

(2)函数 $u(x)-v(x)$也可微，且 $d(u-v)=du-dv$.

(3)函数 $u(x)v(x)$也可微，且 $d(uv)=vdu+udv$. 特别地，当 $v(x)=C$（C 为常数）时，$d(Cu)=Cdu$.

(4)函数$\frac{u(x)}{v(x)}$也可微，且 $d\frac{u}{v}=\frac{vdu-udv}{v^2}$，$v(x)\neq 0$.

四、函数微分形式不变性

定理 2-5 设函数 $y=f(u)$可微，函数 $u=\varphi(x)$可微，则复合函数 $y=f[\varphi(x)]$也可微，且 $dy=f'(u)du$.

证明 因为 $dy=f'[\varphi(x)]\cdot\varphi'(x)dx$，$u=\varphi(x)$且 $\varphi'(x)dx=du$ 所以 $dy=f'(u)du$.

由此可见，无论 u 是自变量还是中间变量，函数 $y=f(u)$的微分具有同样形式 $dy=f'(u)du$，这一性质称为微分形式不变性.

学习了微分运算法则及微分形式不变性之后，除了根据定义外，我们也可以根据微分运算法则及微分形式不变性计算函数的微分.

【例 6】 设 $y=\ln(1+e^{x^2})$，求 dy.

解 $dy=d(\ln(1+e^{x^2}))=\frac{1}{1+e^{x^2}}d(1+e^{x^2})=\frac{1}{1+e^{x^2}}e^{x^2}d(x^2)=\frac{2xe^{x^2}}{1+e^{x^2}}dx$.

【例 7】 设 $y=e^{1-3x}\cos x$，求 dy.

解 $dy=d(e^{1-3x}\cos x)=\cos x d(e^{1-3x})+e^{1-3x}d(\cos x)$

$=\cos x \cdot e^{1-3x}d(1-3x)+e^{1-3x}(-\sin x)dx$
$=-3\cos x \cdot e^{1-3x}dx-\sin x e^{1-3x}dx$
$=-e^{1-3x}(3\cos x+\sin x)dx.$

【例 8】 证明参数式函数的求导公式$\dfrac{dy}{dx}=\dfrac{\frac{dy}{dt}}{\frac{dx}{dt}}$.

证明 设参数方程$\begin{cases}x=\varphi(t)\\y=\psi(t)\end{cases}$,确定函数 $y=y(x)$,而 $\varphi(t)$, $\psi(t)$可导且 $\psi'(t)\neq 0$.

由微分表达式及微分形式不变性有:$\dfrac{dy}{dx}=\dfrac{\psi'(t)dt}{\varphi'(t)dt}=\dfrac{\psi'(t)}{\varphi'(t)}=\dfrac{\frac{dy}{dt}}{\frac{dx}{dt}}$.

五、微分在近似计算中的应用

由微分概念的引入知道,当函数 $f(x)$在点 x_0 处可微时,有

$$\Delta y=f'(x_0)\Delta x+o(\Delta x),$$

特别地,当 $f'(x_0)\neq 0$ 且$|\Delta x|$很小时,有

$$\Delta y\approx f'(x_0)\Delta x.$$

上式也可写为

$$\Delta y=f(x_0+\Delta x)-f(x_0)\approx f'(x_0)\Delta x \tag{2-4-1}$$

或

$$f(x_0+\Delta x)\approx f(x_0)+f'(x_0)\Delta x. \tag{2-4-2}$$

在式(2-4-2)中,令 $x=x_0+\Delta x$,即 $\Delta x=x-x_0$,则式(2-4-2)可改写为

$$f(x)\approx f(x_0)+f'(x_0)(x-x_0). \tag{2-4-3}$$

当 $f(x_0)$,$f'(x_0)$都容易计算时,由式(2-4-1)可计算函数改变量的近似值,由式(2-4-2)可近似计算 $f(x_0+\Delta x)$,由式(2-4-3)可近似计算 $f(x)$.

【例 9】 半径为 10 cm 的金属圆盘加热后,半径伸长了 0.05 cm,问面积增加了多少?

解 设圆盘半径为 r,则圆盘的面积 $S=\pi r^2$,当自变量在 $r=10$ cm 处有改变量 $\Delta r=0.05$ cm 时,面积改变量 $\Delta S\approx(\pi r^2)'|_{r=10}\cdot\Delta r=2\pi r|_{r=10}\times 0.05=2\pi\times 10\times 0.05=\pi$ cm^2.

【例 10】 求$\sqrt[3]{1.02}$的近似值.

解 $\sqrt[3]{1.02}$是函数 $f(x)=\sqrt[3]{x}$ 在 $x=1.02$ 的值,因此,可令 $x_0=1$,$x=x_0+\Delta x=1.02$,即 $\Delta x=0.02$,则 $f'(1)=(\sqrt[3]{x})'\big|_{x=1}=\dfrac{1}{3}x^{-\frac{2}{3}}\Big|_{x=1}=\dfrac{1}{3}$,于是

$$\sqrt[3]{1.02}\approx f(1)+f'(1)\Delta x=1+\frac{1}{3}\times 0.02\approx 1.006\ 7.$$

下面我们来推导一些常用的近似公式.为此,在式(2-4-3)中令 $x_0=0$,于是得到

$$f(x)\approx f(0)+f'(0)x \tag{2-4-4}$$

应用式(2-4-4)可以推得以下几个在工程上常用的近似公式(下面都假定$|x|$是较小的数值).

$$\sqrt[n]{1+x}\approx 1+\frac{1}{n}x;$$

$$\sin x\approx x;$$

$$\tan x\approx x;$$

$$e^x\approx 1+x;$$

$$\ln(1+x)\approx x.$$

在上述公式 $\sin x\approx x$ 和 $\tan x\approx x$ 中,角 x 用弧度作单位.

习题 2-4

1. 求下列函数的微分.

(1) $y=\frac{1}{x}+2\sqrt{x}$; (2) $y=\frac{x}{\sin x}$; (3) $y=x\sin 2x$;

(4) $y=3^{\ln x}$; (5) $y=x^2e^{2x}$; (6) $y=\frac{1}{\sqrt{\ln x}}$.

2. 方程式 $xy+\ln y=1$ 确定变量 y 为 x 的函数,求微分 dy.
3. 求近似值 $\arctan 1.01$.

复习题 2

1. 已知函数 $f(x)$ 在点 x_0 处可导,且 $f'(x_0)=6$,求极限 $\lim\limits_{\Delta x\to 0}\frac{f(x_0-2\Delta x)-f(x_0)}{\Delta x}$.
2. 设 $f(x)=\begin{cases}bx+2, & x\leqslant 0\\ a+\ln(x+1), & x>0\end{cases}$,在点 $x=0$ 处可导,求 a,b 的值.
3. 设 $y=2^{\cos 3x}+(\cos 3x)^2$,求 $y'|_{x=0}$.
4. 设 $f(x)=2e^{\sqrt{x}}(\sqrt{x}-1)$,求 $f'(x)$,$f''(x)$.
5. 设 $f(x)=\arctan\frac{x+1}{x-1}$,求 $f'(x)$,$f''(x)$.
6. 设 $f(x)=(\arcsin x)^2$,求 $(1-x^2)f''(x)-xf'(x)$.
7. 设 $y=\sqrt{\frac{3x-2}{(5-2x)(x-1)}}$,求 y'.
8. 设 $y=\ln\frac{\cos x}{x^2-1}$,求 dy.
9. 设函数 $y=y(x)$ 由方程 $xy+e^{3y}-x=0$ 确定,求曲线 $y=y(x)$ 在点(1,0)处的切线方程.
10. 设函数 $y=y(x)$ 由方程 $y+\arcsin x=e^{x+y}$ 确定,求 dy.
11. 求 $\sqrt{1.02}$ 的值.

本章思维导图

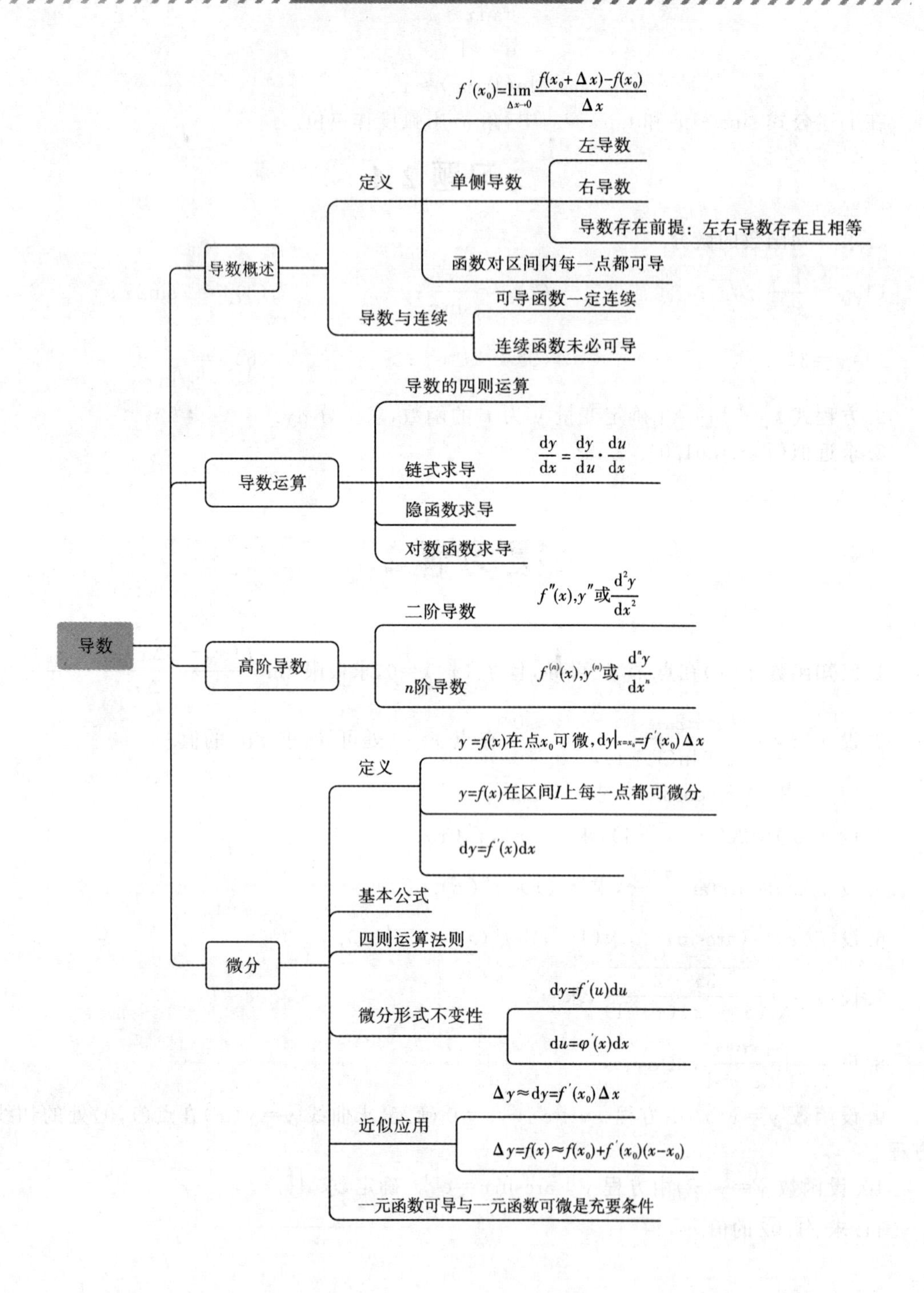

导数
导数概述
定义
$f'(x_0)=\lim_{\Delta x \to 0}\frac{f(x_0+\Delta x)-f(x_0)}{\Delta x}$
单侧导数
左导数
右导数
导数存在前提：左右导数存在且相等
函数对区间内每一点都可导
导数与连续
可导函数一定连续
连续函数未必可导
导数运算
导数的四则运算
链式求导
$\frac{dy}{dx}=\frac{dy}{du}\cdot\frac{du}{dx}$
隐函数求导
对数函数求导
高阶导数
二阶导数
$f''(x),y''$或$\frac{d^2y}{dx^2}$
n阶导数
$f^{(n)}(x),y^{(n)}$或$\frac{d^ny}{dx^n}$
微分
定义
$y=f(x)$在点x_0可微，$dy|_{x=x_0}=f'(x_0)\Delta x$
$y=f(x)$在区间I上每一点都可微分
$dy=f'(x)dx$
基本公式
四则运算法则
微分形式不变性
$dy=f'(u)du$
$du=\varphi'(x)dx$
近似应用
$\Delta y\approx dy=f'(x_0)\Delta x$
$\Delta y=f(x)\approx f(x_0)+f'(x_0)(x-x_0)$
一元函数可导与一元函数可微是充要条件

第 3 章 导数应用

第 2 章我们建立了导数的概念，并研究了导数的计算方法，本章将利用导数知识来研究函数曲线的某些性质，并利用这些知识解决一些在日常生活、科学实践和经济领域中的实际问题.

在应用导数研究函数的各种性质的过程中，微分中值定理起了桥梁作用. 因此，本章首先介绍构成微分学理论基础的微分中值定理，它是导数应用的理论基础.

3.1 微分中值定理

一、罗尔定理

定理 3-1 若函数 $f(x)$满足下列三个条件：

(1)在闭区间$[a,b]$上连续；

(2)在开区间(a,b)内可导；

(3)$f(a)=f(b)$.

数学先驱：罗尔

则在区间(a,b)内至少存在一点$\xi(a<\xi<b)$，使得$f'(\xi)=0$.

这个定理的几何意义是：如果光滑曲线$y=f(x)(x\in[a,b])$的两个端点A和B等高，即其连线AB是水平的，则在曲线$y=f(x)$上至少有一点$C(\xi,f(\xi))(a<\xi<b)$，使得曲线在C点的切线是水平的，如图 3-1-1 所示.

图 3-1-1

罗尔定理的证明在此从略.

【例 1】 判定函数$f(x)=x^2-2x-3$在闭区间$[-1,3]$上是否满足罗尔定理的条件？

若满足，求出使定理成立的ξ的值.

解 因$f(x)=x^2-2x-3$在闭区间$[-1,3]$上连续，在开区间$(-1,3)$内可导，且$f(-1)=f(3)=0$. 故$f(x)$满足罗尔定理的条件，从方程$f'(\xi)=2\xi-2=0(-1<\xi<3)$可解得$\xi=1$.

【例 2】 不用求函数$f(x)=(x-1)(x-2)(x-3)$的导数，说明方程$f'(x)=0$有几个实根.

解 函数$f(x)$在区间$(-\infty,+\infty)$内可导，并且满足$f(1)=f(2)=f(3)=0$，于是$f(x)$在区间$[1,2]$和$[2,3]$上分别满足罗尔定理的三个条件. 因此，由罗尔定理推出$f'(x)$在开区间$(1,2)$和$(2,3)$各至少存在一点ξ_1和ξ_2，使得$f'(\xi_1)=0$和$f'(\xi_2)=0$.

另一方面，$f'(x)$为二次多项式，至多有两个实根. 所以恰好$f(x)$有两个实根，分别在$(1,2)$和$(2,3)$之内.

二、拉格朗日中值定理

定理 3-2 若函数 $f(x)$ 满足下列条件：

(1)在闭区间 $[a,b]$ 上连续；

(2)在开区间 (a,b) 内可导.

则在区间 (a,b) 内至少存在一点 $\xi(a<\xi<b)$，使得 $f(b)-f(a)=f'(\xi)(b-a)$.

拉格朗日中值定理的结论也可以写成 $f'(\xi)=\dfrac{f(b)-f(a)}{(b-a)}$.

这个定理的几何意义是：如果连续曲线 $y=f(x)$ 的弧除端点外处处具有不垂直于 x 轴的切线，那么这条弧上至少存在一点 $M(\xi,f(\xi))$，使得曲线在点 M 处的切线平行于弦 AB. 如图 3-1-2 所示.

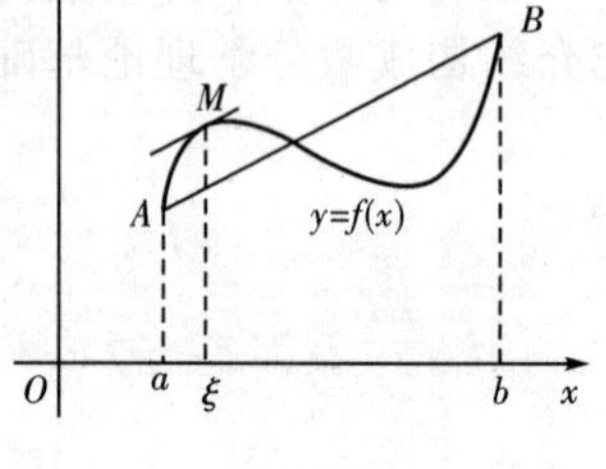

图 3-1-2

证明 做一个辅助函数 $\varphi(x)=f(x)-\left[f(a)+\dfrac{f(b)-f(a)}{(b-a)}(x-a)\right]$，则 $\varphi(x)$ 满足罗尔定理的条件，故存在 $\xi(a<\xi<b)$，使得 $\varphi'(\xi)=0$. 即 $f'(\xi)-\dfrac{f(b)-f(a)}{(b-a)}=0$. 由此得

$$f'(\xi)=\frac{f(b)-f(a)}{(b-a)}，即\ f(b)-f(a)=f'(\xi)(b-a).$$

若在拉格朗日中值定理中加上条件 $f(a)=f(b)$，由拉格朗日公式 $f'(\xi)=\dfrac{f(b)-f(a)}{(b-a)}$，得 $f'(\xi)=0$. 可见罗尔定理是拉格朗日中值定理的特殊情况，拉格朗日中值定理是罗尔定理的推广. 拉格朗日中值定理的条件一般函数都能满足，所以应用比较广泛. 它在微分学中占有重要地位，故称此定理为微分中值定理.

由拉格朗日中值定理可以得出以下推论.

推论 1 若函数 $y=f(x)$ 在 (a,b) 内的导数恒为零，则在 (a,b) 内 $f(x)$ 为常数.

证明 从略.

推论 2 若函数 $f(x)$ 和 $g(x)$ 在 (a,b) 内可导，且 $f'(x)=g'(x)$，则 $f(x)$ 和 $g(x)$ 相差一个常数，即 $f(x)-g(x)=C$（C 为常数）.

证明 从略.

【例 3】 验证函数 $f(x)=x^2+2x-1$ 在区间 $[0,1]$ 上是否满足拉格朗日中值定理的条件？如果满足，求出使定理成立的 ξ 的值.

解 因为 $f(x)=x^2+2x-1$ 在区间 $[0,1]$ 上连续，且在区间 $(0,1)$ 内可导，所以满足拉格朗日中值定理的条件. 于是有以下等式 $\dfrac{f(1)-f(0)}{1-0}=f'(\xi)$，又 $f'(x)=2x+2$，$f(1)=2$，$f(0)=-1$，代入上式，得 $2\xi+2=3$，$\xi=\dfrac{1}{2}$.

【例 4】 证明：当 $x>0$ 时，$\arctan x+\arctan\dfrac{1}{x}=\dfrac{\pi}{2}$.

证明 令 $f(x)=\arctan x+\arctan\dfrac{1}{x}$，因为 $f(x)$ 在 $(0,+\infty)$ 内可导，并且 $f'(x)=0$，根据推论 1，有 $f(x)\equiv C$. 特别地，取 $x=1$，得 $C=f(1)=\arctan 1+\arctan 1=\dfrac{\pi}{4}+\dfrac{\pi}{4}=\dfrac{\pi}{2}$.

因此，当 $x>0$ 时，$\arctan x+\arctan\frac{1}{x}=\frac{\pi}{2}$.

下面把拉格朗日中值定理推广到两个函数的情形：

定理 3-3（柯西中值定理） 如果函数 $f(x)$ 与 $g(x)$ 在闭区间 $[a,b]$ 上连续，在开区间 (a,b) 上可导，并且在开区间 (a,b) 内 $g'(x)\neq 0$，那么至少存在一点 $\xi\in(a,b)$，使得 $\frac{f(b)-f(a)}{g(b)-g(a)}=\frac{f'(\xi)}{g'(\xi)}$.

习题 3-1

1. 判断函数 $f(x)=\ln x$ 在区间 $[1,\mathrm{e}]$ 上是否满足罗尔定理的条件？若满足，求出使定理成立的 ξ 的值.

2. 不用求函数 $f(x)=x(x+1)(x-2)$ 的导数，说明 $f'(x)=0$ 有几个实根.

3. 下列各函数在给定区间上是否满足拉格朗日中值定理的条件？若满足，求出使定理成立的 ξ 的值.

(1) $f(x)=\sin x$ 在 $\left[0,\frac{\pi}{2}\right]$ 上；

(2) $f(x)=\arctan x$ 在 $[0,1]$ 上.

4. 证明：$\arcsin x+\arccos x=\frac{\pi}{2}(-1\leqslant x\leqslant 1)$.

5. 证明：$x>0$ 时，有 $x>\ln(x+1)$.

3.2 洛必达法则

一、$\frac{0}{0}$ 型未定式

定理 3-4（洛必达法则 Ⅰ） 若满足：

(1) $\lim\limits_{x\to x_0}f(x)=0$，$\lim\limits_{x\to x_0}g(x)=0$；

(2) $f(x)$ 和 $g(x)$ 在点 x_0 的附近（点 x_0 可除外）可导，且 $g'(x)\neq 0$；

(3) $\lim\limits_{x\to x_0}\frac{f(x)}{g(x)}$ 存在（或为无穷大），则 $\lim\limits_{x\to x_0}\frac{f(x)}{g(x)}=\lim\limits_{x\to x_0}\frac{f'(x)}{g'(x)}$.

证明 从略.

【例 1】 求 $\lim\limits_{x\to 0}\frac{\ln(x+1)}{x}$.

解 由洛必达法则，得 $\lim\limits_{x\to 0}\frac{\ln(x+1)}{x}\overset{\frac{0}{0}}{=\!=}\lim\limits_{x\to 0}\frac{[\ln(x+1)]'}{(x)'}=\lim\limits_{x\to 0}\frac{\frac{1}{1+x}}{1}=1$.

【例 2】 求 $\lim\limits_{x\to 0}\frac{\arctan x}{x^2}$.

解 由洛必达法则，得 $\lim\limits_{x\to 0}\frac{\arctan x}{x^2}\overset{\frac{0}{0}}{=\!=}\lim\limits_{x\to 0}\frac{[\arctan x]'}{(x^2)'}=\lim\limits_{x\to 0}\frac{\frac{1}{1+x^2}}{2x}=\infty$.

注意1:若用了一次洛必达法则之后,$\lim\limits_{x\to x_0}\frac{f'(x)}{g'(x)}$仍是$\frac{0}{0}$型未定式,且仍满足洛必达法则中的条件,那么可继续运用洛必达法则.

【例3】 求$\lim\limits_{x\to 0}\frac{e^x-e^{-x}-2x}{x-\sin x}$.

解 $\lim\limits_{x\to 0}\frac{e^x-e^{-x}-2x}{x-\sin x}\overset{\frac{0}{0}}{=\!=}\lim\limits_{x\to 0}\frac{e^x+e^{-x}-2}{1-\cos x}\overset{\frac{0}{0}}{=\!=}\lim\limits_{x\to 0}\frac{e^x-e^{-x}}{\sin x}\overset{\frac{0}{0}}{=\!=}\lim\limits_{x\to 0}\frac{e^x+e^{-x}}{\cos x}=2.$

注意2:若所求的极限已不是未定式,则不能再应用洛必达法则,否则会导致错误的结果.例如上式中的$\lim\limits_{x\to 0}\frac{e^x+e^{-x}}{\cos x}$不再是$\frac{0}{0}$型未定式了.

【例4】 求$\lim\limits_{x\to 0}\frac{x-\sin x}{x^3}$.

解法1 $\lim\limits_{x\to 0}\frac{x-\sin x}{x^3}\overset{\frac{0}{0}}{=\!=}\lim\limits_{x\to 0}\frac{1-\cos x}{3x^2}\overset{\frac{0}{0}}{=\!=}\lim\limits_{x\to 0}\frac{\sin x}{6x}\overset{\frac{0}{0}}{=\!=}\lim\limits_{x\to 0}\frac{\cos x}{6}=\frac{1}{6}.$

注意3:用洛必达法则求极限时,可以与其他求极限的方法结合起来(特别是在乘、除的情况下用等价无穷小替换的方法),以简化计算.

解法2 用一次洛必达法则,再利用当$x\to 0$时,$1-\cos x\sim\frac{1}{2}x^2$,即得

$$\lim_{x\to 0}\frac{x-\sin x}{x^3}\overset{\frac{0}{0}}{=\!=}\lim_{x\to 0}\frac{1-\cos x}{3x^2}=\lim_{x\to 0}\frac{\frac{1}{2}x^2}{3x^2}=\frac{1}{6}.$$

注意4:当$\lim\limits_{x\to x_0}\frac{f'(x)}{g'(x)}$不存在时,不能判定原极限不存在,此时无法利用洛必达法则,必须利用其他方法讨论.

【例5】 求$\lim\limits_{x\to 0}\frac{x^2\sin\frac{1}{x}}{\sin x}$.

解 这是$\frac{0}{0}$型未定式.如果分别对分子、分母求导得$\lim\limits_{x\to 0}\frac{2x\sin\frac{1}{x}-\cos\frac{1}{x}}{\cos x}$,这个极限不存在,但是我们不能由此判定$\lim\limits_{x\to 0}\frac{x^2\sin\frac{1}{x}}{\sin x}$不存在.事实上,

$$\lim_{x\to 0}\frac{x^2\sin\frac{1}{x}}{\sin x}=\lim_{x\to 0}\frac{x}{\sin x}\cdot\lim_{x\to 0}x\sin\frac{1}{x}=0.$$

这里用了重要极限和无穷小的性质,即$\lim\limits_{x\to 0}\frac{x}{\sin x}=1,\lim\limits_{x\to 0}x\sin\frac{1}{x}=0$.

上述关于$x\to x_0$时,$\frac{0}{0}$型未定式的洛必达法则对于$x\to\infty$时的$\frac{0}{0}$型未定式同样适用.

【例6】 求$\lim\limits_{x\to +\infty}\frac{\frac{\pi}{2}-\arctan x}{\frac{1}{x}}$.

解 $\lim\limits_{x\to+\infty}\dfrac{\dfrac{\pi}{2}-\arctan x}{\dfrac{1}{x}}\overset{\frac{0}{0}}{=\!=}\lim\limits_{x\to+\infty}\dfrac{-\dfrac{1}{1+x^2}}{-\dfrac{1}{x^2}}=\lim\limits_{x\to+\infty}\dfrac{x^2}{1+x^2}=1.$

二、$\dfrac{\infty}{\infty}$型未定式

定理 3-5(洛必达法则Ⅱ)

若满足:

(1) $\lim\limits_{x\to x_0}f(x)=\infty$, $\lim\limits_{x\to x_0}g(x)=\infty$;

(2) $f(x)$和$g(x)$在点x_0的附近(点x_0可除外)可导,且$g'(x)\neq 0$;

(3) $\lim\limits_{x\to x_0}\dfrac{f(x)}{g(x)}$存在(或为无穷大),则

$$\lim_{x\to x_0}\frac{f(x)}{g(x)}=\lim_{x\to x_0}\frac{f'(x)}{g'(x)}.$$

证明 从略.

【例 7】 求$\lim\limits_{x\to+\infty}\dfrac{\ln x}{\sqrt{x}}$.

解 $\lim\limits_{x\to+\infty}\dfrac{\ln x}{\sqrt{x}}\overset{\frac{\infty}{\infty}}{=\!=}\lim\limits_{x\to+\infty}\dfrac{\dfrac{1}{x}}{\dfrac{1}{2\sqrt{x}}}=\lim\limits_{x\to+\infty}\dfrac{2}{\sqrt{x}}=0.$

【例 8】 求$\lim\limits_{x\to 0^+}\dfrac{\ln\sin 3x}{\ln\sin 2x}$.

解 $\lim\limits_{x\to 0^+}\dfrac{\ln\sin 3x}{\ln\sin 2x}=\lim\limits_{x\to 0^+}\dfrac{3\dfrac{\cos 3x}{\sin 3x}}{2\dfrac{\cos 2x}{\sin 2x}}=\dfrac{3}{2}\lim\limits_{x\to 0^+}\dfrac{\cos 3x}{\cos 2x}\cdot\lim\limits_{x\to 0^+}\dfrac{\sin 2x}{\sin 3x}=\dfrac{3}{2}\times\dfrac{2}{3}=1.$

【例 9】 求$\lim\limits_{x\to\infty}\dfrac{x+\cos x}{2x+\sin x}$.

解 这是$\dfrac{\infty}{\infty}$型未定式,如果分别对分子、分母求导得$\lim\limits_{x\to\infty}\dfrac{1-\sin x}{2+\cos x}$,这个极限不存在.

我们不能由此断定$\lim\limits_{x\to\infty}\dfrac{x+\cos x}{2x+\sin x}$不存在.事实上,$\lim\limits_{x\to\infty}\dfrac{x+\cos x}{2x+\sin x}=\lim\limits_{x\to\infty}\dfrac{1+\dfrac{1}{x}\cos x}{2+\dfrac{1}{x}\sin x}=\dfrac{1}{2}$.

三、其他未定式

利用洛必达法则不仅可以解决$\dfrac{0}{0}$型和$\dfrac{\infty}{\infty}$型未定式的极限问题,还可以解决$0\cdot\infty$,$\infty-\infty$,1^{∞},0^0,∞^0等类型的未定式的极限问题.解决这些类型未定式极限问题的办法,就是通

过适当的变换，将它们化为$\frac{0}{0}$型和$\frac{\infty}{\infty}$型未定式的极限.

【例 10】 求$\lim\limits_{x\to+\infty} x\left(\frac{\pi}{2}-\arctan x\right)$.

解 这是$0\cdot\infty$型未定式，通过变换可以化为$\frac{0}{0}$型未定式，再用洛必达法则.

$$\lim_{x\to+\infty} x\left(\frac{\pi}{2}-\arctan x\right)=\lim_{x\to+\infty}\frac{\frac{\pi}{2}-\arctan x}{\frac{1}{x}}\overset{\frac{0}{0}}{=\!=}\lim_{x\to+\infty}\frac{-\frac{1}{1+x^2}}{-\frac{1}{x^2}}$$

$$=\lim_{x\to+\infty}\frac{x^2}{1+x^2}=1.$$

【例 11】 求$\lim\limits_{x\to1}\left(\frac{1}{\ln x}-\frac{x}{\ln x}\right)$.

解 这是$\infty-\infty$型未定式，经通分可化为$\frac{0}{0}$型未定式，再用洛必达法则.

$$\lim_{x\to1}\left(\frac{1}{\ln x}-\frac{x}{\ln x}\right)=\lim_{x\to1}\frac{1-x}{\ln x}=\lim_{x\to1}\frac{-1}{\frac{1}{x}}=-1.$$

【例 12】 求$\lim\limits_{x\to0^+} x^x$.

解 这是0^0型未定式，可通过取对数转化成$0\cdot\infty$型未定式.

设$y=x^x$，则$\ln y=x\ln x$，而$\lim\limits_{x\to0^+}\ln y=\lim\limits_{x\to0^+}x\ln x=\lim\limits_{x\to0^+}\frac{\ln x}{\frac{1}{x}}=\lim\limits_{x\to0^+}\frac{\frac{1}{x}}{-\frac{1}{x^2}}=\lim\limits_{x\to0^+}(-x)=0$，所以$\lim\limits_{x\to0^+}y=\lim\limits_{x\to0^+}x^x=e^0=1$.

习题 3-2

1. 用洛必达法则求下列函数的极限.

(1)$\lim\limits_{x\to1}\frac{x^{10}-1}{x^3-1}$； (2)$\lim\limits_{x\to0}\frac{e^x-e^{-x}}{\sin x}$； (3)$\lim\limits_{x\to0}\frac{\arctan x-x}{\sin x^3}$；

(4)$\lim\limits_{x\to0^+}\frac{\ln\sin 3x}{\ln\sin x}$； (5)$\lim\limits_{x\to\frac{\pi}{2}}\frac{\tan x}{\tan 3x}$； (6)$\lim\limits_{x\to+\infty}\frac{e^x}{x^2}$.

2. 验证$\lim\limits_{x\to\infty}\frac{x-\sin x}{x+\sin x}$存在，但不满足洛必达法则条件.

3. 求下列极限：

(1)$\lim\limits_{x\to0^+}x\cdot\ln x$； (2)$\lim\limits_{x\to0^+}x^{\sin x}$；

(3)$\lim\limits_{x\to0^+}\left(\frac{1}{x}-\frac{1}{e^x-1}\right)$； (4)$\lim\limits_{x\to0}\left(\frac{1}{x}-\frac{1}{\sin x}\right)$.

3.3 函数单调性与曲线凹凸性的判定

在高中数学中，我们曾学过利用单调性的定义或函数的图像来判断函数的单调性. 但是对于较复杂的函数，利用这些方法判断是非常困难的. 本节我们介绍一种利用导数来判断函数单调性的方法，并在此基础上介绍曲线凹凸性的概念及判定.

一、函数单调性的判定

如果函数 $y=f(x)$ 在 $[a,b]$ 上单调增加，其图像是一条沿 x 轴正向上升的曲线，曲线在各点处的切线斜率是非负的(图 3-3-1)；如果函数 $y=f(x)$ 在 $[a,b]$ 上单调减少，其图像是一条沿 x 轴正向下降的曲线，曲线在各点处的切线斜率是非正的(图 3-3-2).

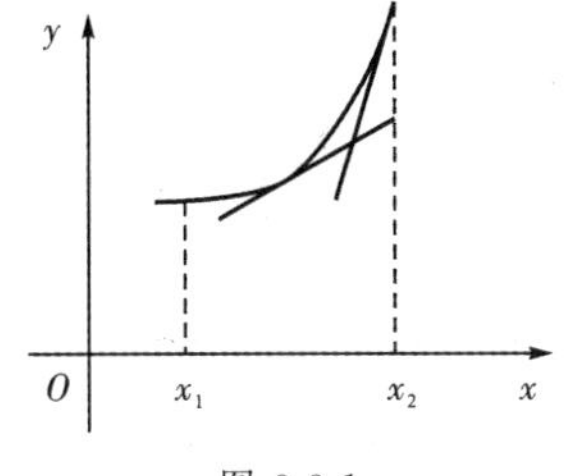

图 3-3-1

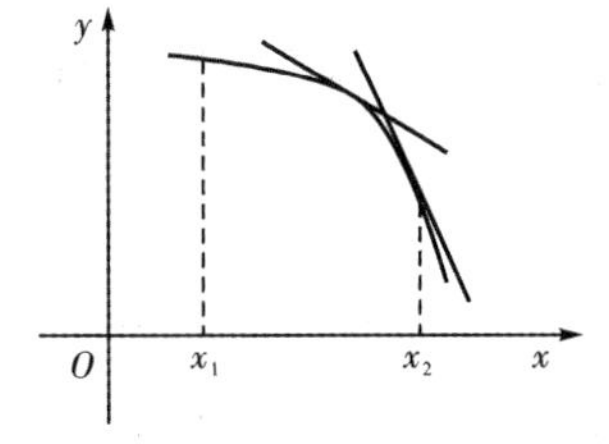

图 3-3-2

由此可见，函数的单调性与导数的符号有着密切的关系. 从而很自然地就想到，是否可以用导数的符号来判定函数的单调性呢？

定理 3-6(单调性判定定理) 设函数 $y=f(x)$ 在 $[a,b]$ 上连续，在 (a,b) 内可导.

(1) 若在 (a,b) 内 $f'(x)>0$，则函数 $y=f(x)$ 在 $[a,b]$ 上单调增加；

(2) 若在 (a,b) 内 $f'(x)<0$，则函数 $y=f(x)$ 在 $[a,b]$ 上单调减少.

由定理 3-6 可知，讨论函数的单调性，需根据函数的一阶导数的符号来进行判定，当 $f(x)$ 连续时，$f'(x)$ 正负值的分界点是使 $f'(x)=0$ 或 $f'(x)$ 不存在的点.

我们把 $f'(x_0)=0$ 的点 x_0 称为函数 $y=f(x)$ 的驻点或稳定点.

【例 1】 判定函数 $y=x-\cos x$ 在 $[0,\pi]$ 上的单调性.

解 因为在 $(0,\pi)$ 内，均有

$$y'=1+\sin x>0$$

所以 $y=x-\cos x$ 在 $[0,\pi]$ 上单调增加.

【例 2】 讨论函数 $y=x^3$ 的单调性.

解 函数 $y=x^3$ 的定义域为 $(-\infty,+\infty)$. 导数为 $y'=3x^2$. 除当 $x=0$ 时，$y'=0$ 外，在其余各点处均有 $y'>0$. 因此，函数 $y=x^3$ 在区间 $(-\infty,0)$ 及 $(0,+\infty)$ 内都是单调增加的. 从而在整个定义域 $(-\infty,+\infty)$ 内是单调增加的(图 3-3-3). 在 $x=0$ 处曲线有一水平切线(即 x 轴).

【例 3】 讨论函数 $y=\sqrt[3]{x^2}$ 的单调性.

解 函数 $y=\sqrt[3]{x^2}$ 的定义域为 $(-\infty,+\infty)$；

导数为 $y'=\dfrac{2}{3\sqrt[3]{x}}$，

当 $x=0$ 时，导数 y' 不存在；

当 $x<0$ 时，$y'<0$，所以函数在 $(-\infty,0)$ 上单调减少，

当 $x>0$ 时，$y'>0$，所以函数在 $(0,+\infty)$ 上单调增加.

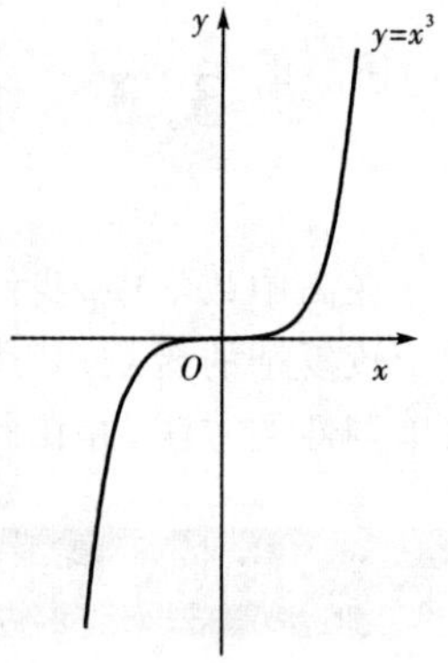

求函数 $y=f(x)$ 的单调区间可以按如下步骤进行：

(1)确定函数 $y=f(x)$ 的定义域；

(2)求出导数 $f'(x)$；

(3)求出函数 $y=f(x)$ 的驻点和不可导点；

(4)用上述驻点和不可导点将函数 $f'(x)$ 的定义域分成若干区间，列表讨论在每个区间上 $f'(x)$ 的符号，并利用定理 3-6 判断 $f'(x)$ 在每个区间上的单调性.

图 3-3-3

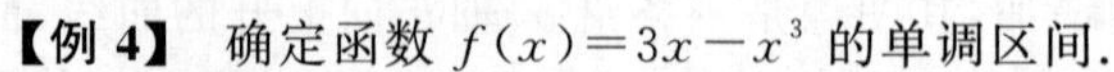

【例 4】 确定函数 $f(x)=3x-x^3$ 的单调区间.

解 函数的定义域为 $(-\infty,+\infty)$；

函数的导数为 $f'(x)=3-3x^2=3(1+x)(1-x)$；

令 $f'(x)=0$，得驻点 $x_1=-1,x_2=1$；无不可导点；

列表讨论如下：

x	$(-\infty,-1)$	$(-1,1)$	$(1,+\infty)$
$f'(x)$	$-$	$+$	$-$
$f(x)$	↘	↗	↘

由表可见，函数 $f(x)$ 在区间 $(-\infty,-1)$ 及 $(1,+\infty)$ 上单调减少，在区间 $(-1,1)$ 上单调增加.

二、曲线的凹凸性与拐点

定义 3-1 设函数 $f(x)$ 在区间 I 上连续，如果在区间 I 上曲线 $y=f(x)$ 总位于其任意一点的切线的上方，那么称曲线 $y=f(x)$ 在区间 I 上是凹的(图 3-3-4)；如果在区间 I 上曲线 $y=f(x)$ 总位于其任意一点的切线的下方，那么称曲线 $f(x)$ 在区间 I 上是凸的(图 3-3-5).

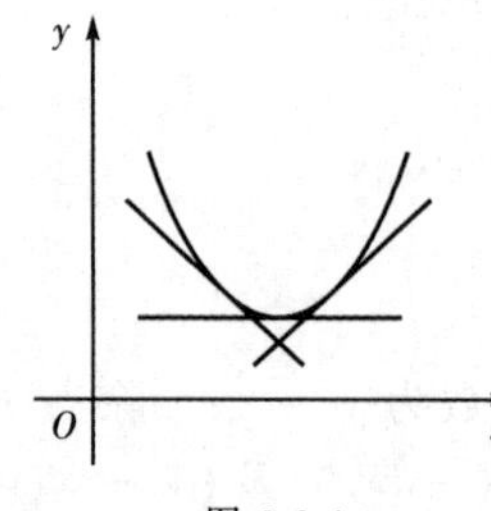

图 3-3-4

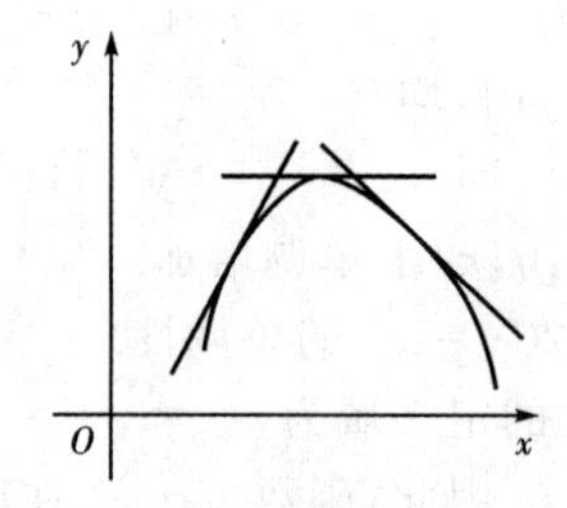

图 3-3-5

我们可以根据二阶导数的符号来判定曲线的凹凸性.

定理 3-7(凹凸性判定定理) 设函数 $f(x)$ 在 $[a,b]$ 上连续，且在 (a,b) 内具有一阶和二阶导数.

(1)若在 (a,b) 内 $f''(x)>0$，则曲线 $y=f(x)$ 在 (a,b) 上的图形是凹的；

(2)若在 (a,b) 内 $f''(x)<0$，则曲线 $y=f(x)$ 在 (a,b) 上的图形是凸的.

【例 5】 判断曲线 $y=\ln x$ 的凹凸性.

解 函数 $y=\ln x$ 的定义域为 $(0,+\infty)$；$y'=\dfrac{1}{x}$，$y''=-\dfrac{1}{x^2}$；

因为在定义域 $(0,+\infty)$ 内，恒有 $y''<0$，所以曲线 $y=\ln x$ 在定义域上是凸的.

定义 3-2 曲线上“凹”与“凸”的分界点称为曲线的拐点.

【例 6】 曲线 $y=x^2$ 是否有拐点？

解 函数 $y=x^2$ 的定义域为 $(-\infty,+\infty)$，$y'=2x$，$y''=2$.

因为在 $(-\infty,+\infty)$ 内恒有 $y''>0$，所以 $y=x^2$ 在 $(-\infty,+\infty)$ 内曲线始终是凹的，故该曲线无拐点(图 3-3-6).

【例 7】 求曲线 $y=x^3$ 的凹凸区间和拐点.

解 函数 $y=x^3$ 的定义域为 $(-\infty,+\infty)$；

$$y'=3x^2,y''=6x.$$

令 $y''=0$，得 $x=0$.

因为当 $x<0$ 时，$y''<0$，当 $x>0$ 时，$y''>0$，所以曲线 $y=x^3$ 在 $(-\infty,0]$ 上的图形是凸的，在 $[0,+\infty)$ 上的图形是凹的，原点 $(0,0)$ 是其拐点(图 3-3-7).

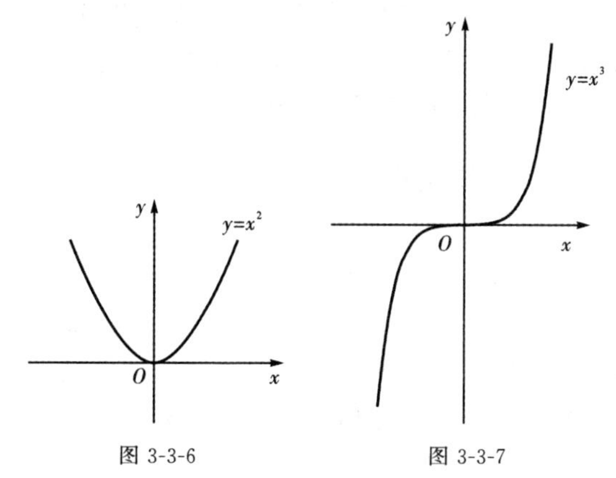

图 3-3-6　　　图 3-3-7

综上所述，确定曲线 $y=f(x)$ 的凹凸区间和拐点可以按如下步骤进行：

(1)确定函数 $y=f(x)$ 的定义域；

(2)求出二阶导数 $f''(x)$；

(3)求出 $f''(x)$ 为零的点和 $f''(x)$ 不存在的点；

(4)用上述 $f''(x)$ 为零的点和 $f''(x)$ 不存在的点将函数 $f(x)$ 的定义域分成若干区间，列表讨论在每个区间上 $f''(x)$ 的符号，并利用定理 3-7 确定出曲线凹凸区间和拐点.

【例 8】 求曲线 $y=x^4-4x^3+3$ 的凹凸区间及拐点.

解 (1)函数的定义域为 $(-\infty,+\infty)$；

(2) $y'=4x^3-12x^2$，$y''=12x^2-24x=12x(x-2)$；

(3)解方程 $y''=0$，得 $x_1=0$，$x_2=2$；

(4)列表分析如下：

x	$(-\infty,0)$	0	$(0,2)$	2	$(2,+\infty)$
y''	+	0	−	0	+
曲线 $y=f(x)$	$\cup$	拐点 $(0,3)$	$\cap$	拐点 $(2,-13)$	$\cup$

曲线在区间 $(-\infty,0)$ 和 $(2,+\infty)$ 上是凹的，在区间 $(0,2)$ 上是凸的，点 $(0,3)$ 和 $(2,-13)$ 是曲线的拐点.

习题 3-3

1. 确定下列函数的单调区间.

(1) $f(x)=12-12x+2x^2$；　　(2) $f(x)=x-\ln(1+x)$；

(3) $f(x)=2-(x-1)^2$；　　(4) $f(x)=x^2e^{-x}$.

2. 判定下列各函数的凹凸区间与拐点.

(1) $y=x^3(-x)$；　　(2) $y=\dfrac{x}{1+x^2}$；　　(3) $y=\sqrt[3]{x}$.

3.4　函数的极值与最值

在生产生活和其他各种经济活动中，经常会遇到这样一类问题：在一定条件下，怎样才能使“用料最省”“造价最低”“产量最大”“效率最高”等，即最优化问题. 这类问题在数学上一般可归结为求某一函数(通常称为目标函数)的最大值和最小值(通常简称为最值).

为了解决这类问题，我们首先来研究函数的极值.

一、函数的极值及其求法

数学先驱：费尔马

定义 3-3　设函数 $f(x)$ 在区间 (a,b) 内有定义，$x_0\in(a,b)$.

若在 x_0 的某一邻域内恒有 $f(x)<f(x_0)$，则称 $f(x_0)$ 是函数 $f(x)$ 的一个极大值，称 x_0 是函数 $f(x)$ 的一个极大值点(图 3-4-1)；

若在 x_0 的某一邻域内恒有 $f(x)>f(x_0)$，则称 $f(x_0)$ 是函数 $f(x)$ 的一个极小值，称 x_0 是函数 $f(x)$ 的一个极小值点(图 3-4-2).

函数的极大值和极小值统称为函数的极值，使函数取得极值的点(极大值点和极小值点)统称为极值点.

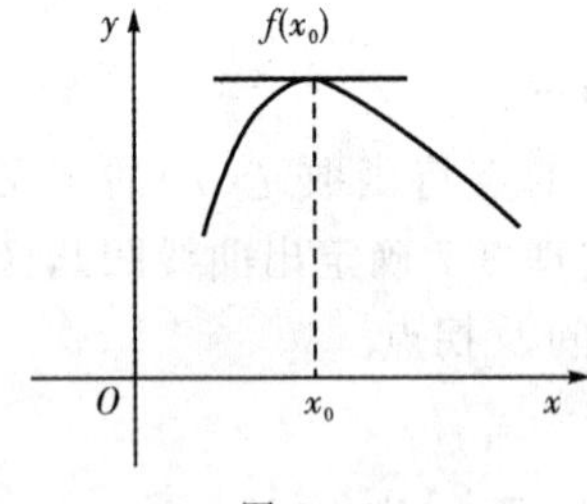

图 3-4-1

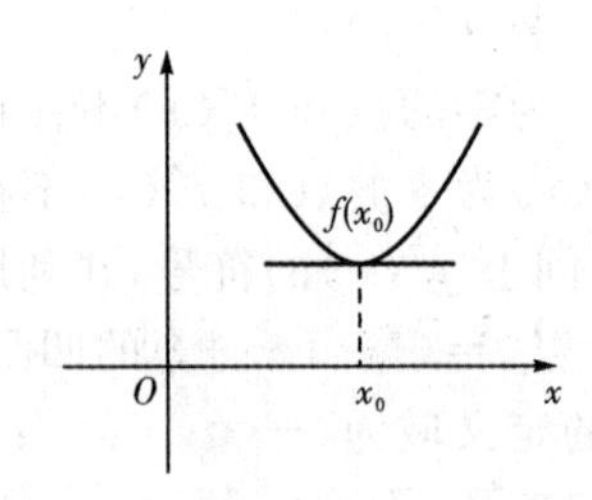

图 3-4-2

函数的极值是局部性概念. 如果 $f(x_0)$ 是函数 $f(x)$ 的一个极大值，只意味在 x_0 近旁的一个局部区域内，$f(x_0)$ 是一个最大值，而对于 $f(x)$ 的整个定义域来说，$f(x_0)$ 不一定是最大值，甚至比极小值还小. 如图 3-4-3 所示，$f(x_4)$ 是函数的一个极大值，而 $f(x_1)$ 是函数的一个极小值，但 $f(x_4)$ 显然小于 $f(x_1)$.

从图 3-4-3 中我们还可以看到，在函数的极值点处，曲线的切线都是水平的，例如图中的点 x_1,x_2,x_3,x_4 等处. 但曲线上有水平切线的地方，函数却不一定取得极值，例如图中的点 x_6 处.

定理 3-8(极值的必要条件)　若函数 $f(x)$ 在点 x_0 处可导且取得极值，则 $f'(x_0)=0$.

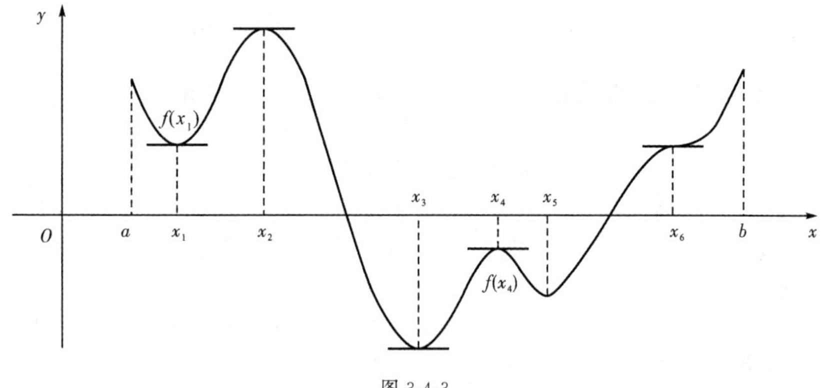

图 3-4-3

注意：定理 3-7 告诉我们，可导函数的极值点必定是驻点，但驻点却不一定是极值点.

【例 1】 函数 $y=x^3$，其导数为 $y'=3x^2$，令 $y'=0$，得 $x=0$，从而原点$(0,0)$是其驻点，但不是极值点.

定理 3-9（极值的第一判别法） 设函数 $f(x)$在点 x_0 的某去心邻域内可导，$f'(x_0)=0$ 或 $f'(x_0)$不存在：

(1)若在 x_0 的左邻域内恒有 $f'(x)>0$，在 x_0 的右邻域内恒有 $f'(x)<0$，则 $f(x_0)$是函数 $f(x)$的极大值；

(2)若在 x_0 的左邻域内恒有 $f'(x)<0$，在 x_0 的右邻域内恒有 $f'(x)>0$，则 $f(x_0)$是函数 $f(x)$的极小值；

(3)若在 x_0 的左、右两侧 $f'(x_0)$符号相同，则 $f(x_0)$不是极值.

定理 3-9 说明，当自变量沿 x 轴正向变化经过 x_0 时，若 $f'(x)$的符号由负变正，则在 x_0 处取得极小值；若 $f'(x)$的符号由正变负，则 $f(x)$在 x_0 处取得极大值；若 $f'(x)$的符号不改变，则 $f(x)$在 x_0 处不能取得极值.

注意：不可导点也可能是函数的极值点.

由定理 3-8 可以总结出求函数 $y=f(x)$的极值的一般步骤：

(1)求出函数 $f(x)$的定义域；

(2)求出函数 $f(x)$的导数 $f'(x)$；

(3)求出函数 $f(x)$的全部驻点和不可导点；

(4)用上述驻点和不可导点将函数 $f(x)$的定义域分成若干区间，列表讨论在每个区间上 $f'(x)$的符号和函数的增减，再根据定理 3-9 确定上述驻点和不可导点是否是极值点，是极大值点还是极小值点，若是，求出该点的函数值即为函数的极值.

【例 2】 求函数 $f(x)=x^2e^x$ 的极值.

解 (1)$f(x)$的定义域为$(-\infty,+\infty)$；

(2)$f'(x)=2xe^x+x^2e^x=xe^x(2+x)$；

(3)令 $f'(x)=0$，得驻点 $x_1=-2$，$x_2=0$，无不可导点；

(4)用驻点 $x_1=-2$，$x_2=0$ 分 $f(x)$的定义域$(-\infty,+\infty)$，列表分析如下：

x	$(-\infty,-2)$	-2	$(-2,0)$	0	$(0,+\infty)$
$f'(x)$	+	0	−	0	+
$f(x)$	↗	极大值$\frac{4}{e^2}$	↘	极小值 0	↗

故函数 $f(x)=x^2e^x$ 的极大值为 $f(-2)=\frac{4}{e^2}$，极小值为 $f(0)=0$.

定理 3-10(极值的第二判别法) 设函数 $f(x)$ 在点 x_0 处具有二阶导数，且 $f'(x_0)=0$，$f''(x_0)\neq 0$.

(1)若 $f''(x_0)<0$，则 $f(x_0)$ 是函数 $f(x)$ 的极大值；

(2)若 $f''(x_0)>0$，则 $f(x_0)$ 是函数 $f(x)$ 的极小值.

定理 3-10 表明，在函数 $f(x)$ 的驻点 x_0 处若二阶导数 $f''(x_0)\neq 0$，则该驻点一定是极值点，且可根据 $f''(x_0)$ 的符号判定是极大值还是极小值.

注意：以下三种情况下不能使用极值的第二判别法，必须使用极值的第一判别法进行判别：(1)$f'(x)$ 不存在；(2)$f''(x_0)=0$；(3)$f''(x_0)$ 不存在.

【例 3】 求函数 $f(x)=x+e^{-x}$ 的极值.

解 函数 $f(x)$ 的定义域为 $(-\infty,+\infty)$，$f'(x)=1-e^{-x}$，$f''(x)=e^{-x}$. 令 $f'(x)=0$，得驻点 $x=0$，又 $f''(0)=1>0$.

由定理 3-10 知，$x=0$ 是函数 $f(x)$ 的极小值点，$f(x)$ 的极小值为 $f(0)=1$.

二、函数的最大值与最小值

由第 1 章的学习知道，闭区间 $[a,b]$ 上的连续函数 $f(x)$ 一定存在最大值和最小值，最大值和最小值可能在区间内取得，也可能在区间的端点处取得，若最大值不在区间的端点取得，则必在开区间 (a,b) 内取得，在这种情况下，最大值一定是函数的某个极大值. 从而，函数在闭区间 $[a,b]$ 上的最大值一定是函数在 (a,b) 上的所有极大值和区间端点处的函数值 $f(a)$ 和 $f(b)$ 中最大者. 同理，函数在闭区间 $[a,b]$ 上的最小值一定是函数在 (a,b) 上的所有极小值、$f(a)$ 和 $f(b)$ 中最小者.

因此，要求一个函数 $f(x)$ 在闭区间 $[a,b]$ 上的最大值和最小值可以按如下方法进行：

(1)求出函数 $f(x)$ 在 (a,b) 内的所有可能的极值点(即驻点和不可导点)：

$$x_1,x_2,\cdots,x_n.$$

(2)求出这些驻点和不可导点以及闭区间 $[a,b]$ 端点处的函数值：

$$f(x_1),f(x_2),\cdots,f(x_n),f(a),f(b).$$

(3)比较 $f(a),f(x_1),f(x_2),\cdots,f(x_n),f(b)$ 的大小，其中最大者就是 $f(x)$ 在闭区间 $[a,b]$ 上的最大值，最小者是 $f(x)$ 在闭区间 $[a,b]$ 上的最小值.

【例 4】 求函数 $f(x)=x^3-6x^2+2$ 在 $[-1,7]$ 上的最大值与最小值.

解 $f'(x)=3x^2-12x=3x(x-4)$；

令 $f'(x)=0$，得驻点 $x_1=0$，$x_2=4$，无不可导点.

因为 $f(-1)=-5$，$f(0)=2$，$f(4)=-30$，$f(7)=51$，所以 $f(x)$ 在 $[-1,7]$ 上的最大值为 $f(7)=51$，最小值为 $f(4)=-30$.

显然，若函数 $f(x)$ 在 $[a,b]$ 上连续且单调增加，则 $f(a)$ 是最小值，$f(b)$ 是最大值；若 $f(x)$ 在 $[a,b]$ 上连续且单调减少，则 $f(a)$ 是最大值，$f(b)$ 是最小值.

【例 5】 求函数 $f(x)=\arctan x$ 在 $[0,1]$ 上的最大值和最小值.

解 $f'(x)=\frac{1}{1+x^2}>0$，所以函数 $f(x)$ 在 $[0,1]$ 上单调递增(图 3-4-4).

所以最小值为 $f(0)=0$，最大值为 $f(1)=\frac{\pi}{4}$.

注意：在有些实际问题中，我们根据其实际意义就可以断定函数 $f(x)$ 确有最大值或最小值，而且一定在其定义区间内取得，此时如果 $f(x)$ 在定义区间内只有唯一驻点 x_0，那么就不必讨论 $f(x_0)$ 是否是极值，而直接判定 $f(x_0)$ 是最大值或最小值.

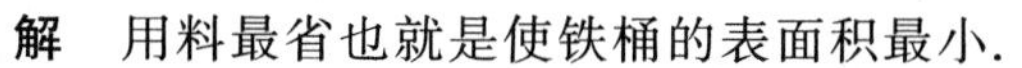

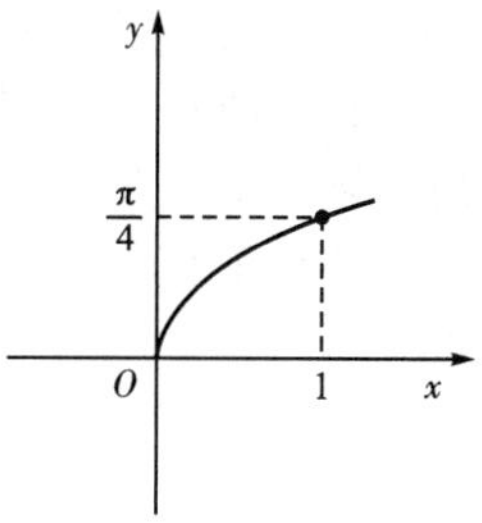

图 3-4-4

【例 6】 【用料最省问题】用铁皮制作一个体积为 V 的圆柱形有盖铁桶，应如何设计其底面半径和高才能使用料最省？

解 用料最省也就是使铁桶的表面积最小.

设铁桶底面半径为 r，高为 h，表面积为 A. 则

$$A=2\pi r^2+2\pi rh.$$

由 $V=\pi r^2h$，得 $h=\dfrac{V}{\pi r^2}$，代入上式，得

$$A=2\pi r^2+\frac{2V}{r}$$

显然 $r>0$.

这样，问题就转化为求目标函数 $A=2\pi r^2+\dfrac{2V}{r}$ 的最小值.

求 A 对 r 的导数

$$A'=4\pi r-\frac{2V}{r^2}$$

令 $A'=0$ 得唯一驻点 $r=\sqrt[3]{\dfrac{V}{2\pi}}$.

由问题的实际意义知，A 在 $(0,V)$ 内必有最小值，故最小值必在该唯一驻点 $r=\sqrt[3]{\dfrac{V}{2\pi}}$ 处取得. 将 $r=\sqrt[3]{\dfrac{V}{2\pi}}$ 代入 $h=\dfrac{V}{\pi r^2}$ 中，得 $h=2\sqrt[3]{\dfrac{V}{2\pi}}=2r$，即当高 h 是底面半径 r 的两倍且 $r=\sqrt[3]{\dfrac{V}{2\pi}}$ 时，用料最省.

习题 3-4

1. 求下列函数的极值.

(1) $f(x)=\dfrac{x^3}{3}-\dfrac{x^2}{2}-2x+\dfrac{1}{3}$； (2) $f(x)=2-(x-1)^{\frac{2}{3}}$；

(3) $f(x)=x^2\mathrm{e}^{-x}$； (4) $f(x)=2x^2-\ln x$；

(5) $y=(x-1)\cdot\sqrt[3]{x^2}$； (6) $f(x)=x-\ln(1+x^2)$.

2. 求下列各函数在所给区间上的最大值与最小值.

(1) $y=x^4-8x^2+2, x\in[-1,3]$； (2) $y=x+\sqrt{1-x}, x\in[-5,1]$；

(3) $y=x-\sin x, x\in\left[-\dfrac{\pi}{2},\pi\right]$.

3. 某车间靠墙壁要盖一间长方形小屋，现有存砖只够砌 20 米长的墙壁，问应围成怎样的长方形才能使这间小屋的面积最大？

4. 甲船以每小时 20 海里的速度向东行驶，同一时间乙船在甲船正北 82 海里以每小时

16 海里的速度向南行驶,问经过多长时间后两船相距最近?

5. 有一块宽为 $2a$ 的长方形铁皮,如图 3-4-5 所示,将长所在的两个边缘向上折起,做成一个开口水槽,其横截面为矩形. 问:横截面的高取何值时水槽的流量最大?(流量与横截面的面积成正比.)

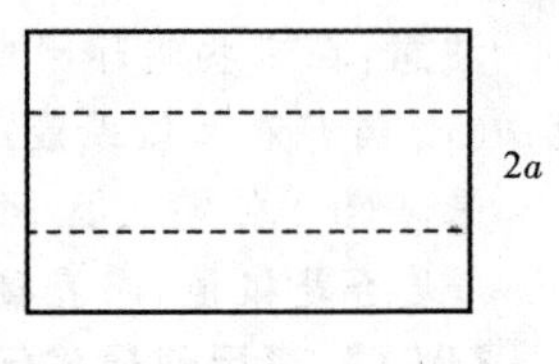

图 3-4-5

3.5 导数在经济学中的应用

本节介绍导数在经济学中的两个应用——边际分析和弹性分析.

一、边际分析

边际是经济学中的一个非常重要的概念,用导数来研究经济变量的边际的方法,称之为边际分析.

定义 3-4 经济学中,把函数 $y=f(x)$ 的导函数 $f'(x)$ 称为 $f(x)$ 的边际函数,在点 x_0 的导数值 $f'(x_0)$ 称为 $f(x)$ 在 x_0 处的边际值(或变化率、变化速度等).

1. 边际成本

在经济学中,边际成本定义为产量增加一个单位时所增加的成本.

设某产品产量为 Q 单位时所需的总成本为 $C=C(Q)$. 由于

$$C(Q+1)-C(Q)=\Delta C(Q)\approx \mathrm{d}C(Q)=C'(Q)\Delta Q.$$

所以边际成本就是总成本函数关于产量 Q 的导数.

2. 边际收入

在经济学上,边际收入定义为多销售一个单位产品所增加的销售收入.

设某产品的销售量为 Q 时的收入函数为 $R=R(Q)$,则收入函数关于销售量 Q 的导数就是该产品的边际收入 $R'(Q)$.

3. 边际利润

设某产品的销售量为 Q 时的利润函数为 $L=L(Q)$,当 $L=L(Q)$ 可导时,称 $L'(Q)$ 为销售量为 Q 时的边际利润,它近似等于销售量为 Q 时再多销售一个单位产品所增加(或减少)的利润.

【例 1】 某企业的总成本 C 关于产量 Q 的函数为

$$C(Q)=-10\ 485+6.75Q-0.000\ 3Q^2.$$

求:(1)该企业的平均成本函数和边际成本函数;

(2)该企业生产 5 000 个单位产品时的平均成本和边际成本.

解 (1)平均成本函数 $C_{平}(Q)=\dfrac{C(Q)}{Q}=-\dfrac{10\ 485}{Q}+6.75-0.000\ 3Q.$

边际成本函数 $C'(Q)=-0.000\ 6Q+6.75$;

(2) $C_{平}(5\ 000)=3.153$, $C'(5\ 000)=-0.000\ 6\times 5\ 000+6.75=3.75.$

这表示生产 5 001 个单位产品时,成本增加 3.75 个成本单位.

【例 2】 设某产品的需求函数 $Q=100-5p$,其中 p 为价格,Q 为需求量,求边际收入函数以及当 $Q=20$、50、70 个单位时的边际收入,并说明所得结果的经济意义.

解 总收入函数 $R(Q)=p\cdot Q=\frac{1}{5}(100-Q)\cdot Q$，所以边际收入函数为

$$R'(Q)=\frac{1}{5}(100-2Q).$$

当 $Q=20$、50、70 个单位时，边际收入分别为 $R'(20)=12, R'(50)=0, R'(70)=-8$.

其经济意义为：当销售量为 20 个单位时，再多销售一个单位产品，总收入将增加 12 个收入单位；当销售量为 50 个单位时，总收入达到最大值. 当销售量为 70 个单位时，再多销售一个单位产品，总收入将减少 8 个收入单位.

二、弹性分析

在边际分析中，讨论函数的变化率与函数改变量均属于绝对范围内的讨论，在经济问题中，仅绝对数的分析是不足以深刻分析问题的，例如甲商品价格 5 元，涨价 1 元，乙商品价格 50 元，涨价 1 元，这两种商品的绝对改变量都是 1 元，哪个商品涨价幅度更大呢？我们要用 1 元与原价相比就能回答问题，甲商品涨价百分比为 20%，乙商品涨价百分比为 2%，为此，我们有必要研究函数的相对改变量与相对变化率.

定义 3-5 设函数 $y=f(x)$ 在 x 处可导，函数的相对改变量 $\frac{\Delta y}{y}=\frac{f(x+\Delta x)-f(x)}{f(x)}$ 与自变量的相对改变量 $\frac{\Delta x}{x}$ 之比 $\frac{\Delta y}{y}\Big/\frac{\Delta x}{x}$，称为函数 $f(x)$ 从 x 到 $x+\Delta x$ 两点间的弹性. 当 $\Delta x\to 0$ 时，若 $\frac{\Delta y}{y}\Big/\frac{\Delta x}{x}$ 的极限存在，则称该极限值为 $f(x)$ 在 x 处的弹性，记作 η，即

$$\eta=\lim_{\Delta x\to 0}\frac{\Delta y}{y}\Big/\frac{\Delta x}{x}=y'\cdot\frac{x}{y}=\frac{x}{f(x)}\cdot f'(x).$$

由于 η 也是 x 的函数，即称它为 $f(x)$ 的弹性函数.

一般地，设某商品的市场需求量为 Q，价格为 p，需求函数 $Q=f(p)$ 可导，则 $f'(p)\cdot\frac{p}{f(p)}$ 为该商品的需求价格弹性函数，简称为需求弹性函数，记 $\eta=f'(p)\cdot\frac{p}{f(p)}$. 由于需求函数为价格的减函数，需求弹性 η 一般为负值，这表明：当某商品的价格增加(或减少)1% 时，其需求量将减小(或增加)$|\eta|$%. 在经济学中，比较商品需求弹性的大小时指弹性的绝对值.

当 $|\eta|>1$ 时，称为富有弹性，价格变动对需求量的影响较大；

当 $|\eta|=1$ 时，称为单位弹性，此时价格与需求变动的幅度相同；

当 $|\eta|<1$ 时，称为缺乏弹性，价格变动对需求量的影响不大.

【例 3】 某产品需求函数 $Q=3\,000e^{-0.02p}$，求价格为 100 元时的需求弹性并解释其经济含义.

解 $\eta=\frac{p}{Q}\cdot Q'(p)=\frac{-0.02p\times 3\,000e^{-0.02p}}{3\,000e^{-0.02p}}=-0.02p, \eta|_{p=100}=-2$.

其经济意义为：当价格为 100 元时，若价格增加(或减少)1%，需求量减少(或增加)2%.

【例 4】 某商品需求函数为 $Q=10-\frac{p}{2}$，求：

(1)需求价格弹性函数；

(2)当 $p=3$ 时，需求价格弹性.

解 (1)因为$Q'(p)=-\frac{1}{2}$,所以

$$\eta=\frac{p}{Q}\cdot Q'(p)=\frac{p}{10-\frac{p}{2}}\cdot\left(-\frac{1}{2}\right)=\frac{p}{p-20}$$

(2)$\eta|_{p=3}=-\frac{3}{17}\approx-0.18$,$|\eta|<1$,即价格变化对需求量的影响不大.

其经济意义为:在商品价格为3的水平下,价格上升(或下降)1%,需求量减少(或增加)0.18%.

习题 3-5

1.已知某厂生产x件产品的成本为$C=250\,000+200x+\frac{1}{4}x^2$.

(1)要使平均成本最小,应生产多少件产品?

(2)若产品以每件500元售出,要使利润最大,应生产多少件产品?

2.某商品需求量Q与价格p之间的函数关系为$Q=100-5p$,求

(1)总收益R和边际收益R';

(2)当价格$p=8$和$p=10$时,需求量Q对价格p的弹性,并解释其经济意义;

(3)当价格p为多少时,总收益最大?

拓展:微分学练习

复习题 3

1.求下列极限

(1)$\lim\limits_{x\to0}\frac{x(e^x-1)}{\cos x-1}$; (2)$\lim\limits_{x\to0}\frac{e^x-e^{-x}}{\sin x}$; (3)$\lim\limits_{x\to0}\frac{\tan x-x}{x-\sin x}$;

(4)$\lim\limits_{x\to+\infty}\frac{\ln\left(1+\frac{1}{x}\right)}{\operatorname{arccot}x}$; (5)$\lim\limits_{x\to1}\left(\frac{x}{x-1}-\frac{1}{\ln x}\right)$.

2.求函数$f(x)=x-\frac{3}{2}x^{\frac{3}{2}}$的单调区间和极值.

3.已知点$(-1,2)$是曲线$y=ax^3+bx^2-1$上的一个拐点,求a与b的值.

4.在函数$y=e^{-x^2}$的定义域求一个区间,使该函数在该区间内的曲线单调增加且图形为凹.

5.用直径为d的圆木切割成横断面为矩形的梁,其底为b,高为h,若梁的强度与bh^2成正比,问梁的横断面尺寸如何时强度最大?

6.证明:当$x<1$时,$e^x\leqslant\frac{1}{1-x}$.

7.设$f(x)=nx(1-x)^n$(n为自然数),试求

(1)$f(x)$在$0\leqslant x\leqslant1$上的最大值$M(n)$;

(2)$\lim\limits_{n\to\infty}M(n)$.

本章思维导图

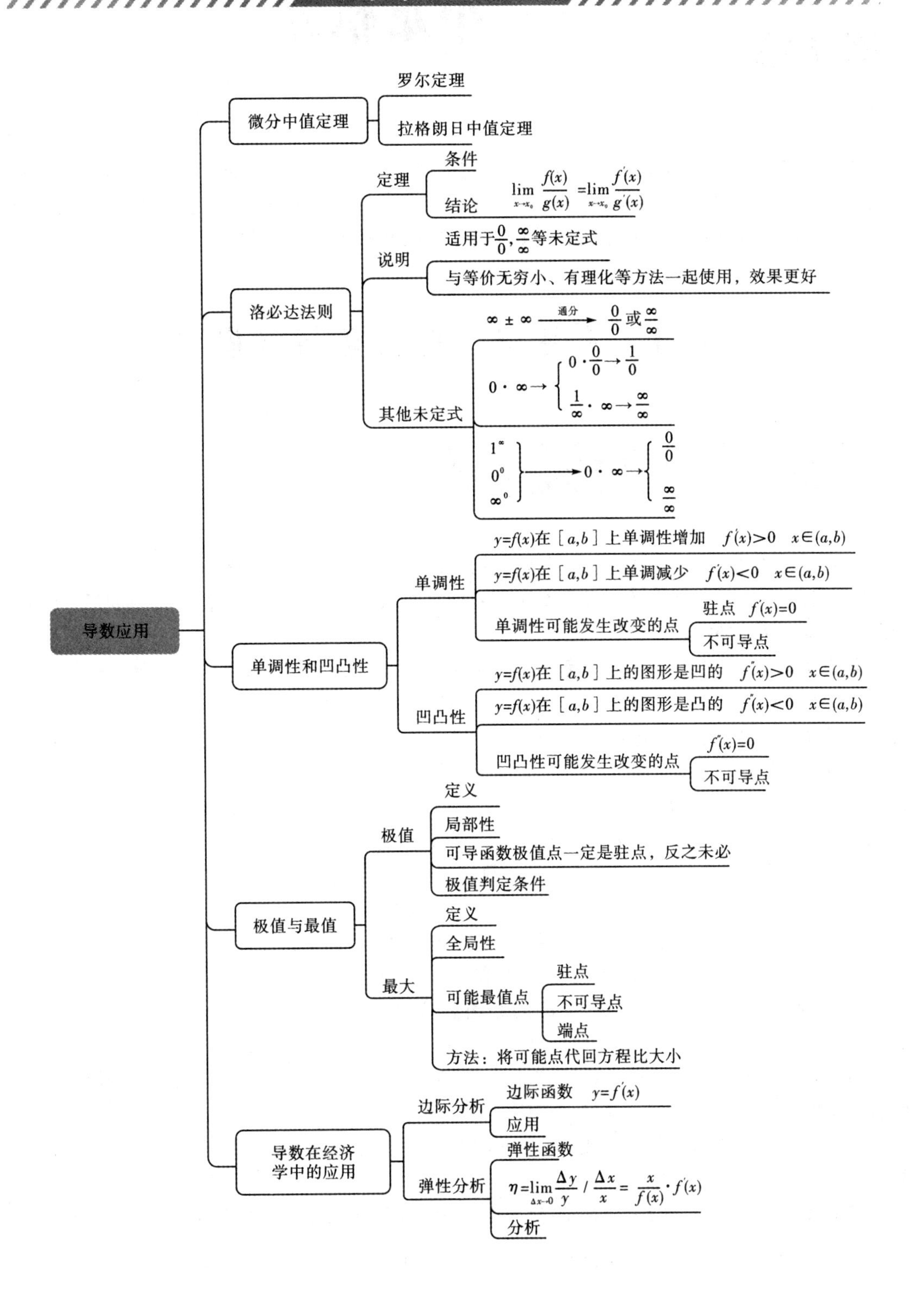

导数应用
微分中值定理
罗尔定理
拉格朗日中值定理
洛必达法则
定理
条件
结论 $\lim\limits_{x\to x_0}\frac{f(x)}{g(x)}=\lim\limits_{x\to x_0}\frac{f'(x)}{g'(x)}$
说明
适用于$\frac{0}{0}$,$\frac{\infty}{\infty}$等未定式
与等价无穷小、有理化等方法一起使用，效果更好
其他未定式
$\infty\pm\infty\xrightarrow{通分}\frac{0}{0}$或$\frac{\infty}{\infty}$
$0\cdot\infty\to\begin{cases}0\cdot\frac{0}{0}\to\frac{1}{0}\\ \frac{1}{\infty}\cdot\infty\to\frac{\infty}{\infty}\end{cases}$
1^∞, 0^0, ∞^0 $\to 0\cdot\infty\to\frac{0}{0}$, $\frac{\infty}{\infty}$
单调性和凹凸性
单调性
$y=f(x)$在$[a,b]$上单调性增加 $f'(x)>0$ $x\in(a,b)$
$y=f(x)$在$[a,b]$上单调减少 $f'(x)<0$ $x\in(a,b)$
单调性可能发生改变的点
驻点 $f'(x)=0$
不可导点
凹凸性
$y=f(x)$在$[a,b]$上的图形是凹的 $f''(x)>0$ $x\in(a,b)$
$y=f(x)$在$[a,b]$上的图形是凸的 $f''(x)<0$ $x\in(a,b)$
凹凸性可能发生改变的点
$f''(x)=0$
不可导点
极值与最值
极值
定义
局部性
可导函数极值点一定是驻点，反之未必
极值判定条件
最大
定义
全局性
可能最值点
驻点
不可导点
端点
方法：将可能点代回方程比大小
导数在经济学中的应用
边际分析
边际函数 $y=f'(x)$
应用
弹性分析
弹性函数
$\eta=\lim\limits_{\Delta x\to 0}\frac{\Delta y}{y}/\frac{\Delta x}{x}=\frac{x}{f(x)}\cdot f'(x)$
分析

第4章 不定积分

前面章节主要讨论了已知一个函数，求它的导数或微分的问题，但是，在许多实际问题中往往还会遇到与此相反的问题，即已知一个函数的导数或微分，求出这个函数，这就是不定积分的问题. 本章重点研究不定积分的概念、性质和求不定积分的方法.

4.1 不定积分的概念与性质

一、原函数和不定积分的概念

先看一个例子.

已知平面曲线 $y=f(x)$ 上任意点处的切线斜率 $f'(x)=2x$，求该曲线 $y=f(x)$ 的表达式. 本例实际上是已知函数的一阶导数 $f'(x)=2x$，求该函数 $f(x)$ 的表达式的问题. 为此，我们引进原函数的概念.

定义 4-1 设函数 $f(x)$ 在区间 I 上有定义，若存在函数 $F(x)$，使得对于 $\forall x\in I$，均有

$$F'(x)=f(x) \text{ 或 } \mathrm{d}F(x)=f(x)\mathrm{d}x,$$

则称函数 $F(x)$ 为 $f(x)$ 在区间 I 上的一个原函数.

例如，因为 $(x^2)'=2x$，所以 x^2 是 $2x$ 的一个原函数. 又如，$(\sin x)'=\cos x$ 所以 $\sin x$ 是 $\cos x$ 的一个原函数. 另外，$(\sin x+1)'=\cos x$，$(\sin x-1)'=\cos x$，$(\sin x+C)'=\cos x$（C 为任意常数），所以 $\sin x+1$，$\sin x-1$，$\sin x+C$ 均为 $\cos x$ 的原函数.

实际上，设 $F(x)$ 是 $f(x)$ 的一个原函数，C 为任意常数，则由

$$[F(x)+C]'=F'(x)=f(x)$$

可知 $F(x)+C$ 也是 $f(x)$ 的原函数，由于 C 的任意性，一般地，有以下结论：

如果函数 $f(x)$ 存在原函数，那么它就有无数多个原函数.

同时，若 $F(x)$ 和 $G(x)$ 均是 $f(x)$ 的原函数，则有

$$[F(x)-G(x)]'=F'(x)-G'(x)=f(x)-f(x)=0$$

由此，可知 $F(x)-G(x)=C$（C 为任意常数），即 $F(x)$ 和 $G(x)$ 只相差一个常数 C，因此有以下结论：

如果 $F(x)$ 是 $f(x)$ 的原函数，那么 $F(x)+C$（C 为任意常数）就是 $f(x)$ 的全部原函数.

定义 4-2 若函数 $F(x)$ 为 $f(x)$ 的一个原函数，则函数 $f(x)$ 的全部原函数 $F(x)+C$（C 为任意常数）称为 $f(x)$ 的不定积分，记作 $\int f(x)\mathrm{d}x$，即

$$\int f(x)\mathrm{d}x = F(x) + C,$$

式中,记号"$\int$"称为积分号,$f(x)$ 称为被积函数,$f(x)\mathrm{d}x$ 称为被积表达式,x 称为积分变量,C 称为积分常数.

由定义可知,求 $f(x)$ 的不定积分实际上只需求出它的一个原函数,再加上任意常数 C 即可.

【例 1】 求$\int 2x\,\mathrm{d}x$.

解 因为$(x^2)' = 2x$,所以 x^2 是 $2x$ 的一个原函数,再加上任意常数 C,即

$$\int 2x\,\mathrm{d}x = x^2 + C$$

【例 2】 求$\int \cos x\,\mathrm{d}x$.

解 由于$(\sin x)' = \cos x$,所以 $\sin x$ 是 $\cos x$ 的一个原函数,因此,$\int \cos x\,\mathrm{d}x = \sin x + C$.

【例 3】 求$\int \frac{1}{x}\mathrm{d}x$.

解 当 $x > 0$ 时,$(\ln|x|)' = (\ln x)' = \frac{1}{x}$;当 $x < 0$ 时,$(\ln|x|)' = [\ln(-x)]' = \frac{1}{-x}\cdot(x)' = \frac{1}{-x}$.

综上所述,$\int \frac{1}{x}\mathrm{d}x = \ln|x| + C$.

在关系式 $F'(x) = f(x)$ 成立的情况下,若已知函数 $F(x)$ 求 $f(x)$ 是求一阶导数运算,而已知函数 $f(x)$ 求 $F(x)$ 是求原函数的运算,故求一阶导数运算与求原函数运算互为逆运算,它们之间有如下关系:

(1) $\left[\int (x)\mathrm{d}x\right]' = f(x)$ 或 $\mathrm{d}\left[\int f(x)\mathrm{d}x\right] = f(x)\mathrm{d}x$;

(2) $\int f'(x)\mathrm{d}x = f(x) + C$ 或 $\int \mathrm{d}f(x) = f(x) + C$.

二、不定积分的性质

性质 1 被积函数中不为零的常数因子可以提到积分号外面,即

$$\int kf(x)\mathrm{d}x = k\int f(x)\mathrm{d}x \quad (\text{常数 } k \neq 0).$$

例如,$\int 3\mathrm{e}^x\,\mathrm{d}x = 3\int \mathrm{e}^x\,\mathrm{d}x = 3\mathrm{e}^x + C$.

性质 2 两个函数代数和的不定积分等于这两个函数不定积分的代数和,即

$$\int [f(x) \pm g(x)\mathrm{d}x] = \int f(x)\mathrm{d}x \pm \int g(x)\mathrm{d}x.$$

例如,$\int \left(\frac{1}{x} - \sin x\right)\mathrm{d}x = \int \frac{1}{x}\mathrm{d}x - \int \sin x\,\mathrm{d}x = \ln|x| - (-\cos x) + C = \ln|x| + \cos x + C$.该性质可以推广到有限多个函数的情形,即

$$\int[f_1(x)\pm f_2(x)\pm\cdots\pm f_n(x)]\,dx=\int f_1(x)dx\pm\int f_2(x)dx\pm\cdots\pm\int f_n(x)dx.$$

三、不定积分的几何意义

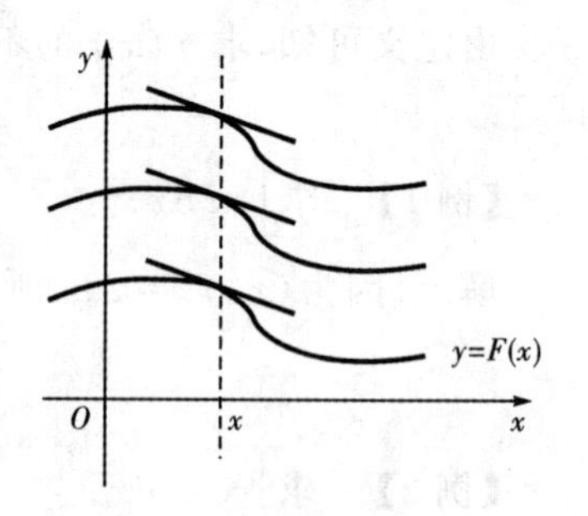

图 4-1-1

函数 $f(x)$ 的原函数 $F(x)$ 的图像，称为函数 $f(x)$ 的积分曲线，不定积分 $\int f(x)dx$ 的图像是一族积外曲线，称为函数 $f(x)$ 的积分曲线族，这族曲线可以由一条积分曲线 $y=F(x)$ 沿 y 轴方向上下平移得到，另外，积分曲线族中每一条曲线在横坐标为 x 的点处的切线斜率都是 $f(x)$，如图 4-1-1 所示.

【例 4】 已知平面曲线上任意点 $M(x,y)$ 处的切线斜率 $y'=2x$，且曲线经过点(1,2)，求此平面曲线方程.

解 因为 $(x^2)'=2x$，所以 $\int 2x\,dx=x^2+C$，得积分曲线族 $y=x^2+C$，又因为所求曲线经过点(1,2)，故将 $x=1,y=2$ 代入上式，有 $2=1+C$，得 $C=1$，所以 $y=x^2+1$ 是所求曲线方程.

习题 4-1

1. 填空

(1) ________ $'=1$，$\int dx=$ ________.

(2) d ________ $=e^x dx$，$\int e^x dx=$ ________.

(3) ________ $'=x$，$\int x\,dx=$ ________.

(4) 函数 $e^{\sqrt{x}}$ 为________的一个原函数.

(5) 若函数 $f(x)$ 的一个原函数为 $\ln x$，则一阶导数 $f'(x)=$ ________.

(6) 若不定积分 $\int f(x)dx=2\sin\dfrac{x}{2}+C$，则 $f(x)=$ ________.

(7) 若 $f(x)$ 有一个原函数是 $\sin x$，则 $\int f'(x)dx=$ ________.

(8) 不定积分 $\int d(\sin\sqrt{x})=$ ________.

(9) 已知一阶导数 $\left[\int f(x)dx\right]'=\sqrt{1+x^2}$，则一阶导数值 $f'(1)=$ ________.

2. 验证下列各式.

(1) $\int(3x^2+2x+1)\,dx=x^3+x^2+x+C$；

(2) $\int e^{-x}dx=-e^{-x}+C$.

3. 设曲线上任意点处的切线的斜率等于该点的横坐标，又知该曲线过原点，求此曲线方程.

4.2 直接积分法

因为求不定积分是求导数或微分的逆运算，所以根据不定积分的定义及导数的基本公式，相应的可以得到不定积分的基本公式.

1. $\int k\,dx = kx + C$（k 为常数）；

2. $\int x^a\,dx = \dfrac{1}{a+1}x^{a+1} + C\ (a \neq -1)$；

3. $\int \dfrac{1}{x}dx = \ln|x| + C$；

4. $\int a^x\,dx = \dfrac{a^x}{\ln a} + C\ (a > 0$，且 $a \neq 1)$；

5. $\int e^x\,dx = e^x + C$；

6. $\int \sin x\,dx = -\cos x + C$；

7. $\int \cos x\,dx = \sin x + C$；

8. $\int \sec^2 x\,dx = \tan x + C$；

9. $\int \csc^2 x\,dx = -\cot x + C$；

10. $\int \sec x \tan x\,dx = \sec x + C$；

11. $\int \csc x \cot x\,dx = -\csc x + C$；

12. $\int \dfrac{1}{\sqrt{1-x^2}}dx = \arcsin x + C$；

13. $\int \dfrac{1}{1+x^2}dx = \arctan x + C$.

利用不定积分的基本积分公式和性质直接求函数的不定积分的方法，称为直接积分法.

【例 1】 求不定积分 $\int x^2(\sqrt{x}-1)\,dx$.

解

$$\int x^2(\sqrt{x}-1)\,dx = \int (x^{\frac{5}{2}} - x^2)\,dx = \int x^{\frac{5}{2}}dx - \int x^2 dx$$

$$= \frac{1}{\frac{5}{2}+1}x^{\frac{5}{2}+1} - \frac{1}{2+1}x^{2+1} + C$$

$$= \frac{2}{7}x^{\frac{7}{2}} - \frac{1}{3}x^3 + C.$$

在进行不定积分的计算时，两个不定积分应该各含一个积分常数，但由于任意常数的和仍为任意常数，所以在整个不定积分的运算结果中只需写一个任意常数 C 即可.

【例 2】 求不定积分 $\int \left(\dfrac{x}{3} + \dfrac{3}{x}\right)dx$.

解 $\int \left(\dfrac{x}{3} + \dfrac{3}{x}\right)dx = \dfrac{1}{3}\int x\,dx + 3\int \dfrac{1}{x}dx = \dfrac{1}{6}x^2 + 3\ln|x| + C.$

【例 3】 求不定积分 $\int (1 + e^x - 2\cos x)\,dx$.

解 $\int (1 + e^x - 2\cos x)\,dx = \int dx + \int e^x\,dx - 2\int \cos x\,dx = x + e^x - 2\sin x + C.$

【例 4】 求不定积分 $\int 3^x e^x\,dx$.

解 $\int 3^x e^x\,dx = \int (3e)^x\,dx = \dfrac{(3e)^x}{\ln 3e} + C = \dfrac{3^x e^x}{1+\ln 3} + C.$

在进行不定积分的计算时，有时需要把被积函数做适当的变形，然后再利用不定积分的基本积分公式及性质进行计算.

【例 5】 求不定积分$\int \frac{x^4}{1+x^2}dx$.

解 $$\int \frac{x^4}{1+x^2}dx = \int \frac{(x^4-1)+1}{1+x^2}dx$$
$$= \int \frac{x^4-1}{1+x^2}dx + \int \frac{1}{1+x^2}dx = \int (x^2-1)\,dx + \int \frac{1}{1+x^2}dx$$
$$= \frac{1}{3}x^3 - x + \arctan x + C.$$

【例 6】 求不定积分$\int \left[\sqrt{1-x^2} + \frac{x^2}{\sqrt{1-x^2}}\right]dx$.

解 $$\int \left[\sqrt{1-x^2} + \frac{x^2}{\sqrt{1-x^2}}\right]dx = \int \left[\frac{1-x^2}{\sqrt{1-x^2}} + \frac{x^2}{\sqrt{1-x^2}}\right]dx$$
$$= \int \frac{1}{\sqrt{1-x^2}}dx$$
$$= \arcsin x + C.$$

【例 7】 求不定积分$\int \frac{1}{x^2(1+x^2)}dx$.

解 $$\int \frac{1}{x^2(1+x^2)}dx = \int \frac{(1+x^2)-x^2}{x^2(1+x^2)}dx = \int \left(\frac{1}{x^2} - \frac{1}{1+x^2}\right)dx = -\frac{1}{x} - \arctan x + C.$$

【例 8】 求不定积分$\int \frac{1}{\sin^2 x \cos^2 x}dx$.

解 $$\int \frac{1}{\sin^2 x \cos^2 x}dx = \int \frac{\sin^2 x + \cos^2 x}{\sin^2 x \cos^2 x}dx = \int \frac{1}{\sin^2 x}dx + \int \frac{1}{\cos^2 x}dx$$
$$= \int \sec^2 x\,dx + \int \csc^2 x\,dx = \tan x - \cot x + C.$$

习题 4-2

1. 求下列不定积分.

(1) $\int (x^3 + x^2 + 1)\,dx$;　　(2) $\int \sqrt[3]{x}\left(\sqrt{x^3} - 1\right)dx$;

(3) $\int \frac{1+x+x^2}{x(1+x^2)}dx$;　　(4) $\int \frac{\cos 2x}{\cos x + \sin x}dx$.

2. 求下列不定积分.

(1) $\int 5^x \cdot e^{3x}\,dx$;　　(2) $\int \frac{x^2}{1+x^2}dx$;

(3) $\int (x^e - e^x + e^e)\,dx$;　　(4) $\int (\tan x + \cot x)^2\,dx$;

(5) $\int \sqrt{x\sqrt{x\sqrt{x}}}\,dx$;　　(6) $\int \frac{e^{2x}-1}{e^x-1}dx$.

3. 已知曲线上任一点的切线斜率为 $2x$，并且经过点(1，－2)，求其曲线方程.

4.3 换元积分法

一、第一类换元积分法

利用直接积分法能解决的积分运算是十分有限的，例如积分$\int \ln x\,dx$，$\int \cos 2x\,dx$ 等就不能用上述方法求解，因此，我们有必要寻求其他的积分方法. 例如，我们想求$\int \cos 2x\,dx$，基本积分公式里只有$\int \cos x\,dx = \sin x + C$，它的特点是被积表达式中函数符号“cos”下的变量 x 与微分号“d”下的变量 x 是相同的，而$\int \cos 2x\,dx$ 不具备此特点，因此，不能直接运用上述公式去计算它，而$\int \cos 2x\,dx = \frac{1}{2}\int \cos 2x\,d(2x)$，令 $2x = u$，则有

$$\int \cos 2x\,dx = \frac{1}{2}\int \cos 2x\,d(2x) = \frac{1}{2}\int \cos u\,du = \frac{1}{2}\sin u + C$$

再将 u 换成 $2x$，得

$$\int \cos 2x\,dx = \frac{1}{2}\sin 2x + C.$$

不难验证，$\frac{1}{2}\sin 2x$ 的确是 $\cos 2x$ 的一个原函数. 上述积分方法是通过改变积分变量，使所求的积分化为能直接利用基本积分公式求解的一种积分方法.

定理 4-1（第一类换元积分法）

若$\int f(u)\,du = F(u) + C$，且 $u = \varphi(x)$ 可导，则

$$\int f[\varphi(x)]\varphi'(x)\,dx = F[\varphi(x)] + C.$$

第一类换元法也叫凑微分法，此法可以形象地表述为：

$$\int f[\varphi(x)]\varphi'(x)\,dx \xlongequal{\text{凑微分}} \int f[\varphi(x)]\,d\varphi(x) \xlongequal[\varphi(x)=u]{\text{替换}} \int f(u)\,du = F(u) + C$$

$$\xlongequal[u=\varphi(x)]{\text{还原}} F[\varphi(x)] + C.$$

【例 1】 求$\int (x-1)^3\,dx$.

解 将 dx 凑成 $dx = d(x-1)$，则

$$\int (x-1)^3\,dx = \int (x-1)^3\,d(x-1) \xlongequal[x-1=u]{\text{替换}} \int u^3\,du$$

$$= \frac{1}{4}u^4 + C \xlongequal[u=x-1]{\text{还原}} \frac{1}{4}(x-1)^4 + C.$$

【例 2】 求$\int \frac{1}{3x+4}dx$.

解 将 dx 凑成 $dx=\frac{1}{3}d(3x+4)$,则

$$\int \frac{1}{3x+4}dx=\frac{1}{3}\int \frac{1}{3x+4}d(3x+4)\xlongequal[3x+4=u]{\text{替换}}\frac{1}{3}\int \frac{1}{u}du$$

$$=\frac{1}{3}\ln|u|+C\xlongequal[u=3x+4]{\text{还原}}\frac{1}{3}\ln|3x+4|+C.$$

熟练之后,可以省去中间的换元过程.

【例 3】 求$\int \sec^2\frac{x}{2}dx$.

解 $\int \sec^2\frac{x}{2}dx=2\int \sec^2\frac{x}{2}d\left(\frac{x}{2}\right)=2\tan\frac{x}{2}+C.$

【例 4】 求$\int xe^{x^2}dx$.

解 因 $xdx=\frac{1}{2}d(x^2)$,故$\int xe^{x^2}dx=\frac{1}{2}\int e^{x^2}d(x^2)=\frac{1}{2}e^{x^2}+C.$

运用第一类换元积分法进行不定积分运算的难点在于从原被积函数中找出合适的部分同 dx 结合凑出新变量的微分 $d\varphi(x)$,这需要解题经验,如果熟记下面一些微分式,会给解题过程带来帮助.

(1)$dx=\frac{1}{a}d(ax+b)$(a,b 为常数,且 $a\neq 0$);

(2)$xdx=\frac{1}{2}d(x^2)$;

(3)$x^2dx=\frac{1}{3}d(x^3)$;

(4)$\frac{1}{x}dx=d(\ln x)$ $(x>0)$;

(5)$\frac{1}{x^2}dx=-d\left(\frac{1}{x}\right)$;

(6)$\frac{1}{\sqrt{x}}dx=2d(\sqrt{x})$;

(7)$e^xdx=d(e^x)$;

(8)$e^{-x}dx=-d(e^{-x})$;

(9)$\sin x dx=-d(\cos x)$;

(10)$\cos x dx=d(\sin x)$;

(11)$\sec^2 x dx=d(\tan x)$;

(12)$\csc^2 x dx=-d(\cot x)$;

(13)$\frac{1}{\sqrt{1-x^2}}dx=d(\arcsin x)$;

(14)$\frac{1}{1+x^2}dx=d(\arctan x)$.

注意:因为 $df(x)=f'(x)dx$,所以 $f'(x)dx=df(x)$,由此可以验证上述微分式.

【例 5】 求$\int x\sqrt{x^2-1}dx$.

解 $\int x\sqrt{x^2-1}dx=\frac{1}{2}\int \sqrt{x^2-1}d(x^2-1)=\frac{1}{2}\cdot\frac{1}{\frac{3}{2}}(x^2-1)^{\frac{3}{2}}+C$

$$=\frac{1}{3}(x^2-1)^{\frac{3}{2}}+C=\frac{1}{3}\sqrt{(x^2-1)^3}+C.$$

【例 6】 求$\int \frac{\ln^3 x}{x}dx$.

解 $\int \frac{\ln^3 x}{x} dx = \int \ln^3 x \, d(\ln x) = \frac{1}{4}\ln^4 x + C.$

【例 7】 求$\int \cos^6 x \sin x \, dx$.

解 $\int \cos^6 x \sin x \, dx = -\int \cos^6 x \, d(\cos x) = -\frac{1}{7}\cos^7 x + C.$

进行不定积分的运算时,有时被积函数需要先做适当变形,然后再运用第一类换元积分法进行求解.

【例 8】 求$\int \tan x \, dx$.

解 $\int \tan x \, dx = \int \frac{\sin x}{\cos x} dx = -\int \frac{1}{\cos x} d(\cos x) = -\ln|\cos x| + C.$

同理,有$\int \cot x \, dx = \ln|\sin x| + C$.

【例 9】 求$\int \frac{1}{a^2 + x^2} dx$.

解 $$\int \frac{1}{a^2 + x^2} dx = \int \frac{\frac{1}{a^2}}{1 + \frac{x^2}{a^2}} dx = \frac{1}{a}\int \frac{1}{1 + \left(\frac{x}{a}\right)^2} d\left(\frac{x}{a}\right) = \frac{1}{a}\arctan\frac{x}{a} + C.$$

【例 10】 求$\int \frac{1}{\sqrt{a^2 - x^2}} dx \ (a > 0)$.

解 $$\int \frac{1}{\sqrt{a^2 - x^2}} dx = \int \frac{\frac{1}{a}}{\sqrt{1 - \frac{x^2}{a^2}}} dx = \int \frac{1}{\sqrt{1 - \left(\frac{x}{a}\right)^2}} d\left(\frac{x}{a}\right) = \arcsin\frac{x}{a} + C.$$

【例 11】 求$\int \frac{1}{a^2 - x^2} dx$,已知 $a \neq 0$.

解 $$\begin{aligned} \int \frac{1}{a^2 - x^2} dx &= \int \frac{1}{(a + x)(a - x)} dx = \frac{1}{2a}\int \frac{(a + x) + (a - x)}{(a + x)(a - x)} dx \\ &= \frac{1}{2a}\int \left(\frac{1}{a - x} + \frac{1}{a + x}\right) dx \\ &= \frac{1}{2a}\left[-\int \frac{1}{a - x} d(a - x) + \int \frac{1}{a + x} d(a + x)\right] \\ &= \frac{1}{2a}\left[-\ln|a - x| + \ln|a + x|\right] + C = \frac{1}{2a}\ln\left|\frac{a + x}{a - x}\right| + C. \end{aligned}$$

【例 12】 求$\int \sec x \, dx$.

解 $$\begin{aligned} \int \sec x \, dx &= \int \frac{\sec x(\sec x + \tan x)}{\sec x + \tan x} dx = \int \frac{\sec^2 x + \sec x \cdot \tan x}{\sec x + \tan x} dx \\ &= \int \frac{1}{\sec x + \tan x} d(\sec x + \tan x) = \ln|\sec x + \tan x| + C. \end{aligned}$$

同理,$\int \csc x \, dx = \ln|\csc x - \cot x| + C$.

【例 13】 求$\int \cos^3 x\,dx$.

解 $\int \cos^3 x\,dx = \int \cos^2 x \cdot \cos x\,dx = \int (1-\sin^2 x)\,d(\sin x) = \sin x - \frac{1}{3}\sin^3 x + C.$

【例 14】 求$\int \sec^4 x\,dx$.

解 $\int \sec^4 x\,dx = \int \sec^2 x \cdot \sec^2 x\,dx = \int (1+\tan^2 x)\,d(\tan x) = \tan x + \frac{1}{3}\tan^3 x + C.$

上述一些函数的积分今后经常用到,可以将它们作为基本积分公式的补充:

(1)$\int \tan x\,dx = -\ln|\cos x| + C$;　(2)$\int \cot x\,dx = \ln|\sin x| + C$;

(3)$\int \sec x\,dx = \ln|\sec x + \tan x| + C$;　(4)$\int \csc x\,dx = \ln|\csc x - \cot x| + C$;

(5)$\int \frac{1}{a^2+x^2}dx = \frac{1}{a}\arctan\frac{x}{a} + C$;　(6)$\int \frac{1}{a^2-x^2}dx = \frac{1}{2a}\ln\left|\frac{a+x}{a-x}\right| + C$;

(7)$\int \frac{1}{\sqrt{a^2-x^2}}dx = \arcsin\frac{x}{a} + C$.

二、第二类换元积分法

第一类换元积分法是将形如$\int f[\varphi(x)\varphi'(x)dx]$的积分化为$\int f[\varphi(x)]\,d\varphi(x)$形式,再做变量替换$\varphi(x)=u$,得积分$\int f(u)\,du$,而此积分可以用基本积分公式进行计算,但是有些积分利用这个方法就行不通,而应先做变量替换$x=\varphi(t)$($\varphi(t)$单调可导,$\varphi'(t)\neq 0$),把积分$\int f(x)dx$化为关于变量t的易于求解的积分$\int f[\varphi(t)]\varphi'(t)dt$,然后再求解,下面介绍第二类换元积分法.

定理 4-2(第二类换元积分法) 设函数$f(x)$在区间I上连续,$x=\varphi(t)$在I的对应区间I_t内单调并有连续导数,且$\varphi'(t)\neq 0$,则有换元公式

$$\int f(x)dx = \left[\int f[\varphi(t)]\varphi'(t)dt\right]\bigg|_{t=\varphi^{-1}(x)},$$

其中$t=\varphi^{-1}(x)$是$x=\varphi(t)$的反函数.

使用第二类换元积分法的关键是合理地选择函数$x=\varphi(t)$,常见的方法有以下两类.

1. 无理代换

当被积函数中含有无理式$\sqrt[n]{ax+b}$(a,b为常数,且$a\neq 0$)时,令$t=\sqrt[n]{ax+b}$,将以x为积分变量的含根式的不定积分化为以t为积分变量的不含根式的不定积分,然后再进行求解.

【例 15】 求$\int \frac{1}{x+\sqrt{x}}dx$.

解 令$t=\sqrt{x}$,则$x=t^2$($t>0$),从而$dx=2t\,dt$,所以

$$\int \frac{1}{x+\sqrt{x}}dx = \int \frac{1}{t^2+t}\cdot 2t\,dt = 2\int \frac{1}{t+1}dt = 2\ln|t+1| + C = 2\ln(\sqrt{x}+1) + C.$$

【例 16】 求$\int \frac{1}{\sqrt{(x-1)^3}+\sqrt{x-1}}dx$.

解 令$t=\sqrt{x-1}$，则$x=t^2+1(t>0)$，从而$dx=2tdt$，所以

$$\int \frac{1}{\sqrt{(x-1)^3}+\sqrt{x-1}}dx=\int \frac{1}{t^3+t}\cdot 2tdt=2\int \frac{1}{t^2+1}dt$$
$$=2\arctan t+C=2\arctan\sqrt{x-1}+C.$$

【例 17】 求$\int \frac{1}{\sqrt[3]{x^2}+\sqrt{x}}dx$.

解 令$t=\sqrt[6]{x}$，则$x=t^6(t>0)$，从而$dx=6t^5dt$，所以

$$\int \frac{1}{\sqrt[3]{x^2}+\sqrt{x}}dx=\int \frac{1}{t^4+t^3}\cdot 6t^5dt=6\int \frac{t^2}{t+1}dt=6\int \frac{(t^2-1)+1}{t+1}dt$$
$$=6\left[\int (t-1)dt+\int \frac{1}{t+1}dt\right]=6\left[\frac{1}{2}t^2-t+\ln|t+1|\right]+C$$
$$=3t^2-6t+6\ln|t+1|+C=3\sqrt[3]{x}-6\sqrt[6]{x}+6\ln(\sqrt[6]{x}+1)+C.$$

2. 三角代换

若被积函数中含有无理式$\sqrt{a^2-x^2}$，可令$x=a\sin t$；若被积函数中含有无理式$\sqrt{a^2+x^2}$，可令$x=a\tan t$；若被积函数中含有无理式$\sqrt{x^2-a^2}$，可令$x=a\sec t$，将原不定积分化为易求解的不定积分，注意在具体问题中注明t的取值范围以保证具体问题有意义.

【例 18】 求$\sqrt{a^2-x^2}dx\ (a>0)$.

解 令$x=a\sin t\left(-\frac{\pi}{2}\leqslant t\leqslant\frac{\pi}{2}\right)$，则$dx=a\cos tdt$，$\sqrt{a^2-x^2}=a\cos t$，于是

$$\int\sqrt{a^2-x^2}dx=\int a\cos t\cdot a\cos tdt=a^2\int\cos^2tdt=a^2\int\frac{1+\cos 2t}{2}dt$$
$$=\frac{a^2}{2}\left(t+\frac{1}{2}\sin 2t\right)+C$$
$$=\frac{a^2}{2}(t+\sin t\cdot\cos t)+C$$

因为$x=a\sin t$，所以$t=\arcsin\frac{x}{a}$，根据$x=a\sin t$做直角三角形，如图4-3-1所示，得$\cos t=\frac{\sqrt{a^2-x^2}}{a}$，所以，原式$=\frac{a^2}{2}\arcsin\frac{x}{a}+\frac{x}{2}\sqrt{a^2-x^2}+C$.

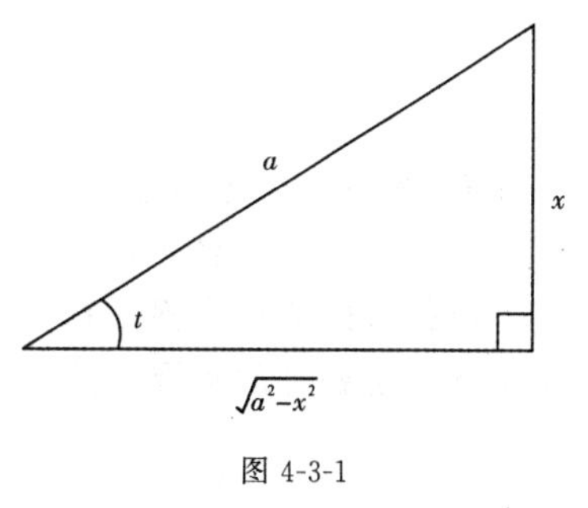

图 4-3-1

【例 19】 求$\int\frac{1}{\sqrt{a^2+x^2}}dx\ (a>0)$.

解 令$x=a\tan t\left(-\frac{\pi}{2}<t<\frac{\pi}{2}\right)$，则$dx=a\sec^2tdt$，$\sqrt{a^2+x^2}=a\sec t$，于是

$$\int\frac{1}{\sqrt{a^2+x^2}}dx=\int\frac{1}{a\sec t}\cdot a\sec^2tdt=\int\sec tdt=\ln|\sec t+\tan t|+C_1.$$

根据 $x=a\tan x$ 做直角三角形，如图 4-3-2 所示，得

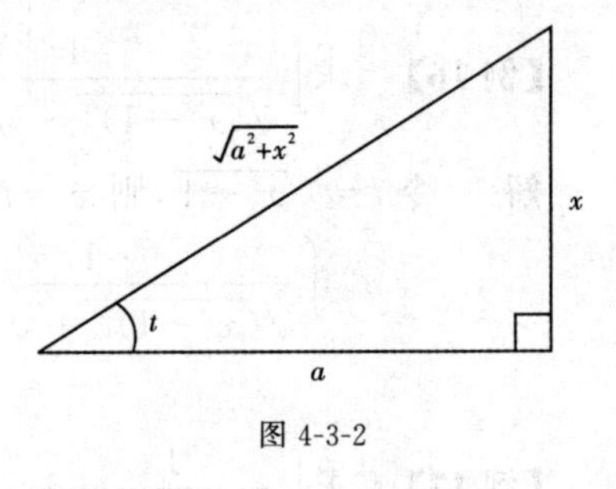

图 4-3-2

$\sec t=\dfrac{\sqrt{a^2+x^2}}{a}$，所以，

$$\begin{aligned}原式&=\ln\left|\frac{x}{a}+\frac{\sqrt{a^2+x^2}}{a}\right|+C_1\\&=\ln\left|x+\sqrt{a^2+x^2}\right|-\ln a+C_1\\&=\ln\left|x+\sqrt{a^2+x^2}\right|+C.\end{aligned}$$

【例 20】 求 $\int\dfrac{1}{\sqrt{x^2-a^2}}\mathrm{d}x\ (a>0)$.

解 当 $x\in(a,+\infty)$ 时，令 $x=a\sec t\left(0<t<\dfrac{\pi}{2}\right)$，则 $\mathrm{d}x=a\sec t\cdot\tan t\,\mathrm{d}t$，$\sqrt{x^2-a^2}=a\tan t$，于是

$$\begin{aligned}\int\frac{1}{\sqrt{x^2-a^2}}\mathrm{d}x&=\int\frac{1}{a\tan t}\cdot a\sec t\cdot\tan t\,\mathrm{d}t=\int\sec t\,\mathrm{d}t\\&=\ln|\sec t+\tan t|+C_1.\end{aligned}$$

根据 $x=a\sec t$ 做直角三角形，如图 4-3-3 所示，

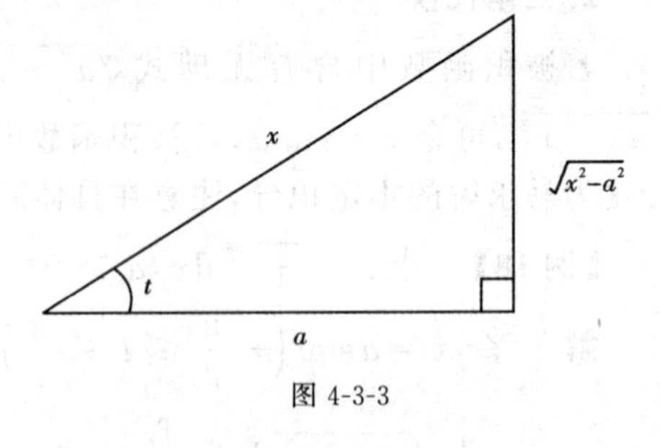

图 4-3-3

得 $\tan t=\dfrac{\sqrt{x^2-a^2}}{a}$，所以，

$$\begin{aligned}原式&=\ln\left|\frac{x}{a}+\frac{\sqrt{x^2-a^2}}{a}\right|+C_1\\&=\ln\left|x+\sqrt{x^2-a^2}\right|-\ln a+C_1\\&=\ln\left|x+\sqrt{x^2-a^2}\right|+C.\end{aligned}$$

同理可得，当 $x\in(-\infty,-a)$ 时，

$$原式=\ln(-x-\sqrt{x^2-a^2})+C=\ln|x+\sqrt{x^2-a^2}|+C.$$

下述两式也可以作为公式使用：

(1) $\int\sqrt{a^2-x^2}\,\mathrm{d}x=\dfrac{a^2}{2}\arcsin\dfrac{x}{a}+\dfrac{x}{2}\sqrt{a^2-x^2}+C$；

(2) $\int\dfrac{1}{\sqrt{x^2\pm a^2}}\mathrm{d}x=\ln\left|x+\sqrt{x^2\pm a^2}\right|+C$.

注意：第一类换元积分法可以省去中间的换元过程，因此新变量可以不出现，而第二类换元积分法必须进行换元，即新变量一定会出现，故最后一定注意把新变量换回原变量.

不定积分的第一类换元积分法与第二类换元积分法统称为不定积分的换元积分法，它们是求解不定积分的重要方法.

习题 4-3

1. 求下列不定积分.

(1) $\int\sqrt[3]{1+2x}\,\mathrm{d}x$；　　(2) $\int\dfrac{x}{x^2+1}\mathrm{d}x$；　　(3) $\int\dfrac{\ln^5 x}{x}\mathrm{d}x$；

(4) $\int e^{\cos x}\sin x\,dx$；　(5) $\int \frac{1}{4+x^2}dx$；　(6) $\int \frac{1}{\sqrt{4-x^2}}dx$；

(7) $\int \frac{1}{4-x^2}dx$；　(8) $\int \sin^3 x\,dx$；　(9) $\int \csc^4 x\,dx$.

2. 求下列不定积分.

(1) $\int \frac{\sqrt{x}}{1+\sqrt{x}}dx$；　(2) $\int \frac{1}{x+\sqrt[3]{x^2}}dx$；

(3) $\int \frac{1}{\sqrt[6]{x^5}+\sqrt{x}}dx$；　(4) $\int \frac{\sqrt{1-x^2}}{x^2}dx$.

3. 求下列不定积分.

(1) $\int \frac{1}{1+e^x}dx$；　(2) $\int \frac{1}{e^{-x}+e^x}dx$；

(3) $\int \frac{3x^2-2}{x^3-2x+1}dx$；　(4) $\int (e^{2x}+2e^{3x}+2)e^x\,dx$.

4.4 分部积分法

前面介绍了不定积分的直接积分法和换元积分法，这些积分法的应用范围虽然很广，但还是有很多类型的积分用这些方法是计算不出来的，当被积函数是两种不同类型的函数的乘积时，如 $\int x\cos x\,dx$，$\int x e^{-x}\,dx$，$\int x\ln x\,dx$ 等，利用前面学过的方法就不一定有效，因此，下面将讨论不定积分的另一种重要方法 —— 分部积分法.

定理 4-3 设函数 $u=u(x)$，$v=v(x)$ 都可导，且一阶导数 $u'(x)$，$v'(x)$ 连续，则不定积分

$$\int u\,dv = uv - \int v\,du \text{ 或 } \int uv'\,dx = uv - \int u'v\,dx.$$

证明 因为 $u(x)$，$v(x)$ 具有连续的导数，故由函数乘积的求导法则，有 $(uv)'=u'v+uv'$，即有 $uv'=(uv)'-u'v$，等式两边对 x 积分，得

$$\int uv'\,dx = \int (uv)'\,dx - \int u'v\,dx,$$

即

$$\int u\,dv = uv - \int v\,du \text{ 或 } \int uv'\,dx = uv - \int u'v\,dx.$$

这个公式也称分部积分公式，利用分部积分公式求不定积分的方法称为分部积分法.

使用分部积分公式时，恰当选择 u 和 dv 是关键. 如果右边的积分 $\int v\,du$ 比左边的积分 $\int u\,dv$ 简单，那么该公式有效.

不定积分的分部积分法主要能够解决对数函数、反三角函数的不定积分及部分但不是全部函数乘积的不定积分，下面分两种情况讨论.

1. 第一种基本情况

当被积函数为对数函数或反三角函数时，可以把被积函数看成 u，$\mathrm{d}x$ 看成 $\mathrm{d}v$，直接运用分部积分公式求解.

【例 1】 求$\int \ln(x+1)\mathrm{d}x$.

解 $$\int \ln(x+1)\mathrm{d}x = x\ln(x+1) - \int x\,\mathrm{d}\ln(x+1) = x\ln(x+1) - \int x\cdot\frac{1}{x+1}\mathrm{d}x$$
$$= x\ln(x+1) - \int \frac{(x+1)-1}{x+1}\mathrm{d}x$$
$$= x\ln(x+1) - \int \mathrm{d}x + \int \frac{1}{x+1}\mathrm{d}x$$
$$= x\ln(x+1) - x + \ln(x+1) + C$$
$$= (x+1)\ln(x+1) - x + C.$$

【例 2】 求$\int \arcsin x\,\mathrm{d}x$.

解 $$\int \arcsin x\,\mathrm{d}x = x\arcsin x - \int x\,\mathrm{d}(\arcsin x) = x\arcsin x - \int x\cdot\frac{1}{\sqrt{1-x^2}}\mathrm{d}x$$
$$= x\arcsin x - \frac{1}{2}\int \frac{1}{\sqrt{1-x^2}}\mathrm{d}(x^2)$$
$$= x\arcsin x + \frac{1}{2}\int \frac{1}{\sqrt{1-x^2}}\mathrm{d}(1-x^2)$$
$$= x\arcsin x + \sqrt{1-x^2} + C.$$

2. 第二种基本情况

当被积函数为两种或两种以上不同类型的函数相乘时，一般地，可以依次按照“反、对、幂、三、指”的顺序来确定函数 u，即当被积函数中出现以上两种函数相乘时，按照反三角函数、对数函数、幂函数、三角函数、指数函数的顺序，将排在前面的函数留作 u，排在后面的函数与 $\mathrm{d}x$ 结合凑成 $\mathrm{d}v$.

【例 3】 求$\int x\ln x\,\mathrm{d}x$.

解 $$\int x\ln x\,\mathrm{d}x = \frac{1}{2}\int \ln x\,\mathrm{d}(x^2) = \frac{1}{2}\left(x^2\ln x - \int x^2\mathrm{d}\ln x\right)$$
$$= \frac{1}{2}\left(x^2\ln x - \int x^2\cdot\frac{1}{x}\mathrm{d}x\right)$$
$$= \frac{1}{2}\left(x^2\ln x - \int x\,\mathrm{d}x\right) = \frac{1}{2}\left(x^2\ln x - \frac{1}{2}x^2\right) + C$$
$$= \frac{1}{2}x^2\ln x - \frac{1}{4}x^2 + C$$

【例 4】 求$\int x\arctan x\,\mathrm{d}x$.

解 $$\int x\arctan x\,\mathrm{d}x = \frac{1}{2}\int \arctan x\,\mathrm{d}(x^2) = \frac{1}{2}\left(x^2\arctan x - \int x^2\mathrm{d}(\arctan x)\right)$$
$$= \frac{1}{2}\left(x^2\arctan x - \int x^2\cdot\frac{1}{1+x^2}\mathrm{d}x\right)$$

$$=\frac{1}{2}\left[x^2\arctan x-\int\frac{(1+x^2)-1}{1+x^2}\mathrm{d}x\right]$$

$$=\frac{1}{2}\left(x^2\arctan x-\int\mathrm{d}x+\int\frac{1}{1+x^2}\mathrm{d}x\right)$$

$$=\frac{1}{2}(x^2\arctan x-x+\arctan x)+C$$

$$=\frac{1}{2}(x^2+1)\arctan x-\frac{x}{2}+C$$

有时需要连续两次凑微分,然后才能应用不定积分分部积分公式求解.

【例 5】 求$\int x\cos 2x\,\mathrm{d}x$.

解 $\int x\cos 2x\,\mathrm{d}x=\frac{1}{2}x\cos 2x\,\mathrm{d}(2x)=\frac{1}{2}\int x\,\mathrm{d}(\sin 2x)=\frac{1}{2}\left(x\sin 2x-\int\sin 2x\,\mathrm{d}x\right)$

$$=\frac{1}{2}\left(x\sin 2x-\frac{1}{2}\int\sin 2x\,\mathrm{d}(2x)\right)=\frac{1}{2}\left(x\sin 2x+\frac{1}{2}\cos 2x\right)+C$$

$$=\frac{1}{2}x\sin 2x+\frac{1}{4}\cos 2x+C$$

有时需要多次运用不定积分分部积分公式求解.

【例 6】 求$\int \mathrm{e}^x\cos x\,\mathrm{d}x$.

解 $\int \mathrm{e}^x\cos x\,\mathrm{d}x=\int\cos x\,\mathrm{d}\mathrm{e}^x=\mathrm{e}^x\cos x-\int\mathrm{e}^x\,\mathrm{d}(\cos x)$

$$=\mathrm{e}^x\cos x+\int\mathrm{e}^x\sin x\,\mathrm{d}x=\mathrm{e}^x\cos x+\int\sin x\,\mathrm{d}(\mathrm{e}^x)$$

$$=\mathrm{e}^x\cos x+\mathrm{e}^x\sin x-\int\mathrm{e}^x\,\mathrm{d}(\sin x)$$

$$=\mathrm{e}^x\cos x+\mathrm{e}^x\sin x-\int\mathrm{e}^x\cos x\,\mathrm{d}x$$

由于上式右端的第三项就是所求的积分,把它移项到等号左端,再两端各除以 2 可得

$$\int\mathrm{e}^x\cos x\,\mathrm{d}x=\frac{1}{2}\mathrm{e}^x(\cos x+\sin x)+C.$$

【例 7】 求$\int x^2\sin x\,\mathrm{d}x$.

解 $\int x^2\sin x\,\mathrm{d}x=-\int x^2\,\mathrm{d}(\cos x)=-\left(x^2\cos x-\int\cos x\,\mathrm{d}(x^2)\right)$

$$=-\left(x^2\cos x-2\int x\cos x\,\mathrm{d}x\right)=-x^2\cos x+2\int x\,\mathrm{d}(\sin x)$$

$$=-x^2\cos x+2\left(x\sin x-\int\sin x\,\mathrm{d}x\right)$$

$$=-x^2\cos x+2(x\sin x+\cos x)+C$$

$$=(2-x^2)\cos x+2x\sin x+C$$

有时需要联合应用不定积分的换元积分法与分部积分法求解不定积分.

【例 8】 求$\int\sin\sqrt{x}\,\mathrm{d}x$.

解 令 $t=\sqrt{x}$,则 $x=t^2(t\geqslant 0)$,$\mathrm{d}x=2t\,\mathrm{d}t$,于是

$$\int \sin\sqrt{x}\,dx = \int \sin t \cdot 2t\,dt = -2\int t\,d(\cos t)$$
$$= -2\left(t\cos t - \int \cos t\,dt\right)$$
$$= -2t\cos t + 2\sin t + C$$
$$= -2\sqrt{x}\cos\sqrt{x} + 2\sin\sqrt{x} + C$$

习题 4-4

1. 计算下列不定积分.

(1) $\int \ln(x^2+1)\,dx$；　(2) $\int \arctan x\,dx$；

(3) $\int x^2 \ln x\,dx$；　(4) $\int x^2 \arctan x\,dx$；

(5) $\int x\sin 2x\,dx$；　(6) $\int x e^{-x}\,dx$；

(7) $\int x^2 \cos x\,dx$；　(8) $\int \cos\sqrt{x}\,dx$.

2. 计算下列不定积分.

(1) $\int x^3 e^{x^2}\,dx$；　(2) $\int \ln^2 x\,dx$；

(3) $\int e^{2x}\cos e^x\,dx$；　(4) $\int \frac{x e^x}{(1+x)^2}dx$；

(5) $\int e^{2x}(\tan x+1)^2\,dx$.

复习题 4

1. 计算下列不定积分.

(1) $\int \left(x^2+\sqrt{x}+\frac{1}{x}\right)dx$；　(2) $\int \frac{1}{1+\cos 2x}dx$；

(3) $\int \left(\sin\frac{x}{2}+\cos\frac{x}{2}\right)^2 dx$；　(4) $\int \left(\frac{1}{x}-\frac{1}{\sqrt[3]{x^2}}\right)dx$；

(5) $\int \frac{(x+1)(x+2)}{x}dx$；　(6) $\int (10^{10}-10^x+e^x)\,dx$；

(7) $\int 2^x 3^x\,dx$；　(8) $\int \frac{1+2x^2}{x^2(1+x^2)}dx$.

2. 用第一类换元积分法求下列不定积分.

(1) $\int e^{-x}\,dx$；　(2) $\int \frac{1}{x+1}dx$；

(3) $\int \sin\frac{x}{4}dx$；　(4) $\int \frac{x}{\sqrt{1-x^2}}dx$；

(5) $\int \frac{1}{\sqrt{x}(1+x)}dx$；　(6) $\int \frac{1}{\sqrt{x}}e^{-\sqrt{x}}dx$；

(7) $\int \frac{1}{x\ln x}dx$；　(8) $\int \frac{e^x}{1+e^{2x}}dx$；

(9) $\int \frac{2^{\frac{1}{x}}}{x^2}dx$；　(10) $\int (\tan x-1)^2\sec^2 x\,dx$；

(11) $\int \frac{\sqrt{\arcsin x}}{\sqrt{1-x^2}}dx$；　(12) $\int \frac{1}{(1+x^2)(\arctan x)^2}dx$.

3. 用第二类换元积分法求下列不定积分.

(1) $\int \frac{1}{x+\sqrt[3]{x}}dx$；　(2) $\int \frac{1}{1+\sqrt{2x+1}}dx$；　(3) $\int \frac{1}{\sqrt[3]{x^2}+\sqrt{x}}dx$；

(4) $\int \sqrt{e^x-1}\,dx$；　(5) $\int \frac{1}{\sqrt{x^2-9}}dx$.

4. 用分部积分法求下列不定积分.

(1) $\int \arctan\frac{1}{x}dx$；　(2) $\int \frac{x}{\cos^2 x}dx$；　(3) $\int (x-1)2^x dx$；　(4) $\int x^3 e^{-x^2}dx$.

5. 计算下列不定积分.

(1) $\int \frac{x-\arcsin x}{\sqrt{1-x^2}}dx$；　(2) $\int \tan x(\tan x+1)dx$；　(3) $\int e^{2x}\sin e^x dx$；

(4) $\int x(e^{x^2}+e^x)dx$；　(5) $\int \frac{x\sin x}{\cos^3 x}dx$；　(6) $\int \frac{\ln(\ln x)}{x}dx$.

本章思维导图

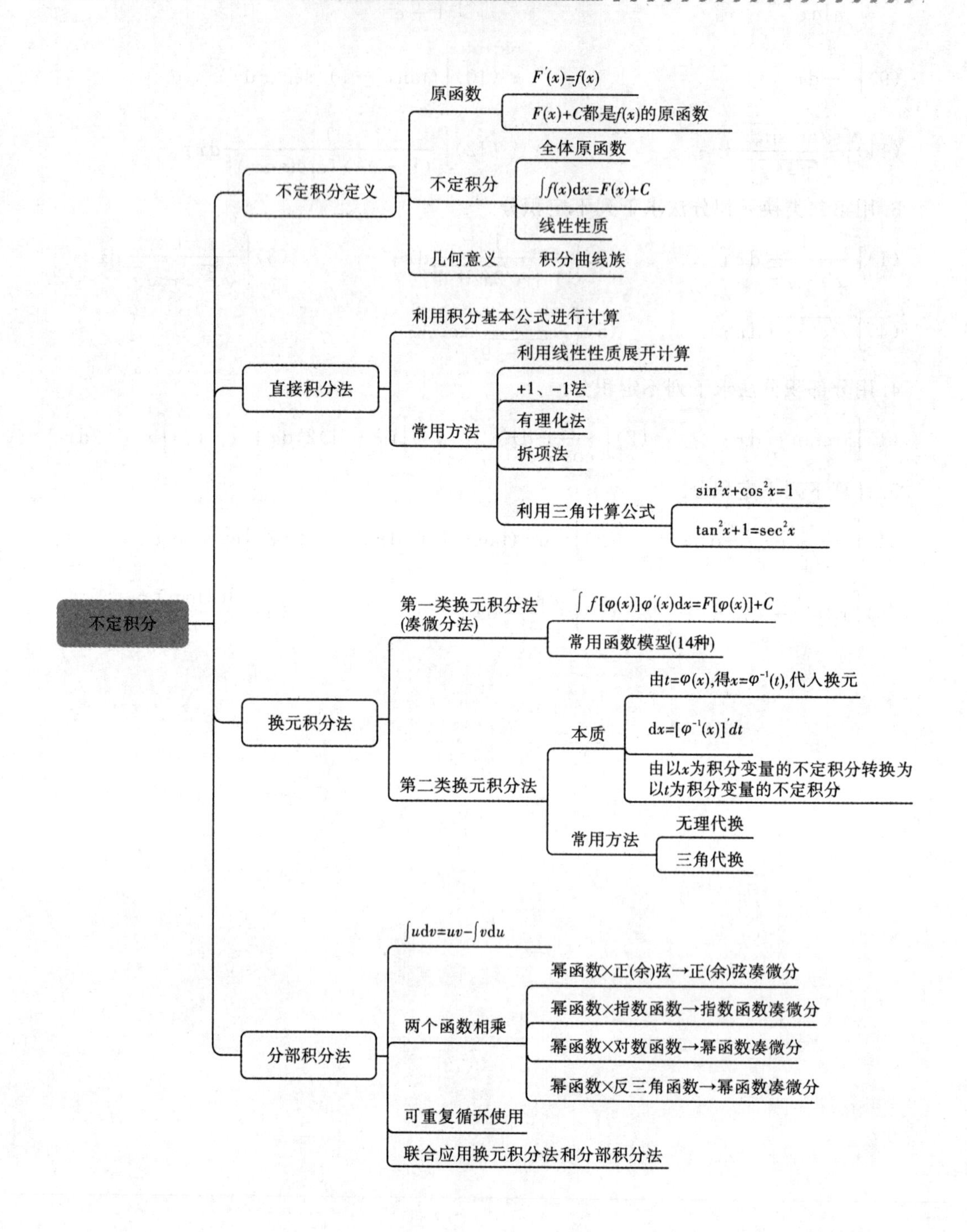

不定积分
不定积分定义
原函数
$F'(x)=f(x)$
$F(x)+C$都是$f(x)$的原函数
不定积分
全体原函数
$\int f(x)\mathrm{d}x=F(x)+C$
线性性质
几何意义
积分曲线族
直接积分法
利用积分基本公式进行计算
常用方法
利用线性性质展开计算
+1、-1法
有理化法
拆项法
利用三角计算公式
$\sin^2x+\cos^2x=1$
$\tan^2x+1=\sec^2x$
换元积分法
第一类换元积分法(凑微分法)
$\int f[\varphi(x)]\varphi'(x)\mathrm{d}x=F[\varphi(x)]+C$
常用函数模型(14种)
第二类换元积分法
本质
由$t=\varphi(x)$,得$x=\varphi^{-1}(t)$,代入换元
$\mathrm{d}x=[\varphi^{-1}(x)]'dt$
由以x为积分变量的不定积分转换为以t为积分变量的不定积分
常用方法
无理代换
三角代换
分部积分法
$\int u\mathrm{d}v=uv-\int v\mathrm{d}u$
两个函数相乘
幂函数×正(余)弦→正(余)弦凑微分
幂函数×指数函数→指数函数凑微分
幂函数×对数函数→幂函数凑微分
幂函数×反三角函数→幂函数凑微分
可重复循环使用
联合应用换元积分法和分部积分法

第 5 章 定积分及其应用

第 4 章讲述了积分学的第一个基本问题——不定积分，本章将要讨论积分学的第二个基本问题——定积分，将阐明定积分的定义，它的基本性质以及应用，除此之外，本章还将介绍连接积分法与微分学之间关系的微积分学基本定理，从而使微分学与积分学成为一个有机整体，所以这章可以说是微积分学的枢纽.

5.1 定积分的概念与性质

数学先驱：开普勒

一、定积分问题的引入

1. 曲边梯形的面积

所谓曲边梯形，是指这样一种图形，它的三条边是直线段，其中有两条边互相平行且同垂直于第三条边，而它的第四条边是一条曲线，我们选坐标系，使它的两个平行边与 y 轴平行，另一条直线段的边落在 x 轴上，它的两个端点分别有横坐标 $x=a$ 与 $x=b(a<b)$，而整个曲边梯形在 x 轴的上方，该曲线的方程为 $y=f(x)$. 其中 $f(x)$ 在 $[a,b]$ 上连续，且 $f(x)\geqslant 0$，如图 5-1-1 所示.

它的面积不能用初等数学的方法来求解，于是人们产生了如下想法：

用平行于 y 轴的直线将曲边梯形分割成若干个小曲边梯形，每个小曲边梯形用相应的小矩形近似代替，把这些小矩形的面积累加起来，就得到曲边梯形面积的一个近似值. 当分割得无限小时，这个近似值就无限趋近于所求曲边梯形的面积，如图 5-1-2 所示.

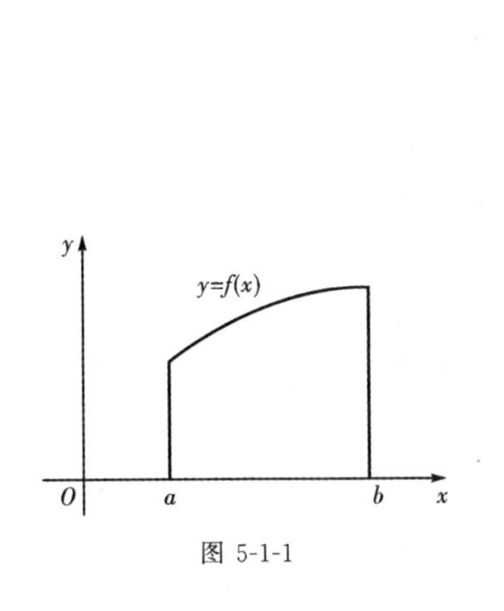

图 5-1-1

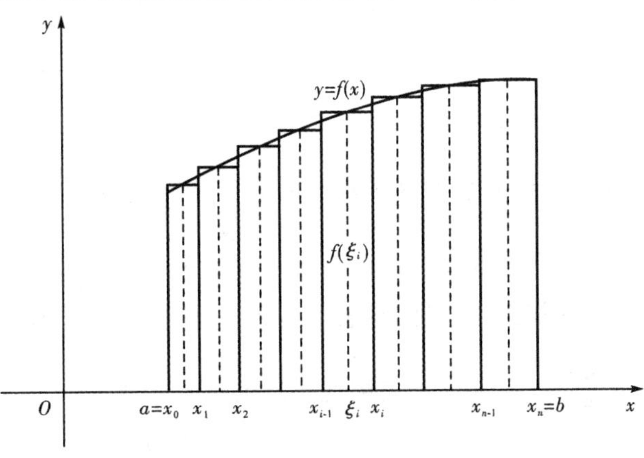

图 5-1-2

根据上面的想法,曲边梯形的面积可按下述步骤来计算.

(1)分割:将曲边梯形分割成 n 个小曲边梯形,用分点 $a=x_0<x_1<x_2<\cdots<x_{i-1}<x_i<x_{n-1}<x_n=b$ 把区间 $[a,b]$ 任意分成 n 个小区间 $[x_{i-1},x_i]$ $(i=1,2,\cdots,n)$,于是每个小区间的长度为 $\Delta x_i=x_i-x_{i-1}$,过各分点做 x 轴垂线,把曲边梯形分成 n 个小曲边梯形,它们的面积分别记作 $\Delta S_i(i=1,2,\cdots,n)$.

(2)近似:用小矩形面积近似代替小曲边梯形的面积,在每个小区间 $[x_{i-1},x_i]$ 上任取一点 $\xi_i(i=1,2,\cdots,n)$,做以 $[x_{i-1},x_i]$ 为底,$f(\xi_i)$ 为高的小矩形,用其面积近似代替第 i 个小曲边梯形的面积 ΔS_i,则

$$\Delta S_i\approx f(\xi_i)\Delta x_i(i=1,2,\cdots,n)$$

(3)求和:把 n 个小矩形的面积加起来得到所求曲边梯形面积 S 的近似值,即

$$S=\sum_{i=1}^{n}\Delta S_i\approx\sum_{i=1}^{n}f(\xi_i)\Delta x_i$$

(4)取极限:无限小区间 $[x_{i-1},x_i]$,使所有小区间的长度趋于零,为此,记 $\lambda=\max\limits_{1\leqslant i\leqslant n}\{\Delta x_i\}$,当 $\lambda\to 0$ 时(这时分段数 n 无限增多,即 $n\to\infty$),和式 $\sum\limits_{i=1}^{n}f(\xi_i)\Delta x_i$ 的极限便是曲边梯形的面积 S,即

$$S=\lim_{\lambda\to 0}\sum_{i=1}^{n}f(\xi_i)\Delta x_i$$

2. 变速直线运动的路程

设某物体做直线运动,已知其速度 v 是时间 t 的函数 $v(t)$,求物体从时刻 $t=t_a$ 到 $t=t_b$ 这段时间内所经过的路程 s.

我们知道,匀速直线运动的路程公式是 $s=vt$. 但是,在我们的问题中,速度不是常量,而是随时间变化的变量,因此,不能直接用这个公式计算路程,然而,物体运动的速度 $v(t)$ 是连续变化的,在很短一段时间内速度的变化很小,近似于匀速,所以可以用匀速直线运动的路程近似代替变速直线运动的路程,仿照求曲边梯形面积的方法与步骤来计算路程 s.

(1)分割:将时间区间 $[t_a,t_b]$ 任意分成 n 个小区间 $[t_{i-1},t_i]$ $(i=1,2,\cdots,n)$,其中 $t_a=t_0<t_1<\cdots<t_{i-1}<t_i<t_{n-1},t_a=t_b$,每个小区间所表示的时间为 $\Delta t_i=t_i-t_{i-1}$,各区间物体运动的路程记为 $\Delta s_i(i=1,2,\cdots,n)$.

(2)近似:在每个小区间上以匀速直线运动的路程近似代替变速直线运动的路程.

在每个小区间 $[t_{i-1},t_i]$ 上任取一时刻 ξ_i,以速度 $v(\xi_i)$ 近似代替时间段 $[t_{i-1},t_i]$ 上各个时刻的速度,则有

$$\Delta s_i\approx v(\xi_i)\Delta t_i(i=1,2,\cdots,n)$$

(3)求和:将所有这些近似值求和,得到总路程 s 的近似值,即

$$s=\sum_{i=1}^{n}\Delta s_i\approx\sum_{i=1}^{n}v(\xi_i)\Delta t_i$$

(4)取极限:对时间间隔 $[t_{i-1},t_i]$ 分割越小,误差越小,为此记 $\lambda=\max\limits_{1\leqslant i\leqslant n}\{\Delta t_i\}$,当 $\lambda\to 0$ 时和式 $\sum\limits_{i=1}^{n}v(\xi_i)\Delta t_i$ 的极限便是所求路程 s,即

$$s=\lim_{\lambda\to 0}\sum_{i=1}^{n}v(\xi_i)\Delta t_i$$

二、定积分的概念和定积分存在定理

1. 定积分的概念

从上面的两个具体问题我们看到，它们的实际模型不同，一个是求面积，一个是求路程，但它们归结成的数学模型却是一致的，都是取决于一个函数及其自变量的变化区间，结果都形成一个具有相同结构的和式的极限，类似这样的实际问题还有很多，撇开这些问题的具体意义，抓住它们在数量关系上共同的本质与特性，可以概括出定积分的概念如下.

定义 5-1 设函数 $f(x)$ 在区间 $[a,b]$ 上有定义，任取分点 $a=x_0<x_1<x_2<\cdots<x_{i-1}<x_i<x_{n-1}<x_n=b$，把区间 $[a,b]$ 任意分成 n 个小区间 $[x_{i-1},x_i]$，每个小区间的长度为 $\Delta x_i=x_i-x_{i-1}(i=1,2,\cdots,n)$，记 $\lambda=\max\limits_{1\leqslant i\leqslant n}\{\Delta x_i\}$，在每个小区间 $[x_{i-1},x_i]$ 上任取一点 ξ_i，做和式

$$s=\sum_{i=1}^{n}f(\xi_i)\Delta x_i$$

如果不论对 $[a,b]$ 怎样分割，也不管在小区间上如何取点 ξ_i，只要当 $\lambda\to 0$ 时，和式 s 总趋向于确定的极限，那么称这个极限为 $f(x)$ 在区间 $[a,b]$ 上的定积分，记作 $\int_a^b f(x)\mathrm{d}x$，即

$$\int_a^b f(x)\mathrm{d}x=\lim_{\lambda\to 0}\sum_{i=1}^{n}f(\xi_i)\Delta x_i$$

式中，$f(x)$ 叫作被积函数，$f(x)\mathrm{d}x$ 叫作被积表达式，x 叫作积分变量，a 叫作积分下限，b 叫作积分上限，$[a,b]$ 叫作积分区间.

利用定积分的定义，前面所讨论的两个实际问题，可以分别表述如下：

曲边梯形的面积 s 即为 $f(x)$（其中 $f(x)\geqslant 0$）在区间 $[a,b]$ 上的定积分

$$s=\int_a^b f(x)\mathrm{d}x$$

变速直线运动的物体所走过的路程 s 等于速度 $v(t)$ 在时间间隔 $[t_a,t_b]$ 上的定积分

$$s=\int_{t_a}^{t_b}v(t)\mathrm{d}t$$

关于定积分的定义，还应注意以下几点：

(1) 在定积分的定义中，求极限过程之所以用 $\lambda\to 0$ 而不是用 $n\to\infty$，是因为 $[a,b]$ 的分点 $x_0,x_1,x_2,\cdots,x_n$ 不一定是均匀分布的，$n\to\infty$ 不能保证所有的 Δx_i 都趋于 0，从而不能保证每个小区间上的近似越来越精确.

(2) 定积分 $\int_a^b f(x)\mathrm{d}x$ 是积分和式 $\sum\limits_{i=1}^{n}f(\xi_i)\Delta x_i$ 的极限，是一个数值. 它只与被积函数 $f(x)$ 以及积分区间 $[a,b]$ 有关，而与积分变量的记号无关，即 $\int_a^b f(x)\mathrm{d}x=\int_a^b f(t)\mathrm{d}t$.

(3) 在定积分 $\int_a^b f(x)\mathrm{d}x$ 的定义中，假设 $a<b$. 为了以后应用方便，我们规定：当 $a=b$ 时，$\int_a^b f(x)\mathrm{d}x=0$；当 $a>b$ 时，$\int_a^b f(x)\mathrm{d}x=-\int_b^a f(x)\mathrm{d}x$.

2. 定积分的几何意义

由曲边梯形面积问题的讨论及定积分的定义，我们知道在区间 $[a,b]$ 上 $f(x)\geqslant 0$，则定积分 $\int_a^b f(x)\mathrm{d}x$ 在几何上表示由曲线 $y=f(x)$ 与直线 $x=a$，$x=b$ 以及 x 轴所围成的曲

边梯形面积的相反数，如图 5-1-2 所示；如果在 $[a,b]$ 上 $f(x)\leqslant 0$，那么定积分 $\int_a^b f(x)\mathrm{d}x$ 在几何上表示由曲线 $y=f(x)$ 与直线 $x=a$，$x=b$ 以及 x 轴所围成的曲边梯形的面积，面积为负值，如图 5-1-3 所示；如果在区间 $[a,b]$ 上 $f(x)$ 既取正值又取负值，那么函数的图形则有些位于 x 轴上方，有些位于 x 轴下方，此时定积分 $\int_a^b f(x)\mathrm{d}x$ 在几何上表示由曲线 $y=f(x)$ 与直线 $x=a$，$x=b$ 以及 x 轴所围成的曲边梯形的面积代数和，位于 x 轴上方的图形面积取正，位于 x 轴下方的图形面积取负，如图 5-1-4 所示.

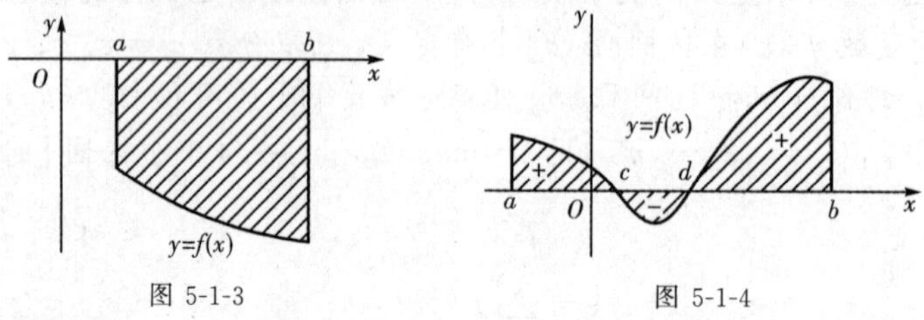

图 5-1-3　　图 5-1-4

3. 定积分存在定理

对于定积分，有这样一个重要问题：函数 $f(x)$ 在区间 $[a,b]$ 上满足怎样的条件，$f(x)$ 在区间 $[a,b]$ 上一定可积？这个问题我们不做深入讨论，而只给出以下两个定理.

定理 5-1　设 $f(x)$ 在区间 $[a,b]$ 上连续，则 $f(x)$ 在区间 $[a,b]$ 上一定可积.

定理 5-2　设 $f(x)$ 在区间 $[a,b]$ 上有界，且只有有限个间断点，则 $f(x)$ 在区间 $[a,b]$ 上一定可积.

三、定积分性质

关于定积分的计算和应用问题，下面不加证明地给出定积分的性质，并假设各性质中所列出的定积分都是存在的.

性质 1　函数的和(差)的定积分等于它们的定积分的和(差)，即

$$\int_a^b [f(x)\pm g(x)]\,\mathrm{d}x=\int_a^b f(x)\mathrm{d}x\pm\int_a^b g(x)\mathrm{d}x$$

这个性质可以推广到有限个函数代数和的情形.

性质 2　被积函数中的常数因子可以提到积分号外面，即

$$\int_a^b kf(x)\mathrm{d}x=k\int_a^b f(x)\mathrm{d}x\ (k\text{ 是常数})$$

性质 3(积分对区间的可加性)　如果将积分区间 $[a,b]$ 分成两部分 $[a,c]$ 和 $[c,b]$，那么

$$\int_a^b f(x)\mathrm{d}x=\int_a^c f(x)\mathrm{d}x+\int_c^b f(x)\mathrm{d}x$$

这个性质中，不论 a，b，c 的相对位置如何，等式都成立.

性质 4　如果在区间 $[a,b]$ 上 $f(x)=1$，那么 $\int_a^b f(x)\mathrm{d}x=\int_a^b \mathrm{d}x=b-a$.

性质 5　如果在区间 $[a,b]$ 上，$f(x)\geqslant 0$，那么 $\int_a^b f(x)\mathrm{d}x\geqslant 0\quad(a<b)$.

推论 1　如果在区间 $[a,b]$ 上，$f(x)\leqslant g(x)$，那么 $\int_a^b f(x)\mathrm{d}x\leqslant\int_a^b g(x)\mathrm{d}x\quad(a<b)$.

推论 2　$\left|\int_a^b f(x)\mathrm{d}x\right|\leqslant\int_a^b |f(x)|\mathrm{d}x\quad(a<b)$.

性质6 设 M,m 分别是函数 $f(x)$ 在区间 $[a,b]$ 上的最大值和最小值,则

$$m(b-a)\leqslant\int_a^b f(x)\mathrm{d}x\leqslant M(b-a)\quad(a<b)$$

这一性质又叫定积分估值定理.

性质7(积分中值定理) 如果函数 $f(x)$ 在区间 $[a,b]$ 上连续,那么在积分区间 $[a,b]$ 上至少存在一个点 ξ,使得

$$\int_a^b f(x)\mathrm{d}x=f(\xi)(b-a)\ (a\leqslant\xi\leqslant b)$$

这个公式叫作积分中值定理.

积分中值定理的几何意义是:以区间 $[a,b]$ 为底边,以连续曲线 $y=f(x)$ 为曲边的曲边梯形面积等于底为 $b-a$,高为 $f(\xi)$ 的矩形面积(图 5-1-5). 因此,常称 $\frac{1}{b-a}\cdot\int_a^b f(x)\mathrm{d}x$ 为函数 $f(x)$ 在区间 $[a,b]$ 上的平均值.

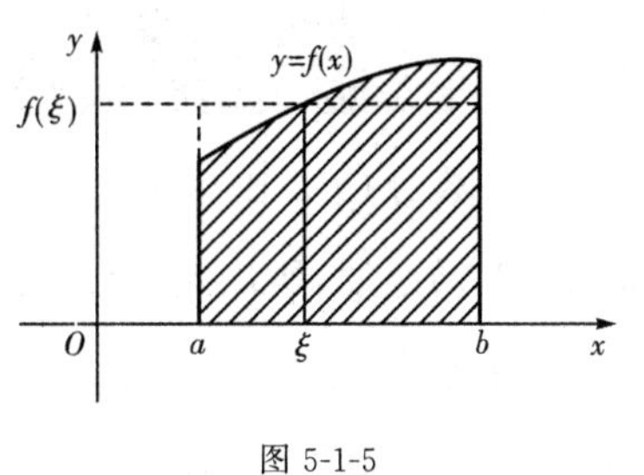

图 5-1-5

【例 1】 比较定积分 $\int_0^1 x^2\mathrm{d}x$ 与 $\int_0^1 x^3\mathrm{d}x$ 的大小.

解 因为在区间 $[0,1]$ 上,有 $x^2\geqslant x^3$,由性质 5 的推论 1 得,$\int_0^1 x^2\mathrm{d}x\geqslant\int_0^1 x^3\mathrm{d}x$.

【例 2】 估计定积分 $\int_{\frac{\pi}{4}}^{\frac{5\pi}{4}}(1+\sin^2x)\mathrm{d}x$ 的值.

解 因为 $f(x)=1+\sin^2x$ 在区间 $\left[\frac{\pi}{4},\frac{5\pi}{4}\right]$ 上的最大值为 $f\left(\frac{\pi}{2}\right)=2$,最小值为 $f(\pi)=1$,所以由定积分的估值定理知

$$1\times\left(\frac{5\pi}{4}-\frac{\pi}{4}\right)\leqslant\int_{\frac{\pi}{4}}^{\frac{5\pi}{4}}(1+\sin^2x)\mathrm{d}x\leqslant 2\times\left(\frac{5\pi}{4}-\frac{\pi}{4}\right)$$

即

$$\pi\leqslant\int_{\frac{\pi}{4}}^{\frac{5\pi}{4}}(1+\sin^2x)\mathrm{d}x\leqslant 2\pi$$

习题 5-1

1. 用定积分表示由曲线 $y=x^3$ 与直线 $x=1,x=4$ 及 x 轴所围成的曲边梯形的面积.

2. 利用定积分的几何意义给出下列定积分的值.

(1) $\int_{-1}^2|x|\mathrm{d}x$; (2) $\int_0^R\sqrt{R^2-x^2}\mathrm{d}x\ (R>0)$.

3. 估计下列定积分的值.

(1) $\int_{\frac{\pi}{4}}^{\frac{\pi}{2}}\cos x\mathrm{d}x$; (2) $\int_2^3(x^2+2)\mathrm{d}x$; (3) $\int_0^1\mathrm{e}^{-x^2}\mathrm{d}x$.

4. 根据定积分的性质,比较下列定积分的大小.

(1) $\int_0^1 x\mathrm{d}x$ 与 $\int_0^1 x^2\mathrm{d}x$; (2) $\int_3^4\ln x\mathrm{d}x$ 与 $\int_3^4(\ln x)^2\mathrm{d}x$;

(3) $\int_0^1\mathrm{e}^x\mathrm{d}x$ 与 $\int_0^1(1+x)\mathrm{d}x$; (4) $\int_0^{\frac{\pi}{2}}x\mathrm{d}x$ 与 $\int_0^{\frac{\pi}{2}}\sin x\mathrm{d}x$.

5. 设函数 $f(x)$ 在区间 $[1,3]$ 上的平均值为 4,求$\int_0^3 f(x)\mathrm{d}x$ 的值.

5.2 积分上限函数与微积分基本定理

一、积分上限函数及其导数

设函数 $f(x)$ 在区间 $[a,b]$ 上连续,并且设 x 为 $[a,b]$ 上的一点,由于 $f(x)$ 在 $[a,x]$ 上仍连续,所以定积分$\int_a^x f(x)\mathrm{d}x$ 存在,这时 x 既表示积分上限,又表示积分变量.由于定积分与积分变量的记号无关,所以,为了明确起见,可把积分变量 x 换成 t,于是上面的定积分可以写成$\int_a^x f(t)\mathrm{d}t$.

如果上限 x 在区间 $[a,b]$ 上任意变动,那么对于每一个取定的 x 值,定积分有一个对应值,所以$\int_a^x f(t)\mathrm{d}t$ 是积分上限 x 的函数,此函数定义在闭区间 $[a,b]$ 上,通常称这样的函数为积分上限函数,记作 $\Phi(x)$,即 $\Phi(x)=\int_a^x f(t)\mathrm{d}t\,(a\leqslant x\leqslant b)$,其几何意义如图 5-2-1 所示.

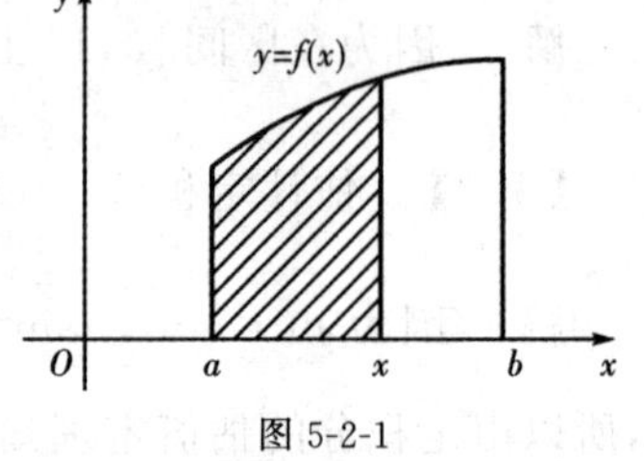

图 5-2-1

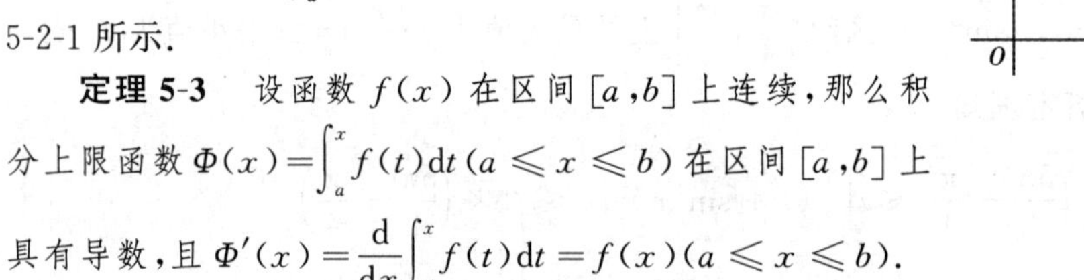

定理 5-3 设函数 $f(x)$ 在区间 $[a,b]$ 上连续,那么积分上限函数 $\Phi(x)=\int_a^x f(t)\mathrm{d}t\,(a\leqslant x\leqslant b)$ 在区间 $[a,b]$ 上具有导数,且 $\Phi'(x)=\dfrac{\mathrm{d}}{\mathrm{d}x}\int_a^x f(t)\mathrm{d}t=f(x)\,(a\leqslant x\leqslant b)$.

这个定理指出了一个重要结论:连续函数 $f(x)$ 取变上限 x 的定积分然后求导,其结果还原为 $f(x)$ 本身,由原函数定义,就可以从定理 5-3 推知 $\Phi(x)$ 是连续函数 $f(x)$ 的一个原函数.

定理 5-4(原函数存在定理) 如果函数 $f(x)$ 在区间 $[a,b]$ 上连续,那么函数 $\Phi(x)=\int_a^x f(t)\mathrm{d}t$ 就是 $f(x)$ 在区间 $[a,b]$ 上的一个原函数.

这个定理的重要性在于:

(1) 肯定了连续函数的原函数的存在性;

(2) 初步揭示了定积分与原函数的关系,为利用原函数计算定积分奠定了基础.

【例 1】 设 $\Phi(x)=\int_a^x \mathrm{e}^t\mathrm{d}t$,求 $\Phi'(x)$.

解 利用定理 5-3,得 $\Phi'(x)=\dfrac{\mathrm{d}}{\mathrm{d}x}\int_a^x \mathrm{e}^t\mathrm{d}t=\mathrm{e}^x$.

【例 2】 设 $\Phi(x)=\int_x^0 \cos t\,\mathrm{d}t$,求 $\Phi'(x)$.

解 因为$\int_x^0 \cos t\,\mathrm{d}t=-\int_0^x \cos t\,\mathrm{d}t$,所以 $\Phi'(x)=\dfrac{\mathrm{d}}{\mathrm{d}x}\int_0^x -\cos t\,\mathrm{d}t=-\cos x$.

【例 3】 计算$\lim\limits_{x\to 0}\dfrac{\int_0^x \arctan t\,dt}{x^2}$的值.

解　这是一个$\dfrac{0}{0}$型未定式,用洛必达法则以及定理 5-3,得

$$\lim_{x\to 0}\frac{\int_0^x \arctan t\,dt}{x^2}=\lim_{x\to 0}\frac{\arctan x}{2x}=\lim_{x\to 0}\frac{\frac{1}{1+x^2}}{2}=\frac{1}{2}$$

二、微积分基本定理

现在我们根据定理 5-4 来证明一个重要定理,它给出了用原函数计算定积分的公式.

定理 5-5(微积分基本定理)　如果函数 $F(x)$ 是连续函数 $f(x)$ 在区间 $[a,b]$ 上的一个原函数,那么

$$\int_a^b f(x)dx=F(b)-F(a) \tag{5-2-1}$$

证明　已知函数 $F(x)$ 是连续函数 $f(x)$ 的一个原函数,又根据定理 5-4 知道,积分上限函数 $\Phi(x)=\int_a^x f(t)dt$ 也是 $f(x)$ 的一个原函数,于是这两个原函数之间相差某个常数 C,即

$$F(x)-\Phi(x)=C\quad(a\leqslant x\leqslant b) \tag{5-2-2}$$

令 $x=a$,得 $F(a)-\Phi(a)=C$,$\Phi(a)=\int_a^a f(t)dt=0$.

因此,$C=F(a)$,代入式(5-2-2),得 $\Phi(x)=F(x)-F(a)(a\leqslant x\leqslant b)$.

特别地,当 $x=b$ 时,即有$\int_a^b f(x)dx=F(b)-F(a)$,为了方便起见,以后把 $F(b)-F(a)$ 记成 $F(x)\Big|_a^b$ 或 $[F(x)]_a^b$,于是式(5-2-1)又可以写成$\int_a^b f(x)dx=F(x)\Big|_a^b$ 或 $\int_a^b f(x)dx=[F(x)]_a^b$.

式(5-2-1)叫作牛顿-莱布尼茨公式,它进一步揭示了定积分与不定积分之间的联系.它表明:一个连续函数在区间 $[a,b]$ 上的定积分等于它的任意一个原函数在区间 $[a,b]$ 上的增量.

通常把式(5-2-1)叫作微积分基本公式.

【例 4】 计算定积分$\int_0^1 x^3 dx$.

解　因为$\dfrac{x^4}{4}$是 x^3 的一个原函数,所以按牛顿-莱布尼茨公式,有

$$\int_0^1 x^3 dx=\frac{x^4}{4}\Big|_0^1=\frac{1}{4}-0=\frac{1}{4}.$$

【例 5】 计算定积分$\int_{-1}^1 \dfrac{1}{1+x^2}dx$.

解　因为 $\arctan x$ 是$\dfrac{1}{1+x^2}$的一个原函数,所以

$$\int_{-1}^{1}\frac{1}{1+x^2}dx=\arctan x\Big|_{-1}^{1}=\arctan 1-\arctan(-1)=\frac{\pi}{4}-\left(-\frac{\pi}{4}\right)=\frac{\pi}{2}.$$

【例 6】 计算定积分$\int_0^5|2x-4|dx$.

解 将被积函数中的绝对值符号去掉,变成分段函数:

$$|2x-4|=\begin{cases}4-2x, & 0\leqslant x\leqslant 2\\ 2x-4, & 2<x\leqslant 5\end{cases},$$

于是

$$\begin{aligned}\int_0^5|2x-4|dx&=\int_0^2(4-2x)dx+\int_2^5(2x-4)dx\\&=(4x-x^2)\Big|_0^2+(x^2-4x)\Big|_2^5\\&=4+9=13\end{aligned}$$

值得指出的是,有了牛顿-莱布尼茨公式后,求定积分的问题就转化为求原函数的问题了,但在应用此公式时,一定要注意验证公式成立的条件是否满足,否则,就不能保证所得结论正确.

习题 5-2

1. 求下列函数在指定点的导数.

(1) 设$\Phi(x)=\int_0^x\sqrt{1+t^3}\,dt$,求$\Phi'(2)$;

(2) 设$\Phi(x)=\int_x^1 t^2e^{-t^2}dt$,求$\Phi'\left(\frac{1}{2}\right)$.

2. 求下列极限.

(1)$\lim\limits_{x\to 0}\dfrac{\int_0^x\sin t\,dt}{x^2}$; (2)$\lim\limits_{x\to 1}\dfrac{\int_1^x t(t-1)dt}{(x-1)^2}$.

3. 求下列定积分.

(1)$\int_{-1}^1(x^3+x+1)dx$; (2)$\int_0^1(x^2+2^x)dx$;

(3)$\int_0^1\frac{x^4}{1+x^2}dx$; (4)$\int_0^\pi\sin^2\frac{x}{2}dx$;

(5)$\int_0^{\frac{\pi}{4}}\tan^2x\,dx$; (6)$\int_0^3|2-x|dx$.

5.3 换元积分法

由上节结果知道,计算定积分$\int_a^b f(x)dx$ 的简便方法是把它转化为求 $f(x)$ 的原函数增量.在第 4 章中,我们知道用换元积分法可以求出一些函数的原函数,因此,在一定的条件下,可以用换元积分法来计算定积分,现在我们就介绍如何用换元积分法来计算定积分.首先来看一个定理.

定理 5-6 假设函数 $f(x)$ 在区间 $[a,b]$ 上连续，做变换 $x=\varphi(t)$，如果

(1) 函数 $x=\varphi(t)$ 在区间 $[\alpha,\beta]$ 上有连续导数 $\varphi'(t)$；

(2) 当 t 在区间 $[\alpha,\beta]$ 变化时，$x=\varphi(t)$ 的值从 $\varphi(\alpha)=a$ 单调地变到 $\varphi(\beta)=b$，那么

$$\int_a^b f(x)\mathrm{d}x=\int_\alpha^\beta f[\varphi(t)]\cdot\varphi'(t)\mathrm{d}t \tag{5-3-1}$$

式(5-3-1) 叫作定积分的换元公式.

【例 1】 求 $\int_0^4 \frac{\mathrm{d}x}{1+\sqrt{x}}$.

解 令 $\sqrt{x}=t$，则 $x=t^2$，$\mathrm{d}x=2t\mathrm{d}t$. 当 $x=0$ 时，$t=0$；$x=4$ 时，$t=2$. 于是

$$\int_0^4 \frac{\mathrm{d}x}{1+\sqrt{x}}=\int_0^2 \frac{2t}{1+t}\mathrm{d}t=2\int_0^2\left(1-\frac{1}{1+t}\right)\mathrm{d}t$$

$$=2[t-\ln(1+t)]\Big|_0^2=4-2\ln 3$$

【例 2】 求 $\int_0^{\frac{\pi}{2}}\cos^5 x\sin x\mathrm{d}x$.

解 设 $t=\cos x$，则 $\mathrm{d}t=-\sin x\mathrm{d}x$，当 $x=0$ 时，$t=1$；$x=\frac{\pi}{2}$ 时，$t=0$. 于是

$$\int_0^{\frac{\pi}{2}}\cos^5 x\sin x\mathrm{d}x=-\int_1^0 t^5\mathrm{d}t=\int_0^1 t^5\mathrm{d}t=\frac{t^6}{6}\Big|_0^1=\frac{1}{6}$$

这个定积分中被积函数的原函数也可用“凑微分法”求得，即

$$\int_0^{\frac{\pi}{2}}\cos^5 x\sin x\mathrm{d}x=-\int_0^{\frac{\pi}{2}}\cos^5 x\mathrm{d}(\cos x)=-\frac{1}{6}\cos^6 x\Big|_0^{\frac{\pi}{2}}=\frac{1}{6}$$

注意：(1) 使用定积分的换元积分法，最后不必回代原来的变量，但必须记住，在换元的同时，积分上、下限一定要做相应的变换，而且下限 α 不一定比上限 β 小.

(2) 用“凑微分法”求定积分时，可以不设中间变量，因而积分的上、下限也不要变换.

【例 3】 求 $\int_0^a \sqrt{a^2-x^2}\mathrm{d}x\ (a>0)$.

解 令 $x=a\sin t$，则 $\mathrm{d}x=a\cos t\mathrm{d}t$，当 $x=0$ 时，$t=0$；$x=a$ 时，$t=\frac{\pi}{2}$，

$$\int_0^a \sqrt{a^2-x^2}\mathrm{d}x=a^2\int_0^{\frac{\pi}{2}}\cos^2 t\mathrm{d}t=\frac{a^2}{2}\int_0^{\frac{\pi}{2}}(1+\cos 2t)\mathrm{d}t$$

$$=\frac{a^2}{2}\left[t+\frac{1}{2}\sin 2t\right]_0^{\frac{\pi}{2}}=\frac{\pi}{4}a^2$$

【例 4】 求 $\int_0^\pi \sqrt{\sin^3 x-\sin^5 x}\mathrm{d}x$.

解
$$\int_0^\pi \sqrt{\sin^3 x-\sin^5 x}\mathrm{d}x=\int_0^\pi \sqrt{\sin^3 x(1-\sin^2 x)}\mathrm{d}x$$

$$=\int_0^\pi \sqrt{\sin^3 x}\,|\cos x|\mathrm{d}x$$

$$=\int_0^{\frac{\pi}{2}}\sin^{\frac{3}{2}}x\cos x\mathrm{d}x+\int_{\frac{\pi}{2}}^\pi \sin^{\frac{3}{2}}x(-\cos x)\mathrm{d}x$$

$$=\int_0^{\frac{\pi}{2}}\sin^{\frac{3}{2}}x\,\mathrm{d}(\sin x)-\int_{\frac{\pi}{2}}^{\pi}\sin^{\frac{3}{2}}x\,\mathrm{d}(\sin x)$$

$$=\frac{2}{5}\sin^{\frac{5}{2}}x\Big|_0^{\frac{\pi}{2}}-\frac{2}{5}\sin^{\frac{5}{2}}x\Big|_{\frac{\pi}{2}}^{\pi}$$

$$=\frac{2}{5}-\left(-\frac{2}{5}\right)=\frac{4}{5}$$

【例 5】 设 $f(x)$ 在区间 $[-a,a]$ 上连续,证明:

(1) 如果 $f(x)$ 为奇函数,那么 $\int_{-a}^{a}f(x)\mathrm{d}x=0$;

(2) 如果 $f(x)$ 为偶函数,那么 $\int_{-a}^{a}f(x)\mathrm{d}x=2\int_0^a f(x)\mathrm{d}x$.

证明 因为 $\int_{-a}^{a}f(x)\mathrm{d}x=\int_{-a}^{0}f(x)\mathrm{d}x+\int_0^a f(x)\mathrm{d}x$,对于 $\int_{-a}^{0}f(x)\mathrm{d}x$ 做代换 $x=-t$ 得

$$\int_{-a}^{0}f(x)\mathrm{d}x=\int_a^0 f(-t)\,\mathrm{d}t=\int_0^a f(-t)\,\mathrm{d}t=\int_0^a f(-x)\,\mathrm{d}x.$$

于是

$$\int_{-a}^{a}f(x)\mathrm{d}x=\int_{-a}^{0}f(x)\mathrm{d}x+\int_0^a f(x)\mathrm{d}x=\int_0^a[f(-x)+f(x)]\,\mathrm{d}x$$

(1) 如果 $f(x)$ 为奇函数,即 $f(-x)=-f(x)$,那么 $f(-x)+f(x)=0$,从而 $\int_{-a}^{a}f(x)\mathrm{d}x=0$.

(2) 如果 $f(x)$ 为偶函数,即 $f(-x)=-f(x)$,那么 $f(-x)+f(x)=2f(x)$,从而

$$\int_{-a}^{a}f(x)\mathrm{d}x=2\int_0^a f(x)\mathrm{d}x.$$

利用例 5 的结论,常可简化计算偶函数、奇函数在对称于原点的区间上的定积分.

【例 6】 求 $\int_{-\pi}^{\pi}x^4\sin x\,\mathrm{d}x$.

解 因为 $f(x)=x^4\sin x$ 在区间 $[-\pi,\pi]$ 上是奇函数,所以由例 5 的结果可知

$$\int_{-\pi}^{\pi}x^4\sin x\,\mathrm{d}x=0$$

习题 5-3

1. 计算下列定积分.

(1) $\int_0^4\frac{\sqrt{x}}{1+\sqrt{x}}\mathrm{d}x$; (2) $\int_0^{\ln 2}\sqrt{\mathrm{e}^x-1}\,\mathrm{d}x$; (3) $\int_0^{\pi}\frac{\sin x}{1+\cos^2 x}\mathrm{d}x$;

(4) $\int_{\ln 2}^{\ln 3}\frac{1}{\mathrm{e}^x-\mathrm{e}^{-x}}\mathrm{d}x$; (5) $\int_0^1\frac{1}{\sqrt{(1+x^2)^3}}\mathrm{d}x$; (6) $\int_0^1 x\mathrm{e}^{x^2}\mathrm{d}x$;

(7) $\int_1^9 x\sqrt[3]{1-x}\,\mathrm{d}x$; (8) $\int_1^{\mathrm{e}}\frac{1+\ln x}{x}\mathrm{d}x$; (9) $\int_{-2}^{2}(x-3)\sqrt{4-x^2}\,\mathrm{d}x$.

2. 证明题.

(1) 设 $f(x)$ 在区间 $[0,1]$ 上连续,证明:$\int_{0}^{\frac{\pi}{2}} f(\sin x)\,dx=\int_{0}^{\frac{\pi}{2}} f(\cos x)\,dx$;

(2) 证明:$\int_{x}^{1} \frac{1}{1+t^{2}}dt=\int_{1}^{\frac{1}{x}} \frac{1}{1+t^{2}}dt\ (x>0)$.

5.4 分部积分法

计算不定积分有分部积分法,相应地,计算定积分也有分部积分法.

设函数 $u(x)$,$v(x)$ 在区间 $[a,b]$ 上具有连续的导数 $u'(x)$,$v'(x)$,则有 $(uv)'=u'v+uv'$,两端分别在区间 $[a,b]$ 上做定积分,得

$$\int_{a}^{b}(uv)'\,dx=\int_{a}^{b}u'v\,dx+\int_{a}^{b}uv'\,dx$$

从而

$$\int_{a}^{b}uv'\,dx=\int_{a}^{b}(uv)'\,dx-\int_{a}^{b}u'v\,dx$$

又因为

$$\int_{a}^{b}(uv)'\,dx=uv\Big|_{a}^{b}$$

所以

$$\int_{a}^{b}uv'\,dx=uv\Big|_{a}^{b}-\int_{a}^{b}u'v\,dx \tag{5-4-1}$$

或简写为

$$\int_{a}^{b}u\,dv=uv\Big|_{a}^{b}-\int_{a}^{b}v\,du \tag{5-4-2}$$

式(5-4-1)和式(5-4-2)就是定积分的分部积分公式,其本质与先用不定积分的分部积分法求原函数,再用牛顿-莱布尼茨公式计算定积分是一样的.

【例 1】 计算$\int_{0}^{1}x\mathrm{e}^{x}\,dx$.

解 $\int_{0}^{1}x\mathrm{e}^{x}\,dx=\int_{0}^{1}x\,d(\mathrm{e}^{x})=x\mathrm{e}^{x}\Big|_{0}^{1}-\int_{0}^{1}\mathrm{e}^{x}\,dx=\mathrm{e}-\mathrm{e}^{x}\Big|_{0}^{1}=\mathrm{e}-(\mathrm{e}-1)=1.$

【例 2】 计算$\int_{0}^{\frac{\pi}{2}}x\cos x\,dx$.

解
$$\begin{aligned}\int_{0}^{\frac{\pi}{2}}x\cos x\,dx&=\int_{0}^{\frac{\pi}{2}}x\,d(\sin x)=x\sin x\Big|_{0}^{\frac{\pi}{2}}-\int_{0}^{\frac{\pi}{2}}\sin x\,dx\\&=\frac{\pi}{2}+\cos x\Big|_{0}^{\frac{\pi}{2}}=\frac{\pi}{2}+(0-1)=\frac{\pi}{2}-1.\end{aligned}$$

【例 3】 计算$\int_{0}^{\frac{1}{2}}\arcsin x\,dx$.

解
$$\begin{aligned}\int_{0}^{\frac{1}{2}}\arcsin x\,dx&=\arcsin x\Big|_{0}^{\frac{1}{2}}-\int_{0}^{\frac{1}{2}}\frac{x}{\sqrt{1-x^{2}}}dx\\&=\frac{1}{2}\cdot\frac{\pi}{6}+\int_{0}^{\frac{1}{2}}d\sqrt{1-x^{2}}\end{aligned}$$

$$=\frac{\pi}{12}+\sqrt{1-x^2}\Big|_0^{\frac{1}{2}}=\frac{\pi}{12}+\frac{\sqrt{3}}{2}-1.$$

【例 4】 计算$\int_0^1 e^{\sqrt{x}}\,dx$.

解 利用换元积分法，令 $x=t^2$，则 $dx=2t\,dt$，当 $x=0$ 时，$t=0$；$x=1$ 时，$t=1$. 于是$\int_0^1 e^{\sqrt{x}}\,dx=2\int_0^1 te^t\,dt$，再用分部积分法，因为

$$\int_0^1 te^t\,dt=\int_0^1 t\,de^t=te^t\Big|_0^1-\int_0^1 e^t\,dt=e-e^t\Big|_0^1=e-(e-1)=1,$$

所以$\int_0^1 e^{\sqrt{x}}\,dx=2\int_0^1 te^t\,dt=2$.

习题 5-4

1. 计算下列定积分.

(1)$\int_1^e \ln x\,dx$； (2)$\int_0^{\frac{\sqrt{2}}{2}} \arccos x\,dx$； (3)$\int_0^1 x\sin(\pi x)\,dx$；

(4)$\int_0^1 xe^{-x}\,dx$； (5)$\int_0^{\frac{\pi}{2}} e^x\sin x\,dx$； (6)$\int_0^{\frac{\pi^2}{2}} \cos\sqrt{x}\,dx$.

2. 计算下列定积分.

(1)$\int_{\frac{1}{e}}^{e} |\ln x|\,dx$； (2)$\int_0^{2\pi} x\cos^2 x\,dx$； (3)$\int_0^1 x\ln(1+x^2)\,dx$.

5.5 广义积分

前面所讨论的定积分，其积分区间是有限的，并且被积函数在积分区间上是有界函数，但在自然科学和工程技术中我们常遇到积分区间为无穷区间，或者被积函数为无界函数的积分，这两种情况的积分叫作广义积分，本节只介绍无穷区间上的广义积分.

定义 5-2 设函数 $f(x)$ 在区间 $[a,+\infty)$ 上连续，取 $b>a$，如果极限 $\lim\limits_{b\to+\infty}\int_a^b f(x)\,dx$ 存在，那么称此极限为函数 $f(x)$ 在区间 $[a,+\infty)$ 上的广义积分，记为$\int_a^{+\infty} f(x)\,dx$，即

$$\int_a^{+\infty} f(x)\,dx=\lim_{b\to+\infty}\int_a^b f(x)\,dx \tag{5-5-1}$$

这时称广义积分$\int_a^{+\infty} f(x)\,dx$ 收敛；如果上述极限不存在，就称广义积分$\int_a^{+\infty} f(x)\,dx$ 发散，这时$\int_a^{+\infty} f(x)\,dx$ 不再表示数值了.

类似地，设 $f(x)$ 在区间 $(-\infty,b]$ 上连续，取 $b>a$，如果极限 $\lim\limits_{a\to-\infty}\int_a^b f(x)\,dx$ 存在，那么称此极限为函数 $f(x)$ 在区间 $(-\infty,b]$ 上的广义积分，记为$\int_{-\infty}^{b} f(x)\,dx$ 即

$$\int_{-\infty}^{b} f(x)\,dx=\lim_{a\to-\infty}\int_a^b f(x)\,dx \tag{5-5-2}$$

这时称广义积分$\int_{-\infty}^{b} f(x)\mathrm{d}x$ 收敛；如果上述极限不存在，就称广义积分$\int_{-\infty}^{b} f(x)\mathrm{d}x$ 发散.

设函数$f(x)$在区间$(-\infty,+\infty)$上连续. 如果广义积分$\int_{-\infty}^{0} f(x)\mathrm{d}x$ 和$\int_{0}^{+\infty} f(x)\mathrm{d}x$ 都收敛，那么我们称上述两广义积分之和为函数$f(x)$在区间$(-\infty,+\infty)$上的广义积分，记作$\int_{-\infty}^{+\infty} f(x)\mathrm{d}x$，即

$$\int_{-\infty}^{+\infty} f(x)\mathrm{d}x=\int_{-\infty}^{0} f(x)\mathrm{d}x+\int_{0}^{+\infty} f(x)\mathrm{d}x=\lim_{a\to-\infty}\int_{a}^{0} f(x)\mathrm{d}x+\lim_{b\to+\infty}\int_{0}^{b} f(x)\mathrm{d}x \tag{5-5-3}$$

这时称广义积分$\int_{-\infty}^{+\infty} f(x)\mathrm{d}x$ 收敛，否则就称广义积分$\int_{-\infty}^{+\infty} f(x)\mathrm{d}x$ 发散.

【例 1】 计算$\int_{1}^{+\infty}\frac{1}{x^3}\mathrm{d}x$.

解 $\int_{1}^{+\infty}\frac{1}{x^3}\mathrm{d}x=\lim_{b\to+\infty}\int_{1}^{b}\frac{1}{x^3}\mathrm{d}x=\lim_{b\to+\infty}\left[-\frac{1}{2x^2}\right]_{1}^{b}=\lim_{b\to+\infty}\left(-\frac{1}{2}\right)\left(\frac{1}{b^2}-1\right)=\frac{1}{2}.$

仿照牛顿-莱布尼茨公式类似的形式，假设$F(x)$是$f(x)$在积分区间上的一个原函数，若记$F(+\infty)=\lim\limits_{x\to+\infty}F(x)$，$F(-\infty)=\lim\limits_{x\to-\infty}F(x)$，则式(5-5-1)、式(5-5-2)、式(5-5-3)可用牛顿-莱布尼茨公式类似的形式表示为

$$\int_{a}^{+\infty} f(x)\mathrm{d}x=F(x)\Big|_{a}^{+\infty}=F(+\infty)-F(a),$$

$$\int_{-\infty}^{b} f(x)\mathrm{d}x=F(x)\Big|_{-\infty}^{b}=F(b)-F(-\infty),$$

$$\int_{-\infty}^{+\infty} f(x)\mathrm{d}x=F(x)\Big|_{-\infty}^{+\infty}=F(+\infty)-F(-\infty).$$

【例 2】 计算$\int_{-\infty}^{+\infty}\frac{1}{1+x^2}\mathrm{d}x$.

解 $\int_{-\infty}^{+\infty}\frac{1}{1+x^2}\mathrm{d}x=\arctan x\Big|_{-\infty}^{+\infty}=\lim\limits_{x\to+\infty}\arctan x-\lim\limits_{x\to-\infty}\arctan x=\frac{\pi}{2}-\left(-\frac{\pi}{2}\right)=\pi.$

【例 3】 计算$\int_{-\infty}^{0} x\mathrm{e}^x\mathrm{d}x$.

解
$$\begin{aligned}\int_{-\infty}^{0} x\mathrm{e}^x\mathrm{d}x&=\int_{-\infty}^{0} x\mathrm{d}\mathrm{e}^x=x\mathrm{e}^x\Big|_{-\infty}^{0}-\int_{-\infty}^{0}\mathrm{e}^x\mathrm{d}x=x\mathrm{e}^x\Big|_{-\infty}^{0}-\mathrm{e}^x\Big|_{-\infty}^{0}\\&=\lim_{x\to-\infty}(-x\mathrm{e}^x-1+\mathrm{e}^x)=-1\end{aligned}$$

【例 4】 讨论广义积分$\int_{\mathrm{e}}^{+\infty}\frac{1}{x\ln^k x}\mathrm{d}x$ 的敛散性(k 为常数).

解 当$k=1$时，

$$\int_{\mathrm{e}}^{+\infty}\frac{1}{x\ln x}\mathrm{d}x=\int_{\mathrm{e}}^{+\infty}\frac{1}{\ln x}\mathrm{d}(\ln x)=\ln(\ln x)\Big|_{\mathrm{e}}^{+\infty}=\lim_{x\to+\infty}\ln(\ln x)=+\infty$$

当$k\neq1$时，

$$\begin{aligned}\int_{\mathrm{e}}^{+\infty}\frac{1}{x\ln^k x}\mathrm{d}x&=\int_{\mathrm{e}}^{+\infty}\frac{1}{\ln^k x}\mathrm{d}(\ln x)=\frac{1}{1-k}\cdot\frac{1}{(\ln x)^{k-1}}\Big|_{\mathrm{e}}^{+\infty}\\&=\lim_{x\to+\infty}\left[\frac{1}{1-k}\left(\frac{1}{\ln^{k-1}x}-1\right)\right]=\begin{cases}\frac{1}{k-1}, & k>1\\+\infty, & k<1\end{cases}.\end{aligned}$$

因此，$k>1$ 时，$\int_{e}^{+\infty}\frac{1}{x\ln^{k}x}dx$ 收敛，其值为 $\frac{1}{k-1}$；$k\leqslant 1$ 时，$\int_{e}^{+\infty}\frac{1}{x\ln^{k}x}dx$ 发散.

习题 5-5

1. 下列广义积分是否收敛？若收敛，计算出它的值.

(1) $\int_{-\infty}^{+\infty}e^{x}dx$；　(2) $\int_{0}^{+\infty}xe^{-x^{2}}dx$；　(3) $\int_{1}^{+\infty}\frac{1}{\sqrt{x}}dx$；

(4) $\int_{0}^{+\infty}\frac{1}{4+x^{2}}dx$；　(5) $\int_{-\infty}^{+\infty}\frac{1}{x^{2}+2x+2}dx$.

2. 当 k 为何值时，广义积分 $\int_{1}^{+\infty}\frac{1}{x^{k}}dx$ 收敛？又 k 为何值时，这个广义积分发散？

5.6 定积分的应用

定积分是在研究实际问题中产生和发展的，因此它的应用非常广泛，本节主要介绍它在几何和经济学方面的简单应用.

一、用定积分求平面图形的面积

由定积分的几何意义可以知道，当 $f(x)\geqslant 0$ 时，定积分 $\int_{a}^{b}f(x)dx$ 表示曲边梯形的面积；如果 $f(x)\leqslant 0$，那么定积分 $\int_{a}^{b}f(x)dx$ 的负值表示曲边梯形的面积，下面介绍更为一般的情况.

(1) 由 $y=f(x)$，$y=g(x)$，$x=a$ 及 $x=b(a<b)$ 所围成的平面图形，$g(x)\leqslant y\leqslant f(x)$，$a\leqslant x\leqslant b$（图 5-6-1）的面积为 $A=\int_{a}^{b}(f(x)-g(x))dx$.

(2) 由 $x=\varphi(y)$，$x=\psi(y)$，$y=c$ 及 $y=d(c<d)$ 所围成的平面图形，$\varphi(y)\leqslant x\leqslant \psi(y)$，$c\leqslant y\leqslant d$（图 5-6-2）的面积为 $A=\int_{c}^{d}(\psi(y)-\varphi(y))dy$.

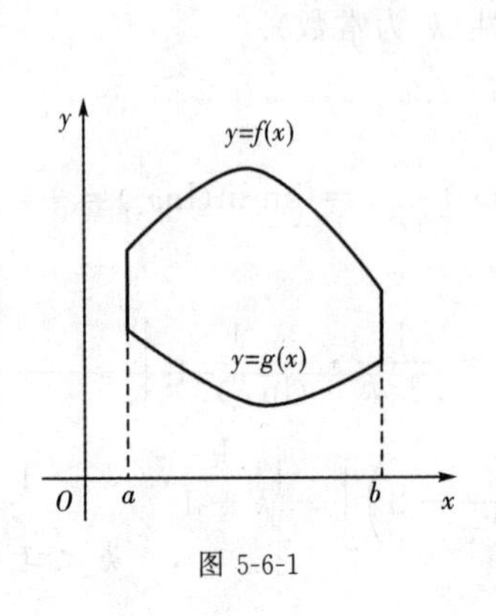

图 5-6-1

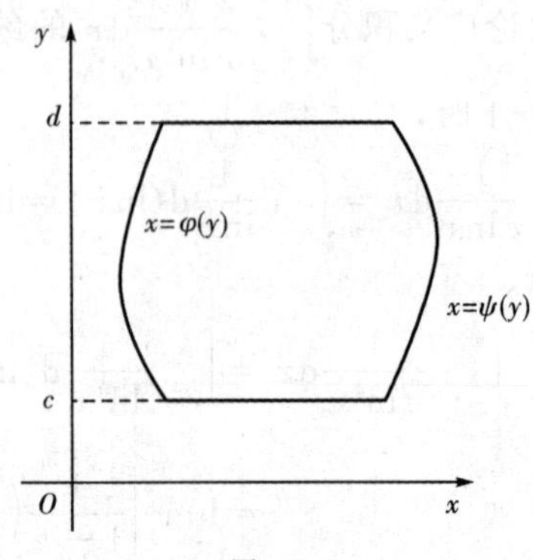

图 5-6-2

【例 1】 求由曲线 $y=x^3$ 与直线 $x=-1,x=2$ 及 x 轴所围成的平面图形的面积.

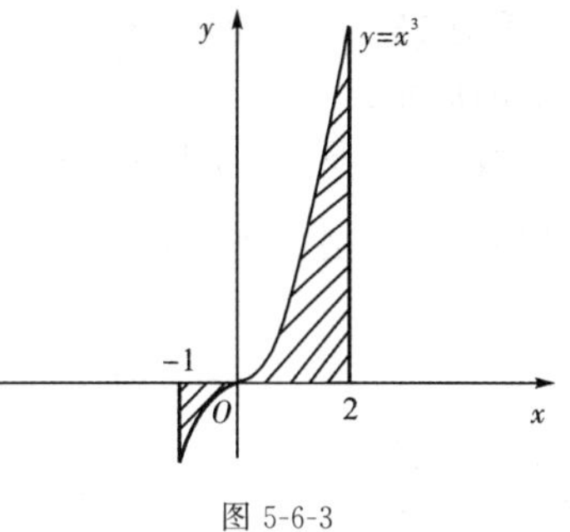

图 5-6-3

解 (1) 画出图形(图 5-6-3),求出曲线的交点,确定积分区间.

(2) 选择积分变量 x,$x\in[-1,2]$.

(3) 将所求面积表示为定积分

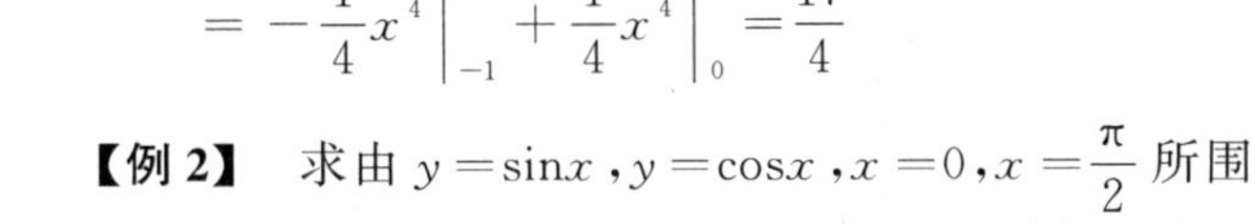

$$A=\int_{-1}^{2}|x^3|\mathrm{d}x=\int_{-1}^{0}(-x^3)\mathrm{d}x+\int_{0}^{2}x^3\mathrm{d}x$$

$$=-\frac{1}{4}x^4\Big|_{-1}^{0}+\frac{1}{4}x^4\Big|_{0}^{2}=\frac{17}{4}$$

【例 2】 求由 $y=\sin x$,$y=\cos x$,$x=0$,$x=\dfrac{\pi}{2}$ 所围成的平面图形的面积.

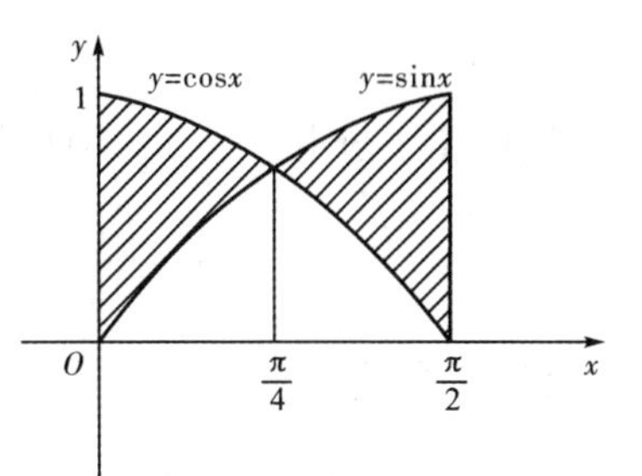

图 5-6-4

解 如图 5-6-4 所示,取积分变量 x,$x\in\left[0,\dfrac{\pi}{2}\right]$,所求面积为

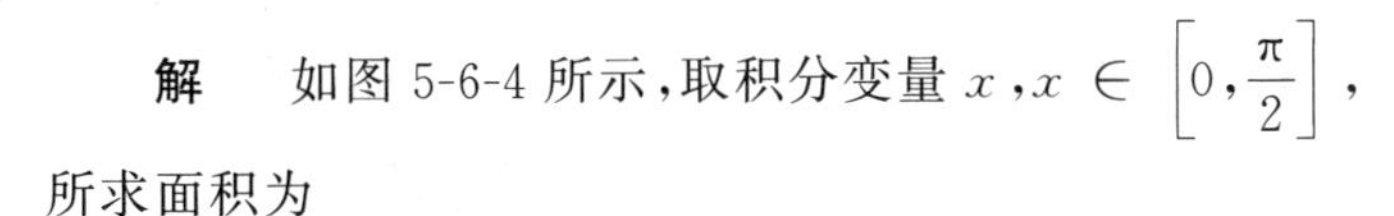

$$A=\int_{0}^{\frac{\pi}{2}}|\sin x-\cos x|\mathrm{d}x$$

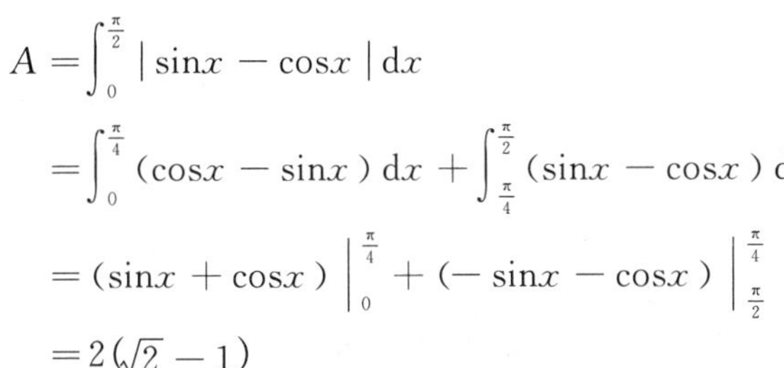

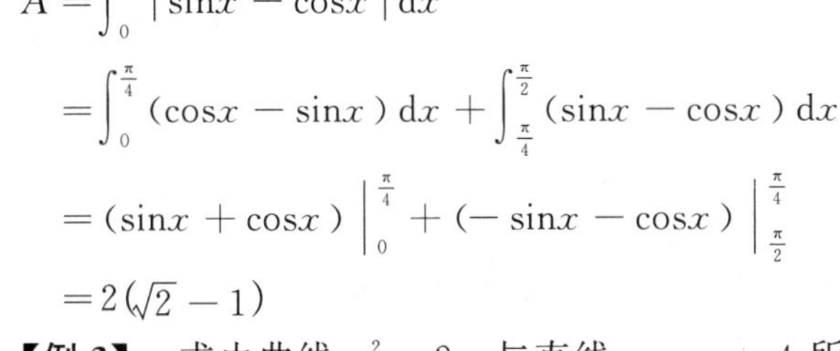

$$=\int_{0}^{\frac{\pi}{4}}(\cos x-\sin x)\mathrm{d}x+\int_{\frac{\pi}{4}}^{\frac{\pi}{2}}(\sin x-\cos x)\mathrm{d}x$$

$$=(\sin x+\cos x)\Big|_{0}^{\frac{\pi}{4}}+(-\sin x-\cos x)\Big|_{\frac{\pi}{4}}^{\frac{\pi}{2}}$$

$$=2(\sqrt{2}-1)$$

【例 3】 求由曲线 $y^2=2x$ 与直线 $y=x-4$ 所围成的面积.

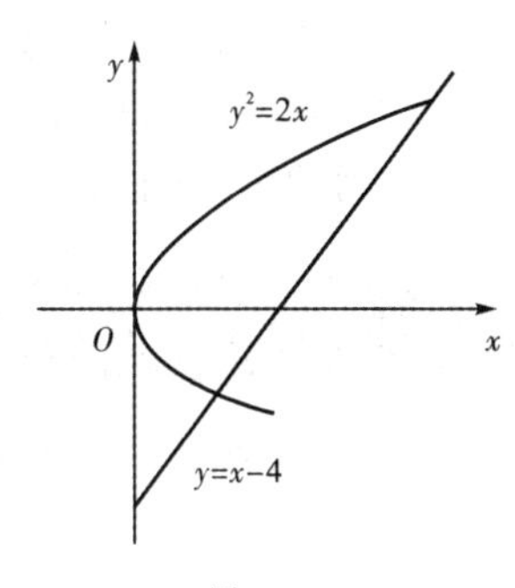

图 5-6-5

解 解方程组求交点(图 5-6-5):

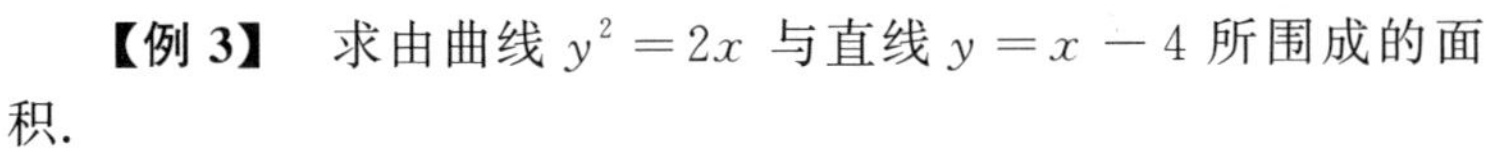

$$\begin{cases}y^2=2x\\y=x-4\end{cases},$$

得(2,−2),(8,4),取积分变量为 y,$-2\leqslant x\leqslant 4$,所求面积为

$$A=\int_{-2}^{4}\left(y+4-\frac{1}{2}y^2\right)\mathrm{d}y=\left(\frac{1}{2}y^2+4y-\frac{1}{6}y^3\right)\Big|_{-2}^{4}=18$$

求平面图形面积的基本步骤是:

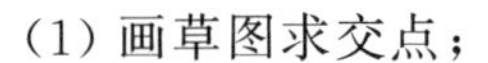

(1) 画草图求交点;

(2) 确定被积函数和积分区间;

(3) 计算定积分.

【例 4】 求由函数 $y=\mathrm{e}^x$,$y=x$,$x=0$ 和 $x=1$ 围成的平面图形的面积 A.

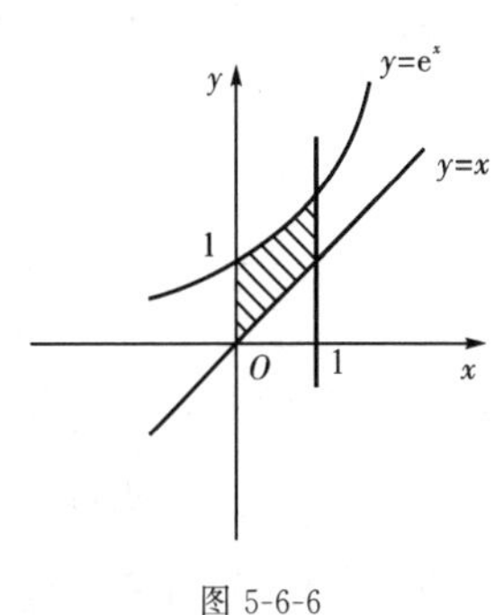

图 5-6-6

解 从图 5-6-6 中可以看出,图形上、下关系明显,利用公式

$$A=\int_{a}^{b}[f(x)-g(x)]\mathrm{d}x,$$

得

$$A=\int_{0}^{1}(\mathrm{e}^x-x)\mathrm{d}x=\left(\mathrm{e}^x-\frac{1}{2}x\right)\Big|_{0}^{1}=\mathrm{e}-\frac{3}{2}.$$

【例 5】 求由曲线 $x=2y^2$，$y=1$，y 轴围成的平面图形的面积.

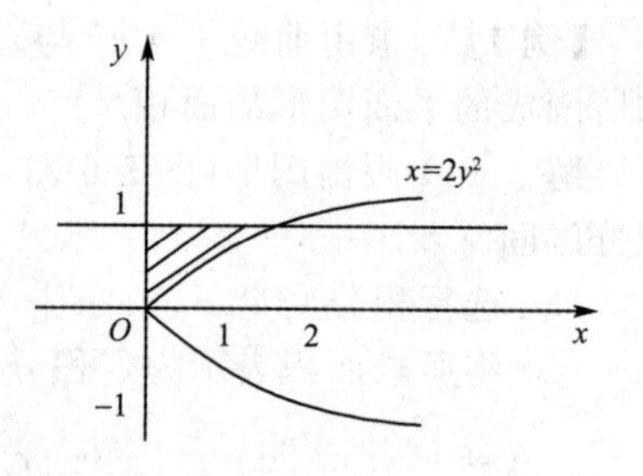

图 5-6-7

解 如图 5-6-7 所示，求交点为(0,0)，(2,1)，由于图形属左右(或上下)关系，由 $A=\int_c^d \varphi(y)\mathrm{d}y$，得

$$A=\int_0^1 2y^2\mathrm{d}y=\frac{2}{3}y^3\Big|_0^1=\frac{2}{3}.$$

或由 $A=\int_a^b [f(x)-g(x)]\mathrm{d}x$，得

$$A=\int_0^2\left(1-\sqrt{\frac{x}{2}}\right)\mathrm{d}x=\left(x-\frac{1}{\sqrt{2}}\cdot\frac{2}{3}x^{\frac{3}{2}}\right)\Big|_0^2=\frac{2}{3}.$$

【例 6】 求由 $\begin{cases}y=x^2\\x=y^2\end{cases}$，围成的平面图形的面积 A.

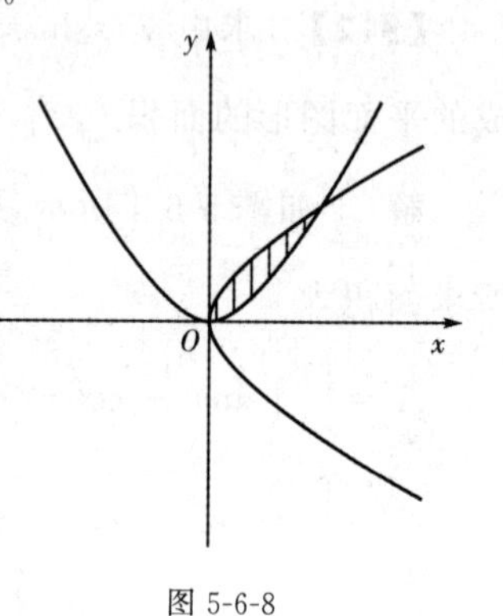

图 5-6-8

解 由 $\begin{cases}y=x^2\\x=y^2\end{cases}$，求交点，得(0,0)，(1,1)，如图 5-6-8 所示，面积 A 符合

$$A=\int_a^b [f(x)-g(x)]\mathrm{d}x,$$

所以

$$A=\int_0^1(\sqrt{x}-x^2)\mathrm{d}x=\left(\frac{2}{3}x^{\frac{3}{2}}-\frac{1}{3}x^3\right)\Big|_0^1=\frac{1}{3}.$$

由上面的例题可总结出求平面图形面积的步骤：

(1) 画出图形，求出所给曲线的所有交点，确定所围成的平面图形；

(2) 考察图形是否具有对称性，利用对称性简化运算；

(3) 选择适当的积分变量，定出积分上、下限；

(4) 写出所求面积的定积分.

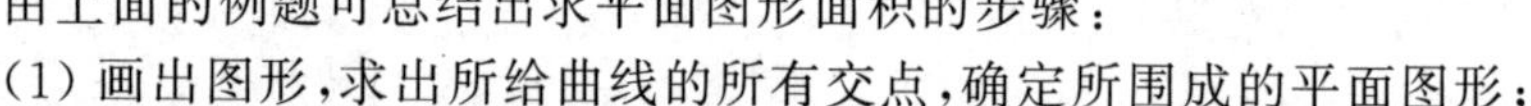

二、定积分在经济学中的应用

已知边际成本 $C'(q)$，边际收益 $R'(q)$，则总成本函数和总收益函数分别为

$$C(q)=\int C'(q)\mathrm{d}q,$$

$$R(q)=\int R'(q)\mathrm{d}q.$$

上述不定积分中常数的确定，是有条件的，如果固定成本记为 C_0，$R(0)=0$，那么上述公式又可以写为

$$C(q)=\int_0^q C'(t)\mathrm{d}t+C_0$$

$$R(q)=\int_0^q R'(t)\mathrm{d}t$$

因此总利润函数 $L(q)$ 为

$$L(q)=R(q)-C(q)=\int_a^b [R'(t)-C'(t)]\mathrm{d}t-C_0$$

当 q 由 a 增加到 b 时，总成本和总收益的平均变化率分别为

$$\overline{C(q)}=\frac{1}{b-a}\int_a^b C'(q)\mathrm{d}q,$$

$$\overline{R(q)}=\frac{1}{b-a}\int_a^b R'(q)\mathrm{d}q.$$

于是,总利润的平均变化率$\overline{L(q)}$为

$$\overline{L(q)}=\frac{1}{b-a}\int_a^b [R'(q)-C'(q)]\,\mathrm{d}q$$

【例 7】 生产某唱片的边际成本函数为 $C'(x)=3x^2-14x+100$,固定成本 $C(0)=10\ 000$,求生产 x 个产品的总成本函数(单位:万元).

解 $C(x)=C(0)+\int_0^x C'(x)\mathrm{d}x$

$$=10\ 000+\int_0^x (3x^2-14x+100)\mathrm{d}x$$

$$=10\ 000+[x^3-7x^2+100x]\Big|_0^x$$

$$=10\ 000+x^3-7x^2+100x$$

【例 8】 已知边际收益为 $R'(x)=78-2x$,设 $R(0)=0$,求收益函数 $R(x)$.

解 $R(x)=R(0)+\int_0^x (78-2x)\mathrm{d}x=78x-x^2$.

【例 9】 某工厂生产某商品在时刻 t 的总产量 x kg 的变化率为 $x'(t)=(100+12t)$kg/小时,求由 $t=2$ 到 $t=4$ 这两个小时的总产量.

解 总产量

$$Q=\int_2^4 x'(t)\mathrm{d}t=\int_2^4 (100+12t)\mathrm{d}t$$

$$=[100t+6t^2]_2^4=272(\mathrm{kg})$$

【例 10】 生产某产品的边际成本为 $C'(x)=150-0.2x$ 元,当产量由 200 kg 增加到 300 kg 时,需追加成本多少元?

解 追加成本

$$C=\int_{200}^{300}(150-0.2x)\mathrm{d}x=[150x-0.1x^2]_{200}^{300}=10\ 000(\text{元}).$$

【例 11】 某地区当消费者个人收入为 x 元时,消费支出 $W(x)$ 的变化率 $W'(x)=\frac{15}{\sqrt{x}}$,当个人收入由 900 元增加到 1 600 元时,消费支出增加多少?

解 $W=\int_{900}^{1\ 600}\frac{15}{\sqrt{x}}\mathrm{d}x=[30\sqrt{x}]_{900}^{1\ 600}=300(\text{元})$.

【例 12】【利润问题】 已知某种产品销售总利润函数 $L(q)$(单位:万元) 的变化率为 $L'(q)=\frac{25}{2}-\frac{q}{80}(q\geqslant 0)$.

求:(1) 销售 40 台时的总利润;

(2) 销售出 60 台时,前 30 台平均利润与后 30 台的平均利润;

(3) 销售多少台时利润最大,最大利润是多少?

解 (1)$L(40)=\int_0^{40}\left(\frac{25}{2}-\frac{q}{80}\right)\mathrm{d}q=\left(\frac{25}{2}q-\frac{q^2}{160}\right)\Big|_0^{40}=490(\text{万元})$

(2) 前 30 台平均利润为

$$\overline{L_1(q)}=\frac{1}{30}\int_0^{30}\left(\frac{25}{2}-\frac{q}{80}\right)\mathrm{d}q=\frac{1}{30}\left(\frac{25}{2}q-\frac{q^2}{160}\right)\Bigg|_0^{30}$$
$$=\frac{1}{30}\times 369.4\approx 12.31(\text{万元});$$

后 30 台平均利润为

$$\overline{L_2(q)}=\frac{1}{30}\int_{30}^{60}\left(\frac{25}{2}-\frac{q}{80}\right)\mathrm{d}q=\frac{1}{30}\left(\frac{25}{2}q-\frac{q^2}{160}\right)\Bigg|_{30}^{60}$$
$$=\frac{1}{30}\times 358.125\approx 11.94(\text{万元}).$$

(3) 令 $L'(q)=\frac{25}{2}-\frac{q}{80}=0$,得 $q=1\ 000$ 台,又

$$L''(q)=-\frac{1}{80}<0$$

所以当 $q=1\ 000$ 台时利润最大.

最大利润为

$$L(q)=\int_0^{1\,000}\left(\frac{25}{2}-\frac{q}{80}\right)\mathrm{d}q=\left(\frac{25}{2}q-\frac{q^2}{160}\right)\Bigg|_0^{1\,000}=6\ 250(\text{万元}).$$

【例 13】【差别定价】 企业产品的边际收益函数为 $R'(q)=60-8q$,总成本函数为 $C(q)=2+q^2$(单位:万元).

(1) 在生产环节中,若已知产量与时间 t 的关系为 $q=\frac{1}{2}t^2$,试求从时刻 $t=1$ 到 $t=3$ 企业的总收益;

(2) 若企业实行产品直销,则利润最大时的总销售量及最大利润是多少?

(3) 若直销市场只有 A、B 两个市场,现企业在 A、B 市场实行差别价格,已知 A、B 市场的边际收益函数分别为 $R'_A=60-10q$ 和 $R'_B=51-6q$,并要求每个市场各完成企业原利润最大时的销售量的 $\frac{1}{3}$ 和 $\frac{2}{3}$,求实行差别价格后企业所获利润.

解 (1)$t=1$ 到 $t=3$ 时企业的总收益为

$$\Delta R=\int_{\frac{1}{2}}^{\frac{9}{2}}(60-8q)\,\mathrm{d}q=(60q-4q^2)\Bigg|_{\frac{1}{2}}^{\frac{9}{2}}=160(\text{万元}).$$

(2)$L'(q)=R'(q)-C'(q)=60-8q-2q=60-10q$.

令 $L'(q)=0$,得 $q=0$,此时 $L''(q)=-10<0$,所以当总销量为 6 个单位时利润最大,最大利润为

$$L(6)=\int_0^6(60-8q)\,\mathrm{d}q-C(6)=178(\text{万元}).$$

(3) 因为 A 市场的边际收益函数为

$$R'_A=60-10q$$

且 B 市场的边际收益函数为

$$R'_B=51-6q$$

所以 A、B 两市场实行差别定价后的利润之和为

$$L=\int_0^2(60-10q)\,\mathrm{d}q+\int_0^4(51-6q)\,\mathrm{d}q-C(6)=218(\text{万元})$$

习题 5-6

1. 求平面图形的面积.

(1) 由 $y=e^x$, $y=e^{-x}$ 与直线 $x=1$ 所围成的平面图形的面积；

(2) 由 $x=4y^2$, $x+y=\frac{3}{2}$ 所围成的平面图形的面积；

(3) 由 $y=x^2$, 直线 $y=2x$ 所围成的平面图形的面积；

(4) 由 $y=\frac{1}{x}$ 与直线 $y=x$, $y=2$ 所围成平面图形的面积.

2. 某厂日产 q 吨产品的总成本为 $C(q)$ 万元，已知边际成本为 $C'(q)=5+\frac{25}{\sqrt{q}}$(万元/吨)，求日产量从 64 吨增加到 100 吨时的总成本的增量.

3. 已知某产品生产边际成本 $C'(x)=2$(元/件)，固定成本 10 元，边际收入 $R'(x)=20-0.02x$(元/件)，求产量为多大时，能使利润最大，在最大利润的基础上再生产50件，利润如何变化？

复习题 5

1. 求下列定积分的值.

(1) $\int_0^{\frac{\pi}{4}} \sin x\cos x\,dx$；

(2) $\int_0^1 |2x-1|\,dx$；

(3) $\int_0^3 \frac{x}{1+\sqrt{1+x}}\,dx$；

(4) $\int_0^1 x^3 e^{x^2}\,dx$；

(5) $\int_1^5 \ln x\,dx$；

(6) $\int_0^4 e^{\sqrt{x}}\,dx$；

(7) $\int_0^{\pi} (x\sin x)^2\,dx$.

拓展：积分学练习

2. 求极限 $\lim\limits_{x\to 0}\frac{\int_0^x (e^t+e^{-t}-2)\,dt}{1-\cos x}$.

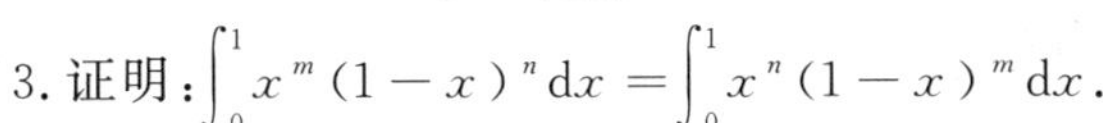
3. 证明：$\int_0^1 x^m(1-x)^n\,dx=\int_0^1 x^n(1-x)^m\,dx$.

4. 若函数 $f(x)$ 连续，证明：$\int_0^a x^3 f(x^2)\,dx=\frac{1}{2}\int_0^{a^2} x f(x)\,dx$.

5. 求由曲线 $y=\frac{1}{x}$，直线 $y=4x$ 及 $x=2$ 所围成的平面图形的面积.

本章思维导图

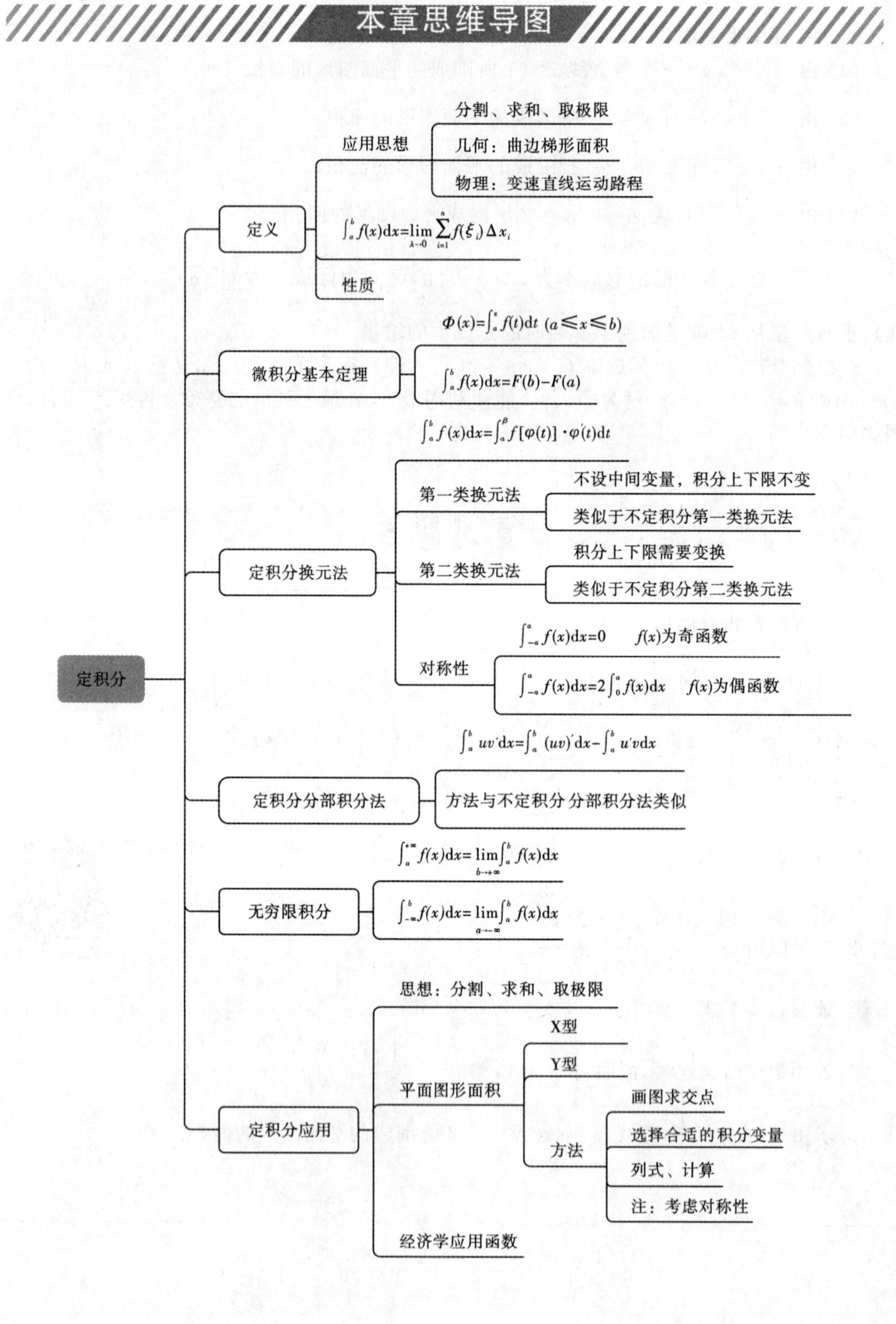
定积分
定义
应用思想
分割、求和、取极限
几何：曲边梯形面积
物理：变速直线运动路程
$\int_a^b f(x)dx=\lim\limits_{\lambda\to 0}\sum\limits_{i=1}^n f(\xi_i)\Delta x_i$
性质
微积分基本定理
$\Phi(x)=\int_a^x f(t)dt\ (a\leqslant x\leqslant b)$
$\int_a^b f(x)dx=F(b)-F(a)$
定积分换元法
$\int_a^b f(x)dx=\int_\alpha^\beta f[\varphi(t)]\cdot\varphi'(t)dt$
第一类换元法
不设中间变量，积分上下限不变
类似于不定积分第一类换元法
第二类换元法
积分上下限需要变换
类似于不定积分第二类换元法
对称性
$\int_{-a}^a f(x)dx=0$ $f(x)$为奇函数
$\int_{-a}^a f(x)dx=2\int_0^a f(x)dx$ $f(x)$为偶函数
定积分分部积分法
$\int_a^b uv'dx=\int_a^b (uv)'dx-\int_a^b u'vdx$
方法与不定积分分部积分法类似
无穷限积分
$\int_a^{+\infty} f(x)dx=\lim\limits_{b\to+\infty}\int_a^b f(x)dx$
$\int_{-\infty}^b f(x)dx=\lim\limits_{a\to-\infty}\int_a^b f(x)dx$
定积分应用
思想：分割、求和、取极限
平面图形面积
X型
Y型
方法
画图求交点
选择合适的积分变量
列式、计算
注：考虑对称性
经济学应用函数

第6章 微分方程

在生产实践和实际生活中，常常需要根据各种变量的关系求出变量的函数关系.而变量之间的某种关系又隐藏在其导数或微分之中，这样就需要列出含有未知函数导数或微分的方程，并解这种方程才能求得未知函数.解决这一问题的理论方法和途径就是微分方程理论.在本章中，我们就来介绍关于微分方程的一些基本概念和几种较为简单的常微分方程的解法.

6.1 微分方程的基本概念与可分离变量的微分方程

一、微分方程的基本概念

1.微分方程的概念和分类

我们称含有未知函数及其导数与微分的方程为微分方程.例如，$\frac{dy}{dx}=f(x)\cdot g(x)$，$\frac{dy}{dx}=2x$，$y''+y'-2y=0$ 等均为微分方程.而称未知函数为一元函数的微分方程为常微分方程.例如，$y''+y'-2y=0$，$\frac{dy}{dx}=10^{x+y}$ 均为常微分方程.称未知函数为多元函数的微分方程为偏微分方程.例如，$\frac{\partial^2 z}{\partial x^2}+\frac{\partial^2 z}{\partial y^2}=0$，$\frac{\partial^2 u}{\partial x^2}+\frac{\partial^2 u}{\partial y^2}+\frac{\partial^2 u}{\partial z^2}=0$ 均为偏微分方程，本章中我们仅介绍几种较为简单的常微分方程及其解法.

2.微分方程的阶数

微分方程中，未知函数的最高阶导数的阶数，叫作微分方程的阶数.如果一个微分方程阶数是 n，我们就称这个微分方程是 n 阶微分方程.例如，在微分方程 $y'+\frac{2y}{x+1}=(x+1)^{\frac{5}{2}}$ 中，未知函数 y 的最高阶导数的阶数为一阶，故我们称微分方程 $y'+\frac{2y}{x+1}=(x+1)^{\frac{5}{2}}$ 为一阶微分方程.显然 $y''+y'-2y=0$ 是二阶微分方程.

3.微分方程的解和解微分方程

我们称使微分方程左右相等的已知函数，叫作微分方程的解.例如，已知函数 $y=x^2+C$ 就是微分方程 $y'=2x$ 的解.因为 $y=x^2+C$ 这个已知函数能使微分方程 $y'=2x$ 左右相等.将 $y=x^2+C$ 代入微分方程的左端，则左端 $=(x^2+C)'=2x$，而微分方程的右端 $=2x$，故 $y=x^2+C$ 这个已知函数就是微分方程 $y'=2x$ 的解.求微分方程解的过程，我们称为解微分方程.

4. 微分方程的通解和特解

含有任意常数 C 的微分方程的解，叫作微分方程的通解. 例如，$y=x^2+C$ 就是微分方程 $y'=2x$ 的通解. 高阶微分方程的通解中常常含有多个任意常数. 一般来说，n 阶微分方程，其通解中就含有 n 个任意常数C. 例如，$y'=2x$ 是一阶微分方程，故它的通解 $y=x^2+C$ 仅含有一个任意常数 C. 而 $y''+y'-2y=0$ 是二阶微分方程，故它的通解 $y=C_1e^x+C_2e^{-2x}$ 就含有两个任意常数 C_1 和 C_2.

在给定的微分方程或从实际生产和科学实验中列出的微分方程中，常常事先已知一个或几个微分方程中未知函数某时刻的函数值，则未知函数的函数值叫作微分方程的附加条件. 例如，已知微分方程 $y'\sin x=y\ln y$，且 $y\Big|_{x=\frac{\pi}{2}}=e$. 这里 $y\Big|_{x=\frac{\pi}{2}}=e$ 就叫作微分方程 $y'\sin x=y\ln y$ 的附加条件.

如果微分方程中的附加条件是零时刻的未知函数的函数值，那么我们称这种附加条件为微分方程的初始条件. 例如，微分方程 $\cos x\sin y\,dy=\cos y\sin x\,dx$，且 $y\big|_{x=0}=\dfrac{\pi}{4}$，这里 $y\big|_{x=0}=\dfrac{\pi}{4}$ 即为初始条件.

满足附加条件或初始条件的微分方程的解称为微分方程的特解. 以后我们将具体介绍.

二、可分离变量的微分方程

我们称形如$\dfrac{dy}{dx}=f(x)g(y)$的微分方程为可分离变量的微分方程. 例如，$\dfrac{dy}{dx}=10^x\cdot 10^y$，又如 $xy'-y\ln y=0$ 均为可分离变量的微分方程.

可分离变量的微分方程的解法是可分离变量法. 可分离变量法解微分方程一般可分为两步. 例如，已知$\dfrac{dy}{dx}=f(x)g(y)$为可分离变量的微分方程，它的解法步骤为：

(1)分离变量$\dfrac{dy}{g(y)}=f(x)dx$；

(2) 两边积分$\displaystyle\int\frac{dy}{g(y)}=\int f(x)dx$.

【例 1】 求微分方程$\dfrac{dy}{dx}=2xy$ 的通解.

解 $\dfrac{dy}{dx}=2xy$ 是可分离变量的微分方程，用可分离变量法求解.

(1)分离变量$\dfrac{dy}{y}=2x\,dx$.

(2)两边积分

$$\int\frac{dy}{y}=\int 2x\,dx,$$

$$\ln|y|=x^2+C_1,$$

$$|y|=e^{x^2+C_1},$$

$$|y|=e^{C_1}\cdot e^{x^2},$$

$$|y|=C\cdot e^{x^2},$$

$$y=Ce^{x^2}.$$

【例 2】 求微分方程$\frac{dy}{dx}=10^{x+y}$的通解.

解 $\frac{dy}{dx}=10^{x+y}$是可分离变量的微分方程,用可分离变量法求解.

(1) 分离变量$\frac{dy}{dx}=10^{x}\cdot 10^{y}$,$\frac{dy}{10^{y}}=10^{x}dx$.

(2) 两边积分

$$\int\frac{dy}{10^{y}}=\int 10^{x}dx$$

$$\int 10^{-y}dy=\int 10^{x}dx$$

$$-\int 10^{-y}d(-y)=\int 10^{x}dx,$$

$$-\frac{10^{-y}}{\ln 10}=\frac{10^{x}}{\ln 10}+C_1,$$

$$-10^{-y}=10^{x}+C_2,$$

$$10^{x}+10^{-y}=C.$$

【例 3】 求微分方程 $y'=e^{2x-y}$ 在$y|_{x=0}=0$条件下的特解.

解 $y'=e^{2x-y}$是可分离变量的微分方程,用可分离变量法求解.

(1) 分离变量$\frac{dy}{dx}=e^{2x}\cdot e^{-y}$,$e^{y}dy=e^{2x}dx$.

(2) 两边积分

$$\int e^{y}dy=\int e^{2x}dx,$$

$$\int e^{y}dy=\frac{1}{2}\int e^{2x}d(2x),$$

$$e^{y}=\frac{1}{2}e^{2x}+C.$$

(3) 将附加条件(此时为初始条件)$y|_{x=0}=0$代入通解中,解出C. $e^{0}=\frac{1}{2}e^{2\cdot 0}+C$,所以$C=\frac{1}{2}$.

(4) 再将$C=\frac{1}{2}$代入通解中,即可求出特解 $e^{y}=\frac{1}{2}e^{2x}+\frac{1}{2}$.

这里我们可以看到在例1中的通解是以显函数形式解出的,而在例2和例3中,无论是通解还是特解,均是以隐函数形式解出的,因此,微分方程既可以以显函数形式解出,也可以以隐函数形式解出.

习题 6-1

1. 求微分方程 $xy'-y\ln y=0$ 的通解.

2. 求微分方程 $y'\sin x=y\ln y$ 在 $y\left(\frac{\pi}{2}\right)=e$ 条件下的特解.

3. 求微分方程 $\cos x\sin y\,dy=\cos y\sin x\,dx$ 在 $y(0)=\frac{\pi}{4}$条件下的特解.

4. 求 $\cos y\,dx+(1+e^{-x})\sin y\,dy=0$ 在 $y(0)=\frac{\pi}{4}$条件下的特解.

6.2 一阶线性微分方程

一、一阶齐次线性微分方程

1. 一阶齐次线性微分方程的一般形式

一阶齐次线性微分方程的一般形式为

$$\frac{dy}{dx}+P(x)y=0 \text{ 或 } y'+P(x)y=0$$

这是一种可分离变量的微分方程.

2. 一阶齐次线性微分方程的解法

因为一阶齐次线性微分方程是可分离变量的微分方程,故可用可分离变量法求其通解. 将$\frac{dy}{dx}+P(x)y=0$分离变量得$\frac{dy}{y}=-P(x)dx$,并两端积分,得

$$\int\frac{dy}{y}=\int -P(x)dx$$

$$\ln|y|=-\int P(x)dx+C_1,$$

$$|y|=e^{-\int P(x)dx+C_1},$$

$$|y|=e^{C_1}\cdot e^{-\int P(x)dx},$$

$$|y|=C_2\cdot e^{-\int P(x)dx},$$

$$y=C\cdot e^{-\int P(x)dx}.$$

这就是一阶齐次线性微分方程的通解.

二、一阶非齐次线性微分方程

1. 一阶非齐次线性微分方程的一般形式

一阶非齐次线性微分方程的一般形式为

$$\frac{dy}{dx}+P(x)y=Q(x) \text{ 或 } y'+P(x)y=Q(x).$$

2. 一阶非齐次线性微分方程的解法

一阶非齐次线性微分方程的解法通常采用常数变易法. 这种方法在一般的高等数学教材中均可见到. 本教材采用一种更为容易理解的解法,即积分因子法. 该方法就是将方程两端同时乘以一个已知函数$u(x)$,并要求$u(x)$具有如下性质:$u'(x)=u(x)P(x)$,且$u(x)$

$\neq 0$,即 $\dfrac{\mathrm{d}[u(x)]}{\mathrm{d}x}=u(x)P(x)$,$u(x)\neq 0$.那么怎样才能找到 $u(x)$ 这个已知函数呢？我们可以通过解可分离变量的微分方程$\dfrac{\mathrm{d}[u(x)]}{u(x)}=u(x)P(x)$,求得 $u(x)$.

解 分离变量,得$\dfrac{\mathrm{d}[u(x)]}{u(x)}=P(x)\mathrm{d}x$,两端积分,得

$$\ln|u(x)|=\int P(x)\mathrm{d}x+C_1,$$

$$|u(x)|=\mathrm{e}^{\int P(x)\mathrm{d}x+C_1},$$

$$|u(x)|=\mathrm{e}^{C_1}\cdot\mathrm{e}^{\int P(x)\mathrm{d}x},$$

$$|u(x)|=C_2\cdot\mathrm{e}^{\int P(x)\mathrm{d}x}$$

$$u(x)=C\cdot\mathrm{e}^{\int P(x)\mathrm{d}x}$$

显然当C为不同常数值时,就有不同的$u(x)$,我们取$C=1$时,$u(x)$为一个较为简单的函数,即 $u(x)=\mathrm{e}^{\int P(x)\mathrm{d}x}$. $u(x)=\mathrm{e}^{\int P(x)\mathrm{d}x}$ 称为积分因子.现在 $u(x)$ 已经找到,用 $u(x)$ 去乘非齐次线性微分方程 $y'+P(x)y=Q(x)$ 的两端,得

$$y'u(x)+u(x)P(x)y=Q(x)u(x),$$

$$y'u(x)+u'(x)y=Q(x)u(x),$$

$$[u(x)y]'=Q(x)u(x).$$

两端积分,得

$$\int(u(x)y)'\mathrm{d}x=\int Q(x)u(x)\mathrm{d}x,$$

$$u(x)y=\int Q(x)u(x)\mathrm{d}x+C.$$

因为 $u(x)\neq 0$,所以

$$y=u^{-1}(x)\left[\int Q(x)u(x)\mathrm{d}x+C\right]$$

$$=\mathrm{e}^{-\int P(x)\mathrm{d}x}\left[\int Q(x)\mathrm{e}^{\int P(x)\mathrm{d}x}\mathrm{d}x+C\right]$$

故得 $y=\mathrm{e}^{-\int P(x)\mathrm{d}x}\left[\int Q(x)\mathrm{e}^{\int P(x)\mathrm{d}x}\mathrm{d}x+C\right]$.

这就是一阶非齐次线性微分方程的通解公式.它又可以写成:

$$y=\mathrm{e}^{-\int P(x)\mathrm{d}x}\left[\int Q(x)\mathrm{e}^{\int P(x)\mathrm{d}x}\mathrm{d}x+C\right].$$

通过上式我们可以看到,一阶非齐次线性微分方程的通解是对应齐次线性微分方程的通解和本身 $C=0$ 的一个特解之和.这就是一阶非齐次线性微分方程通解的结构性质.

现在有了一阶非齐次线性微分方程通解公式$y=\mathrm{e}^{-\int P(x)\mathrm{d}x}\left[\int Q(x)\mathrm{e}^{\int P(x)\mathrm{d}x}\mathrm{d}x+C\right]$,今后求解一阶非齐次线性微分方程就可以直接利用这个通解公式.

【例 1】 求$\dfrac{\mathrm{d}y}{\mathrm{d}x}+y=\mathrm{e}^{-x}$ 的通解.

解 (1) 判断方程类型:所求解的方程为一阶非齐次线性微分方程.

(2) 选择方程解法:利用通解公式求解.

① 找出 $P(x)$ 和 $Q(x)$：$P(x)=1, Q(x)=e^{-x}$.

② 计算 $\int P(x)dx=\int 1dx=x+C$. 取 $C=0$，则 $\int P(x)dx=x$.

③ 利用通解公式求通解：

$$\begin{aligned} y&=e^{-\int P(x)dx}\left[\int Q(x)e^{\int P(x)dx}dx+C\right] \\ &=e^{-x}\left[\int e^{-x}\cdot e^{x}dx+C\right] \\ &=e^{-x}(x+C) \end{aligned}$$

【例 2】 求 $\dfrac{dy}{dx}+\dfrac{y}{x}=\dfrac{\sin x}{x}$ 在 $y|_{x=\pi}=1$ 时的特解.

解 (1) 判断方程类型：所求解的方程为一阶非齐次线性微分方程.

(2) 选择方程解法：利用通解公式求解.

①找出 $P(x)$ 和 $Q(x)$：$P(x)=\dfrac{1}{x}, Q(x)=\dfrac{\sin x}{x}$.

②计算 $\int P(x)dx=\int \dfrac{1}{x}dx=\ln|x|+C$. 取 $C=0$，则 $\int P(x)dx=\ln|x|$.

③利用通解公式求通解：

$$\begin{aligned} y&=e^{-\int P(x)dx}\left[\int Q(x)e^{\int P(x)dx}dx+C\right] \\ &=e^{-\ln|x|}\left[\int \frac{\sin x}{x}\cdot e^{\ln|x|}dx+C\right] \\ &=\frac{1}{|x|}\cdot\left[\int \frac{\sin x}{x}|x|dx+C\right] \end{aligned}$$

当 $x>0$ 时，则

$$\begin{aligned} y&=\frac{1}{x}\cdot\left(\int \frac{\sin x}{x}x\,dx+C\right) \\ &=\frac{1}{x}\left(\int \sin x\,dx+C\right) \\ &=\frac{1}{x}(-\cos x+C). \end{aligned}$$

当 $x<0$，同样可求得上面的结果，故方程的通解为 $y=\dfrac{1}{x}(-\cos x+C)$.

④ 将附加条件 $y|_{x=\pi}=1$ 代入通解中求出 C：由 $1=\dfrac{1}{\pi}(-\cos\pi+C)$，解得 $C=\pi-1$.

⑤将 $C=\pi-1$ 代回通解中求得特解：$y=\dfrac{1}{x}(-\cos x+\pi-1)$.

习题 6-2

1. 求下列微分方程的通解.

(1) $y'+y\cos x=e^{-\sin x}$；　　(2) $y'+y\tan x=\sin 2x$.

2. 求下列微分方程的特解.

(1) $\dfrac{dy}{dx}-y\tan x=\sec x, y|_{x=0}=0$；　　(2) $\dfrac{dy}{dx}+3y=8, y|_{x=0}=2$.

6.3 一阶线性微分方程在经济学中的综合应用

在之前的例子中，我们已经看到，为了研究经济变量之间的联系及其内在规律，常需要建立某一经济函数及其导数所满足的关系式，并由此确定所研究的函数形式，从而根据一些已知的条件来确定该函数的表达式. 从数学上讲，这就是建立微分方程并求解微分方程. 下面举一些一阶微分方程在经济学中应用的例子.

一、分析商品的市场价格与需求量（供给量）之间的函数关系

【例 1】 某商品的需求量 Q 对价格 P 的弹性为 $-P\ln 3$，若该商品的最大需求量为 1 200（即 $P=0$ 时，$Q=1\,200$）（P 的单位为元，Q 的单位为 kg）.

(1)试求需求量 Q 与价格 P 的函数关系；

(2)求当价格为 1 元时，市场对该商品的需求量；

(3)当 $P\to\infty$ 时，需求量的变化趋势如何？

解析：一阶微分方程的应用

解 (1)由条件可知

$$\frac{P}{Q}\cdot\frac{\mathrm{d}Q}{\mathrm{d}P}=-P\ln 3$$

即

$$\frac{\mathrm{d}Q}{\mathrm{d}P}=-Q\ln 3$$

分离变量并求解此微分方程，得

$$\frac{\mathrm{d}Q}{Q}=-\ln 3\mathrm{d}P,$$

$$Q=C\mathrm{e}^{-P\ln 3}\quad (C \text{ 为任意常数}).$$

由 $Q|_{P=0}=1\,200$ 得，$C=1\,200$.

$$Q=1\,200\times 3^{-P}.$$

(2)当 $P=1$ (元)时，$Q=1\,200\times 3^{-1}=400$ kg.

(3)显然当 $P\to\infty$ 时，$Q\to 0$，即随着价格的无限增高，需求量将趋于零（其数学上的意义为，$Q=0$ 是所给方程的平衡解，且该平衡解是稳定的）.

【例 2】 设某商品的需求函数与供给函数分别为

$$Q_d=a-bP,$$

$$Q_s=-c+\mathrm{d}P\quad (\text{其中 } a,b,c,d \text{ 均为正常数}).$$

假设商品价格 P 为时间的函数，已知初始价格 $P(0)=P_0$，且在任一时刻 t，价格 $P(t)$ 的变化率总与这一时刻的超额需求 Q_d-Q_s 成正比（比例常数为 $k>0$）.

(1)求供需相等时的价格 P_f（均衡价格）；

(2)求价格 $P(t)$ 的表达式；

(3)分析价格 $P(t)$ 随时间的变化情况.

解 (1)由 Q_d-Q_s 得 $P_f=\dfrac{a+c}{b+d}$.

(2)由题意可知

$$\frac{\mathrm{d}P}{\mathrm{d}t}=k(Q_d-Q_s)\quad (k>0).$$

将 $Q_d=a-bP$，$Q_s=-c+\mathrm{d}P$ 代入上式，得

$$\frac{\mathrm{d}P}{\mathrm{d}t}+k(b+d)P=k(a+c).\tag{6-3-1}$$

解一阶非齐次线性微分方程，得通解为

$$P(t)=C\mathrm{e}^{-k(b+d)t}+\frac{a+c}{b+d}.$$

由 $P(0)=P_0$，得

$$C=P_0-\frac{a+c}{b+d}=P_0-P_f$$

则特解为

$$P(t)=(P_0-P_f)\mathrm{e}^{-k(b+d)t}+P_f.$$

(3)讨论价格 $P(t)$ 随时间的变化情况.

由于 P_0-P_f 为常数，$k(b+d)>0$，故当 $t\to\infty$ 时，$(P_0-P_f)\mathrm{e}^{-k(b+d)t}\to 0$. 从而 $P(t)\to P_f$（均衡价格）（从数学上讲，显然均衡价格 P_f 即为微分方程(6-3-1)的平衡解，且由于 $\lim\limits_{t\to\infty}P(t)=P_f$，故微分方程的平衡解是稳定的）.

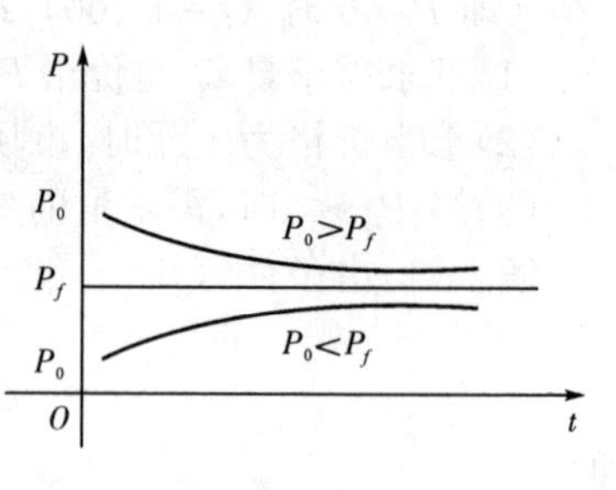

图 6-3-1

由 P_0 与 P_f 的大小还可分三种情况进一步讨论（图 6-3-1）.

①若 $P_0=P_f$，则 $P(t)=P_f$，即价格为常数，市场不需要调节达到均衡；

②若 $P_0>P_f$，因为 $(P_0-P_f)\mathrm{e}^{-k(b+d)t}$ 总是大于零且趋于零，故 $P(t)$ 总大于 P_f 而趋于 P_f；

③若 $P_0<P_f$，则 $P(t)$ 总是小于 P_f 而趋于 P_f.

由以上讨论可知，在价格 $P(t)$ 的表达式中的两项：P_f 为均衡价格，而 $(P_0-P_f)\mathrm{e}^{-k(b+d)t}$ 就可理解为均衡偏差.

二、预测可再生资源的产量以及商品的销售量

【例 3】 某林区实行封山养林，现有木材 10 万立方米，如果在每一时刻 t，木材的变化率与当时木材数量成正比. 假设 10 年后这片林区的木材为 20 万立方米. 若规定，该林区的木材量达到 40 万立方米时才可砍伐，问至少多少年后才能砍伐？

解 若时间 t 以年为单位，假设任一时刻 t 木材的数量为 $P(t)$ 万立方米，由题意可知，

$$\frac{\mathrm{d}P}{\mathrm{d}t}=kP\quad (k\text{ 为比例常数})$$

且 $P|_{t=0}=10$，$P|_{t=10}=20$.

该方程的通解为

$$P=C\mathrm{e}^{kt},$$

将 $t=0$ 时，$P=10$ 代入，得 $C=10$，故

$$P=10\mathrm{e}^{kt},$$

再将 $t=10$ 时，$P=20$ 代入得 $k=\frac{\ln 2}{10}$，于是

$$P=10e^{\frac{\ln 2}{10}t}=10\cdot 2^{\frac{t}{10}},$$

要使 $P=40$,则 $t=20$. 故至少 20 年后才能砍伐.

【例 4】 假设某产品的销售量 $x(t)$ 是时间 t 的可导函数,如果商品的销售量对时间的增长速率 $\frac{dx}{dt}$ 与销售量 $x(t)$ 及销售量接近于饱和水平的程度 $N-x(t)$ 之积成正比(N 为饱和水平,比例常数为 $k>0$),且当 $x=0$ 时,$x=\frac{1}{4}N$.

(1)求销售量 $x(t)$;

(2)求 $x(t)$ 的增长最快的时刻 T.

解 (1)由题意可知

$$\frac{dx}{dt}=kx(N-x) \quad (k>0), \tag{6-3-2}$$

分离变量,得

$$\frac{dx}{x(N-x)}=k\,dt,$$

两边积分,得

$$\frac{x}{N-x}=Ce^{Nkt},$$

解出 $x(t)$,得

$$x(t)=\frac{NCe^{Nkt}}{Ce^{Nkt}+1}=\frac{N}{1+Be^{-Nkt}}, \tag{6-3-3}$$

其中 $B=\frac{1}{C}$. 由 $x(0)=\frac{1}{4}N$ 得,$B=3$,故

$$x(t)=\frac{N}{1+3e^{-Nkt}}.$$

(2)由于

$$\frac{dx}{dt}=\frac{3N^2ke^{-Nkt}}{(1+3e^{-Nkt})^2},$$

$$\frac{d^2x}{dt^2}=\frac{-3N^3k^2e^{-Nkt}(1-3e^{-Nkt})}{(1+3e^{-Nkt})^3},$$

令 $\frac{d^2x}{dt^2}=0$,得 $T=\frac{\ln 3}{Nk}$.

当 $t<T$ 时,$\frac{d^2x}{dt^2}>0$;当 $t>T$ 时,$\frac{d^2x}{dt^2}<0$. 故 $T=\frac{\ln 3}{Nk}$ 时,$x(t)$ 增长最快.

微分方程(6-3-2)称为逻辑斯谛方程,其解曲线方程(6-3-3)称为逻辑斯谛曲线方程. 在生物学、经济学中,常遇到这样的量 $x(t)$,其增长率 $\frac{dx}{dt}$ 与 $x(t)$ 及 $N-x(t)$ 之积成正比(N 为饱和值),这时 $x(t)$ 的变化规律遵循微分方程(6-3-2),而 $x(t)$ 本身按逻辑斯谛曲线方程(6-3-3)变化.

三、成本分析

【例 5】 某商场的销售成本 y 和存储费用 S 均是时间 t 的函数,随时间 t 的增长,销售

成本的变化率等于存储费用的倒数与常数 5 的和，而贮储费用的变化率为存储费用的 $\left(-\frac{1}{3}\right)$ 倍. 若当 $t=0$ 时，销售成本 $y=0$，存储费用 $S=10$. 试求销售成本与时间 t 的函数关系及存储费用与时间 t 的函数关系.

解 由已知

$$\frac{dy}{dt}=\frac{1}{S}+5, \tag{6-3-4}$$

$$\frac{dS}{dt}=-\frac{1}{3}S+5 \tag{6-3-5}$$

解微分方程(6-3-5)得

$$S=Ce^{-\frac{t}{3}}.$$

由 $S|_{t=0}=10$ 得 $C=10$，故存储费用与时间 t 的函数关系为

$$S=10e^{-\frac{t}{3}},$$

上式代入微分方程(6-3-4)，得

$$\frac{dy}{dt}=\frac{1}{10}e^{\frac{t}{3}}+5,$$

从而

$$y=\frac{3}{10}e^{\frac{t}{3}}+5t+C_1,$$

由 $y|_{t=0}=0$，得 $C_1=-\frac{3}{10}$.

从而销售成本与时间 t 的函数关系为

$$y=\frac{3}{10}e^{\frac{t}{3}}+5t-\frac{3}{10}.$$

四、公司的净资产分析

对于一个公司，其资产的运营，我们可以把它简化地看作发生两个方面的作用. 一方面，它的资产可以像银行的存款一样获得利息，另一方面，它的资产还需用于发放职工工资. 显然，当工资总额超过利息的盈取时，公司的经营状况将逐渐变糟，而当利息的盈取超过付给职工的工资总额时，公司将维持良好的经营状况. 为了表达准确起见，假设利息是连续盈取的，并且工资也是连续支付的. 对于一个大公司来讲，这一假设是较为合理的.

【例 6】 设某公司的净资产在运营过程中，像银行的存款一样，以年 5% 的连续复利产生利息而使总资产增加，同时，公司还必须以每年 200 万元的数额连续地支付职工的工资.

(1)列出描述公司净资产 W（以万元为单位）的微分方程；

(2)假设公司的初始净资产为 W_0（万元），求公司的净资产 W；

(3)描绘出当 W_0 分别为 3 000 万元，4 000 万元和 5 000 万元时的解曲线.

解 先对问题做一个直观分析.

首先看是否存在一个初值 W_0，使该公司的净资产不变. 若存在这样的 W_0

则必始终有

利息盈取的速率＝工资支付的速率，

即

$$0.05W_0=200, W_0=4\ 000,$$

所以,如果净资产的初值 $W_0=4\ 000$(万元)时,利息与工资支出达到平衡,且净资产始终不变,即 4 000(万元)是一个平衡解.

但若 $W_0>4\ 000$(万元),则利息盈取超过工资支出,净资产将会增加,利息也因此而增加得更快,从而净资产增加得越来越快;若 $W_0<4\ 000$(万元),则利息的盈取赶不上工资的支付,公司的净资产将减少,利息的盈取会减少,从而净资产减少的速率更快,这样一来,公司的净资产最终减少到零,以致公司倒闭.

下面将建立微分方程以精确地分析这一问题.

(1)显然

净资产的增长速率=利息盈取的速率-工资支付的速率.

若 W 以万元为单位,t 以年为单位,则利息盈取的速率为每年 $0.05W$ 万元,而工资支付的速率为每年 200 万元,于是

$$\frac{\mathrm{d}W}{\mathrm{d}t}=0.05W-200,$$

即

$$\frac{\mathrm{d}W}{\mathrm{d}t}=0.05(W-4\ 000). \tag{6-3-6}$$

这就是该公司的净资产 W 所满足的微分方程.

令 $\frac{\mathrm{d}W}{\mathrm{d}t}=0$,则得平衡解 $W_0=4\ 000$.

(2)利用可分离变量法求解微分方程(6-3-6),得

$$W=4\ 000+C\mathrm{e}^{0.05t}\quad (C\text{ 为任意常数}),$$

由 $W\big|_{t=0}=W_0$ 得

$$C=W_0-4\ 000,$$

故 $W=4\ 000+(W_0-4\ 000)\mathrm{e}^{0.05t}$.

(3)若 $W_0=4\ 000$,则 $W=4\ 000$ 即为平衡解.

若 $W_0=5\ 000$,则 $W=4000+1\ 000\mathrm{e}^{0.05t}$

若 $W_0=3\ 000$,则 $W=4000-1\ 000\mathrm{e}^{0.05t}$.

在 $W_0=3\ 000$ 的情形,当 $t\approx27.7$ 时,$W=0$,这意味着该公司在今后的第 28 个年头将倒闭.

图 6-3-2 给出了上述几个函数的曲线. $W=4\ 000$ 是一个平衡解. 可以看到,如果净资产在 W_0 附近某值开始,但并不等于 4 000,那么随着 t 的增大,W 将远离 W_0,故 $W=4\ 000$ 是一个不稳定的平衡点.

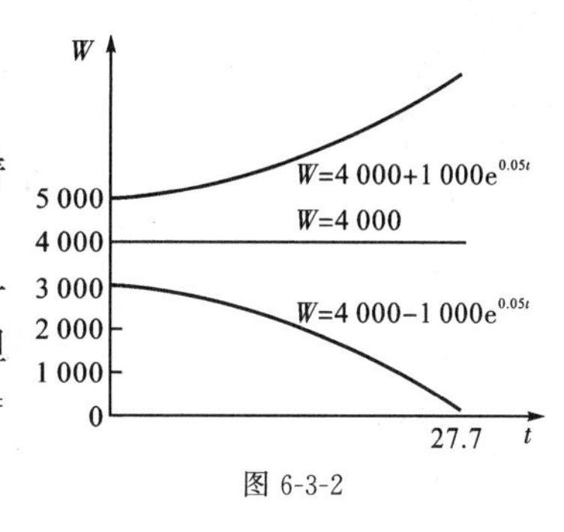

图 6-3-2

习题 6-3

1. 在某池塘内养鱼,由于条件限制最多只能养 1 000 条. 在时刻 t 的鱼数 y 是时间 t 的函数 $y=y(t)$,其变化率与鱼数 y 和 $1\ 000-y$ 的乘积成正比. 现已知池塘内放养鱼 100 条,3 个月后池塘内有鱼 250 条,求 t 月后池塘内鱼数 $y(t)$ 的微分方程. 问 6 个月后池塘中有多少条鱼?

2. 在宏观经济研究中,发现某地区的国民收入 y(单位:亿元),国民储蓄 S 和投资 I 均是时间 t 的函数. 且储蓄额 S 为国民收入的 1/10(在时刻 t),投资额为国民收入增长率

的 1/3. 若当 $t=0$ 时,国民收入为 5(亿元),试求国民收入函数(假定在时刻 t 储蓄额全部用于投资).

6.4 二阶常系数齐次线性微分方程

一、二阶常系数齐次线性微分方程的一般形式和特征方程

1. 二阶常系数齐次线性微分方程的一般形式

二阶常系数齐次线性微分方程的一般形式为 $y''+py'+qy=0$,其中 p 和 q 均为常数.

例如,$y''+y'-2y=0$ 及 $y''-y'+y=0$ 均为二阶常系数齐次线性微分方程.

2. 二阶常系数齐次线性微分方程的特征方程

我们称一元二次方程 $r^2+pr+q=0$ 为二阶常系数齐次线性微分方程 $y''+py'+qy=0$ 对应的特征方程.

例如,一元二次方程 $r^2+r-2=0$ 就是二阶常系数齐次线性微分方程 $y''+y'-2y=0$ 对应的特征方程.

二、二阶常系数齐次线性微分方程的通解

设二阶常系数齐次线性微分方程为 $y''+py'+qy=0$,其中 p,q 均为常数,则其对应的特征方程为 $r^2+pr+q=0$.

如果 $r^2+pr+q=0$ 有两个不相等的实根 r_1 和 r_2,那么其对应的二阶常系数齐次线性微分方程 $y''+py'+qy=0$ 的通解公式为

$$y=C_1e^{r_1x}+C_2e^{r_2x}.$$

拓展:二阶微分方程

此通解公式本教材不予证明.

【例 1】 求微分方程 $y''+y'-2y=0$ 的通解.

解 (1)判断方程类型:所求解方程为二阶常系数齐次线性微分方程.

(2)选择方程解法:利用通解公式求解.

①写出对应的特征方程:$r^2+r-2=0$.

②解特征方程,判明根的情况:$(r+2)(r-1)=0$,$r_1=-2$,$r_2=1$.

③根据通解公式求通解:$y=C_1e^{r_1x}+C_2e^{r_2x}=C_1e^{-2x}+C_2e^{x}$.

如果 $r^2+pr+q=0$ 有唯一的实根 r_1,那么其对应的二阶常系数齐次线性微分方程 $y''+py'+qy=0$ 的通解公式为 $y=(C_1+C_2x)e^{r_1x}$.

此通解公式本教材不予证明.

【例 2】 求微分方程 $y''+2y'+y=0$ 在 $y(0)=4$,$y'(0)=-2$ 条件下的通解.

解 (1)判断方程类型:所求解方程为二阶常系数齐次线性微分方程.

(2)选择方程解法:利用通解公式求解.

①写出对应的特征方程:$r^2+2r+1=0$.

②解特征方程,判明根的情况:$(r+1)^2=0$,$r_1=-1$.

③根据通解公式求通解:$y=(C_1+C_2x)e^{r_1x}=(C_1+C_2x)e^{-x}$.

④将 $y|_{x=0}=4$代入通解中求 C_1. $4=(C_1+C_2\cdot 0)e^{-0}$,所以 $C_1=4$.

⑤将 $C_1=4$ 代回通解中,得 $y=(4+C_2x)e^{-x}$,再求出 y',则 $y'=C_2e^{-x}-e^{-x}(4+C_2x)=(C_2-4-C_2x)e^{-x}$.

⑥再将 $y'(0)=-2$ 代入 y'中,求出 C_2. $-2=(C_2-4-C_2\cdot 0)e^{-0}$,所以 $C_2=2$.

⑦最后将 $C_2=2$ 代回通解中,即可求出特解 $y=(4+2x)e^{-x}$.

如果 $r^2+pr+q=0$ 有两个共轭复根 $r_{1,2}=\alpha\pm\beta i$,那么对应的二阶常系数齐次线性微分方程 $y''+py'+qy=0$ 的通解为 $y=e^{\alpha x}(C_1\cos\beta x+C_2\sin\beta x)$.

此通解公式本教材不予证明.

【例 3】 求微分方程 $y''+y'+y=0$ 的通解.

解 所求解方程为二阶常系数齐次线性微分方程.

①写出对应的特征方程:$r^2+r+1=0$.

②解特征方程,判明根的情况.若有共轭复根,求出 α 和 β.

$$r_{1,2}=\frac{-1\pm\sqrt{3}i}{2}=-\frac{1}{2}\pm\frac{\sqrt{3}}{2}i,$$

所以 $\alpha=-\frac{1}{2},\beta=\frac{\sqrt{3}}{2}$.

③根据通解公式求通解:

$$y=e^{\alpha x}(C_1\cos\beta x+C_2\sin\beta x)=e^{-\frac{1}{2}x}\left[C_1\cos\frac{\sqrt{3}}{2}x+C_2\sin\frac{\sqrt{3}}{2}x\right].$$

习题 6-4

1.求微分方程 $y''-y'-6y=0$ 的通解.

2.求微分方程 $y''-4y'+3y=0,y(0)=6,y'(0)=10$ 的特解.

3.求微分方程 $y''-4y'+5y=0$ 的通解.

4.求微分方程 $y^{(4)}-y=0$ 的通解.

5.求微分方程 $y''-4y'+13y=0,y(0)=0,y'(0)=3$ 的特解.

复习题 6

1.求下列微分方程的通解.

(1)$(y+1)^2\frac{dy}{dx}+x^3=0$;

(2)$ydx+(x^2-4x)dy=0$;

(3)$(y^2-6x)\frac{dy}{dx}+2y=0$;

(4)$y\ln y dx+(x-\ln y)dy=0$;

(5)$y^{(4)}+5y''-36y=0$;

(6)$y''-y'+y=0$.

2.求下列微分方程的特解.

(1)$xdy+2ydx=0,y(2)=1$;

(2)$\frac{dy}{dx}+y\cot x=5e^{\cos x},y\left(\frac{\pi}{2}\right)=-4$;

(3)$y''+25y=0,y(0)=2,y'(0)=5$.

本章思维导图

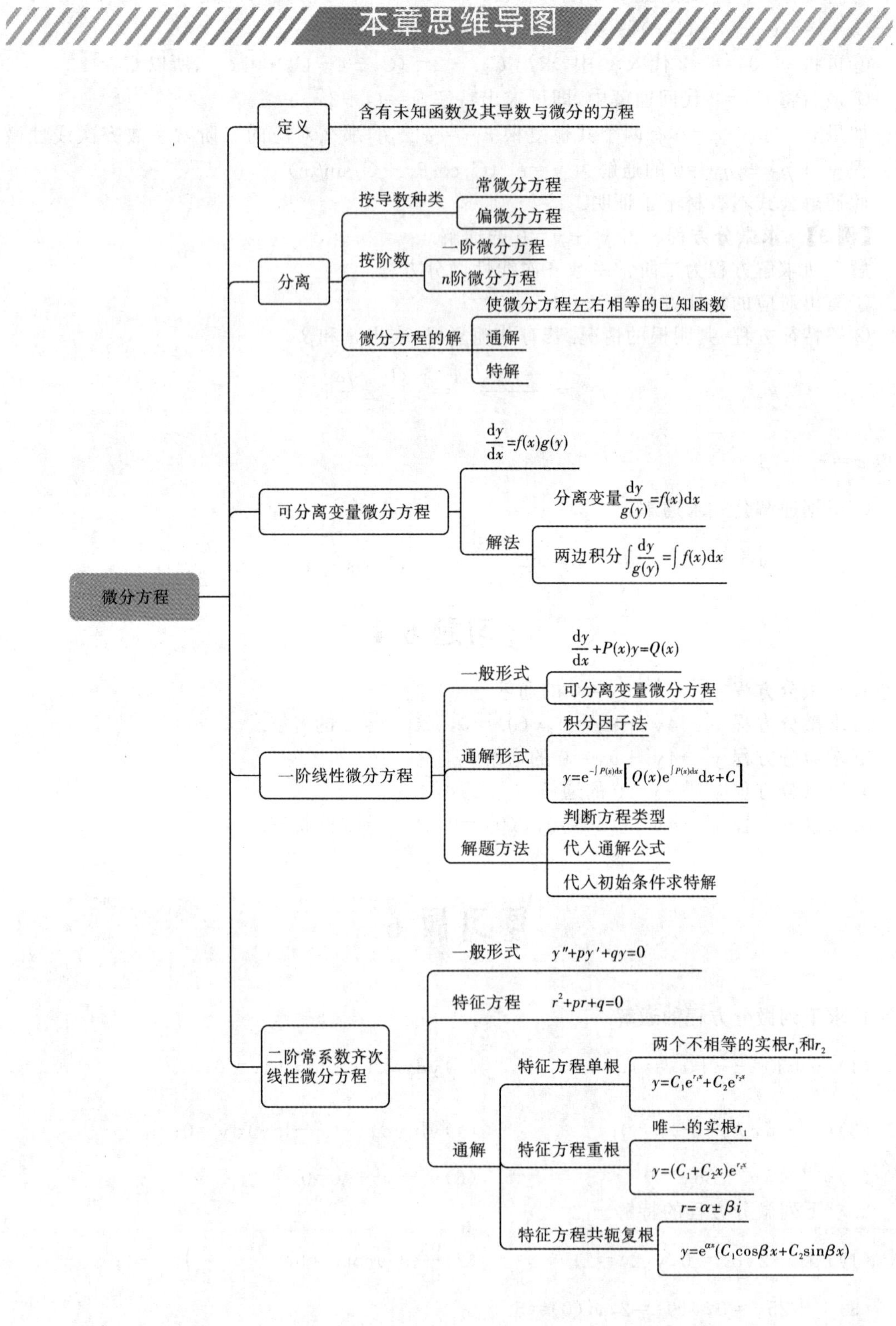

微分方程
定义
含有未知函数及其导数与微分的方程
分离
按导数种类
常微分方程
偏微分方程
按阶数
一阶微分方程
n阶微分方程
微分方程的解
使微分方程左右相等的已知函数
通解
特解
可分离变量微分方程
$\frac{dy}{dx}=f(x)g(y)$
解法
分离变量$\frac{dy}{g(y)}=f(x)dx$
两边积分$\int\frac{dy}{g(y)}=\int f(x)dx$
一阶线性微分方程
一般形式
$\frac{dy}{dx}+P(x)y=Q(x)$
可分离变量微分方程
通解形式
积分因子法
$y=e^{-\int P(x)dx}\left[Q(x)e^{\int P(x)dx}dx+C\right]$
解题方法
判断方程类型
代入通解公式
代入初始条件求特解
二阶常系数齐次线性微分方程
一般形式 $y''+py'+qy=0$
特征方程 $r^2+pr+q=0$
通解
特征方程单根
两个不相等的实根r_1和r_2
$y=C_1e^{r_1x}+C_2e^{r_2x}$
特征方程重根
唯一的实根r_1
$y=(C_1+C_2x)e^{r_1x}$
特征方程共轭复根
$r=\alpha\pm\beta i$
$y=e^{\alpha x}(C_1\cos\beta x+C_2\sin\beta x)$

第7章 无穷级数

无穷级数是高等数学的一个重要组成部分，它是在生产实践和科学实验推动下形成和发展起来的，历史上我国古代数学家刘徽就已建立了无穷级数的思想方法并用来计算圆面积. 无穷级数是将函数展开及研究函数性质和进行数值计算的一个重要工具和手段. 而今，无穷级数的理论已发展得相当丰富和完整，在各方面都有广泛应用. 本章介绍正项级数，交错级数及其敛散性，幂级数的概念和性质，函数展开成幂级数和傅里叶级数.

7.1 常数项级数的概念与基本性质

一、基本概念

如果给定一个数列 $a_1, a_2, \cdots, a_n, \cdots$，则由这个数列构成的表达式

$$a_1 + a_2 + \cdots + a_n + \cdots$$

叫作(**常数项**) **无穷级数**，简称(**常数项**) **级数**，简记为 $\sum_{n=1}^{\infty} a_n$，即

$$\sum_{n=1}^{\infty} a_n = a_1 + a_2 + \cdots + a_n + \cdots \tag{7-1-1}$$

其中的第 n 项 a_n 叫作级数的**一般项**，级数的前 n 项的和

$$s_n = a_1 + a_2 + \cdots + a_n$$

称为级数(1) 的前 n 项**部分和**. 当 n 取 1,2,3,⋯ 时，

$$s_1 = a_1, s_2 = a_1 + a_2, s_3 = a_1 + a_2 + a_3, \cdots, s_n = a_1 + a_2 + \cdots + a_n, \cdots,$$

它们构成一个数列 $(s_n)_{n=1}^{\infty}$，称之为**部分和数列**.

如果部分和数列 $(s_n)_{n=1}^{\infty}$ 有极限 s，即 $\lim\limits_{n\to\infty} s_n = s$，就称级数(7-1-1) 是收敛的，且把极限 s 叫作级数(7-1-1) 的和，并记作

$$s = \sum_{n=1}^{\infty} a_n.$$

如果部分和数列没有极限，就称级数(7-1-1) 是发散的.

显然，当级数收敛时，其部分和 s_n 是级数的和 s 的近似值，它们之间的差 $r_n = s - s_n$ 叫作级数的**余项**. 用近似值 s_n 代替和 s 所产生的误差是

$$|r_n| = |s - s_n|.$$

讨论级数时要注意，级数的定义式(7-1-1)，只是一个形式记号，因为，如果限于加法运算，无穷多个数相加实际上是不可能完成的，因此也谈不上相加所得的“和”. 所谓级数的

"和",按定义,是指级数的部分和数列收敛时的极限.可见,研究级数的收敛性就是研究其部分和数列是否存在极限.

【例 1】 几何级数(等比级数)

$$\sum_{n=0}^{\infty} aq^n = a + aq + aq^2 + \cdots + aq^n + \cdots \quad (a \neq 0)$$

收敛的必要且充分条件是公比 q 的绝对值 $|q|<1$.

证明 事实上,如果 $q \neq 1$,则部分和

$$s_n = a + aq + aq^2 + \cdots + aq^{n-1} = a \cdot \frac{1-q^n}{1-q}.$$

当 $|q|<1$ 时,由于 $\lim\limits_{n\to\infty} q^n = 0$,于是 $\lim\limits_{n\to\infty} s_n = \dfrac{a}{1-q}$,这时该级数收敛.

当 $|q|>1$ 时,由于 $\lim\limits_{n\to\infty} q^n = \infty$,于是 $\lim\limits_{n\to\infty} s_n = \infty$,这时该级数发散.

当 $q=1$ 时,由于 $s_n = na \to \infty$,因此该级数发散.

当 $q=-1$ 时,$s_n = \begin{cases} a, & n \text{ 为奇数} \\ 0, & n \text{ 为偶数} \end{cases}$,故当 $n\to\infty$ 时,部分和数列 s_n 并不趋于一个确定的常数,即 S_n 没有极限,因此原级数发散.

综上分析可知,

当且仅当 $|q|<1$ 时,几何级数 $\sum\limits_{n=0}^{\infty} aq^n \ (a \neq 0)$ 收敛,且其和为 $\dfrac{a}{1-q}$.

【例 2】 证明级数

$$\sum_{n=1}^{\infty} \frac{1}{n(n+1)} = \frac{1}{1\cdot 2} + \frac{1}{2\cdot 3} + \cdots + \frac{1}{n(n+1)} + \cdots$$

是收敛的.

证明 由于 $a_n = \dfrac{1}{n(n+1)} = \dfrac{1}{n} - \dfrac{1}{n+1}$,因此

$$\begin{aligned} s_n &= \frac{1}{1\cdot 2} + \frac{1}{2\cdot 3} + \cdots + \frac{1}{n(n+1)} \\ &= \left(1-\frac{1}{2}\right) + \left(\frac{1}{2}-\frac{1}{3}\right) + \cdots + \left(\frac{1}{n}-\frac{1}{n+1}\right) \\ &= 1 - \frac{1}{n+1}, \end{aligned}$$

于是

$$\lim_{n\to\infty} s_n = \lim_{n\to\infty}\left(1-\frac{1}{n+1}\right) = 1,$$

故所给级数收敛且它的和为 1.

【例 3】 证明调和级数

$$\sum_{n=1}^{\infty} \frac{1}{n} = 1 + \frac{1}{2} + \frac{1}{3} + \cdots + \frac{1}{n} + \cdots$$

是发散的.

证明 当 $k \leqslant x \leqslant k+1$ 时,$\dfrac{1}{x} \leqslant \dfrac{1}{k}$,从而

$$\int_{k}^{k+1}\frac{1}{x}\mathrm{d}x \leqslant \int_{k}^{k+1}\frac{1}{k}\mathrm{d}x = \frac{1}{k}.$$

于是

$$S_n = \sum_{k=1}^{n}\frac{1}{k} \geqslant \sum_{k=1}^{n}\int_{k}^{k+1}\frac{1}{x}\mathrm{d}x = \int_{1}^{n+1}\frac{1}{x}\mathrm{d}x = \ln(n+1).$$

因为$\lim\limits_{n\to\infty}\ln(n+1)=+\infty$,即调和级数的部分和数列发散,因此调和级数发散.

二、无穷极数的基本性质

根据级数收敛的定义和极限运算法则,容易证明级数的下列性质.

性质 1 在级数中去掉、增加或改变有限项,级数的收敛性不变.

性质 2 (1) 若级数$\sum\limits_{n=1}^{\infty}a_n$收敛,其和为$s$,则对任何常数$k$,级数$\sum\limits_{n=1}^{\infty}ka_n$收敛,且其和为$ks$. 即

$$\sum_{n=1}^{\infty}ka_n = k\sum_{n=1}^{\infty}a_n$$

(2) 若级数$\sum\limits_{n=1}^{\infty}a_n$、$\sum\limits_{n=1}^{\infty}b_n$分别收敛于和$s$、$\sigma$,即

$$\sum_{n=1}^{\infty}a_n = s,\ \sum_{n=1}^{\infty}b_n = \sigma,$$

则级数$\sum\limits_{n=1}^{\infty}(a_n \pm b_n)$也收敛,其和为$s\pm\sigma$,即

$$\sum_{n=1}^{\infty}(a_n \pm b_n) = \sum_{n=1}^{\infty}a_n \pm \sum_{n=1}^{\infty}b_n$$

从性质 2 的(1)知,当$k\neq 0$时,如果$\sum\limits_{n=1}^{\infty}ka_n$收敛,它的每项乘以$\frac{1}{k}$后,有$\sum\limits_{n=1}^{\infty}a_n$收敛. 因此,我们有如下推论:

推论 1 若$k\neq 0$,则级数$\sum\limits_{n=1}^{\infty}a_n$与$\sum\limits_{n=1}^{\infty}ka_n$同时收敛、同时发散.

性质 2 的(2) 也可以说成:两个收敛级数可以逐项相加或逐项相减.

这里要注意,(2) 中式成立是以级数$\sum\limits_{n=1}^{\infty}a_n$与$\sum\limits_{n=1}^{\infty}b_n$都收敛为前提条件的,当两个级数中有发散级数时,(2) 中式就不适用了.

$$(1-1)+(1-1)+\cdots$$

收敛于零,但是级数

$$1-1+1-1+\cdots$$

却是发散的

最后给出级数收敛的一个必要条件:

性质 3 如果级数收敛,则当$n\to\infty$时,它的一般项趋于零.

证明 设收敛级数

$$\sum_{n=1}^{\infty}a_n = s$$

由于

$$a_n = s_n - s_{n-1}$$

故

$$\lim_{n\to\infty} a_n = \lim_{n\to\infty}(s_n - s_{n-1}) = \lim_{n\to\infty} s_n - \lim_{n\to\infty} s_{n-1}$$
$$= s - s = 0$$

性质 3 直接推论是

推论 2 如果当 $n \to \infty$ 时，一般项不趋于零，那么级数是发散的.

例如级数 $\sum\limits_{n=1}^{\infty} \frac{2n}{n+1}$，由于

$$\lim_{n\to\infty} \frac{2n}{n+1} = 2 \neq 0,$$

即 $n \to \infty$ 时，一般项不趋于零，因此级数发散.

性质 3 常用来审定级数发散，但是切记，一般项趋于零不是级数收敛的充分条件，事实上许多发散的级数的一般项是趋于零的，

例如，调和级数 $\lim\limits_{n\to\infty} \frac{1}{n} = 0$，但调和级数是发散的.

习题 7-1

1. 根据级数收敛与发散的定义判别下列级数的收敛性，并求出其中收敛级数的和.

(1) $\sum\limits_{n=1}^{\infty} \frac{8^n}{9^n}$；　(2) $\sum\limits_{n=1}^{\infty} (\sqrt{n+1} - \sqrt{n})$；

(3) $\sum\limits_{n=1}^{\infty} \ln \frac{n}{n+1}$；　(4) $\sum\limits_{n=1}^{\infty} \frac{1}{(3n-2)(3n+1)}$.

2. 判别下列级数的收敛性，并求出其中收敛级数的和.

(1) $\sum\limits_{n=1}^{\infty} \frac{1}{5n}$；　(2) $\sum\limits_{n=1}^{\infty} \sin \frac{n\pi}{3}$；

(3) $\sum\limits_{n=1}^{\infty} \frac{1+(-1)^n}{2^n}$；　(4) $\sum\limits_{n=1}^{\infty} \left(\frac{1}{2^n} + \frac{1}{10n}\right)$；

(5) $\sum\limits_{n=1}^{\infty} \frac{1}{2n-1}$；　(6) $\sum\limits_{n=2}^{\infty} \ln \frac{n^2-1}{n^2}$.

7.2 常数项级数审敛法

如果级数 $\sum\limits_{n=1}^{\infty} a_n$ 的每一项 $a_n \geqslant 0 (n=1,2,\cdots)$，就称这个级数为**正项级数**.

正项级数是常数项级数中比较特殊的一类，但许多其他类型的级数往往需要它作为讨论敛散性的工具，因此它显得尤其重要. 现在我们不加证明地给出正项级数审敛法的基本定理. 这个定理是几乎所有常用审敛法的基础.

基本定理 正项级数收敛的充分必要条件是它的部分和数列有界.

接着我们给出常用的正项级数审敛法.

比较审敛法 1 设$\sum_{n=1}^{\infty}a_n$与$\sum_{n=1}^{\infty}b_n$是两个正项级数.

(1) 如果级数$\sum_{n=1}^{\infty}b_n$收敛,且自某项起有$a_n \leqslant b_n$,则级数$\sum_{n=1}^{\infty}a_n$也收敛;

(2) 如果级数$\sum_{n=1}^{\infty}b_n$发散,且自某项起有$a_n \geqslant b_n$,则级数$\sum_{n=1}^{\infty}a_n$也发散.

【例 1】 判定级数$\sum_{n=2}^{\infty}\frac{1}{\ln n}$的收敛性.

解 由于当$n \geqslant 2$时,$\frac{1}{\ln n} > \frac{1}{n}$(事实上,$e^n > (1+1)^n > n$,故$n > \ln n$),而级数$\sum_{n=2}^{\infty}\frac{1}{n}$是发散的,根据比较审敛法 1 知级数$\sum_{n=2}^{\infty}\frac{1}{\ln n}$发散.

在用比较审敛法判别一个级数是否收敛时,需要与另一个已知的收敛或发散级数进行比较,这个作为比较用的级数通常称为**参考级数**.在使用比较审敛法时常用几何级数$\sum_{n=0}^{\infty}aq^n$、调和级数$\sum_{n=1}^{\infty}\frac{1}{n}$作为参考级数.

【例 2】 讨论级数

$$\sum_{n=1}^{\infty}\frac{1}{n^p}=1+\frac{1}{2^p}+\frac{1}{3^p}+\cdots+\frac{1}{n^p}+\cdots$$

的收敛性.

解 当$p \leqslant 1$时,$\frac{1}{n^p} \geqslant \frac{1}{n}$,而调和级数$\sum_{n=1}^{\infty}\frac{1}{n}$是发散的,由比较审敛法1,知级数$\sum_{n=1}^{\infty}\frac{1}{n^p}$发散.

当$p > 1$时,对于$k-1 \leqslant x \leqslant k$,有

$$\frac{1}{x^p} \geqslant \frac{1}{k^p}$$

可得

$$\frac{1}{k^p}=\int_{k-1}^{k}\frac{1}{k^p}dx \leqslant \int_{k-1}^{k}\frac{1}{x^p}dx \quad (k=2,3,\cdots),$$

从而级数$\sum_{n=1}^{\infty}\frac{1}{n^p}$的部分和

$$\begin{aligned}s_n&=\sum_{k=1}^{n}\frac{1}{k^p}=1+\sum_{k=2}^{n}\frac{1}{k^p} \leqslant 1+\sum_{k=2}^{n}\int_{k-1}^{k}\frac{1}{x^p}dx=1+\int_{1}^{n}\frac{1}{x^p}dx\\&=1+\frac{1}{p-1}\left(1-\frac{1}{n^{p-1}}\right)<1+\frac{1}{p-1}\end{aligned}$$

上式表明s_n有界,故由基本定理知级数$\sum_{n=1}^{\infty}\frac{1}{n^p}$收敛.

级数$\sum_{n=1}^{\infty}\frac{1}{n^p}$通常叫作$p$**级数**,综上所述,可得$p$级数$\sum_{n=1}^{\infty}\frac{1}{n^p}$当$p \leqslant 1$时发散,当$p>1$时收敛.

以后在使用比较审敛法时，p 级数也常被选作参考级数.

【例 3】 判断级数 $\sum_{n=1}^{\infty}\frac{1}{\sqrt{(n+1)(n^2+1)}}$ 的敛散性.

解 以 p 级数为参考级数，用比较审敛法 1 可推知：

因为 $\frac{1}{\sqrt{(n+1)(n^2+1)}}<\frac{1}{n^{\frac{3}{2}}}$，而 $\sum_{n=1}^{\infty}\frac{1}{n^{\frac{3}{2}}}$ 是收敛的，所以 $\sum_{n=1}^{\infty}\frac{1}{\sqrt{(n+1)(n^2+1)}}$ 收敛.

很多情况下，将级数放大和缩小至合适的程度往往需要很多次的尝试，下面这个判别法则可以更方便地找到参考级数，它是由比较审敛法 1 导出的.

比较审敛法 2 设 $\sum_{n=1}^{\infty}a_n$ 和 $\sum_{n=1}^{\infty}b_n$ 是两个正项级数，如果极限

$$\lim_{n\to\infty}\frac{a_n}{b_n}=k$$

极限存在或者是无穷大，那么

(1) 当 $0\leqslant k<+\infty$ 时，$\sum_{n=1}^{\infty}b_n$ 收敛，则 $\sum_{n=1}^{\infty}a_n$ 收敛；

(2) 当 $0<k\leqslant+\infty$ 时，$\sum_{n=1}^{\infty}b_n$ 发散，则 $\sum_{n=1}^{\infty}a_n$ 发散；

(3) 当 $0<k<+\infty$ 时，两个级数有相同的收敛性.

【例 4】 判别下列级数的收敛性：

(1) $\sum_{n=1}^{\infty}\frac{1}{\sqrt{n^2+n}}$； (2) $\sum_{n=1}^{\infty}\frac{1}{3^n-2^n}$.

解 (1) 由于一般项 $a_n=\frac{1}{\sqrt{n^2+n}}=\frac{1}{n\cdot\sqrt{1+\frac{1}{n}}}$，令 $b_n=\frac{1}{n}$，则

$$\lim_{n\to\infty}\frac{a_n}{b_n}=\lim_{n\to\infty}\frac{\frac{1}{n\cdot\sqrt{1+\frac{1}{n}}}}{\frac{1}{n}}=1$$

因为 $\sum_{n=1}^{\infty}\frac{1}{n}$ 发散，故由比较审敛法 2 推知 $\sum_{n=1}^{\infty}\frac{1}{\sqrt{n^2+n}}$ 发散.

(2) 由于一般项 $a_n=\frac{1}{3^n-2^n}=\frac{1}{3^n}\cdot\frac{1}{1-\left(\frac{2}{3}\right)^n}$，令 $b^n=\frac{1}{3^n}$，则

$$\lim_{n\to\infty}\frac{a_n}{b_n}=\lim_{n\to\infty}=\frac{\frac{1}{3^n-2^n}}{\frac{1}{3^n}}=\lim_{n\to\infty}\frac{1}{1-\left(\frac{2}{3}\right)^n}=1,$$

因为 $\sum_{n=1}^{\infty}\frac{1}{3^n}$ 收敛，由比较审敛法 2 推知 $\sum_{n=1}^{\infty}\frac{1}{3^n-2^n}$ 收敛.

从上面的各例可见，用比较审敛法判别正项级数的收敛性，依赖于已知的参考级数，由于我们掌握的参考级数很有限，所以在实践中，难以用比较审敛法直接处理所有的正项级数

的收敛性问题，为此我们再介绍两个在实用上更方便的、不必寻找参考级数的审敛法——比值审敛法与根值审敛法.

比值审敛法（达朗贝尔判别法） 设 $\sum_{n=1}^{\infty} a_n$ 是正项级数，如果极限

$$\lim_{n\to\infty}\frac{a_{n+1}}{a_n}=\rho$$

有确定意义，那么当 $\rho<1$ 时级数收敛；当 $\rho>1$ 时级数发散.

注意：当 $\rho=1$ 时，级数可能收敛也可能发散，其收敛性需另行判定. 以 p 级数为例，不论 p 是何值都有

$$\rho=\lim_{n\to\infty}\frac{a_{n+1}}{a_n}=\lim_{n\to\infty}\frac{\frac{1}{(n+1)^p}}{\frac{1}{n^p}}=\lim_{n\to\infty}\frac{n^p}{(n+1)^p}=\lim_{n\to\infty}\left(\frac{1}{1+\frac{1}{n}}\right)^p=1.$$

但例 2 告诉我们，当 $p>1$ 时，p 级数收敛；而当 $p\leqslant 1$ 时，p 级数发散，因此当 $\rho=1$ 时，级数可能收敛也可能发散.

【例 5】 判别下列级数的收敛性：(1) $\sum_{n=1}^{\infty}\frac{1}{n!}$； (2) $\sum_{n=1}^{\infty}\frac{n^2}{2^n}$； (3) $\sum_{n=1}^{\infty}\frac{n!}{10^n}$.

解 (1) $\lim_{n\to\infty}\frac{a_{n+1}}{a_n}=\lim_{n\to\infty}\frac{n!}{(n+1)!}=\lim_{n\to\infty}\frac{1}{n+1}=0$,

根据比值审敛法可知级数 $\sum_{n=1}^{\infty}\frac{1}{n!}$ 收敛.

(2) $\lim_{n\to\infty}\frac{a_{n+1}}{a_n}=\lim_{n\to\infty}\frac{(n+1)^2}{2^{n+1}}\cdot\frac{2^n}{n^2}=\lim_{n\to\infty}\frac{(n+1)^2}{2n^2}=\frac{1}{2}$,

根据比值审敛法可知级数 $\sum_{n=1}^{\infty}\frac{n^2}{2^n}$ 收敛.

(3) $\lim_{n\to\infty}\frac{a_{n+1}}{a_n}=\lim_{n\to\infty}\frac{(n+1)!}{10^{n+1}}\cdot\frac{10^n}{n!}=\lim_{n\to\infty}\frac{n+1}{10}=+\infty$,

根据比值审敛法可知级数 $\sum_{n=1}^{\infty}\frac{n!}{10^n}$ 发散.

根值审敛法（柯西判别法） 设 $\sum_{n=1}^{\infty} a_n$ 是正项级数，如果极限

$$\lim_{n\to\infty}\sqrt[n]{a_n}=\rho$$

有确定意义，则当 $\rho<1$ 时级数收敛；当 $\rho>1$ 时级数发散.

类似于比值审敛法，当 $\rho=1$ 时，级数可能收敛也可能发散，其收敛性需另行判定.

【例 6】 判别级数 $\sum_{n=1}^{\infty}\frac{1}{n^n}$ 的收敛性.

解 因为

$$\lim_{n\to\infty}\sqrt[n]{a_n}=\lim_{n\to\infty}\sqrt[n]{\frac{1}{n^n}}=\lim_{n\to\infty}\frac{1}{n}=0,$$

根据根值审敛法知所判别的级数是收敛的.

如果级数中符号出现交错变换，形如以下级数：

设 $a_n>0(n=1,2,3,\cdots)$，$\sum_{n=1}^{\infty}(-1)^{n-1}a_n=a_1-a_2+a_3-a_4+\cdots+(-1)^{n-1}a_n+\cdots$，即各项正负交错出现的级数，称为**交错级数**.

交错级数审敛法(莱布尼茨判别法) 如果交错级数

$$\sum_{n=1}^{\infty}(-1)^{n-1}a_n \quad (a_n>0)$$

满足以下两个条件：(1) $a_{n+1}<a_n(n=1,2,3,\cdots)$；　(2) $\lim\limits_{n\to\infty}a_n=0$

则(1) 级数收敛，它的和 s 满足 $0\leqslant s\leqslant a_1$；

(2) 级数的余项 r_n 的绝对值 $|r_n|\leqslant a_{n+1}$.

【例 7】 讨论下列级数的敛散性：(1) $\sum_{n=1}^{\infty}\frac{(-1)^n}{n}$；　(2) $\sum_{n=1}^{\infty}\frac{(-1)^n}{n^2}$.

证明 (1) 因为 $\frac{1}{n+1}\leqslant\frac{1}{n}$，$\lim\limits_{n\to\infty}\frac{1}{n}=0$. 所以由莱布尼兹判别法，该级数收敛.

(2) 同理可得，$\sum_{n=1}^{\infty}\frac{(-1)^n}{n^2}$ 也收敛.

一般的，对于常数项级数 $\sum_{n=1}^{\infty}a_n$，如果级数的每一项取绝对值后所造成的正项级数 $\sum_{n=1}^{\infty}|a_n|$ 收敛，则称级数**绝对收敛**.

如果 $\sum_{n=1}^{\infty}|a_n|$ 发散，但 $\sum_{n=1}^{\infty}a_n$ 收敛，则称级数 $\sum_{n=1}^{\infty}a_n$ **条件收敛**.

例 7 中 $\sum_{n=1}^{\infty}\frac{(-1)^n}{n}$ 收敛，但是 $\sum_{n=1}^{\infty}\left|\frac{(-1)^n}{n}\right|=\sum_{n=1}^{\infty}\frac{1}{n}$ 发散，所以 $\sum_{n=1}^{\infty}\frac{(-1)^n}{n}$ 是条件收敛. 而 $\sum_{n=1}^{\infty}\left|\frac{(-1)^n}{n^2}\right|=\sum_{n=1}^{\infty}\frac{1}{n^2}$ 为 $p=2$ 的 p 级数，则 $\sum_{n=1}^{\infty}\left|\frac{(-1)^n}{n^2}\right|$ 收敛，所以 $\sum_{n=1}^{\infty}\frac{(-1)^n}{n^2}$ 绝对收敛.

绝对收敛的级数一定收敛，但收敛的级数未必绝对收敛.

习题 7-2

1. 用比较审敛法判别下列级数的收敛性.

(1) $\sum_{n=1}^{\infty}\frac{1}{3n+5}$；　(2) $\sum_{n=1}^{\infty}\frac{1+n}{1+n^2}$；

(3) $\sum_{n=1}^{\infty}\frac{4}{n(n+3)}$；　(4) $\sum_{n=1}^{\infty}\frac{1}{(n+4)(n+1)}$.

2. 用比值审敛法判别下列级数的收敛性.

(1) $\sum_{n=1}^{\infty}\frac{n!}{4^n}$；　(2) $\sum_{n=1}^{\infty}n^2\sin\frac{\pi}{2^n}$；

(3) $\sum_{n=1}^{\infty}\frac{2^n\cdot n!}{n^n}$；　(4) $\sum_{n=1}^{\infty}\frac{3^n}{2^n\cdot n!}$.

3. 用根值审敛法判别下列级数的收敛性.

(1) $\sum_{n=1}^{\infty}\frac{n^3}{3^n}$；　(2) $\sum_{n=1}^{\infty}\left(\frac{n}{2n+1}\right)^n$；

(3) $\sum_{n=1}^{\infty}\left(\frac{n}{2n-1}\right)^{2n}$.

4. 用莱布尼茨判别法判别下列级数敛散性.

(1) $\sum_{n=1}^{\infty}\frac{(-1)^n n}{2^n}$;　　(2) $\sum_{n=1}^{\infty}(-1)^n\left(1-\cos\frac{1}{n}\right)$.

数学先驱：李善兰

7.3 幂级数

一、函数项级数的一般概念

在前面几节中我们讨论了正项级数与交错级数，从本节起，我们将讨论幂级数和三角级数这两种函数项级数，下面先介绍函数项级数的一般概念.

如果给定一个定义在区间 I 上的函数列

$$\mu_1(x), \mu_2(x), \cdots, \mu_n(x), \cdots,$$

则由这个函数列构成的表达式

$$\mu_1(x)+\mu_2(x)+\cdots+\mu_n(x)+\cdots \tag{7-3-1}$$

称为区间 I 上的（**函数项**）**无穷级数**，简称为（**函数项**）**级数**，式(7-3-1)也简记为 $\sum_{n=1}^{\infty}\mu_n(x)$.

例如

$$\sum_{n=1}^{\infty}x^{n-1}=1+x+x^2+\cdots+x^n+\cdots \tag{7-3-2}$$

及

$$\sum_{n=0}^{\infty}\frac{\cos nx}{2(n+1)}=\frac{1}{2}+\frac{\cos x}{4}+\frac{\cos 2x}{6}+\cdots$$

都是区间 $(-\infty,+\infty)$ 上的函数项级数.

对区间 I 上的函数项级数(7-3-1)，设点 $x_0\in I$，将 x_0 代入式(7-3-1) 得一常数项级数

$$\sum_{n=1}^{\infty}\mu_n(x_0)=\mu_1(x_0)+\mu_2(x_0)+\cdots+\mu_n(x_0)+\cdots, \tag{7-3-3}$$

级数(7-3-3) 可能收敛也可能发散，如果级数(7-3-3) 收敛，就称点 x_0 是函数项级数(7-3-1) 的**收敛点**；如果级数(7-3-3) 发散，就称点 x_0 是函数项级数(7-3-1) 的**发散点**. 级数(7-3-1) 的全体收敛点所组成的集合称为它的**收敛域**；全体发散点所组成的集合称为它的**发散域**.

例如级数(7-3-2) 是以 x 为公比的几何级数，由第一节的例 1 知道，当 $|x|<1$ 时，它是收敛的，其和为 $\frac{1}{1-x}$；当 $|x|\geqslant 1$ 时，它是发散的，因此级数(7-3-2) 的收敛域是 $(-1,1)$，发散域是 $(-\infty,-1]\cup[1,+\infty)$.

设函数项级数(7-3-1) 的收敛域为 K，则对应于任一 $x\in K$，级数(7-3-1) 成为一个收敛

的常数项级数,因而有确定的和 s. 这样,在收敛域 K 上,级数(7-3-1) 的和确定了一个 x 的函数 $s(x)$. 称 $s(x)$ 为函数项级数的**和函数**. 和函数的定义域就是级数的收敛域 K,并记作

$$s(x)=\sum_{n=1}^{\infty}\mu_n(x),x\in K$$

例如,级数(7-3-2) 的和函数为

$$s(x)=\frac{1}{1-x},x\in(-1,1),$$

即有

$$\frac{1}{1-x}=1+x+x^2+\cdots+x^n+\cdots,x\in(-1,1).$$

把级数(7-3-1) 的前 n 项的部分和记作 $s_n(x)$,则在收敛域 K 上有

$$\lim_{n\to\infty}s_n(x)=s(x)$$

在收敛域 K 上,把 $r_n(x)=s(x)-s_n(x)$ 叫作函数项级数(7-3-1) 的**余项**,显然级数收敛时,

$$\lim_{n\to\infty}r_n(x)=0$$

二、幂级数及其收敛性

函数项级数中简单而常用的一类就是幂级数. 形如

$$a_0+a_1(x-x_0)+a_2(x-x_0)^2+\cdots+a_n(x-x_0)^n+\cdots \tag{7-3-4}$$

的函数项级数叫作 $x-x_0$ 的幂级数,简称**幂级数**,其中 x_0 是某个定数,常数 a_0、a_1、a_2、… 叫作**幂级数的系数**, 如果把首项 a_0 记作 $a_0(x-x_0)^0$, 则式(7-3-4) 可简记为 $\sum\limits_{n=0}^{\infty}a_n(x-x_0)^n$.

下面讨论幂级数的收敛性问题:对于给定的幂级数,它的收敛域与发散域是怎样的? 即 x 取数轴上哪些点时幂级数收敛,取哪些点时幂级数发散? 为了讨论方便,不妨设幂级数(7-3-4) 中的 $x_0=0$,即讨论幂级数

$$\sum_{n=0}^{\infty}a_nx^n=a_0+a_1x+a_2x^2+\cdots+a_nx^n+\cdots \tag{7-3-5}$$

的收敛问题,这不影响讨论的一般性,因为只要做代换 $t=x-x_0$,就可把式(7-3-4) 化成式(7-3-5).

1. 幂级数收敛域的结构

当 $x=0$ 时,幂级数(7-3-5) 从第二项起均为 0,因此 $x=0$ 是它的收敛点,从而幂级数(7-3-5) 的收敛域 K 是包含 $x=0$ 的非空集合,前面已经讨论过幂级数 $\sum\limits_{n=1}^{\infty}x^{n-1}=1+x+\cdots+x^n+\cdots$ 的收敛性,这个幂级数的收敛域是以 $x=0$ 为中心的区间 $(-1,1)$. 下面我们将说明:对一般的幂级数(7-3-5),它的收敛域如果不是单点集 $\{0\}$,则必是一个以 $x=0$ 为中心的区间. 首先介绍一下阿贝尔定理.

定理(阿贝尔定理) 如果 $x_0(\neq 0)$ 是幂级数(7-3-5) 的收敛点,那么满足不等式 $|x|<|x_0|$ 的一切 x 使得幂级数(7-3-5) 绝对收敛;反之,如果 x_0 使得幂级数(7-3-5) 发散,那么满足不等式 $|x|>|x_0|$ 的一切 x 使得幂级数(7-3-5) 发散.

根据阿贝尔定理,我们研究幂级数(7-3-5),得到如下的推论:

推论 当幂级数(7-3-5)的收敛域 K 不是单点集 $\{0\}$ 时,

(1) 如果 K 是有界集,则必有一个确定的正数 R,使得当 $|x|<R$ 时,幂级数(7-3-5)绝对收敛;当 $|x|>R$ 时,幂级数(7-3-5)发散;当 $x=R$ 或 $x=-R$ 时,幂级数(7-3-5)可能收敛也可能发散.

(2) 如果 K 是无界集,则 $K=(-\infty,+\infty)$.

我们把上述推论中的正数 R 叫作幂级数(7-3-5)的**收敛半径**,并把开区间 $(-R,R)$ 叫作幂级数(7-3-5)的**收敛区间**.根据收敛区间,再结合幂级数在 $x=\pm R$ 处的收敛性,就可以决定它的收敛域是 $(-R,R)$、$[-R,R)$、$(-R,R]$ 和 $[-R,R]$ 这四个区间中的某一个.

为了方便起见,当收敛域是单点集时,规定它的收敛半径 $R=0$;当收敛域是 $(-\infty,+\infty)$ 时,规定它的收敛半径 $R=+\infty$,由此,我们可得出如下的一般结论:

如果幂级数 $\sum\limits_{n=0}^{\infty}a_n(x-x_0)^n$ 的收敛半径为 R,则它的收敛域当 $R=0$ 时是 $\{x_0\}$,当 $R=+\infty$ 时是 $(-\infty,+\infty)$,当 $0<R<+\infty$ 时是以 x_0 为中心,以 R 为半径的区间(或开、或闭、或半开半闭),并在收敛域的内点处幂级数 $\sum\limits_{n=0}^{\infty}a_n(x-x_0)^n$ 绝对收敛.

2. 收敛半径的求法

这里给出求幂级数收敛半径的两个方法.

系数模比值法 如果极限

$$\lim_{n\to\infty}\frac{|a_{n+1}|}{|a_n|}=\rho,$$

极限存在或为无穷大,则幂级数(7-3-5)的收敛半径

$$R=\begin{cases}\dfrac{1}{\rho}, & 当\ 0<\rho<+\infty\\ +\infty, & 当\ \rho=0\\ 0, & 当\ \rho=+\infty\end{cases}.$$

【例1】 求下列幂级数的收敛区间和收敛域:

(1) $\sum\limits_{n=1}^{\infty}\dfrac{x^n}{n}$; (2) $\sum\limits_{n=0}^{\infty}\dfrac{x^n}{n!}$; (3) $\sum\limits_{n=0}^{\infty}n!\,x^n$.(这里 $0!$ 定义为1)

解 (1) 因为

$$\rho=\lim_{n\to\infty}\frac{|a_{n+1}|}{|a_n|}=\lim_{n\to\infty}\frac{\dfrac{1}{n+1}}{\dfrac{1}{n}}=1,$$

所以收敛半径 $R=\dfrac{1}{\rho}=1$,收敛区间为 $(-1,1)$.

在端点 $x=1$ 处,级数 $1+\dfrac{1}{2}+\dfrac{1}{3}+\cdots+\dfrac{1}{n}+\cdots$ 是调和级数,发散;

在端点 $x=-1$ 处,级数 $-1+\dfrac{1}{2}-\dfrac{1}{3}+\cdots+\dfrac{1}{n}-\cdots$ 是交错级数,由莱布尼茨判别法可知级数收敛,因此收敛域是 $[-1,1)$.

(2) 由于

$$\rho=\lim_{n\to\infty}\frac{|a_{n+1}|}{|a_n|}=\lim_{n\to\infty}\frac{\frac{1}{(n+1)!}}{\frac{1}{n!}}=\lim_{n\to\infty}\frac{1}{n+1}=0,$$

故收敛半径 $R=+\infty$，从而收敛区间和收敛域都是 $(-\infty,+\infty)$.

(3) 这时

$$\rho=\lim_{n\to\infty}\frac{|a_{n+1}|}{|a_n|}=\lim_{n\to\infty}\frac{(n+1)!}{n!}=\lim_{n\to\infty}(n+1)=+\infty,$$

即收敛半径 $R=0$，所以级数的收敛域为 $\{0\}$（此时不定义收敛区间）.

系数模根值法　如果极限

$$\lim_{n\to\infty}\sqrt[n]{|a_n|}=\rho,$$

极限存在或者为无穷大，则幂级数(7-3-5)的收敛半径

$$R=\begin{cases}\frac{1}{\rho}, & 当\ 0<\rho<+\infty\\ +\infty, & 当\ \rho=0\\ 0, & 当\ \rho=+\infty\end{cases}.$$

【例 2】 求幂级数 $\sum_{n=1}^{\infty}\left(1+\frac{1}{n}\right)^n(x-1)^n$ 的收敛域.

解　令 $t=x-1$，原级数变为 $\sum_{n=1}^{\infty}\left(1+\frac{1}{n}\right)^n t^n$. 因为

$$\rho=\lim_{n\to\infty}\sqrt[n]{|a_n|}=\lim_{n\to\infty}\left(1+\frac{1}{n}\right)=1,$$

所以收敛半径 $R=1$.

当 $t=1$ 时，级数成为 $\sum_{n=1}^{\infty}\left(1+\frac{1}{n}\right)^n$；当 $t=-1$ 时，级数成为 $\sum_{n=1}^{\infty}(-1)^n\left(1+\frac{1}{n}\right)^n$，当 $n\to\infty$ 时，它们的一般项均不趋于零，故这两个级数都是发散的. 因此收敛域是 $-1<t<1$，即原级数的收敛域为 $-1<x-1<1$，或写成 $0<x<2$，所以原幂级数的收敛域是 $(0,2)$.

三、幂级数的性质

1. 幂级数和函数的性质

(1) **连续性**　幂级数 $\sum_{n=0}^{\infty}a_nx^n$ 的和函数 $s(x)$ 在其收敛域 K 上连续.

(2) **可积性**　幂级数 $\sum_{n=0}^{\infty}a_nx^n$ 的和函数 $s(x)$ 在其收敛域 K 的任一有界闭区间上可积，并有逐项积分公式

$$\int_0^x s(x)\mathrm{d}x=\int_0^x\left[\sum_{n=0}^{\infty}a_nx^n\right]\mathrm{d}x=\sum_{n=0}^{\infty}\int_0^x a_nx^n\mathrm{d}x$$
$$=\sum_{n=0}^{\infty}\frac{a_n}{n+1}x^{n+1}\ (x\in K),$$

逐项积分后所得幂级数与原级数有相同的收敛半径.

(3) **可微性** 幂级数 $\sum_{n=0}^{\infty} a_n x^n$ 的和函数 $s(x)$ 在其收敛区间 I 内可导,且有逐项求导公式

$$s'(x)=\left(\sum_{n=0}^{\infty} a_n x^n\right)'=\sum_{n=0}^{\infty}(a_n x^n)'=\sum_{n=1}^{\infty} n a_n x^{n-1}\ (x\in I),$$

逐项求导后所得幂级数与原级数有相同的收敛半径.

反复应用这一性质可知,幂级数的和函数在其收敛区间 I 内有任意阶导数.

【例 3】 求幂级数 $\sum_{n=1}^{\infty}\frac{x^n}{n}$ 的和函数.

解 幂级数 $\sum_{n=1}^{\infty}\frac{x^n}{n}$ 的收敛半径

$$R=\lim_{n\to\infty}\left|\frac{a_n}{a_{n+1}}\right|=\lim_{n\to\infty}\frac{n+1}{n}=1,$$

又因为当 $x=-1$ 时,$\sum_{n=1}^{\infty}\frac{x^n}{n}$ 收敛;而当 $x=1$ 时,$\sum_{n=1}^{\infty}\frac{x^n}{n}$ 发散,故所给幂级数的收敛域是 $[-1,1)$.

设和函数为 $s_1(x)$,即 $s_1(x)=\sum_{n=1}^{\infty}\frac{x^n}{n}=x+\frac{x^2}{2}+\frac{x^3}{3}+\cdots$,则 $s_1(0)=0$. 在收敛区间 $(-1,1)$ 内,利用和函数的可微性并逐项求导得

$$s_1'(x)=\sum_{n=1}^{\infty}\left(\frac{x^n}{n}\right)'=\sum_{n=1}^{\infty}x^{n-1}=\frac{1}{1-x},x\in(-1,1).$$

对上式从 0 到 $x\,(-1<x<1)$ 积分,得

$$\begin{aligned}s_1(x)&=s_1(x)-s_1(0)=\int_0^x s_1'(x)\mathrm{d}x=\int_0^x\frac{1}{1-x}\mathrm{d}x\\&=-\ln(1-x)\end{aligned}$$

又由于当 $x=-1$ 时,幂级数 $\sum_{n=1}^{\infty}\frac{x^n}{n}$ 收敛,且函数 $-\ln(1-x)$ 在该处连续,故上式当 $x=-1$ 时也成立,当 $x=1$ 时,幂级数发散,从而有

$$\sum_{n=1}^{\infty}\frac{x^n}{n}=s_1(x)=-\ln(1-x),-1\leqslant x<1.$$

【例 4】 求幂级数 $\sum_{n=0}^{\infty}(n+1)x^n$ 的和函数.

解 $s(x)=\sum_{n=0}^{\infty}(n+1)x^n=\sum_{n=0}^{\infty}(x^{n+1})'=\left(\sum_{n=0}^{\infty}x^{n+1}\right)'=\left(\frac{x}{1-x}\right)'=\frac{1}{(1-x)^2}$,

因为 $|q|=|x|<1$ 级数才会收敛,且当 $x=\pm1$ 时,原级数都发散.

所以级数收敛域为 $(-1,1)$. 所以有

$$\sum_{n=0}^{\infty}(n+1)x^n=\frac{1}{(1-x)^2},x\in(-1,1).$$

习题 7-3

1. 求下列幂级数的收敛区间和收敛域.

(1) $\sum_{n=1}^{\infty}(n+1)x^n$;　　(2) $\sum_{n=1}^{\infty}\frac{x^n}{n^2+1}$;

(3) $\sum_{n=1}^{\infty} \frac{x^n}{n^n}$；　　(4) $\sum_{n=1}^{\infty} \frac{2^n}{n+1} x^{2n-1}$.

2. 利用幂级数的和函数的性质求下列级数在各自收敛域上的和函数.

(1) $\sum_{n=1}^{\infty} n x^{n-1}$；　　(2) $\sum_{n=1}^{\infty} \frac{(-1)^{n+1}}{2n-1} x^{2n-1}$.

7.4 泰勒级数

一、泰勒中值定理

为了研究函数以及进行函数计算，我们往往希望仅通过加减乘除四则运算等一些不复杂的计算就能求得某些函数的函数值，这就需要将函数展开为一些多项式，用此表示一些不能直接计算的函数，如正弦函数、余弦函数等，下面我们给出解决这一问题的泰勒中值定理.

定理 7-1(**泰勒中值定理**)：

设 $f(x)$ 在 (a,b) 内具有 $n+1$ 阶导数，且 $x_0 \in (a,b)$，则

$$f(x)=f(x_0)+\frac{f'(x_0)}{1!}(x-x_0)+\frac{f''(x_0)}{2!}(x-x_0)^2+\cdots+\frac{f^{(n)}(x_0)}{n!}(x-x_0)^n+R_n(x),$$

式中，$R_n(x)=\frac{f^{(n+1)}(\xi)}{(n+1)!}(x-x_0)^{n+1}\quad (x_0<\xi<x \text{ 或 } x<\xi<x_0)$.

以上公式称为泰勒公式，其中 $f(x)$ 的展开式称为泰勒级数. $R_n(x)$ 称为拉格朗日型余项. 证明略.

二、麦克劳林公式

在泰勒公式中，当 $x_0=0$ 时，令 $\xi=\theta x\,(0<\theta<1)$. 我们就得到级数：

$$f(x)=f(0)+\frac{f'(0)}{1!}x+\frac{f''(0)}{2!}x^2+\cdots+\frac{f^{(n)}(0)}{n!}x^n+R_n(x),$$

式中 $R_n(x)=\frac{f^{(n+1)}(\theta x)}{(n+1)!}x^{n+1}\quad (0<\theta<1)$.

以上公式称为**麦克劳林公式**，以上级数称为**麦克劳林级数**.

利用麦克劳林公式可将许多不能直接展开的函数展开为关于 x 的多项式进行计算，请看下面两例.

【例 1】 写出 $f(x)=e^x$ 的 n 阶麦克劳林级数.

解 (1)计算 $f(x)=e^x$ 一阶到 $n+1$ 阶导数.

$$f'(x)=f''(x)=\cdots=f^{(n)}(x)=f^{(n+1)}(x)=e^x.$$

(2)计算 $f(0),f'(0),f''(0)$直到 $f^{(n)}(0)$和 $f^{(n+1)}(\theta x)$,故

$$f(0)=f'(0)=f''(0)=\cdots=f^{(n)}(0)=\mathrm{e}^0=1,f^{(n+1)}(\theta x)=\mathrm{e}^{\theta x}\quad(0<\theta<1).$$

(3)根据麦克劳林公式将 $f(x)=\mathrm{e}^x$ 展开成n 阶麦克劳林级数.

$$f(x)=f(0)+\frac{f'(0)}{1!}x+\frac{f''(0)}{2!}x^2+\cdots+\frac{f^{(n)}(0)}{n!}x^n+\frac{f^{(n+1)}(\theta x)}{(n+1)!}x^{n+1},$$

即
$$\mathrm{e}^x=1+x+\frac{x^2}{2!}+\frac{x^3}{3!}+\cdots+\frac{x^n}{n!}+\frac{\mathrm{e}^{\theta x}}{(n+1)!}x^{n+1}\quad(0<\theta<1).$$

故
$$\mathrm{e}^x\approx1+x+\frac{x^2}{2!}+\frac{x^3}{3!}+\cdots+\frac{x^n}{n!}.$$

【例 2】 将 $f(x)=\sin x$ 展开为 $2n$ 阶麦克劳林级数.

解 (1)计算出 $f(x)=\sin x$ 的一阶到 $2n+1$ 阶导数.

$$f'(x)=(\sin x)'=\cos x=\sin\left(x+\frac{1\cdot\pi}{2}\right),$$

$$f''(x)=(\cos x)'=-\sin x=\sin\left(x+\frac{2\cdot\pi}{2}\right),$$

$$f'''(x)=(-\sin x)'=-\cos x=\sin\left(x+\frac{3\cdot\pi}{2}\right),$$

$$\cdots$$

$$f^{(n)}(x)=\sin\left(x+\frac{n\pi}{2}\right),$$

数学先驱：黎曼

$$\cdots$$

$$f^{(2n)}(x)=\sin\left(x+\frac{2n\pi}{2}\right)=\sin(x+n\pi),$$

$$f^{(2n+1)}(x)=\sin\left[x+\frac{(2n+1)\pi}{2}\right].$$

(2)计算 $f(0),f'(0),f''(0)$直到 $f^{(2n)}(0)$和 $f^{(2n+1)}(\theta x)$.

$f(0)=0,f'(0)=1,f''(0)=0,f'''(0)=-1$,继续算下去可知以后循环取这四个值 0、1、0、−1,而 $f^{(2n+1)}(\theta x)=\sin\left[\theta x+\frac{(2n+1)\pi}{2}\right]$.

(3)根据麦克劳林公式将 $f(x)=\sin x$ 展开成 $2n$ 阶麦克劳林级数.

$$\sin x=x-\frac{x^3}{3!}+\frac{x^5}{5!}+\cdots+(-1)^{n-1}\frac{x^{2n-1}}{(2n-1)!}+R_{2n}(x),$$

式中,$R_{2n}(x)=\frac{1}{(2n+1)!}\sin\left[\theta x+\frac{(2n+1)\pi}{2}\right]x^{2n+1}\quad(0<\theta<1)$.

习题 7-4

1. 应用麦克劳林公式将 $f(x)=x\mathrm{e}^x$ 展开成n 阶麦克劳林级数.
2. 应用麦克劳林公式将 $f(x)=\tan x$ 展开成二阶麦克劳林级数.

7.5 傅里叶级数

一、三角级数和三角函数的正交性

除了幂级数,在数学与工程技术中还有一类有着广泛应用的函数项级数,即由三角函数系所产生的三角级数,也就是傅里叶级数. 三角级数的一般形式是 $\frac{a_0}{2}+\sum_{n=1}^{\infty}(a_n\cos nx+b_n\sin nx)$. 其中 $a_0,a_n,b_n(n=1,2,\cdots)$ 都是常数, 称为系数. 特别地, 当 $a_n=0(n=1,2,\cdots)$ 时,级数只含正弦项,称为正弦级数. 当 $b_n=0(n=1,2,\cdots)$ 时,级数只含常数项和余弦项,称为余弦级数. 对于三角级数,我们主要讨论它的收敛性以及如何把一个函数展开为三角级数的问题.

由于正弦函数和余弦函数都是周期函数,显然周期函数更适合于展开成三角级数,设 $f(x)$ 是以 2π 为周期的函数,所谓 $f(x)$ 能展开成三角函数,也就是说能把 $f(x)$ 表示成

$$f(x)=\frac{a_0}{2}+\sum_{n=1}^{\infty}(a_n\cos nx+b_n\sin nx). \tag{7-5-1}$$

求 $f(x)$ 的三角级数展开式,就是求式中的系数 $a_0,a_1,b_1,a_2,b_2,\cdots$. 为了求出这些系数,我们先介绍下列内容.

三角级数(7-5-1)可看作是三角函数系

$$1,\cos x,\sin x,\cos 2x,\sin 2x,\cdots,\cos nx,\sin nx,\cdots \tag{7-5-2}$$

的线性组合.

三角函数系有一个重要性质,就是:

定理 7-2 三角函数系 $1,\cos x,\sin x,\cos 2x,\sin 2x,\cdots,\cos nx,\sin nx,\cdots$,中的任意两个不同的函数在区间 $[-\pi,\pi]$ 上的积分皆为零,即

$$\int_{-\pi}^{\pi}\cos nx\,\mathrm{d}x=0\quad(n=1,2,\cdots)$$

$$\int_{-\pi}^{\pi}\sin nx\,\mathrm{d}x=0\quad(n=1,2,\cdots)$$

$$\int_{-\pi}^{\pi}\cos kx\cos nx\,\mathrm{d}x=0\quad(k,n=1,2,\cdots k\neq n)$$

$$\int_{-\pi}^{\pi}\sin kx\sin nx\,\mathrm{d}x=0\quad(k,n=1,2,\cdots k\neq n)$$

$$\int_{-\pi}^{\pi}\sin kx\cos nx\,\mathrm{d}x=0\quad(k,n=1,2,\cdots k\neq n)$$

三角函数系的这种性质叫作三角函数系的正交性,证明略.

二、以 2π 为周期的函数的傅里叶级数

设 $f(x)$ 是周期为 2π 的三角级数,$f(x)=\frac{a_0}{2}+\sum_{n=1}^{\infty}(a_n\cos nx+b_n\sin nx)$,如果积分

$$a_n=\frac{1}{\pi}\int_{-\pi}^{\pi}f(x)\cos nx\,\mathrm{d}x\quad(n=0,1,2,\cdots) \tag{7-5-3}$$

$$b_n = \frac{1}{\pi}\int_{-\pi}^{\pi} f(x)\sin nx\,dx \quad (n=1,2,3,\cdots) \tag{7-5-4}$$

都存在，由式(7-5-3)和式(7-5-4)写出的三角级数 $f(x)$ 的系数 $a_0, a_1, a_2, \cdots, b_1, b_2, \cdots$ 叫作函数 $f(x)$ 的傅里叶系数，将这些系数代入三角级数 $f(x) = \frac{a_0}{2} + \sum_{n=1}^{\infty}(a_n\cos nx + b_n\sin nx)$ 中所得到的三角级数，叫作函数 $f(x)$ 的傅里叶级数.

显然，当 $f(x)$ 为奇函数时，公式中的 $a_n = 0$，当 $f(x)$ 为偶函数时，公式中的 $b_n = 0$，所以有：

(1) 当 $f(x)$ 是周期为 2π 的奇函数时，$f(x)$ 的傅里叶级数是正弦级数 $\sum_{n=1}^{\infty} b_n\sin nx$，其中系数 $b_n = \frac{1}{\pi}\int_{-\pi}^{\pi} f(x)\sin nx\,dx\ (n=1,2,3,\cdots)$.

(2) 当 $f(x)$ 是周期为 2π 的偶函数时，$f(x)$ 的傅里叶级数是余弦级数 $\frac{a_0}{2} + \sum_{n=1}^{\infty} a_n\cos nx$，其中系数 $a_n = \frac{2}{\pi}\int_{0}^{\pi} f(x)\cos nx\,dx\ (n=0,1,2,\cdots)$.

$f(x)$ 应满足哪些条件时才能展开傅里叶级数呢？收敛定理回答了这一问题.

定理 7-3（收敛定理） 设 $f(x)$ 是周期为 2π 的周期函数，如果它满足：

(1) 在一个周期内连续或只有有限个第一类间断点；

(2) 在一个周期内至多只有有限个极值点.

那么 $f(x)$ 可以展开成傅里叶级数. 当 x 是 $f(x)$ 的连续点时，展开的傅里叶级数等于 $f(x)$；当 x 是 $f(x)$ 的间断点时，展开的傅里叶级数等于 $\frac{1}{2}[f(x-0)+f(x+0)]$.

下面举例说明如何将一个周期为 2π 的周期函数展开成傅里叶级数.

【例 1】 设 $f(x)$ 是周期为 2π 的周期函数，$f(x) = \begin{cases} -1, & -\pi \leqslant x < 0 \\ 1, & 0 \leqslant x < \pi \end{cases}$ 为在 $[-\pi, \pi]$ 上的表达式，将 $f(x)$ 展开成傅里叶级数.

解 显然 $f(x)$ 满足收敛定理条件，它在 $x = k\pi(k=0, \pm 1 \pm 2, \cdots)$ 处不连续，而在其他点处皆连续. 故当 $x = k\pi$ 时，$f(x)$ 展开成傅里叶级数为

$$\frac{1}{2}[f(x-0)+f(x+0)] = \frac{-1+1}{2} = 0.$$

当 $x \neq k\pi$，函数的图像如图 7-5-1 所示.

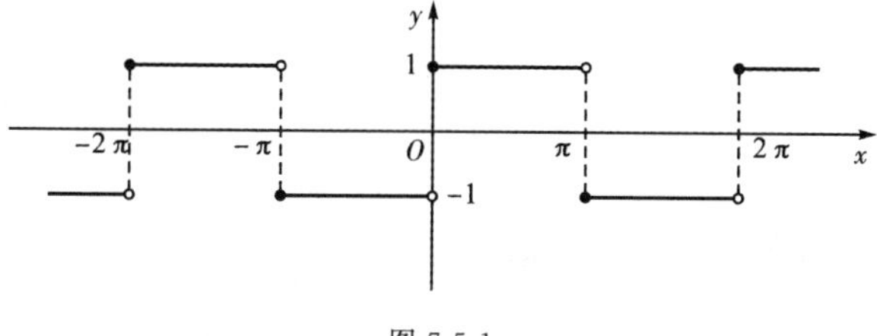

图 7-5-1

$$a_n = \frac{1}{\pi}\int_{-\pi}^{\pi} f(x)\cos nx\,dx = \frac{1}{\pi}\int_{-\pi}^{0}(-1)\cos nx\,dx + \frac{1}{\pi}\int_{0}^{\pi} 1\cos nx\,dx = 0 \quad (n=0,1,2,\cdots).$$

$$b_n = \frac{1}{\pi}\int_{-\pi}^{\pi} f(x)\sin nx\,dx = \frac{1}{\pi}\int_{-\pi}^{0}(-1)\sin nx\,dx + \frac{1}{\pi}\int_{0}^{\pi} 1\sin nx\,dx$$

$$=\frac{1}{\pi}\left[\frac{\cos nx}{n}\right]_{-\pi}^{0}+\frac{1}{\pi}\left[-\frac{\cos nx}{n}\right]_{0}^{\pi}=\frac{1}{n\pi}(1-\cos n\pi-\cos n\pi+1)$$

$$=\frac{2}{n\pi}[1-(-1)^{n}]=\begin{cases}\dfrac{4}{n\pi}, & n=1,3,5,\cdots\\ 0, & n=2,4,6,\cdots\end{cases}$$

故求得 $f(x)$ 的傅里叶级数展开式为

$$f(x)=\frac{4}{\pi}\left[\sin x+\frac{1}{3}\sin 3x+\cdots+\frac{1}{2k-1}\sin(2k-1)+\cdots\right].$$

$$(-\infty<x<+\infty, x\neq 0,\pm\pi,\pm 2\pi,\cdots)$$

上式表明矩形波的函数(周期 $T=2\pi$,幅值为 1)可由一系列不同频率的正弦波叠加而成,并且这些正弦波频率依次为基波频率的奇数倍.

【例 2】 设 $f(x)$ 是周期为 2π 的周期函数,它在 $[-\pi,\pi]$ 上的表达式为

$$f(x)=\begin{cases}-x, & -\pi\leqslant x<0\\ x, & 0\leqslant x<\pi\end{cases},$$

将 $f(x)$ 展开成傅里叶级数.

解 显然 $f(x)$ 满足收敛定理条件,并且在任意一点 x 处均连续,如图 7-5-2 所示.

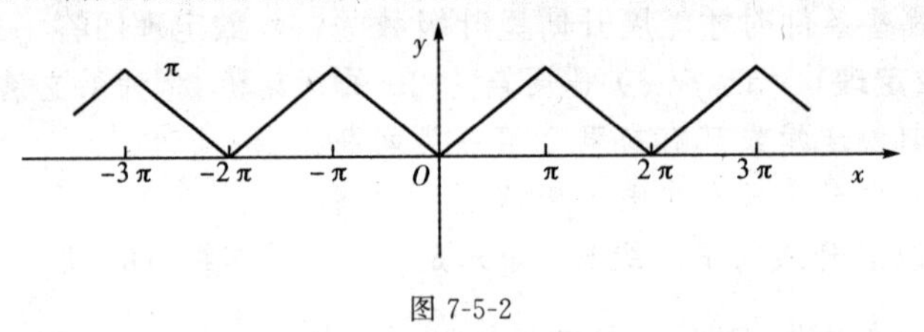

图 7-5-2

计算傅里叶系数如下:

$$a_n=\frac{1}{\pi}\int_{-\pi}^{\pi}f(x)\cos nx\,dx=\frac{1}{\pi}\int_{-\pi}^{0}(-x)\cos nx\,dx+\frac{1}{\pi}\int_{0}^{\pi}x\cos nx\,dx$$

$$=-\frac{1}{\pi}\left[\frac{x\sin nx}{n}+\frac{\cos nx}{n^{2}}\right]_{-\pi}^{0}+\frac{1}{\pi}\left[\frac{x\sin nx}{n}+\frac{\cos nx}{n^{2}}\right]_{0}^{\pi}$$

$$=\frac{2}{n^{2}\pi}(\cos n\pi-1)=\begin{cases}-\dfrac{4}{n^{2}\pi}, & n=1,3,5,\cdots\\ 0, & n=2,4,6,\cdots\end{cases}$$

$$a_n=\frac{1}{\pi}\int_{-\pi}^{\pi}f(x)\,dx=\frac{1}{\pi}\int_{-\pi}^{0}(-x)\,dx+\frac{1}{\pi}\int_{0}^{\pi}x\,dx$$

$$=\frac{1}{\pi}\left[-\frac{x^{2}}{2}\right]_{-\pi}^{0}+\frac{1}{\pi}\left[\frac{x^{2}}{2}\right]_{0}^{\pi}=\pi,$$

$$b_n=\frac{1}{\pi}\int_{-\pi}^{\pi}f(x)\sin nx\,dx$$

$$=\frac{1}{\pi}\int_{-\pi}^{0}(-x)\sin nx\,dx+\frac{1}{\pi}\int_{0}^{\pi}x\sin nx\,dx$$

$$=-\frac{1}{\pi}\left[-\frac{x\cos nx}{n}+\frac{\sin nx}{n^{2}}\right]_{-\pi}^{0}+\frac{1}{\pi}\left[-\frac{x\cos nx}{n}+\frac{\sin nx}{n^{2}}\right]_{0}^{\pi}$$

$$=0\quad(n=1,2,3,\cdots)$$

故求得 $f(x)$ 的傅里叶级数展开式为

$$f(x)=\frac{\pi}{2}-\frac{4}{\pi}\left(\cos x+\frac{1}{3^2}\cos 3x+\frac{1}{5^2}\cos 5x+\cdots\right)\quad(-\pi\leqslant x\leqslant\pi).$$

显然当 $x=0$ 时，$f(0)=0$，故可得

$$\frac{\pi^2}{8}=1+\frac{1}{3^2}+\frac{1}{5^2}+\cdots.$$

这说明我们可以利用例 2 中 $f(x)$ 的傅里叶展开式求特殊级数的和.

习题 7-5

1. 将周期为 2π 的周期函数 $f(x)=3x^2+1(-\pi\leqslant x<\pi)$ 展开为傅里叶级数.
2. 将周期为 2π 的周期函数 $f(x)=e^{2x}+1(-\pi\leqslant x<\pi)$ 展开为傅里叶级数.

复习题 7

1. 将周期为 2π 的周期函数 $f(x)=\begin{cases}bx, & -\pi\leqslant x<0\\ ax, & 0\leqslant x<\pi\end{cases}$，($a$，$b$ 为常数，$a>b>0$)展开为傅里叶级数.

2. 将函数 $f(x)=2\sin\frac{x}{3}(-\pi\leqslant x\leqslant\pi)$ 展开为傅里叶级数.

拓展：无穷级数

本章思维导图

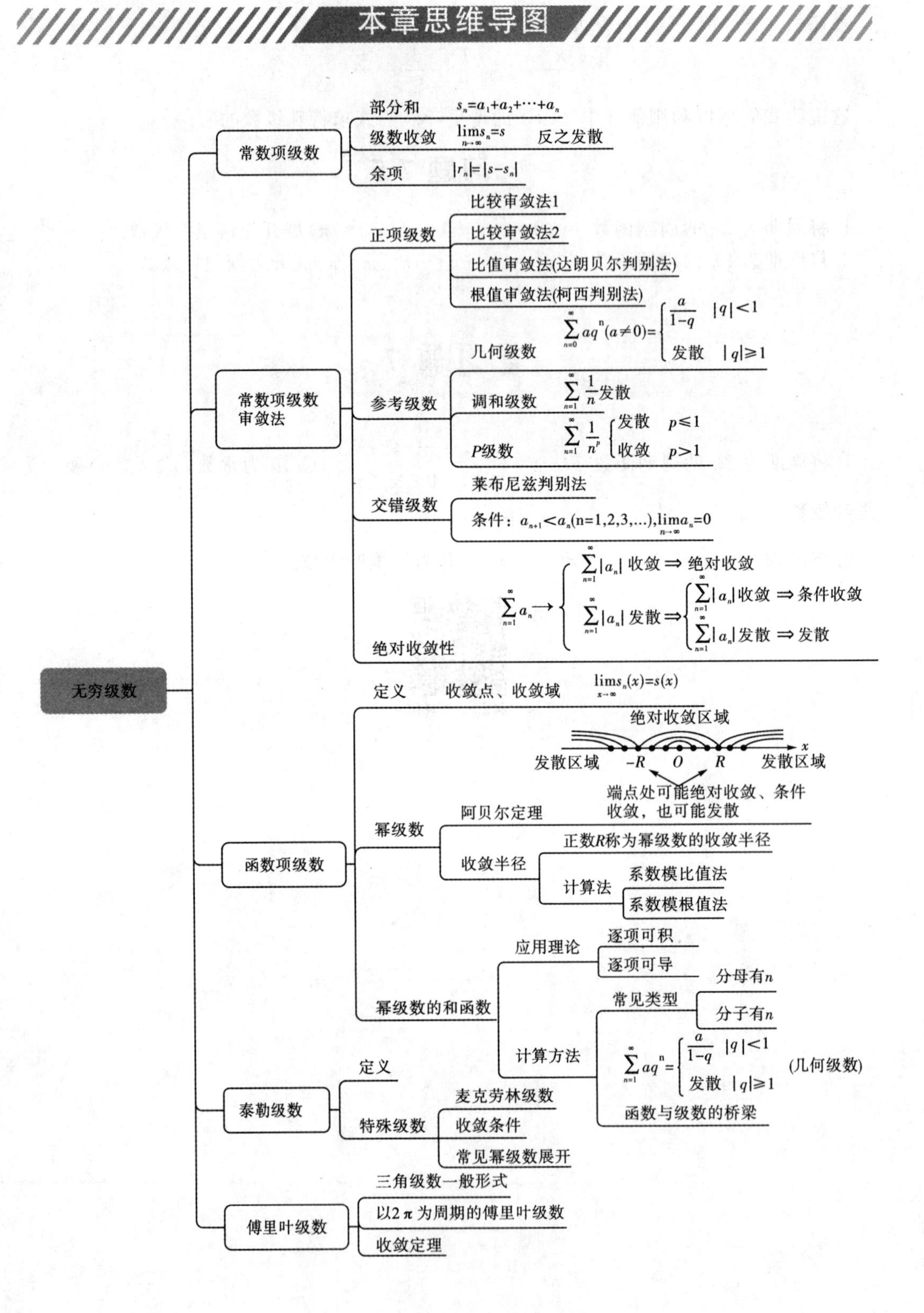
无穷级数
常数项级数
部分和 $s_n=a_1+a_2+\cdots+a_n$
级数收敛 $\lim\limits_{n\to\infty}s_n=s$ 反之发散
余项 $|r_n|=|s-s_n|$
常数项级数审敛法
正项级数
比较审敛法1
比较审敛法2
比值审敛法(达朗贝尔判别法)
根值审敛法(柯西判别法)
参考级数
几何级数 $\sum\limits_{n=0}^{\infty}aq^n(a\neq0)=\begin{cases}\frac{a}{1-q} & |q|<1\\ 发散 & |q|\geqslant1\end{cases}$
调和级数 $\sum\limits_{n=1}^{\infty}\frac{1}{n}$发散
P级数 $\sum\limits_{n=1}^{\infty}\frac{1}{n^p}\begin{cases}发散 & p\leqslant1\\ 收敛 & p>1\end{cases}$
交错级数
莱布尼兹判别法
条件：$a_{n+1}<a_n$(n=1,2,3,...),$\lim\limits_{n\to\infty}a_n=0$
绝对收敛性
$\sum\limits_{n=1}^{\infty}a_n\to$
$\sum\limits_{n=1}^{\infty}|a_n|$ 收敛 ⇒ 绝对收敛
$\sum\limits_{n=1}^{\infty}|a_n|$ 发散 ⇒
$\sum\limits_{n=1}^{\infty}|a_n|$收敛 ⇒ 条件收敛
$\sum\limits_{n=1}^{\infty}|a_n|$发散 ⇒ 发散
函数项级数
定义 收敛点、收敛域 $\lim\limits_{x\to\infty}s_n(x)=s(x)$
幂级数
绝对收敛区域
发散区域 $-R$ O R 发散区域 x
端点处可能绝对收敛、条件收敛，也可能发散
阿贝尔定理
收敛半径
正数R称为幂级数的收敛半径
计算法
系数模比值法
系数模根值法
幂级数的和函数
应用理论
逐项可积
逐项可导
计算方法
常见类型
分母有n
分子有n
$\sum\limits_{n=1}^{\infty}aq^n=\begin{cases}\frac{a}{1-q} & |q|<1\\ 发散 & |q|\geqslant1\end{cases}$ (几何级数)
函数与级数的桥梁
泰勒级数
定义
特殊级数
麦克劳林级数
收敛条件
常见幂级数展开
傅里叶级数
三角级数一般形式
以2π为周期的傅里叶级数
收敛定理

第2篇

线性代数

本篇思政目标：通过学习线性代数知识，引入实际案例，构建方程组，初步探索数学建模，再利用所学知识进行判定与求解，将所学知识融入生活场景，提升教学体验，教导学生学以致用，实干兴国。

预备知识

矩阵是从大量实际问题中抽象出来的数学概念. 为了使读者对矩阵的概念及下面要讨论的问题背景有些了解,先介绍一些用于提出矩阵概念的实际问题.

【例 1】 在物资调运中,常常要考虑如何供应销售地物资,使物资的总运费最低. 如果某个地区的某种产品有三个产地 x_1,x_2,x_3,有四个销售地 y_1,y_2,y_3,y_4,该产品的调运方案见表 1.

表 1　　产品调运方案

产地 \ 物资数量 \ 销售地	y_1	y_2	y_3	y_4
x_1	a_{11}	a_{12}	a_{13}	a_{14}
x_2	a_{21}	a_{22}	a_{23}	a_{24}
x_3	a_{31}	a_{32}	a_{33}	a_{34}

表 1 中 a_{ij} 表示由产地 x_i 运到销售地 y_j 的物资数量. 这些数据按表中的排列顺序可以组成一个 3×4 的数表:

$$\begin{pmatrix} a_{11} & a_{12} & a_{13} & a_{14} \\ a_{21} & a_{22} & a_{23} & a_{24} \\ a_{31} & a_{32} & a_{33} & a_{34} \end{pmatrix}.$$

【例 2】 某航空公司在四个城市之间开辟了若干条航线,如图 1 所示. 若记

$$a_{ij}=\begin{cases} 1 & 从第\ i\ 个城市到第\ j\ 个城市有航班 \\ 0 & 从第\ i\ 个城市到第\ j\ 个城市没有航班 \end{cases}.$$

则四个城市间的航班往来情况也可以用如下数表表示:

$$(a_{ij})=\begin{bmatrix} 0 & 1 & 1 & 1 \\ 1 & 0 & 0 & 0 \\ 1 & 0 & 0 & 1 \\ 0 & 1 & 0 & 0 \end{bmatrix}.$$

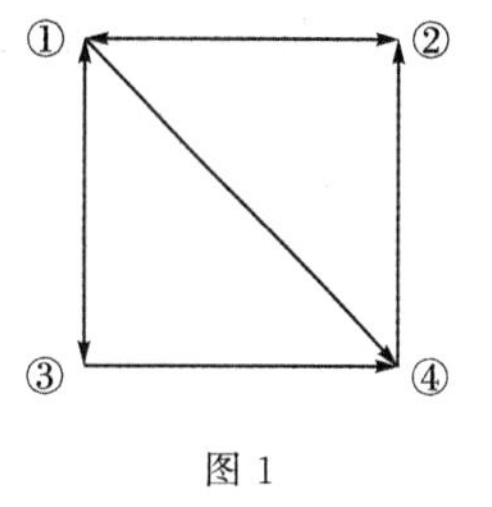

图 1

【例 3】 含有 m 个方程 n 个未知量的 n 元线性方程组

$$\begin{cases} a_{11}x_1+a_{12}x_2+\cdots+a_{1n}x_n=b_1 \\ a_{21}x_1+a_{22}x_2+\cdots+a_{2n}x_n=b_2 \\ \cdots \\ a_{m1}x_1+a_{m2}x_2+\cdots+a_{mn}x_n=b_m \end{cases}.$$

把它的系数和常数项按原来的次序排成数表

$$\begin{bmatrix} a_{11} & a_{12} & \cdots & a_{1n} & b_1 \\ a_{21} & a_{22} & \cdots & a_{2n} & b_2 \\ \vdots & \vdots & & \vdots & \vdots \\ a_{m1} & a_{m2} & \cdots & a_{mn} & b_m \end{bmatrix}.$$

显然,有了这个数表,就知道了全部系数和常数项,线性方程组也就基本上确定了.

这些数表在数学上就称为**矩阵**.简单地说,矩阵就是一个矩形的数表.下面给出矩阵的定义.

定义 1 由 $m\times n$ 个数 $\{a_{ij}(i=1,2,\cdots,m;j=1,2,\cdots,n)\}$ 排成的 m 行 n 列的数表

$$\begin{bmatrix} a_{11} & a_{12} & \cdots & a_{1n} \\ a_{21} & a_{22} & \cdots & a_{2n} \\ \vdots & \vdots & & \vdots \\ a_{m1} & a_{m2} & \cdots & a_{mn} \end{bmatrix}$$

称为 **m 行 n 列矩阵**,简称 $m\times n$ 矩阵.

通常用大写黑体字母 $\boldsymbol{A},\boldsymbol{B},\cdots$ 或者 $(a_{ij}),(b_{ij}),\cdots$ 表示矩阵.有时为了指明矩阵的行数和列数,也将 m 行 n 列矩阵 $\boldsymbol{A}$ 记作 $\boldsymbol{A}_{m\times n}$ 或 $(a_{ij})_{m\times n}$.

数 a_{ij} 称为矩阵的元素,i 称为**元素 a_{ij} 的行标**,表示 a_{ij} 位于矩阵的第 i 行.j 称为元素 a_{ij} 的列标,表示 a_{ij} 位于矩阵的第 j 列.所有元素都是实数的矩阵称为**实矩阵**,否则称为**复矩阵**.本书讨论的矩阵除特别说明外,均为实矩阵.

称元素 $a_{11},a_{22},\cdots,a_{nn}$ 构成矩阵 $\boldsymbol{A}$ 的(主)对角线,并称 a_{ii} 为矩阵 $\boldsymbol{A}$ 的第 i 个对角元.

设矩阵 $\boldsymbol{A}=(a_{ij})_{m\times n},\boldsymbol{B}=(b_{ij})_{s\times t}$,如果 $m=s,n=t$,则称 $\boldsymbol{A}$ 与 $\boldsymbol{B}$ 是**同型矩阵**.特别地,若 $a_{ij}=b_{ij}(i=1,2,\cdots m;j=1,2,\cdots,n)$,则称**矩阵 $\boldsymbol{A}$ 与 $\boldsymbol{B}$ 相等**,记作 $\boldsymbol{A}=\boldsymbol{B}$.

下面介绍一些经常会用到的特殊矩阵及其记号.

(1)若 $m=n$,即行数与列数都等于 n 的矩阵,称为 **n 阶方阵**,记作 $\boldsymbol{A}_n$.

(2)若 $m=1$,即只有一行的矩阵 $\boldsymbol{A}=(a_1\quad a_2\quad\cdots\quad a_n)$,称为**行矩阵**,又称**行向量**.为避免元素间的混淆,行矩阵也记作 $\boldsymbol{A}=(a_1,a_2,\cdots,a_n)$.

(3)若 $n=1$,即只有一列的矩阵 $\boldsymbol{A}=\begin{bmatrix} b_1 \\ b_2 \\ \vdots \\ b_m \end{bmatrix}$,称为**列矩阵**,又称**列向量**.

(4)所有元素均为零的矩阵称为**零矩阵**,记作 $\boldsymbol{O}_{m\times n}$.特别地,在零矩阵中,当 $m=1$ 或 $n=1$ 时,即零矩阵为行矩阵或者列矩阵时,也可以用黑体 $\boldsymbol{O}$ 表示.

(5)形如

$$\begin{bmatrix} a_{11} & 0 & \cdots & 0 \\ 0 & a_{22} & \cdots & 0 \\ \vdots & \vdots & & \vdots \\ 0 & 0 & \cdots & a_{nn} \end{bmatrix}_{n\times n}$$

的 n 阶矩阵,即主对角线以外元素全为零的方阵,称为 **n 阶对角矩阵**.记作

$$\boldsymbol{\Lambda}_n=\operatorname{diag}(a_{11},a_{22},\cdots,a_{nn}).$$

当 $a_{11}=a_{22}=\cdots=a_{nn}=\lambda$ 时

$$\begin{bmatrix} \lambda & 0 & \cdots & 0 \\ 0 & \lambda & \cdots & 0 \\ \vdots & \vdots & & \vdots \\ 0 & 0 & & \lambda \end{bmatrix}_{n\times n}$$

称为 n 阶**数量矩阵**.

特别地,当 $a_{11}=a_{22}=\cdots=a_{nn}=1$ 时,对角矩阵

$$\begin{bmatrix} 1 & 0 & \cdots & 0 \\ 0 & 1 & \cdots & 0 \\ \vdots & \vdots & & \vdots \\ 0 & 0 & \cdots & 1 \end{bmatrix}_{n\times n}$$

称为 n **阶单位矩阵**,记作 $\boldsymbol{E}_n$ 或 $\boldsymbol{E}$.

(6)形如

$$\begin{bmatrix} a_{11} & a_{12} & \cdots & a_{1n} \\ 0 & a_{22} & \cdots & a_{2n} \\ \vdots & \vdots & & \vdots \\ 0 & 0 & \cdots & a_{nn} \end{bmatrix}_{n\times n},$$

即主对角线下方元素全为零的 n 阶方阵,称为**上三角矩阵**.

类似地,形如

$$\begin{bmatrix} a_{11} & 0 & \cdots & 0 \\ a_{21} & a_{22} & \cdots & 0 \\ \vdots & \vdots & & \vdots \\ a_{n1} & a_{n2} & \cdots & a_{nn} \end{bmatrix}_{n\times n}$$

即主对角线上方元素全为零的 n 阶方阵,称为**下三角矩阵**.

线性代数发展史

习　题

1. 某汽车公司所属的三个分公司 A,B,C 在 2018 年和 2019 年生产的四种不同类型轿车甲、乙、丙、丁的产量(单位:千辆)见表 2.

表 2　　2018 年和 2019 年三个分公司不同类型轿车产量表

产品 / 产量(千辆) / 公司	2018 年				2019 年			
	甲	乙	丙	丁	甲	乙	丙	丁
A	23	35	45	39	34	37	50	30
B	12	45	30	40	15	42	37	35
C	24	33	27	20	25	38	29	15

(1)做矩阵 $\boldsymbol{A}_{3\times 4}$ 表示三个分厂 2018 年各种类型轿车的产量.

(2)做矩阵 $\boldsymbol{B}_{3\times 4}$ 表示三个分厂 2019 年各种类型轿车的产量.

(3)做矩阵 $\boldsymbol{C}_{2\times 4}$ 表示 $\boldsymbol{B}$ 分公司两年间各种类型轿车的产量.

本篇思维导图

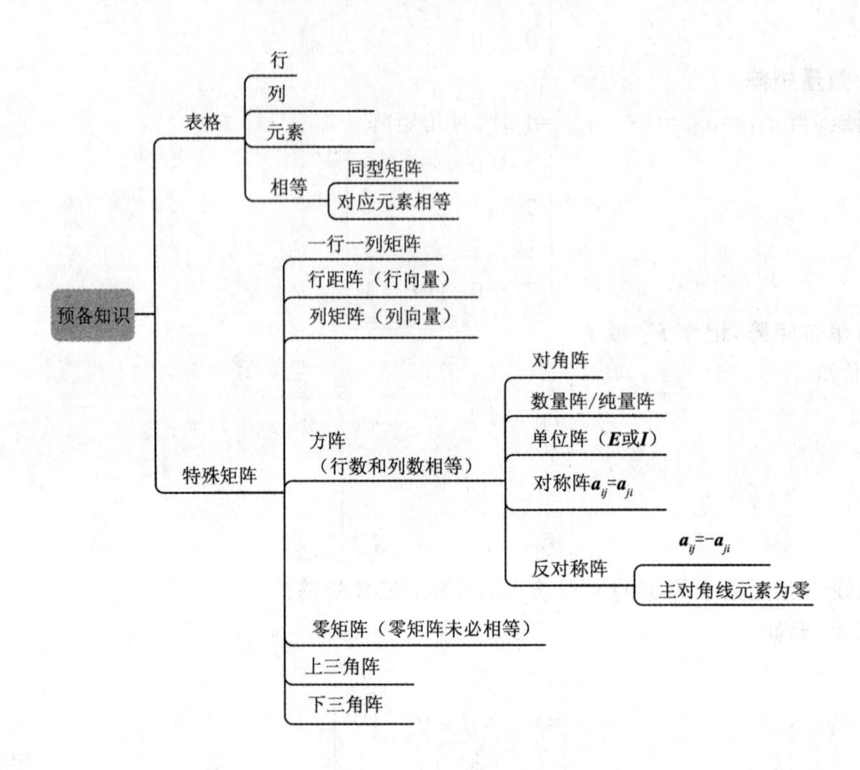
预备知识
表格
行
列
元素
相等
同型矩阵
对应元素相等
特殊矩阵
一行一列矩阵
行距阵（行向量）
列矩阵（列向量）
方阵
（行数和列数相等）
对角阵
数量阵/纯量阵
单位阵（E或I）
对称阵$a_{ij}=a_{ji}$
反对称阵
$a_{ij}=-a_{ji}$
主对角线元素为零
零矩阵（零矩阵未必相等）
上三角阵
下三角阵

第 8 章 矩阵

矩阵是线性代数的主要研究对象，是研究社会及自然现象中各种线性问题的重要数学工具. 矩阵是数量关系的一种表现形式，它将一个有序数表作为一个整体研究，使问题变得简洁明了. 矩阵有着广泛的应用，是研究线性方程组和线性变换的有力工具，也是研究离散问题的基本手段.

本章给出协助求解大规模线性方程组的几个重要的概念.

矩阵：线性方程组的系数可以写成一个矩阵. 它在数学的其他分支以及自然科学、现代经济学、管理学和工程技术领域等方面具有广泛的应用. 本章将引入矩阵的概念及其基本运算.

初等变换：矩阵的初等变换起源于解线性方程组的三类同解变换，它在矩阵理论中有重要应用，是矩阵运算和行列式运算中非常重要的工具.

8.1 矩阵的运算

本节介绍矩阵的运算及其满足的运算法则.

一、矩阵的线性运算

定义 8-1（加法运算） 设 $\boldsymbol{A}=(a_{ij})_{m\times n}$ 与 $\boldsymbol{B}=(b_{ij})_{m\times n}$ 是**同型矩阵**，那么矩阵 $\boldsymbol{A}$ 与 $\boldsymbol{B}$ 的和，记作 $\boldsymbol{A}+\boldsymbol{B}$，规定为

$$\boldsymbol{A}+\boldsymbol{B}=\begin{bmatrix} a_{11}+b_{11} & a_{12}+b_{12} & \cdots & a_{1n}+b_{1n} \\ a_{21}+b_{21} & a_{22}+b_{22} & \cdots & a_{2n}+b_{2n} \\ \vdots & \vdots & & \vdots \\ a_{m1}+b_{m1} & a_{m2}+b_{m2} & \cdots & a_{mn}+b_{mn} \end{bmatrix}.$$

可见，两个矩阵相加就是将它们的对应元素相加. 显然，只有同型矩阵才能相加.

【例 1】 设 $\boldsymbol{A}=\begin{bmatrix} 1 & 2 & 3 \\ -1 & 2 & 6 \end{bmatrix}$，$\boldsymbol{B}=\begin{bmatrix} -2 & 1 & 2 \\ 4 & 3 & 2 \end{bmatrix}$，$\boldsymbol{C}=\begin{bmatrix} 1 \\ 3 \\ 2 \end{bmatrix}$，$\boldsymbol{D}=\begin{bmatrix} -5 \\ 0 \\ 7 \end{bmatrix}$. 求 $\boldsymbol{A}+\boldsymbol{B}$，$\boldsymbol{C}+\boldsymbol{D}$.

解

$$\boldsymbol{A}+\boldsymbol{B}=\begin{bmatrix} 1 & 2 & 3 \\ -1 & 2 & 6 \end{bmatrix}+\begin{bmatrix} -2 & 1 & 2 \\ 4 & 3 & 2 \end{bmatrix}=\begin{bmatrix} -1 & 3 & 5 \\ 3 & 5 & 8 \end{bmatrix}$$

$$\boldsymbol{C}+\boldsymbol{D}=\begin{bmatrix} 1 \\ 3 \\ 2 \end{bmatrix}+\begin{bmatrix} -5 \\ 0 \\ 7 \end{bmatrix}=\begin{bmatrix} -4 \\ 3 \\ 9 \end{bmatrix}.$$

设 $\boldsymbol{A},\boldsymbol{B},\boldsymbol{C}$ 为同型矩阵,根据定义 8-1,不难验证,矩阵的加法满足下列运算规律:

(1)交换律 $\boldsymbol{A}+\boldsymbol{B}=\boldsymbol{B}+\boldsymbol{A}$.

(2)结合律 $(\boldsymbol{A}+\boldsymbol{B})+\boldsymbol{C}=\boldsymbol{A}+(\boldsymbol{B}+\boldsymbol{C})$.

(3)设 $\boldsymbol{A}=(a_{ij})_{m\times n}$,称矩阵

$$\begin{bmatrix} -a_{11} & -a_{12} & \cdots & -a_{1n} \\ -a_{21} & -a_{22} & \cdots & -a_{2n} \\ \vdots & \vdots & & \vdots \\ -a_{m1} & -a_{m2} & \cdots & -a_{mn} \end{bmatrix}$$

为 $\boldsymbol{A}$ 的**负矩阵**,记为 $-\boldsymbol{A}=(-a_{ij})_{m\times n}$. 显然,

$$\boldsymbol{A}+(-\boldsymbol{A})=\boldsymbol{O}.$$

由此,还可以定义矩阵的**减法**:设 $\boldsymbol{A},\boldsymbol{B}$ 为同型矩阵,则

$$\boldsymbol{A}-\boldsymbol{B}=\boldsymbol{A}+(-\boldsymbol{B})=(a_{ij}-b_{ij})_{m\times n}.$$

定义 8-2(数乘运算) 设 λ 是常数,$\boldsymbol{A}=(a_{ij})_{m\times n}$,**数 λ 与矩阵 $\boldsymbol{A}$ 的乘积**,记作 $\lambda\boldsymbol{A}$ 或 $\boldsymbol{A}\lambda$,规定为

$$\lambda\boldsymbol{A}=\boldsymbol{A}\lambda=(\lambda a_{ij})_{m\times n}=\begin{bmatrix} \lambda a_{11} & \lambda a_{12} & \cdots & \lambda a_{1n} \\ \lambda a_{21} & \lambda a_{22} & \cdots & \lambda a_{2n} \\ \vdots & \vdots & & \vdots \\ \lambda a_{m1} & \lambda a_{m2} & \cdots & \lambda a_{mn} \end{bmatrix}.$$

可见,用数 λ 乘以矩阵就是用数 λ 乘以矩阵的每个元素.

设 $\boldsymbol{A},\boldsymbol{B}$ 为同型矩阵,且 λ,μ 为常数,不难验证,数乘运算满足下列运算规律:

(1)$(\lambda+\mu)\boldsymbol{A}=\lambda\boldsymbol{A}+\mu\boldsymbol{A}$;

(2)$\lambda(\boldsymbol{A}+\boldsymbol{B})=\lambda\boldsymbol{A}+\lambda\boldsymbol{B}$;

(3)$(\lambda\mu)\boldsymbol{A}=\lambda(\mu\boldsymbol{A})$;

(4)$1\cdot\boldsymbol{A}=\boldsymbol{A}$;

(5)$\lambda\boldsymbol{A}=\boldsymbol{O}$ 当且仅当 $\lambda=0$ 或 $\boldsymbol{A}=\boldsymbol{O}$.

当矩阵 $\boldsymbol{A}$ 的所有元素都有公因子时,可将公因子提到矩阵外面. 例如:

$$\begin{bmatrix} 2 & 4 \\ 0 & -6 \end{bmatrix}=2\begin{bmatrix} 1 & 2 \\ 0 & -3 \end{bmatrix}.$$

矩阵的加法运算与数乘运算结合起来,统称为**矩阵的线性运算**.

【例 2】 已知 $\boldsymbol{A}=\begin{bmatrix} 3 & 1 & 0 \\ -1 & 2 & 1 \\ 3 & 4 & 2 \end{bmatrix}$,$\boldsymbol{B}=\begin{bmatrix} 1 & 0 & 2 \\ -1 & 1 & 1 \\ 2 & 1 & 1 \end{bmatrix}$,且 $3\boldsymbol{A}-2\boldsymbol{X}=\boldsymbol{B}$,求矩阵 $\boldsymbol{X}$.

解 由 $3\boldsymbol{A}-2\boldsymbol{X}=\boldsymbol{B}$,可得 $\boldsymbol{X}=\frac{3}{2}\boldsymbol{A}-\frac{1}{2}\boldsymbol{B}$,从而

$$\boldsymbol{X}=\begin{bmatrix} \frac{9}{2} & \frac{3}{2} & 0 \\ -\frac{3}{2} & 3 & \frac{3}{2} \\ \frac{9}{2} & 6 & 3 \end{bmatrix}+\begin{bmatrix} -\frac{1}{2} & 0 & -1 \\ \frac{1}{2} & -\frac{1}{2} & -\frac{1}{2} \\ -1 & -\frac{1}{2} & -\frac{1}{2} \end{bmatrix}=\begin{bmatrix} 4 & \frac{3}{2} & -1 \\ -1 & \frac{5}{2} & 1 \\ \frac{7}{2} & \frac{11}{2} & \frac{5}{2} \end{bmatrix}.$$

二、矩阵的乘法运算

【例 3】 设空调制造公司生产三种空调：经济型、标准型和高级型，空调的生产要求见表 8-1-1.

表 8-1-1　空调的生产要求

参数	经济型	标准型	高级型
风扇马达数/个	1	1	1
制冷盘数/个	1	2	4
生产时间/小时	8	12	14

该公司 2021 年各季度产品的计划生产台数见表 8-1-2.

表 8-1-2　2021 年各季度产品的计划生产台数

类型＼数量(台)＼季度	第一季度	第二季度	第三季度	第四季度
经济型	300	400	500	600
标准型	200	300	400	500
高级型	100	200	300	400

则该公司在 2021 年：

第一季度需要风扇马达数＝经济型每台风扇需要马达数×此季度经济型生产数＋标准型每台风扇需要马达数×此季度标准型生产数＋高级型每台风扇需要马达数×此季度高级型生产数＝1×300＋1×200＋1×100＝600(个).

类似地，

第一季度需要制冷盘数＝1×300＋2×200＋4×100＝1100(个)；

第一季度需要生产时间＝8×300＋12×200＋14×100＝ 6 200(小时).

对其他各季度进行类似的计算，结果见表 8-1-3.

表 8-1-3　各季度生产成本明细

参数	第一季度	第二季度	第三季度	第四季度
风扇马达数/个	600	900	1 200	1 500
制冷盘数/个	1 100	1 800	2 500	3 200
生产时间/小时	6 200	9 600	13 000	16 400

分别将表 8-1-1、表 8-1-2 和表 8-1-3 中的数据写成矩阵 $\boldsymbol{A}$、矩阵 $\boldsymbol{B}$ 和矩阵 $\boldsymbol{C}$，即

$$\boldsymbol{A}=\begin{bmatrix}1 & 1 & 1\\1 & 2 & 4\\8 & 12 & 14\end{bmatrix},\boldsymbol{B}=\begin{bmatrix}300 & 400 & 500 & 600\\200 & 300 & 400 & 500\\100 & 200 & 300 & 400\end{bmatrix},\boldsymbol{C}=\begin{bmatrix}600 & 900 & 1\,200 & 1\,500\\1\,100 & 1\,800 & 2\,500 & 3\,200\\6\,200 & 9\,600 & 13\,000 & 16\,400\end{bmatrix}.$$

于是矩阵 $\boldsymbol{C}$ 的第 i 行、第 j 列元素 $\boldsymbol{C}_{ij}(i=1,2,3;j=1,2,3,4)$表示的是公司 2021 年第 j 季度所需要的第 i 项的投入，它恰好是矩阵 $\boldsymbol{A}$ 的第 i 行的元素与矩阵 $\boldsymbol{B}$ 的第 j 列的对应元素的乘积之和. 矩阵 $\boldsymbol{C}$ 称为矩阵 $\boldsymbol{A}$ 和矩阵 $\boldsymbol{B}$ 的乘积，记为 $\boldsymbol{C}=\boldsymbol{AB}$.

一般地，有

定义 8-3 设 $\boldsymbol{A}=(a_{ij})_{m\times s}$，$\boldsymbol{B}=(b_{ij})_{s\times n}$，那么规定**矩阵 $\boldsymbol{A}$ 与矩阵 $\boldsymbol{B}$ 的乘积**为矩阵 $\boldsymbol{C}=(\boldsymbol{C}_{ij})_{m\times n}$，其中

$$c_{ij}=a_{i1}b_{1j}+a_{i2}b_{2j}+\cdots+a_{is}b_{sj}=\sum_{k=1}^{s}a_{ik}b_{kj}\quad(i=1,2,\cdots,m;j=1,2,\cdots,n).$$

记作 $\boldsymbol{C}=\boldsymbol{AB}$.

按此定义,矩阵 $\boldsymbol{A}$ 与 $\boldsymbol{B}$ 的乘积 $\boldsymbol{C}$ 的第 i 行第 j 列的元素 c_{ij} 就等于第一个矩阵 $\boldsymbol{A}$ 的第 i 行与第二个矩阵 $\boldsymbol{B}$ 的第 j 列对应元素的乘积之和,其中第一个矩阵也称**左矩阵**,第二个矩阵也称**右矩阵**. 只有当左矩阵的列数等于右矩阵的行数时,两个矩阵才能相乘. 乘积矩阵 c_{ij} 的行数等于左矩阵的行数,列数等于右矩阵的列数.

【例 4】 设有线性方程组

$$\begin{cases} a_{11}x_1+a_{12}x_2+\cdots+a_{1n}x_n=b_1 \\ a_{21}x_1+a_{22}x_2+\cdots+a_{2n}x_n=b_2 \\ \cdots \\ a_{m1}x_1+a_{m2}x_2+\cdots+a_{mn}x_n=b_m \end{cases}.$$

若记

$$\boldsymbol{A}=\begin{bmatrix} a_{11} & a_{12} & \cdots & a_{1n} \\ a_{21} & a_{22} & \cdots & a_{2n} \\ \vdots & \vdots & & \vdots \\ a_{m1} & a_{m2} & \cdots & a_{mn} \end{bmatrix},\boldsymbol{X}=\begin{bmatrix} x_1 \\ x_2 \\ \vdots \\ x_n \end{bmatrix},\boldsymbol{b}=\begin{bmatrix} b_1 \\ b_2 \\ \vdots \\ b_m \end{bmatrix}.$$

利用矩阵的乘法,上述线性方程组可表示为矩阵形式:$\boldsymbol{AX}=\boldsymbol{b}$.

其中 $\boldsymbol{A}$ 称为线性方程组的**系数矩阵**,而把方程组右端常数项添加在系数矩阵的右侧形成的矩阵

$$(\boldsymbol{A},\boldsymbol{b})_{m\times(n+1)}=\begin{bmatrix} a_{11} & a_{12} & \cdots & a_{1n} & b_1 \\ a_{21} & a_{22} & \cdots & a_{2n} & b_2 \\ \vdots & \vdots & & \vdots & \vdots \\ a_{m1} & a_{m2} & \cdots & a_{mn} & b_m \end{bmatrix},$$

称为方程组的**增广矩阵**.

【例 5】 设 $\boldsymbol{A}=\begin{bmatrix} 2 & 3 \\ 1 & -2 \end{bmatrix},\boldsymbol{B}=\begin{bmatrix} 1 & -2 & -3 \\ 2 & -1 & 0 \end{bmatrix}$,求 $\boldsymbol{AB}$.

解
$$\begin{aligned} \boldsymbol{AB} &=\begin{bmatrix} 2 & 3 \\ 1 & -2 \end{bmatrix}\begin{bmatrix} 1 & -2 & -3 \\ 2 & -1 & 0 \end{bmatrix} \\ &=\begin{bmatrix} 2\times1+3\times2 & 2\times(-2)+3\times(-1) & 2\times(-3)+3\times0 \\ 1\times1+(-2)\times2 & 1\times(-2)+(-2)\times(-1) & 1\times(-3)+(-2)\times0 \end{bmatrix} \\ &=\begin{bmatrix} 8 & -7 & -6 \\ -3 & 0 & -3 \end{bmatrix}. \end{aligned}$$

【例 6】 设 $\boldsymbol{A}=[1\quad 2\quad 3],\boldsymbol{B}=\begin{bmatrix} 3 \\ 2 \\ 1 \end{bmatrix}$,求 $\boldsymbol{AB},\boldsymbol{BA}$.

解 $\boldsymbol{AB}=[1\quad 2\quad 3]\begin{bmatrix} 3 \\ 2 \\ 1 \end{bmatrix}=1\times3+2\times2+3\times1=[10]$,

$$\boldsymbol{BA}=\begin{bmatrix} 3 \\ 2 \\ 1 \end{bmatrix}[1\quad 2\quad 3]=\begin{bmatrix} 3 & 6 & 9 \\ 2 & 4 & 6 \\ 1 & 2 & 3 \end{bmatrix}.$$

一般地,一个 $1\times s$ 行矩阵与一个 $s\times1$ 列矩阵的乘积是一个 1 阶矩阵,也就是一个数.

$$[a_1,a_2,\cdots,a_s]\begin{bmatrix}b_1\\b_2\\\vdots\\b_s\end{bmatrix}=a_1b_1+a_2b_2+\cdots+a_sb_s.$$

但一个 $m\times 1$ 行矩阵与一个 $1\times n$ 列矩阵的乘积是一个 $m\times n$ 阶矩阵，即

$$\begin{bmatrix}a_1\\a_2\\\vdots\\a_m\end{bmatrix}[b_1,b_2,\cdots,b_n]=\begin{bmatrix}a_1b_1&a_1b_2&\cdots&a_1b_n\\a_2b_1&a_2b_2&\cdots&a_2b_n\\\vdots&\vdots&&\vdots\\a_mb_1&a_mb_2&\cdots&a_mb_n\end{bmatrix}.$$

【例 7】 设 $\boldsymbol{A}=\begin{bmatrix}1&1\\-1&-1\end{bmatrix}$，$\boldsymbol{B}=\begin{bmatrix}-1&1\\1&-1\end{bmatrix}$，计算 $\boldsymbol{AB}$ 与 $\boldsymbol{BA}$.

解 $\boldsymbol{AB}=\begin{bmatrix}1&1\\-1&-1\end{bmatrix}\begin{bmatrix}-1&1\\1&-1\end{bmatrix}=\begin{bmatrix}0&0\\0&0\end{bmatrix}$，

$\boldsymbol{BA}=\begin{bmatrix}-1&1\\1&-1\end{bmatrix}\begin{bmatrix}1&1\\-1&-1\end{bmatrix}=\begin{bmatrix}-2&-2\\2&2\end{bmatrix}$.

注意：

(1)在例 5 中，$\boldsymbol{A}$ 是 2×2 矩阵，$\boldsymbol{B}$ 是 2×3 矩阵，乘积 $\boldsymbol{AB}$ 有意义而 $\boldsymbol{BA}$ 却没有意义. 在例 6 中，虽然 $\boldsymbol{AB}$ 与 $\boldsymbol{BA}$ 都有意义，但是它们的阶数也不相等. 如果 $\boldsymbol{A}$ 是 $m\times n$ 矩阵，$\boldsymbol{B}$ 是 $n\times m$ 矩阵，则 $\boldsymbol{AB}$ 是 m 阶矩阵，$\boldsymbol{BA}$ 是 n 阶矩阵. 即使 $n=m$，$\boldsymbol{AB}$ 与 $\boldsymbol{BA}$ 是同阶矩阵，它们也不一定相等，如例 7. 总之，矩阵乘法一般不满足交换律，即在一般情形下 $\boldsymbol{AB}\neq\boldsymbol{BA}$. 为此，将 $\boldsymbol{AB}$ 称为 $\boldsymbol{A}$ **左乘** $\boldsymbol{B}$(或 $\boldsymbol{B}$ **右乘** $\boldsymbol{A}$)，将 $\boldsymbol{BA}$ 称为 $\boldsymbol{A}$ **右乘** $\boldsymbol{B}$(或 $\boldsymbol{B}$ **左乘** $\boldsymbol{A}$).

特殊情况下，如果 $\boldsymbol{AB}=\boldsymbol{BA}$，则称**矩阵 $\boldsymbol{B}$ 与 $\boldsymbol{A}$ 可交换**. 易见，可交换的矩阵必为方阵.

对于单位矩阵 $\boldsymbol{E}$，容易验证

$$\boldsymbol{E}_m\boldsymbol{A}_{m\times n}=\boldsymbol{A}_{m\times n}\boldsymbol{E}_n=\boldsymbol{A}_{m\times n},$$

或简写成

$$\boldsymbol{EA}=\boldsymbol{AE}=\boldsymbol{A}.$$

可见，单位矩阵 $\boldsymbol{E}$ 在矩阵乘法中的作用类似于数 1 在实数运算中的作用.

由于 $(\lambda\boldsymbol{E}_n)\boldsymbol{A}_n=\lambda\boldsymbol{A}_n=\boldsymbol{A}_n(\lambda\boldsymbol{E}_n)$，可知数量矩阵 $\lambda\boldsymbol{E}$ 与任何同阶方阵都是可交换的.

(2)例 7 表明，两个非零矩阵相乘，结果可能是零矩阵. 故两个矩阵 $\boldsymbol{A}$ 与 $\boldsymbol{B}$ 满足 $\boldsymbol{AB}=\boldsymbol{O}$，不一定能推出 $\boldsymbol{A}=\boldsymbol{O}$ 或 $\boldsymbol{B}=\boldsymbol{O}$. 由此还可以得出矩阵乘法也不满足消去律，即若 $\boldsymbol{C}\neq\boldsymbol{O}$，当 $\boldsymbol{AC}=\boldsymbol{BC}$ 时，不一定有 $\boldsymbol{A}=\boldsymbol{B}$. 例如

$$\boldsymbol{A}=\begin{bmatrix}1&2\\0&3\end{bmatrix},\boldsymbol{B}=\begin{bmatrix}1&0\\0&4\end{bmatrix},\boldsymbol{C}=\begin{bmatrix}1&1\\0&0\end{bmatrix}$$

$$\boldsymbol{AC}=\begin{bmatrix}1&2\\0&3\end{bmatrix}\begin{bmatrix}1&1\\0&0\end{bmatrix}=\begin{bmatrix}1&1\\0&0\end{bmatrix},\boldsymbol{BC}=\begin{bmatrix}1&0\\0&4\end{bmatrix}\begin{bmatrix}1&1\\0&0\end{bmatrix}=\begin{bmatrix}1&1\\0&0\end{bmatrix}.$$

(3)矩阵乘法虽不满足交换律，但满足下列结合律和分配律(假设所有运算都是可行的)：

①结合律. $(\boldsymbol{AB})\boldsymbol{C}=\boldsymbol{A}(\boldsymbol{BC})$；

②分配律. $(\boldsymbol{A}+\boldsymbol{B})\boldsymbol{C}=\boldsymbol{AC}+\boldsymbol{BC}$，$\boldsymbol{C}(\boldsymbol{A}+\boldsymbol{B})=\boldsymbol{CA}+\boldsymbol{CB}$；

③$\lambda(\boldsymbol{AB})=(\lambda\boldsymbol{A})\boldsymbol{B}=\boldsymbol{A}(\lambda\boldsymbol{B})$(其中 λ 为常数).

如果 $\boldsymbol{A}=\mathrm{diag}\,(a_{11},a_{12},\cdots,a_{nn})$，$\boldsymbol{B}=\mathrm{diag}\,(b_{11},b_{12},\cdots,b_{nn})$ 均为 n 阶对角矩阵，则 $\boldsymbol{AB}=\mathrm{diag}\,(a_{11}b_{11},a_{12}b_{12},\cdots,a_{nn}b_{nn})$. 即对角矩阵相乘，只需要把对角线上的对应元素相乘.

有了矩阵的乘法，就可以定义**方阵的正整数次幂**.

设 $\boldsymbol{A}$ 为 n 阶方阵，定义

$$\boldsymbol{A}^1=\boldsymbol{A},\boldsymbol{A}^2=\boldsymbol{A}\cdot\boldsymbol{A},\cdots,\boldsymbol{A}^{k+l}=\boldsymbol{A}^k\cdot\boldsymbol{A}^l,\cdots.$$

其中 k 为正整数. 换句话说，$\boldsymbol{A}^k$ 就是 k 个 $\boldsymbol{A}$ 连乘. 显然，只有方阵的幂才有意义.

易知 $\boldsymbol{E}^k=\boldsymbol{E}$. 若 $\boldsymbol{\Lambda}=\mathrm{diag}\ (\lambda_1,\lambda_2,\cdots,\lambda_n)$ 为对角矩阵，则

$$\boldsymbol{\Lambda}^k=\mathrm{diag}\ (\lambda_1^k,\lambda_2^k,\cdots,\lambda_n^k).$$

规定 $\boldsymbol{A}^0=\boldsymbol{E}_n$. 由乘法的结合律，不难验证

$$\boldsymbol{A}^k\boldsymbol{A}^l=\boldsymbol{A}^{k+l},(\boldsymbol{A}^k)^l=\boldsymbol{A}^{kl}$$

其中 k,l 为正整数.

因为矩阵的乘法一般不满足交换律，因此对于两个方阵 $\boldsymbol{A}$ 与 $\boldsymbol{B}$，一般而言，$(\boldsymbol{AB})^m\neq\boldsymbol{A}^m\boldsymbol{B}^m$. 类似的，$(\boldsymbol{A}+\boldsymbol{B})^2\neq\boldsymbol{A}^2+2\boldsymbol{AB}+\boldsymbol{B}^2$，$(\boldsymbol{A}+\boldsymbol{B})(\boldsymbol{A}-\boldsymbol{B})\neq\boldsymbol{A}^2-\boldsymbol{B}^2$ 以及二项展开式 $(\boldsymbol{A}+\boldsymbol{B})^n=\sum\limits_{i=0}^{n}\boldsymbol{C}_n^i\boldsymbol{A}^{n-i}\boldsymbol{B}^i$ 等公式，只有当 $\boldsymbol{A}$ 与 $\boldsymbol{B}$ 可交换时才成立.

此外，由 $\boldsymbol{A}^2=\boldsymbol{O}$ 一般不能推出 $\boldsymbol{A}=\boldsymbol{O}$. 例如，取 $\boldsymbol{A}=\begin{bmatrix}0&1\\0&0\end{bmatrix}$，$\boldsymbol{A}^2=\begin{bmatrix}0&0\\0&0\end{bmatrix}$.

在定义了方阵的幂之后，我们可以来定义矩阵多项式.

定义 8-4 设 $f(x)=a_mx^m+a_{m-1}x^{m-1}+\cdots+a_1x+a_0$ 为 x 的 m 次多项式，对 n 阶方阵 $\boldsymbol{A}$，记

$$f(\boldsymbol{A})=a_m\boldsymbol{A}^m+a_{m-1}\boldsymbol{A}^{m-1}+\cdots+a_1\boldsymbol{A}+a_0\boldsymbol{E}$$

称 $f(\boldsymbol{A})$ 为**矩阵 A** 的 m 次多项式.

它具有以下性质：

性质 1 矩阵 $\boldsymbol{A}$ 任何两个矩阵多项式可交换；

性质 2 如果 $\Lambda=\mathrm{diag}\ (\lambda_1,\lambda_2,\cdots,\lambda_n)$，则 $f(\boldsymbol{\Lambda})=\mathrm{diag}\ (f(\lambda_1),f(\lambda_2),\cdots,f(\lambda_n))$.

【例 8】 设 $f(x)=x^n+2x^2+1$，$\boldsymbol{A}=\begin{bmatrix}1&1\\0&1\end{bmatrix}$，求 $f(\boldsymbol{A})$.

解 $f(\boldsymbol{A})=\boldsymbol{A}^n+2\boldsymbol{A}^2+\boldsymbol{E}$.

因为 $\boldsymbol{A}^2=\boldsymbol{AA}=\begin{bmatrix}1&1\\0&1\end{bmatrix}\begin{bmatrix}1&1\\0&1\end{bmatrix}=\begin{bmatrix}1&2\\0&1\end{bmatrix}$，用数学归纳法，设

$$\boldsymbol{A}^{n-1}=\begin{bmatrix}1&n-1\\0&1\end{bmatrix}$$

则

$$\boldsymbol{A}^n=\boldsymbol{A}^{n-1}\boldsymbol{A}=\begin{bmatrix}1&n-1\\0&1\end{bmatrix}\begin{bmatrix}1&1\\0&1\end{bmatrix}=\begin{bmatrix}1&n\\0&1\end{bmatrix}$$

故

$$f(\boldsymbol{A})=\begin{bmatrix}1&n\\0&1\end{bmatrix}+\begin{bmatrix}2&4\\0&2\end{bmatrix}+\begin{bmatrix}1&0\\0&1\end{bmatrix}=\begin{bmatrix}4&n+4\\0&4\end{bmatrix}$$

三、矩阵的转置

定义 8-5 把一个 $m\times n$ 矩阵 $\boldsymbol{A}$ 的行换成同序数的列，所得到的 $n\times m$ 矩阵称为 $\boldsymbol{A}$ 的**转置矩阵**，简称 $\boldsymbol{A}$ 的转置，记作 $\boldsymbol{A}^{\mathrm{T}}$. 即如果

$$A=\begin{bmatrix}a_{11} & a_{12} & \cdots & a_{1n}\\ a_{21} & a_{22} & \cdots & a_{2n}\\ \vdots & \vdots & & \vdots\\ a_{m1} & a_{m2} & \cdots & a_{mn}\end{bmatrix},\text{则 } A^{T}=\begin{bmatrix}a_{11} & a_{21} & \cdots & a_{m1}\\ a_{12} & a_{22} & \cdots & a_{m2}\\ \vdots & \vdots & & \vdots\\ a_{1n} & a_{2n} & \cdots & a_{mn}\end{bmatrix}$$

例如,设 $A=\begin{bmatrix}1 & 2 & -1\\ 3 & 0 & 1\end{bmatrix}$,则 $A^{T}=\begin{bmatrix}1 & 3\\ 2 & 0\\ -1 & 1\end{bmatrix}$.

矩阵的转置也是一种运算,满足如下运算规律(假设运算都是可行的):

(1) $(A^{T})^{T}=A$;

(2) $(A+B)^{T}=A^{T}+B^{T}$;

(3) $(\lambda A)^{T}=\lambda A^{T}$,其中 λ 为任意数;

(4) $(AB)^{T}=B^{T}A^{T}$.

证明 规律(1)~(3)是显然的,这里仅给出规律(4)的证明.

设 $A=(a_{ij})_{m\times s}$,$B=(b_{ij})_{s\times n}$,记

$$AB=C=(c_{ij})_{m\times n},B^{T}A^{T}=D=(d_{ij})_{n\times m}$$

于是按照矩阵乘法的定义,有 $c_{ji}=\sum_{k=1}^{s}a_{jk}b_{ki}$.

而 B^{T} 的第 i 行为 $(b_{1i},b_{2i},\cdots,b_{si})$,而 A^{T} 的第 j 列为 $(a_{j1},a_{j2},\cdots,a_{js})^{T}$,因此 $c_{ji}=\sum_{k=1}^{s}a_{jk}b_{ki}$,

$d_{ij}=\sum_{k=1}^{s}b_{ki}a_{jk}$,所以 $d_{ij}=c_{ji}(i=1,2,\cdots,n;j=1,2,\cdots,m)$,即 $D=C^{T}$,亦即 $B^{T}A^{T}=(AB)^{T}$.

根据数学归纳法,规律(4)可以推广到多个矩阵相乘的情况,即

$$(A_1A_2\cdots A_n)^{T}=A_n^{T}\cdots A_2^{T}A_1^{T}.$$

【例 9】 设 $A=\begin{bmatrix}2 & 0 & -1\\ 1 & 3 & 2\end{bmatrix}$,$B=\begin{bmatrix}1 & 7 & -1\\ 4 & 2 & 3\\ 2 & 0 & 1\end{bmatrix}$,求 $(AB)^{T}$.

解法 1 先求矩阵的乘积 AB,再求其转置.

$$AB=\begin{bmatrix}2 & 0 & -1\\ 1 & 3 & 2\end{bmatrix}\begin{bmatrix}1 & 7 & -1\\ 4 & 2 & 3\\ 2 & 0 & 1\end{bmatrix}=\begin{bmatrix}0 & 14 & -3\\ 17 & 13 & 10\end{bmatrix},[AB]^{T}=\begin{bmatrix}0 & 17\\ 14 & 13\\ -3 & 10\end{bmatrix}.$$

解法 2 $(AB)^{T}=B^{T}A^{T}=\begin{bmatrix}1 & 4 & 2\\ 7 & 2 & 0\\ -1 & 3 & 1\end{bmatrix}\begin{bmatrix}2 & 1\\ 0 & 3\\ -1 & 2\end{bmatrix}=\begin{bmatrix}0 & 17\\ 14 & 13\\ -3 & 10\end{bmatrix}$.

拓展:矩阵乘法练习

定义 8-6 设 A 为 n 阶方阵,如果 $A^{T}=A$,即 $a_{ij}=a_{ji}(i,j=1,2,\cdots,n)$,那么称 A 为 n **阶对称矩阵**.如果 $A^{T}=-A$,即 $a_{ij}=-a_{ji}(i,j=1,2,\cdots,n)$,那么称 A 为 n **阶反对称矩阵**.

易见,对称矩阵的特点是:它的元素以主对角线为对称轴对应相等.例如 $A=\begin{bmatrix}1 & 2 & 3\\ 2 & 3 & 2\\ 3 & 2 & 1\end{bmatrix}$,$B=\begin{bmatrix}1 & 0 & 0\\ 0 & 2 & 0\\ 0 & 0 & 3\end{bmatrix}$,$E_n$ 等均是对称矩阵.反对称矩阵的特点是主对角线上的元素一定都是0,且以主对角线为对称轴对应元素互为相反数.例如

$$A=\begin{bmatrix}0 & 1 & 2\\ -1 & 0 & 3\\ -2 & -3 & 0\end{bmatrix}$$

是一个 3 阶反对称矩阵

【例 10】 设 $\boldsymbol{B}$ 是 $m\times n$ 矩阵,证明:$\boldsymbol{A}^{\mathrm{T}}\boldsymbol{A}$ 是 n 阶对称矩阵,$\boldsymbol{A}\boldsymbol{A}^{\mathrm{T}}$ 是 m 阶对称矩阵.

证明 设 $\boldsymbol{A}^{\mathrm{T}}$ 是 $n\times m$ 矩阵,由 $(\boldsymbol{A}^{\mathrm{T}}\boldsymbol{A})^{\mathrm{T}}=(\boldsymbol{A})^{\mathrm{T}}(\boldsymbol{A}^{\mathrm{T}})^{\mathrm{T}}=\boldsymbol{A}^{\mathrm{T}}\boldsymbol{A}$,知 $\boldsymbol{A}^{\mathrm{T}}\boldsymbol{A}$ 是 n 阶对称矩阵. 由 $(\boldsymbol{A}\boldsymbol{A}^{\mathrm{T}})^{\mathrm{T}}=(\boldsymbol{A}^{\mathrm{T}})^{\mathrm{T}}(\boldsymbol{A})^{\mathrm{T}}=\boldsymbol{A}\boldsymbol{A}^{\mathrm{T}}$,知 $\boldsymbol{A}\boldsymbol{A}^{\mathrm{T}}$ 是 m 阶对称矩阵.

【例 11】 设 $\boldsymbol{A},\boldsymbol{B}$ 都是 n 阶对称矩阵,证明 $\boldsymbol{AB}$ 是对称矩阵的充分必要条件是 $\boldsymbol{AB}=\boldsymbol{BA}$.

证明 若 $\boldsymbol{AB}=\boldsymbol{BA}$,由条件 $\boldsymbol{A}^{\mathrm{T}}=\boldsymbol{A},\boldsymbol{B}^{\mathrm{T}}=\boldsymbol{B}$ 可得,$(\boldsymbol{AB})^{\mathrm{T}}=\boldsymbol{B}^{\mathrm{T}}\boldsymbol{A}^{\mathrm{T}}=(\boldsymbol{BA})=\boldsymbol{AB}$,即 $\boldsymbol{AB}$ 是对称矩阵;反之,若 $\boldsymbol{AB}$ 是对称矩阵,即 $\boldsymbol{AB}=(\boldsymbol{AB})^{\mathrm{T}}=\boldsymbol{B}^{\mathrm{T}}\boldsymbol{A}^{\mathrm{T}}=\boldsymbol{BA}$,所以 $\boldsymbol{AB}=\boldsymbol{BA}$.

数学先驱:凯莱

习题 8-1

1. 某厂生产五种产品,1 月份到 3 月份的产品数量与单位价格见表 8-1-4.

表 8-1-4　产品数量与单位价格

产品 / 生产数量(台) / 月份	Ⅰ	Ⅱ	Ⅲ	Ⅳ	Ⅴ
1 月份	50	30	25	10	5
2 月份	30	60	25	20	10
3 月份	50	60	0	25	5
单位价格(万元)	0.95	1.2	2.35	3	5.2

(1)做矩阵 $\boldsymbol{A}=(a_{ij})_{3\times5}$,$a_{ij}$ 表示 i 月份生产 j 种产品的数量;做矩阵 $\boldsymbol{B}=(b_j)_{5\times1}$,$b_j$ 表示第 j 种产品的单位价格;计算该厂各月份的总产值.

(2)做矩阵 $\boldsymbol{A}^{\mathrm{T}}=(a_{ji})_{5\times3}$,$a_{ji}$ 表示 i 月份生产 j 种产品的数量;做矩阵 $\boldsymbol{B}^{\mathrm{T}}=(b_j)_{1\times5}$,$b_j$ 表示第 j 种产品的单位价格;计算该厂各月份的总产值.

2. 设矩阵 $\boldsymbol{A}=\begin{bmatrix}-2 & 4\\ 1 & -2\end{bmatrix}$,$\boldsymbol{B}=\begin{bmatrix}2 & 4\\ -3 & -6\end{bmatrix}$,求 $3\boldsymbol{A}-2\boldsymbol{B}$,$\boldsymbol{AB}-\boldsymbol{BA}$.

3. 计算下列矩阵的乘积.

(1) $\begin{bmatrix}1 & -2 & -3\\ 2 & -1 & 0\end{bmatrix}\begin{bmatrix}2 & 3 & 1\\ 1 & -2 & 0\\ 3 & 1 & 2\end{bmatrix}$;　　(2) $\begin{bmatrix}4 & 3 & 1\\ 1 & -2 & 3\\ 5 & 7 & 0\end{bmatrix}\begin{bmatrix}7\\ 2\\ 1\end{bmatrix}$.

4. 举反例说明下列命题是错误的.

(1) $\boldsymbol{AB}=\boldsymbol{BA}$.

(2) $(\boldsymbol{A}+\boldsymbol{B})(\boldsymbol{A}-\boldsymbol{B})=\boldsymbol{A}^2-\boldsymbol{B}^2$.

(3) $\boldsymbol{AB}=\boldsymbol{O}$,则 $\boldsymbol{A}=\boldsymbol{O}$,或 $\boldsymbol{B}=\boldsymbol{O}$.

(4)若 $\boldsymbol{AX}=\boldsymbol{AY}$,且 $\boldsymbol{A}\neq\boldsymbol{O}$,则 $\boldsymbol{X}=\boldsymbol{Y}$.

(5) $\boldsymbol{A}^2=\boldsymbol{O}$,则 $\boldsymbol{A}=\boldsymbol{O}$.

5. 已知方阵 $\boldsymbol{A},\boldsymbol{B}$ 满足 $\boldsymbol{A}^2=\boldsymbol{A}$，$(\boldsymbol{A}+\boldsymbol{B})^2=\boldsymbol{A}^2+\boldsymbol{B}^2$，证明 $\boldsymbol{AB}=\boldsymbol{O}$.

8.2 可逆矩阵

由 8.1 节可知，矩阵与数相仿，有加法、减法、乘法三种运算. 矩阵的乘法是否也与数的乘法一样有逆运算？这将是本节所要讨论的问题.

一、可逆矩阵及其判定

易知，对于任意的 n 阶方阵 $\boldsymbol{A}$ 有

$$\boldsymbol{AE}=\boldsymbol{EA}=\boldsymbol{A}.$$

因此，从乘法的角度看，n 阶单位矩阵在 n 阶方阵中的地位类似于 1 在数中的地位. 一个非零数 a 的“逆”$a^{-1}=\frac{1}{a}(a\neq 0)$满足 $a\cdot a^{-1}=a^{-1}\cdot a=1$. 相仿地，引入逆矩阵的定义.

定义 8-7 对于一个 n 阶方阵 $\boldsymbol{A}$，如果存在 n 阶方阵 $\boldsymbol{B}$，使得

$$\boldsymbol{AB}=\boldsymbol{BA}=\boldsymbol{E},$$

则称矩阵 $\boldsymbol{A}$ 是**可逆的**，并把矩阵 $\boldsymbol{B}$ 称为 $\boldsymbol{A}$ 的**逆矩阵**，记作 $\boldsymbol{A}^{-1}=\boldsymbol{B}$.

注意：不是所有的方阵都是可逆的，不可逆方阵有时称为**奇异(退化)矩阵**，而可逆矩阵有时也称为**非奇异(非退化)矩阵**.

定理 8-1 如果矩阵 $\boldsymbol{A}$ 是可逆的，则 $\boldsymbol{A}$ 的逆矩阵是唯一的.

证明 若 $\boldsymbol{B},\boldsymbol{C}$ 都是 $\boldsymbol{A}$ 的逆矩阵，则由逆矩阵的定义可得

$$\boldsymbol{AB}=\boldsymbol{BA}=\boldsymbol{E},\boldsymbol{AC}=\boldsymbol{CA}=\boldsymbol{E}.$$

从而

$$\boldsymbol{B}=\boldsymbol{BE}=\boldsymbol{B}(\boldsymbol{AC})=(\boldsymbol{BA})\boldsymbol{C}=\boldsymbol{EC}=\boldsymbol{C}.$$

由此，可将 $\boldsymbol{A}$ 的唯一逆矩阵记为 $\boldsymbol{B}=\boldsymbol{A}^{-1}$，即有 $\boldsymbol{AA}^{-1}=\boldsymbol{A}^{-1}\boldsymbol{A}=\boldsymbol{E}$.

由定义 8-7 可知，当 $\boldsymbol{A}$ 可逆时，矩阵 $\boldsymbol{B}=\boldsymbol{A}^{-1}$ 也可逆，并且 $\boldsymbol{B}^{-1}=(\boldsymbol{A}^{-1})^{-1}=\boldsymbol{A}$. 也就是说，矩阵 $\boldsymbol{A}$ 与 $\boldsymbol{B}$ 互为逆矩阵.

推论 设 $\boldsymbol{A}$、$\boldsymbol{B}$ 均为 n 阶方阵，若 $\boldsymbol{AB}=\boldsymbol{E}$(或 $\boldsymbol{BA}=\boldsymbol{E}$)，则 $\boldsymbol{A}$、$\boldsymbol{B}$ 均为可逆矩阵，且 $\boldsymbol{B}=\boldsymbol{A}^{-1}$.

【例 1】 设 $\boldsymbol{A}$ 为 n 阶方阵，证明以下命题：

(1)零矩阵是不可逆的.

(2)如果矩阵 $\boldsymbol{A}$ 中有某一行元素全为零，则 $\boldsymbol{A}$ 不可逆.

(3)对角矩阵 $\boldsymbol{\Lambda}=\mathrm{diag}\,(\lambda_1,\lambda_2,\cdots,\lambda_n)$是可逆的，这里 $\lambda_i\neq 0(i=1,2,\cdots,n)$且

$$\boldsymbol{\Lambda}^{-1}=\mathrm{diag}\,(\lambda_1^{-1},\lambda_2^{-1},\cdots,\lambda_n^{-1})$$

证明 (1)因为对任何矩阵 $\boldsymbol{B}$，有 $\boldsymbol{OB}=\boldsymbol{BO}=\boldsymbol{O}$，即不存在矩阵 $\boldsymbol{B}$，使得 $\boldsymbol{OB}=\boldsymbol{E}$，所以零矩阵不可逆.

(2)设矩阵 $\boldsymbol{A}$ 的第 i 行元素全为零，则在满足矩阵乘法的前提条件下，对任意的矩阵 $\boldsymbol{B}$，由矩阵乘法的定义可知，$\boldsymbol{AB}$ 的第 i 行全为零，即不存在矩阵 $\boldsymbol{B}$，使得 $\boldsymbol{AB}=\boldsymbol{E}$，因此 $\boldsymbol{A}$ 不可逆.

(3)因为

$$\begin{bmatrix} \lambda_1 & 0 & 0 & 0 \\ 0 & \lambda_2 & 0 & 0 \\ \vdots & \vdots & \vdots & \vdots \\ 0 & 0 & 0 & \lambda_n \end{bmatrix}\begin{bmatrix} \lambda_1^{-1} & 0 & 0 & 0 \\ 0 & \lambda_2^{-1} & 0 & 0 \\ \vdots & \vdots & \vdots & \vdots \\ 0 & 0 & 0 & \lambda_n^{-1} \end{bmatrix}=\begin{bmatrix} 1 & 0 & 0 & 0 \\ 0 & 1 & 0 & 0 \\ \vdots & \vdots & \vdots & \vdots \\ 0 & 0 & 0 & 1 \end{bmatrix}$$

故 $\boldsymbol{\Lambda}^{-1}=\operatorname{diag}(\lambda_1^{-1},\lambda_2^{-1},\cdots,\lambda_n^{-1})$

【例 2】 若 n 阶矩阵 $\boldsymbol{A}$ 满足方程 $\boldsymbol{A}^2-\boldsymbol{A}-2\boldsymbol{E}=\boldsymbol{O}$，证明 $\boldsymbol{A}+2\boldsymbol{E}$ 可逆，并求 $(\boldsymbol{A}+2\boldsymbol{E})^{-1}$.

证明 由 $\boldsymbol{A}^2-\boldsymbol{A}-2\boldsymbol{E}=\boldsymbol{O}$ 可得 $\boldsymbol{A}^2-\boldsymbol{A}-6\boldsymbol{E}=-4\boldsymbol{E}$，再将等式左边因式分解，可得

$$(\boldsymbol{A}+2\boldsymbol{E})(\boldsymbol{A}-3\boldsymbol{E})=-4\boldsymbol{E},$$

即

$$(\boldsymbol{A}+2\boldsymbol{E})\left(\frac{3\boldsymbol{E}-\boldsymbol{A}}{4}\right)=\boldsymbol{E}.$$

同时易得

$$\left(\frac{3\boldsymbol{E}-\boldsymbol{A}}{4}\right)(\boldsymbol{A}+2\boldsymbol{E})=\boldsymbol{E}$$

从而 $\boldsymbol{A}+2\boldsymbol{E}$ 可逆，且

$$(\boldsymbol{A}+2\boldsymbol{E})^{-1}=\frac{3\boldsymbol{E}-\boldsymbol{A}}{4}.$$

解析：抽象矩阵方程求逆矩阵

二、可逆矩阵的运算性质

方阵的逆矩阵满足下列运算规律：

性质 1 若 n 阶方阵 $\boldsymbol{A}$ 可逆，则 $\boldsymbol{A}^{-1}$ 也可逆，且 $(\boldsymbol{A}^{-1})^{-1}=\boldsymbol{A}$.

性质 2 若 $\boldsymbol{A}$ 可逆，数 $\lambda\neq0$，则 $\boldsymbol{A}$ 也可逆，且 $(\lambda\boldsymbol{A})^{-1}=\frac{1}{\lambda}\boldsymbol{A}^{-1}$.

证明 因为 $(\lambda\boldsymbol{A})\left(\frac{1}{\lambda}\boldsymbol{A}^{-1}\right)=\left(\lambda\frac{1}{\lambda}\right)\boldsymbol{A}\boldsymbol{A}^{-1}=\boldsymbol{E}$，由定义 8-7 及推论可知 $\lambda\boldsymbol{A}$ 可逆，并且 $(\lambda\boldsymbol{A})^{-1}=\frac{1}{\lambda}\boldsymbol{A}^{-1}$.

性质 3 若 $\boldsymbol{A},\boldsymbol{B}$ 为同阶方阵且均可逆，则 $\boldsymbol{AB}$ 亦可逆，且 $(\boldsymbol{AB})^{-1}=\boldsymbol{B}^{-1}\boldsymbol{A}^{-1}$.

证明 因为 $(\boldsymbol{AB})(\boldsymbol{B}^{-1}\boldsymbol{A}^{-1})=\boldsymbol{A}(\boldsymbol{BB}^{-1})\boldsymbol{A}^{-1}=\boldsymbol{AEA}^{-1}=\boldsymbol{E}$.

由定义 8-7 及推论可知，$\boldsymbol{AB}$ 可逆，并且 $(\boldsymbol{AB})^{-1}=\boldsymbol{B}^{-1}\boldsymbol{A}^{-1}$.

此性质可以推广到多个可逆矩阵相乘的情况，即如果 n 阶矩阵 $\boldsymbol{A}_1,\boldsymbol{A}_2,\cdots,\boldsymbol{A}_m$ 都可逆，则 $\boldsymbol{A}_1\boldsymbol{A}_2\cdots\boldsymbol{A}_m$ 也可逆，$(\boldsymbol{A}_1\boldsymbol{A}_2\cdots\boldsymbol{A}_m)^{-1}=\boldsymbol{A}_m^{-1}\cdots\boldsymbol{A}_2^{-1}\boldsymbol{A}_1^{-1}$.

性质 4 若 $\boldsymbol{A}$ 可逆，则 $\boldsymbol{A}^{\mathrm{T}}$ 亦可逆，且 $(\boldsymbol{A}^{\mathrm{T}})^{-1}=(\boldsymbol{A}^{-1})^{\mathrm{T}}$.

证明 因为 $(\boldsymbol{A}^{\mathrm{T}})(\boldsymbol{A}^{-1})^{\mathrm{T}}=(\boldsymbol{A}^{-1}\boldsymbol{A})^{\mathrm{T}}=\boldsymbol{E}^{\mathrm{T}}=\boldsymbol{E}$，$(\boldsymbol{A}^{-1})^{\mathrm{T}}(\boldsymbol{A}^{\mathrm{T}})=(\boldsymbol{AA}^{-1})^{\mathrm{T}}=\boldsymbol{E}^{\mathrm{T}}=\boldsymbol{E}$，由定义 8-7 可知矩阵 $\boldsymbol{A}^{\mathrm{T}}$ 可逆，并且 $(\boldsymbol{A}^{\mathrm{T}})^{-1}=(\boldsymbol{A}^{-1})^{\mathrm{T}}$.

可逆矩阵可以用来求解矩阵方程. 对于形如

$$\boldsymbol{AX}=\boldsymbol{B},\boldsymbol{XA}=\boldsymbol{B},\boldsymbol{AXB}=\boldsymbol{C}.$$

的标准矩阵方程，其中 $\boldsymbol{A},\boldsymbol{B},\boldsymbol{C}$ 均为可逆矩阵，$\boldsymbol{X}$ 为未知矩阵，通过在方程两边左乘或右乘相应矩阵的逆矩阵，可求出其解为

$$\boldsymbol{X}=\boldsymbol{A}^{-1}\boldsymbol{B},\boldsymbol{X}=\boldsymbol{BA}^{-1},\boldsymbol{X}=\boldsymbol{A}^{-1}\boldsymbol{CB}^{-1}.$$

如何求逆矩阵？这个问题将在接下来的章节予以阐述.

习题 8-2

1. $\boldsymbol{A},\boldsymbol{B},\boldsymbol{C}$ 为同阶矩阵，$\boldsymbol{A}$ 可逆，则下列命题正确的是(　　).

A. 若 $\boldsymbol{BA}=\boldsymbol{O}$，则 $\boldsymbol{B}=\boldsymbol{O}$　　B. 若 $\boldsymbol{BA}=\boldsymbol{BC}$，则 $\boldsymbol{A}=\boldsymbol{C}$

C. 若 $\boldsymbol{AB}=\boldsymbol{CB}$，则 $\boldsymbol{A}=\boldsymbol{C}$　　D. 若 $\boldsymbol{BC}=\boldsymbol{O}$，则 $\boldsymbol{B}=\boldsymbol{O}$ 或 $\boldsymbol{C}=\boldsymbol{O}$

2. 设 $\boldsymbol{A}=\begin{bmatrix}1&&&\\&2&&\\&&3&\\&&&4\end{bmatrix}$，求 $\boldsymbol{A}^{-1}$.

3. 设 $\boldsymbol{A}^2+\boldsymbol{A}-4\boldsymbol{E}=\boldsymbol{O}$，其中 $\boldsymbol{E}$ 为与 $\boldsymbol{A}$ 同阶的单位矩阵，判断 $\boldsymbol{A}$ 与 $(\boldsymbol{A}-\boldsymbol{E})$ 是否可逆，若可逆，求出各自的逆矩阵.

4. 设 $\boldsymbol{A}^3-5\boldsymbol{A}+6\boldsymbol{E}=\boldsymbol{O}$，其中 $\boldsymbol{E}$ 为与 $\boldsymbol{A}$ 同阶的单位矩阵，判断 $\boldsymbol{A}$ 是否可逆，若可逆，求出逆矩阵.

8.3 矩阵的初等变换

一、线性方程组的消元法

在中学代数中，已经学过用消元法解二元或三元线性方程组，其基本思想是通过消元变换把方程组化成容易求解的同解方程组，但要求消元过程规范而又简便. 先看例子.

【例 1】 解线性方程组

$$\begin{cases}2x_1-x_2+3x_3=1\\4x_1+2x_2+5x_3=4\\2x_1+2x_3=6\end{cases}. \tag{8-3-1}$$

解 第二个方程减去第一个方程的 2 倍，第三个方程减去第一个方程，就变成了

$$\begin{cases}2x_1-x_2+3x_3=1\\4x_2-x_3=2\\x_2-x_3=5\end{cases}.$$

将上述第二个方程与第三个方程互换，即得

$$\begin{cases}2x_1-x_2+3x_3=1\\x_2-x_3=5\\4x_2-x_3=2\end{cases}.$$

将第三个方程减去第二个方程的 4 倍，得

$$\begin{cases}2x_1-x_2+3x_3=1\\x_2-x_3=5\\3x_3=-18\end{cases}.$$

将第三个方程两边乘$\frac{1}{3}$，

$$\begin{cases}2x_1-x_2+3x_3=1\\ \quad x_2-x_3=5\\ \quad\quad x_3=-6\end{cases} \tag{8-3-2}$$

将第一个方程加上第二个方程，得

$$\begin{cases}2x_1+2x_3=6\\ \quad x_2-x_3=5\\ \quad\quad x_3=-6\end{cases}.$$

将第一个方程减去第三个方程的 2 倍，第二个方程加上第三个方程，得

$$\begin{cases}2x_1=18\\ x_2=-1\\ x_3=-6\end{cases}.$$

将第一个方程两边乘$\frac{1}{2}$，

$$\begin{cases}x_1=9\\ x_2=-1\\ x_3=-6\end{cases}. \tag{8-3-3}$$

即

$$\begin{bmatrix}x_1\\x_2\\x_3\end{bmatrix}=\begin{bmatrix}9\\-1\\-6\end{bmatrix}.$$

上面的求解过程就是对方程组反复进行变换直至化为最简的过程．从式(8-3-1)到式(8-3-2)的过程称为**消元过程**，形如式(8-3-2)的方程组称为**阶梯形方程组**．从式(8-3-2)到式(8-3-3)的过程称为**回代过程**．

分析一下消元法，它实际上是对方程组进行了以下三种变换：

(1)交换两个方程的次序．

(2)用一个非零的常数乘某个方程．

(3)把一个方程的适当倍数加到另一个方程上．

定义 8-8 上述三种变换均称为线性方程组的初等变换．

定理 8-2 线性方程组的初等变换总是把方程组变成同解方程组．

二、矩阵的初等变换

定义 8-9 下列三种变换称为矩阵的**初等行变换**：

(1)对调矩阵中两行(对调第 i,j 两行，记作 $r_i\leftrightarrow r_j$)．

(2)以非零实数 k 乘矩阵中某一行的各元素(第 i 行乘以数 k，记作 $r_i\times k$)．

(3)把矩阵中某一行各元素的 k 倍加到另一行的对应元素上去(第 j 行的 k 倍加到第 i 行上，记作 r_i+kr_j)．

若将上述定义中的“行”换成“列”，称为矩阵的**初等列变换**．对应的初等列变换也有三种形式：

(1)对调矩阵中两列(对调第 i,j 两列，记作 $c_i\leftrightarrow c_j$)．

(2)以非零实数 k 乘矩阵中某一列的各元素(第 i 列乘以数 k 记作 $c_i\times k$)．

(3)把矩阵中某一列各元素的 k 倍加到另一列的对应元素上去(第 j 列的 k 倍加到第 i

列上，记作 c_i+kc_j).

矩阵的初等行变换和初等列变换，统称为矩阵的**初等变换**.

一般说来，一个矩阵经过初等变换后就化为了另一个矩阵. 例如，把矩阵

$$\boldsymbol{A}=\begin{bmatrix}1&0&2&1\\2&1&-1&2\\-1&4&1&3\end{bmatrix}$$

第一行各元素的(−2)倍加到第二行的对应元素上，就得到矩阵

$$\boldsymbol{B}=\begin{bmatrix}1&0&2&1\\0&1&-5&0\\-1&4&1&3\end{bmatrix}.$$

记为

$$\boldsymbol{A}\xrightarrow{r_2-2r_1}\boldsymbol{B}$$

注意这里变化的是第二行元素，第一行元素只作为参数不发生变化.

显然，初等变换是可逆的，其逆变换是同一类型的初等变换. 例如，初等变换 $r_i\leftrightarrow r_j$ $(c_i\leftrightarrow c_j)$ 的逆变换就是其自身；初等变换 $r_i\times k\,(c_i\times k)$ 的逆变换为 $r_i\times\frac{1}{k}\left(c_i\times\frac{1}{k}\right)$；初等变换 $r_i+kr_j\,(c_i+kc_j)$ 的逆变换为 $r_i-kr_j\,(c_i-kc_j)$.

定义 8-10 若矩阵 $\boldsymbol{A}$ 经过有限次的初等变换变成矩阵 $\boldsymbol{B}$，则称矩阵 $\boldsymbol{A}$ 与 $\boldsymbol{B}$ 等价，记为 $\boldsymbol{A}\sim\boldsymbol{B}$.

显然矩阵之间的等价关系具有下列性质：

性质 1 自反性：$\boldsymbol{A}\sim\boldsymbol{A}$.

性质 2 对称性：若 $\boldsymbol{A}\sim\boldsymbol{B}$，则 $\boldsymbol{B}\sim\boldsymbol{A}$.

性质 3 传递性：若 $\boldsymbol{A}\sim\boldsymbol{B}$，$\boldsymbol{B}\sim\boldsymbol{C}$，则 $\boldsymbol{A}\sim\boldsymbol{C}$.

如果一个矩阵中任一行从第一个元素至第一个非零元素为止下方全为零，则称此矩阵为**行阶梯形矩阵**. 例如

$$\begin{bmatrix}1&0&2&1\\0&0&-1&0\\0&0&0&4\end{bmatrix},\begin{bmatrix}0&1&2&1\\0&0&0&4\\0&0&0&0\end{bmatrix}.$$

其特点是：①可划出一条阶梯线，线的下方元素均为零；

②每层台阶只有一行，阶梯竖线后面的第一个元素不为零.

行阶梯形矩阵中每个非零行的第一个非零元素称为**非零首元**.

如果一个行阶梯形矩阵中非零首元都为 1，且其所在列的其他元素都为 0，则称此矩阵为**行最简形矩阵**，如

$$\begin{bmatrix}0&1&0&0\\0&0&1&0\\0&0&0&1\end{bmatrix},\begin{bmatrix}0&1&0&0\\0&0&1&2\\0&0&0&0\end{bmatrix}.$$

可以证明，对于任何一个矩阵，总可以经过有限次的初等行变换，把它化为行阶梯形矩阵，并进一步化为行最简形矩阵.

【例 2】 已知矩阵 $\boldsymbol{A}=\begin{bmatrix}2&-1&-1&1\\1&1&-2&1\\4&-6&2&-2\\3&6&-9&7\end{bmatrix}$,用初等行变换将其化为行阶梯形矩阵和行最简形矩阵.

解 对矩阵 $\boldsymbol{A}$ 做如下初等行变换:

$$\boldsymbol{A}=\begin{bmatrix}2&-1&-1&1\\1&1&-2&1\\4&-6&2&-2\\3&6&-9&7\end{bmatrix}\xrightarrow[r_3\times\frac{1}{2}]{r_1\leftrightarrow r_2}\begin{bmatrix}1&1&-2&1\\2&-1&-1&1\\2&-3&1&-1\\3&6&-9&7\end{bmatrix}\xrightarrow[\substack{r_3+r_1\times(-2)\\r_4+r_1\times(-3)}]{r_2+r_3\times(-1)}\begin{bmatrix}1&1&-2&1\\0&2&-2&2\\0&-5&5&-3\\0&3&-3&4\end{bmatrix}$$

$$\xrightarrow{r_2\times\frac{1}{2}}\begin{bmatrix}1&1&-2&1\\0&1&-1&1\\0&-5&5&-3\\0&3&-3&4\end{bmatrix}\xrightarrow[r_4+r_2\times(-3)]{r_3+r_2\times5}\begin{bmatrix}1&1&-2&1\\0&1&-1&1\\0&0&0&2\\0&0&0&1\end{bmatrix}$$

$$\xrightarrow[r_4+r_3\times(-2)]{r_3\leftrightarrow r_4}\begin{bmatrix}1&1&-2&1\\0&1&-1&1\\0&0&0&1\\0&0&0&0\end{bmatrix}=\boldsymbol{A}_1$$

$$\boldsymbol{A}_1\xrightarrow{r_1+r_2\times(-1)}\begin{bmatrix}1&0&-1&0\\0&1&-1&1\\0&0&0&1\\0&0&0&0\end{bmatrix}\xrightarrow{r_2+r_3\times(-1)}\begin{bmatrix}1&0&-1&0\\0&1&-1&0\\0&0&0&1\\0&0&0&0\end{bmatrix}=\boldsymbol{A}_2.$$

$\boldsymbol{A}_1,\boldsymbol{A}_2$ 分别为行阶梯形矩阵和行最简形矩阵.

利用初等行变换,可把矩阵化为行阶梯形矩阵和行最简形矩阵,在后续章节中会经常使用.对行最简形矩阵再施以初等列变换,可化成一种形状更简单的矩阵,如

$$\boldsymbol{A}_2=\begin{bmatrix}1&0&-1&0\\0&1&-1&0\\0&0&0&1\\0&0&0&0\end{bmatrix}\xrightarrow{c_3\leftrightarrow c_4}\begin{bmatrix}1&0&0&-1\\0&1&0&-1\\0&0&1&0\\0&0&0&0\end{bmatrix}\xrightarrow[c_4+c_2\times1]{c_4+c_1\times1}\left[\begin{array}{ccc:c}1&0&0&0\\0&1&0&0\\0&0&1&0\\\hdashline0&0&0&0\end{array}\right]=\boldsymbol{F}$$

定理 8-3 对于 $m\times n$ 矩阵 $\boldsymbol{A}$,总能经过有限次初等变换(行变换和列变换)将其化为形如

$$\boldsymbol{F}=\begin{pmatrix}\boldsymbol{E}_r&\boldsymbol{O}\\\boldsymbol{O}&\boldsymbol{O}\end{pmatrix}$$

的矩阵.这个矩阵 $\boldsymbol{F}$ 称为矩阵 $\boldsymbol{A}$ 的**标准形矩阵**.

证明 设 $\boldsymbol{A}=(a_{ij})_{m\times n}$.如果 $\boldsymbol{A}=\boldsymbol{O}$,则 $\boldsymbol{A}$ 已是等价标准形矩阵,结论成立.

如果 $\boldsymbol{A}\neq\boldsymbol{O}$,不妨设 $a_{11}\neq0$(若 $a_{11}=0$,则 $\boldsymbol{A}$ 中必存在一个 $a_{ij}\neq0$,经初等变换可将 a_{ij} 移至矩阵左上角位置),把第一行的 $\left(-\frac{a_{i1}}{a_{11}}\right)$ 倍加到第 i 行 $(i=2,3,\cdots,m)$,再把第一列的 $\left(-\frac{a_{1j}}{a_{11}}\right)$ 倍加到第 j 列 $(j=2,3,\cdots,n)$,用 $\frac{1}{a_{11}}$ 乘第一行,$\boldsymbol{A}$ 就变成

$$\begin{bmatrix}1&0&\cdots&0\\0&&&\\\vdots&&\boldsymbol{A}_1&\\0&&&\end{bmatrix}.$$

其中 $\boldsymbol{A}_1$ 是$(m-1)\times(n-1)$矩阵.对 $\boldsymbol{A}_1$ 重复上述过程,可得出所要的标准形矩阵.

易见 $\boldsymbol{F}$ 由 m,n,r 三个数完全确定,其中 r 为 $\boldsymbol{A}$ 的行阶梯形矩阵中非零行的行数.

【例 3】 求 $\boldsymbol{A}=\begin{bmatrix}1&2&2&1\\2&1&-2&-1\\1&-1&-4&-2\end{bmatrix}$ 的行阶梯形矩阵,行最简形矩阵及标准形矩阵.

解 $\boldsymbol{A}=\begin{bmatrix}1&2&2&1\\2&1&-2&-1\\1&-1&-4&-2\end{bmatrix}\xrightarrow[r_3-r_1]{r_2-2r_1}\begin{bmatrix}1&2&2&1\\0&-3&-6&-3\\0&-3&-6&-3\end{bmatrix}\xrightarrow{r_3-r_2}\begin{bmatrix}1&2&2&1\\0&-3&-6&-3\\0&0&0&0\end{bmatrix}=\boldsymbol{A}_1$,

$$\boldsymbol{A}_1\xrightarrow{r_2\times\left(-\frac{1}{3}\right)}\begin{bmatrix}1&2&2&1\\0&1&2&1\\0&0&0&0\end{bmatrix}\xrightarrow{r_1-2r_2}\begin{bmatrix}1&0&-2&-1\\0&1&2&1\\0&0&0&0\end{bmatrix}=\boldsymbol{A}_2,$$

$$\boldsymbol{A}_2\xrightarrow{\substack{c_3+2c_1\\c_3-2c_2\\c_4+c_1\\c_4-c_2}}\left[\begin{array}{cc:cc}1&0&0&0\\0&1&0&0\\\hdashline 0&0&0&0\end{array}\right]=\boldsymbol{F},$$

矩阵 $\boldsymbol{A}_1,\boldsymbol{A}_2,\boldsymbol{F}$ 分别是 $\boldsymbol{A}$ 的行阶梯形矩阵,行最简形矩阵和标准形矩阵.

三、利用初等变换求矩阵的逆矩阵

利用初等变换求矩阵的逆矩阵是一种非常简便和常用的方法.其具体做法是将 $\boldsymbol{A}$ 与 $\boldsymbol{E}$ 并排放在一起,构造 $n\times 2n$ 的矩阵$(\boldsymbol{A},\boldsymbol{E})$,然后对其进行初等行变换,如果能将左半部分 $\boldsymbol{A}$ 化为单位矩阵 $\boldsymbol{E}$,那么 $\boldsymbol{A}$ 矩阵可逆,并且同时右半部分的 $\boldsymbol{E}$ 就会在这个过程中化为 $\boldsymbol{A}^{-1}$.即

$$(\boldsymbol{A}\mid\boldsymbol{E})\xrightarrow{\text{初等行变换}}(\boldsymbol{E}\mid\boldsymbol{A}^{-1}).$$

这就是求逆矩阵的**初等变换法**.

【例 4】 设 $\boldsymbol{A}=\begin{bmatrix}1&2&3\\2&2&1\\3&4&3\end{bmatrix}$,求 $\boldsymbol{A}^{-1}$.

解 对矩阵$(\boldsymbol{A}\quad\boldsymbol{E})$做初等行变换

$$(\boldsymbol{A}\mid\boldsymbol{E})=\left[\begin{array}{ccc:ccc}1&2&3&1&0&0\\2&2&1&0&1&0\\3&4&3&0&0&1\end{array}\right]\xrightarrow[\boldsymbol{r}_3+\boldsymbol{r}_1\times(-3)]{\boldsymbol{r}_2+\boldsymbol{r}_1\times(-2)}\left[\begin{array}{ccc:ccc}1&2&3&1&0&0\\0&-2&-5&-2&1&0\\0&-2&-6&-3&0&1\end{array}\right]$$

$$\xrightarrow[\boldsymbol{r}_3+\boldsymbol{r}_2\times(-1)]{\boldsymbol{r}_1+\boldsymbol{r}_2\times 1}\left[\begin{array}{ccc:ccc}1&0&-2&-1&1&0\\0&-2&-5&-2&1&0\\0&0&-1&-1&-1&1\end{array}\right]$$

$$\xrightarrow[\boldsymbol{r}_2+\boldsymbol{r}_3\times(-5)]{\boldsymbol{r}_1+\boldsymbol{r}_3\times(-2)}\left[\begin{array}{ccc:ccc}1&0&0&1&3&-2\\0&-2&0&3&6&-5\\0&0&-1&-1&-1&1\end{array}\right]$$

解析：利用初等变换求逆矩阵

$$\xrightarrow[\boldsymbol{r}_3\times(-1)]{\boldsymbol{r}_2\times\left(-\frac{1}{2}\right)}\left[\begin{array}{ccc:ccc}1&0&0&1&3&-2\\0&1&0&-\frac{3}{2}&-3&\frac{5}{2}\\0&0&1&1&1&-1\end{array}\right].$$

因此

$$A^{-1}=\begin{bmatrix}1 & 3 & -2\\ -\frac{3}{2} & -3 & \frac{5}{2}\\ 1 & 1 & -1\end{bmatrix}.$$

初等变换还可以用于求解矩阵方程.

由矩阵组成的含有未知矩阵的等式称为矩阵方程,如以下形式的方程都是矩阵方程(假设运算可行):①$AX=B$;②$XA=B$;③$AXB=C$,其中A,B,C为已知矩阵,X为未知矩阵.

求解矩阵方程$AX=B$时,若A可逆,有两种解法.一种解法是先求出逆矩阵A^{-1},再求出$X=A^{-1}B$;另一种解法是采用类似初等行变换求矩阵的逆的方法,构造矩阵(A,B)对其施以初等行变换将矩阵A化为单位矩阵E,则上述初等行变换同时也将其中的单位矩阵B化为$A^{-1}B$,即

$$(A\ \vdots\ B)\xrightarrow{\text{初等行变换}}(E\ \vdots\ A^{-1}B).$$

【例5】 设矩阵A,B满足方程$AB=A+2B$,其中$A=\begin{bmatrix}3 & 0 & 1\\ 1 & 1 & 0\\ 0 & 1 & 4\end{bmatrix}$,求$B$.

解 方程改写为$(A-2E)B=A$,因为$A-2E=\begin{bmatrix}1 & 0 & 1\\ 1 & -1 & 0\\ 0 & 1 & 2\end{bmatrix}$,

$$(A-2E\quad A)=\left[\begin{array}{ccc:ccc}1 & 0 & 1 & 3 & 0 & 1\\ 1 & -1 & 0 & 1 & 1 & 0\\ 0 & 1 & 2 & 0 & 1 & 4\end{array}\right]\xrightarrow{r}\left[\begin{array}{ccc:ccc}1 & 0 & 0 & 5 & -2 & -2\\ 0 & 1 & 0 & 4 & -3 & -2\\ 0 & 0 & 1 & -2 & 2 & 3\end{array}\right],$$

因此,$A-2E$可逆,且$B=(A-2E)^{-1}A=\begin{bmatrix}5 & -2 & -2\\ 4 & -3 & -2\\ -2 & 2 & 3\end{bmatrix}$.

注意:(1)由于矩阵乘法一般不满足交换律,在例5中,B在A右边,将$AB=A+2B$改写成$AB-2B=A$,B提取后仍然在A右边,为$(A-2E)B=A$.若B在A左边,提取后仍然在A左边,为$BA-2B=B(A-2E)$.

(2)$AB-2B$提取B后,因为矩阵是表格,不能化为$(A-2)B$,而应是$(A-2E)B$.

习题 8-3

解析:利用初等变换求解矩阵方程

1.求下列矩阵的逆矩阵.

(1)$A=\begin{bmatrix}1 & 2\\ 2 & 5\end{bmatrix}$;　　(2)$A=\begin{bmatrix}1 & 0 & 1\\ 2 & 1 & 0\\ -3 & 2 & -5\end{bmatrix}$.

2.$AXB=C$,其中$A=\begin{bmatrix}1 & 4\\ -1 & 2\end{bmatrix}$,$B=\begin{bmatrix}2 & 0\\ -1 & 1\end{bmatrix}$,$C=\begin{bmatrix}3 & 1\\ 0 & -1\end{bmatrix}$,求$X$.

3.矩阵$A=\begin{bmatrix}4 & 2 & 3\\ 1 & 1 & 0\\ -1 & 2 & 3\end{bmatrix}$满足$AX=A+2X$,求$X$.

复习题 8

1. 某汽车公司下属的三个分公司 A,B,C 在 2019 年和 2020 年生产的四种不同类型轿车甲、乙、丙、丁的产量(单位:千辆)见表 1.

表 1　　2019 年和 2020 年三个分公司不同类型轿车产量表

产品 / 产量(千辆) / 公司	2019 年				2020 年			
	甲	乙	丙	丁	甲	乙	丙	丁
A	23	35	45	39	34	37	50	30
B	12	45	30	40	15	42	37	35
C	24	33	27	20	25	38	29	15

(1)做矩阵 $\boldsymbol{A}_{3\times4}$ 和 $\boldsymbol{B}_{3\times4}$ 分别表示三个分厂 2019 年和 2020 年各种类型轿车的产量.

(2)计算 $\boldsymbol{A}+\boldsymbol{B}$ 与 $\boldsymbol{B}-\boldsymbol{A}$,并说明其经济意义.

(3)计算 $\frac{1}{2}(\boldsymbol{A}+\boldsymbol{B})$,并说明其经济意义.

2. 设 $\boldsymbol{A}$ 为 n 阶方阵,以下命题正确的是(　　).

A. 若 $\boldsymbol{A}^2=\boldsymbol{O}$. 则 $\boldsymbol{A}=\boldsymbol{O}$　　B. $\boldsymbol{A}\cdot\boldsymbol{E}=\boldsymbol{E}\cdot\boldsymbol{A}=\boldsymbol{A}$

C. 若 $\boldsymbol{AX}=\boldsymbol{AY}$,且 $\boldsymbol{A}\neq\boldsymbol{O}$,则 $\boldsymbol{X}=\boldsymbol{Y}$　　D. 若 $\boldsymbol{A}^2=\boldsymbol{A}$. 则 $\boldsymbol{A}=\boldsymbol{O}$ 或 $\boldsymbol{A}=\boldsymbol{E}$

3. 设 $\boldsymbol{A},\boldsymbol{B}$ 均为 n 阶方阵,以下命题正确的是(　　).

A. $(\boldsymbol{A}-\boldsymbol{B})^2=\boldsymbol{A}^2-2\boldsymbol{AB}+\boldsymbol{B}^2$　　B. $(\boldsymbol{A}-\boldsymbol{B})(\boldsymbol{A}+\boldsymbol{B})=\boldsymbol{A}^2-\boldsymbol{B}^2$

C. $(\boldsymbol{A}-\boldsymbol{E})(\boldsymbol{A}+\boldsymbol{E})=\boldsymbol{A}^2-\boldsymbol{E}$　　D. $(\boldsymbol{AB})^2=\boldsymbol{A}^2\boldsymbol{B}^2$

4. 设 $\boldsymbol{A}^2-3\boldsymbol{A}+2\boldsymbol{E}=\boldsymbol{O}$,其中 $\boldsymbol{E}$ 为与 $\boldsymbol{A}$ 同阶的单位矩阵,判断 $\boldsymbol{A}$ 与 $(\boldsymbol{A}+3\boldsymbol{E})$ 是否可逆,若可逆求出各自的逆矩阵.

5. 将矩阵 $\begin{bmatrix}1&2&3\\1&1&4\\2&3&2\end{bmatrix}$ 化为行阶梯形矩阵,行最简形矩阵,标准形矩阵.

6. 将矩阵 $\begin{bmatrix}1&1&1&4&-3\\2&1&3&5&-5\\1&-1&3&-2&-1\\3&1&5&6&-6\end{bmatrix}$ 化为行阶梯形矩阵,行最简形矩阵,标准形矩阵.

7. 利用矩阵的初等变换,求矩阵 $\begin{bmatrix}3&2&1\\3&1&5\\3&2&3\end{bmatrix}$ 的逆矩阵.

8. 求解矩阵方程 $\begin{bmatrix}1&2&3\\3&1&2\\2&3&1\end{bmatrix}\boldsymbol{X}=\begin{bmatrix}2&2&0\\4&1&2\\0&3&4\end{bmatrix}$.

9. 若 $\boldsymbol{A}=\begin{bmatrix}0&-1&0\\-1&1&1\\2&2&2\end{bmatrix}$,$\boldsymbol{B}=\begin{bmatrix}1&0&2\\1&-1&-1\\-1&2&0\end{bmatrix}$,且 $\boldsymbol{AX}=2\boldsymbol{X}+\boldsymbol{B}$,求矩阵 $\boldsymbol{X}$.

本章思维导图

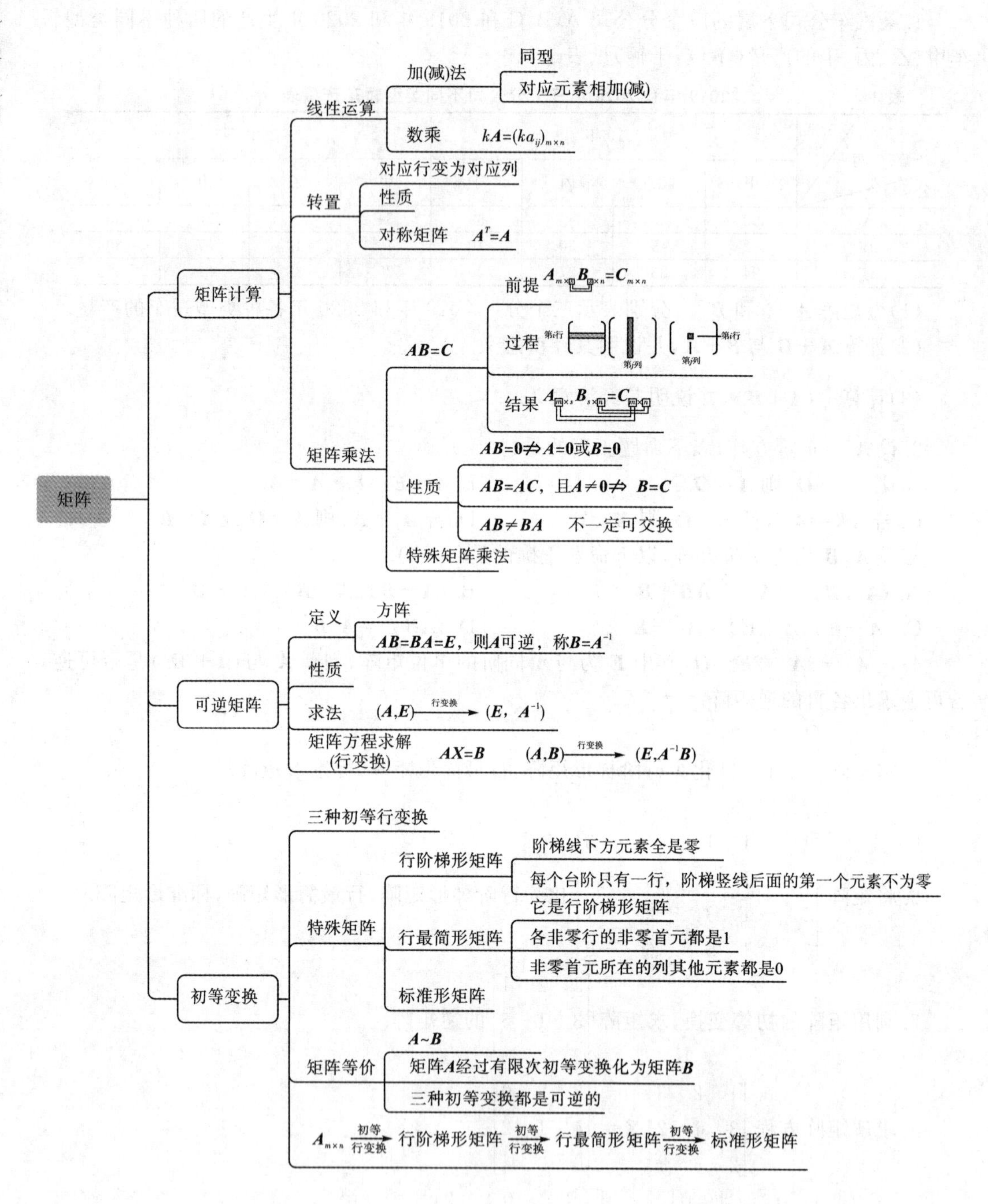
矩阵
矩阵计算
线性运算
加(减)法
同型
对应元素相加(减)
数乘
$kA=(ka_{ij})_{m\times n}$
转置
对应行变为对应列
性质
对称矩阵 $A^T=A$
矩阵乘法
$AB=C$
前提 $A_{m\times s}B_{s\times n}=C_{m\times n}$
过程
第i行
第j列
结果 $A_{m\times s}, B_{s\times n}=C_{m\times n}$
性质
$AB=0\not\Rightarrow A=0$或$B=0$
$AB=AC$，且$A\neq 0\not\Rightarrow B=C$
$AB\neq BA$ 不一定可交换
特殊矩阵乘法
可逆矩阵
定义
方阵
$AB=BA=E$，则A可逆，称$B=A^{-1}$
性质
求法 $(A,E)\xrightarrow{行变换}(E,A^{-1})$
矩阵方程求解(行变换) $AX=B$ $(A,B)\xrightarrow{行变换}(E,A^{-1}B)$
初等变换
三种初等行变换
特殊矩阵
行阶梯形矩阵
阶梯线下方元素全是零
每个台阶只有一行，阶梯竖线后面的第一个元素不为零
行最简形矩阵
它是行阶梯形矩阵
各非零行的非零首元都是1
非零首元所在的列其他元素都是0
标准形矩阵
矩阵等价
$A\sim B$
矩阵A经过有限次初等变换化为矩阵B
三种初等变换都是可逆的
$A_{m\times n}\xrightarrow[行变换]{初等}$行阶梯形矩阵$\xrightarrow[行变换]{初等}$行最简形矩阵$\xrightarrow[行变换]{初等}$标准形矩阵

第9章 行列式

线性代数的第一个问题是求解线性方程组，行列式就是伴随着方程组的求解而创立和发展起来的. 虽然在线性代数发展过程中对行列式的研究要早于矩阵，但从逻辑运算上，行列式是方阵的一种运算，是对方阵元素按照某种特定方式运算以后得到的一个数或者代数式，而不是一个数表式的矩阵. 本章将通过二元、三元线性方程组的求解得到行列式的概念，然后介绍行列式的性质及其计算，最后给出行列式在矩阵中的应用以及求解一类特殊线性方程组的克拉默法则.

9.1 二阶与三阶行列式

一、二阶行列式

考虑用消元法解二元线性方程组

$$\begin{cases} a_{11}x_1+a_{12}x_2=b_1 \\ a_{21}x_1+a_{22}x_2=b_2 \end{cases}. \tag{9-1-1}$$

为消去未知量 x_2，用第一个方程乘以 a_{22} 减去第二个方程乘以 a_{12}，可得

$$(a_{11}a_{22}-a_{12}a_{21})x_1=b_1a_{22}-b_2a_{12}.$$

类似地，消去 x_1，可得

$$(a_{11}a_{22}-a_{12}a_{21})x_2=a_{11}b_2-a_{21}b_1.$$

当 $a_{11}a_{22}-a_{12}a_{21}\neq 0$ 时，方程组(9-1-1)有唯一解

$$x_1=\frac{b_1a_{22}-b_2a_{12}}{a_{11}a_{22}-a_{12}a_{21}},x_2=\frac{b_2a_{11}-b_1a_{21}}{a_{11}a_{22}-a_{12}a_{21}}. \tag{9-1-2}$$

在消元过程中出现了一个运算：两个数相乘减去另外两个数的乘积. 为了便于记忆，引入记号.

$$\begin{vmatrix} a_{11} & a_{12} \\ a_{21} & a_{22} \end{vmatrix}=a_{11}a_{22}-a_{12}a_{21}.$$

记号 $\begin{vmatrix} a_{11} & a_{12} \\ a_{21} & a_{22} \end{vmatrix}$ 称为**二阶行列式**，构成二阶行列式的 4 个数 $a_{11},a_{12},a_{21},a_{22}$ 称为该行列式的**元素**. 它含有两行两列，横的称为行，竖的称为列. 二阶行列式可用对角线法则来记忆. 从行列式的左上角元素 a_{11} 到右下角元素 a_{22} 做连线，称为**主对角线**，而行列式的左下角元素 a_{21} 到右上角元素 a_{12} 的连线称为**副对角线**. 于是二阶行列式便是主对角线两元素之积减去

副对角线两元素之积所得的值.

于是,式(9-1-2)中的分子都可写成二阶行列式,即

$$b_1a_{22}-b_2a_{12}=\begin{vmatrix} b_1 & a_{12} \\ b_2 & a_{22} \end{vmatrix}, a_{11}b_2-a_{21}b_1=\begin{vmatrix} a_{11} & b_1 \\ a_{21} & b_2 \end{vmatrix}.$$

若记

$$D=\begin{vmatrix} a_{11} & a_{12} \\ a_{21} & a_{22} \end{vmatrix}, D_1=\begin{vmatrix} b_1 & a_{12} \\ b_2 & a_{22} \end{vmatrix}, D_2=\begin{vmatrix} a_{11} & b_1 \\ a_{21} & b_2 \end{vmatrix},$$

则方程组(9-1-1)的解可以叙述为:当$\begin{vmatrix} a_{11} & a_{12} \\ a_{21} & a_{22} \end{vmatrix}\neq 0$时,方程组(9-1-1)有唯一解

$$x_1=\frac{D_1}{D}, x_2=\frac{D_2}{D}.$$

注意:这里的分母 D 是方程组(9-1-1)的系数行列式,x_1 的分子 D_1 是用方程组(9-1-1)中常数项 b_1、b_2 替换 D 中 x_1 的系数 a_{11}、a_{21} 所得的二阶行列式,x_2 的分子 D_2 是用方程组(9-1-1)中常数项 b_1、b_2 替换 D 中 x_2 的系数 a_{12}、a_{22} 所得的二阶行列式.

【例 1】 求解二元线性方程组

$$\begin{cases} 3x_1-2x_2=12 \\ 2x_1+x_2=1 \end{cases}.$$

解 由于

$$D=\begin{vmatrix} 3 & -2 \\ 2 & 1 \end{vmatrix}=1\times 3+2\times 2=7\neq 0, D_1=\begin{vmatrix} 12 & -2 \\ 1 & 1 \end{vmatrix}=14, D_2=\begin{vmatrix} 3 & 12 \\ 2 & 1 \end{vmatrix}=-21.$$

故原方程组有唯一解

$$x_1=\frac{D_1}{D}=2, x_2=\frac{D_2}{D}=-3.$$

注意:矩阵是一个数表,而行列式是按一定的运算规则所确定的一个数.

二、三阶行列式

若求解三元线性方程组

$$\begin{cases} a_{11}x_1+a_{12}x_2+a_{13}x_3=b_1 \\ a_{21}x_1+a_{22}x_2+a_{23}x_3=b_2. \\ a_{31}x_1+a_{32}x_2+a_{33}x_3=b_3 \end{cases} \tag{9-1-3}$$

类比二阶行列式,将方程组(9-1-3)中未知量的系数按它们在方程中的位置排成 3 行 3 列,引入三阶行列式

$$D=\begin{vmatrix} a_{11} & a_{12} & a_{13} \\ a_{21} & a_{22} & a_{23} \\ a_{31} & a_{32} & a_{33} \end{vmatrix}=a_{11}a_{22}a_{33}+a_{12}a_{23}a_{31}+a_{13}a_{21}a_{32}-a_{11}a_{23}a_{32}-a_{12}a_{21}a_{33}-a_{13}a_{22}a_{31}.$$

三阶行列式的值仍可由对角线法则来记忆. 以 D 为例,D 是由 6 项构成,每一项均为行列式的不同行不同列的 3 个元素的乘积再冠以正负号,其规律如图 9-1 所示. 图中有三条实线看作是平行于主对角线的连线,三条虚线看作是平行于副对角线的连线,实线上三元素的乘积冠正号,虚线上三元素的乘积冠负号.

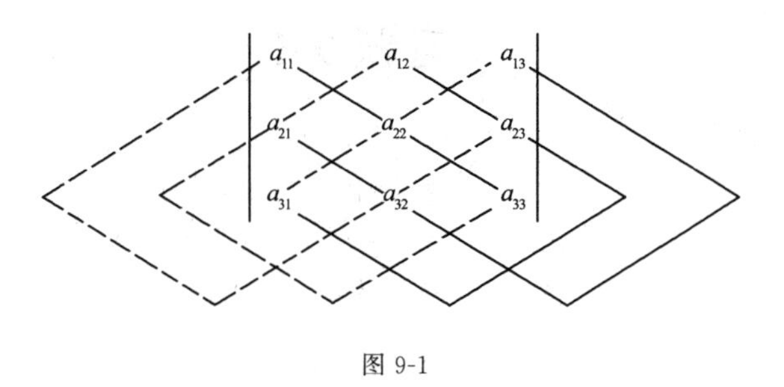

图 9-1

若记

$$D=\begin{vmatrix} a_{11} & a_{12} & a_{13} \\ a_{21} & a_{22} & a_{23} \\ a_{31} & a_{32} & a_{33} \end{vmatrix}, D_1=\begin{vmatrix} b_1 & a_{12} & a_{13} \\ b_2 & a_{22} & a_{23} \\ b_3 & a_{32} & a_{33} \end{vmatrix},$$

$$D_2=\begin{vmatrix} a_{11} & b_1 & a_{13} \\ a_{21} & b_2 & a_{23} \\ a_{31} & b_3 & a_{33} \end{vmatrix}, D_3=\begin{vmatrix} a_{11} & a_{12} & b_1 \\ a_{21} & a_{22} & b_2 \\ a_{31} & a_{32} & b_3 \end{vmatrix}.$$

由经验可知，当 $D\neq 0$ 时，该方程组(9-1-3)有唯一解

$$x_1=\frac{D_1}{D}, x_2=\frac{D_2}{D}, x_3=\frac{D_3}{D}.$$

注意:这里分母 D 是方程组(9-1-3)的系数行列式，x_i 的分子 D_i 是用常数项 b_1、b_2、b_3 替换 D 中 x_i 的系数 a_{1i}、a_{2i}、a_{3i} 所得的三阶行列式($i=1,2,3$).

【例 2】 解方程组$\begin{cases} x_1+\ x_2-x_3=1 \\ x_1-2x_2+x_3=3 \\ 2x_1+2x_2-x_3=3 \end{cases}$.

解 系数行列式

$$D=\begin{vmatrix} 1 & 1 & -1 \\ 1 & -2 & 1 \\ 2 & 2 & -1 \end{vmatrix}=-3, D_1=\begin{vmatrix} 3 & 1 & -1 \\ 3 & -2 & 1 \\ 3 & 2 & -1 \end{vmatrix}=-6,$$

$$D_2=\begin{vmatrix} 1 & 1 & -1 \\ 1 & 3 & 1 \\ 2 & 3 & -1 \end{vmatrix}=0, D_3=\begin{vmatrix} 1 & 1 & 1 \\ 1 & -2 & 3 \\ 2 & 2 & 3 \end{vmatrix}=-3.$$

所以由 $x_1=\frac{D_i}{D}$，$i=1,2,3$，得 $x_1=2$，$x_2=0$，$x_3=1$.

由以上的讨论可知，方程组(9-1-1)和方程组(9-1-3)的解可以用行列式表示出来.由 n 个方程、n 个未知量组成的线性方程组

$$\begin{cases} a_{11}x_1+a_{12}x_2+\cdots+a_{1n}x_n=b_1 \\ a_{21}x_1+a_{22}x_2+\cdots+a_{2n}x_n=b_2 \\ \quad\cdots\cdots \\ a_{n1}x_1+a_{n2}x_2+\cdots+a_{nn}x_n=b_n \end{cases}.$$

的解是否也有类似的表达？为此，需要给出 n 阶行列式的定义，具体见 9.2 节.

习题 9-1

计算下列二阶行列式.

(1) $\begin{vmatrix} 1 & 2008 \\ 1 & 2009 \end{vmatrix}$；　(2) $\begin{vmatrix} 3 & 2 & 1 \\ 2 & 3 & 2 \\ 1 & 2 & 3 \end{vmatrix}$；

(3) $\begin{vmatrix} -ab & ac & ae \\ bd & -cd & de \\ bf & cf & -ef \end{vmatrix}$；　(4) $\begin{vmatrix} 1 & \log_a b \\ \log_b a & 1 \end{vmatrix}$.

9.2 n 阶行列式

我们可以利用二阶和三阶行列式来计算二元或者三元一次线性方程组.那么对于具有更多未知数的一次线性方程组,我们也应该能够在此基础上进行拓展,利用更高阶的行列式来解决问题.首先,我们先来观察三阶行列式的特性.

三阶行列式可以写成

$$D=\begin{vmatrix} a_{11} & a_{12} & a_{13} \\ a_{21} & a_{22} & a_{23} \\ a_{31} & a_{32} & a_{33} \end{vmatrix}=a_{11}a_{22}a_{33}+a_{12}a_{23}a_{31}+a_{13}a_{21}a_{32}-a_{11}a_{23}a_{32}-a_{12}a_{21}a_{33}-a_{13}a_{22}a_{31}$$

$$=a_{11}(a_{22}a_{33}-a_{23}a_{32})+a_{12}(a_{23}a_{31}-a_{21}a_{33})+a_{13}(a_{21}a_{32}-a_{22}a_{31})$$

$$=a_{11}\begin{vmatrix} a_{22} & a_{23} \\ a_{32} & a_{33} \end{vmatrix}-a_{12}\begin{vmatrix} a_{21} & a_{23} \\ a_{31} & a_{33} \end{vmatrix}+a_{13}\begin{vmatrix} a_{21} & a_{22} \\ a_{31} & a_{32} \end{vmatrix}$$

$$\overset{\text{记}}{=\!=\!=} a_{11}M_{11}-a_{12}M_{12}+a_{13}M_{13}=\sum_{j=1}^{3}(-1)^{1+j}a_{1j}M_{1j},$$

其中 $M_{1j}(j=1,2,3)$ 是三阶行列式中划去元素 a_{1j} 所在的行和列后,余下的元素按原来的位置次序构成的二阶行列式.

下面给出 n 阶行列式的递推定义.

定义 9-1 (1)一阶矩阵 $\boldsymbol{A}=(a_{11})$ 的行列式定义为

$$|\boldsymbol{A}|=|a_{11}|=a_{11}.$$

(2)n 阶($n\geqslant 2$)矩阵 $\boldsymbol{A}=\begin{bmatrix} a_{11} & a_{12} & \cdots & a_{1n} \\ a_{21} & a_{22} & \cdots & a_{2n} \\ \vdots & \vdots & & \vdots \\ a_{n1} & a_{n2} & \cdots & a_{nn} \end{bmatrix}$ 的行列式记作

$$D=\det\boldsymbol{A}=|\boldsymbol{A}|=\begin{vmatrix} a_{11} & a_{12} & \cdots & a_{1n} \\ a_{21} & a_{22} & \cdots & a_{2n} \\ \vdots & \vdots & & \vdots \\ a_{n1} & a_{n2} & \cdots & a_{nn} \end{vmatrix},$$

定义为

$$\sum_{j=1}^{n}(-1)^{1+j}a_{1j}\cdot\begin{vmatrix} a_{21} & \cdots & a_{2,j-1} & a_{2,j+1} & \cdots & a_{2n} \\ a_{31} & \cdots & a_{3,j-1} & a_{3,j+1} & \cdots & a_{3n} \\ \vdots & & \vdots & \vdots & \vdots & \vdots \\ a_{n1} & \cdots & a_{n,j-1} & a_{n,j+1} & \cdots & a_{nn} \end{vmatrix}.$$

为方便起见,引进记号

$$M_{ij}=\begin{vmatrix} a_{11} & \cdots & a_{1,j-1} & a_{1,j+1} & \cdots & a_{1n} \\ \vdots & & \vdots & \vdots & \vdots & \vdots \\ a_{i-1,1} & \cdots & a_{i-1,j-1} & a_{i-1,j+1} & \cdots & a_{i-1,n} \\ a_{i+1,1} & \cdots & a_{i+1,j-1} & a_{i+1,j+1} & \cdots & a_{i+1,n} \\ \vdots & & \vdots & \vdots & \vdots & \vdots \\ a_{n1} & \cdots & a_{n,j-1} & a_{n,j+1} & \cdots & a_{nn} \end{vmatrix},$$

M_{ij} 为 D 中划去元素 a_{ij} 所在的第 i 行、第 j 列后,余下的 $(n-1)^2$ 个元素按原来的位置次序构成的 $n-1$ 阶行列式,称为元素 a_{ij} 的余子式,$A_{ij}=(-1)^{i+j}M_{ij}$ 称为元素 a_{ij} 的**代数余子式**.

例如,四阶行列式

$$D=\begin{vmatrix} 1 & 2 & 0 & 1 \\ 2 & 3 & 10 & 0 \\ 0 & 3 & 5 & 18 \\ 5 & 10 & 15 & 4 \end{vmatrix}$$

中元素 a_{22} 的**余子式**为

$$M_{22}=\begin{vmatrix} 1 & 0 & 1 \\ 0 & 5 & 18 \\ 5 & 15 & 4 \end{vmatrix},$$

元素 a_{22} 的**代数余子式**为

$$A_{22}=(-1)^{2+2}M_{22}=\begin{vmatrix} 1 & 0 & 1 \\ 0 & 5 & 18 \\ 5 & 15 & 4 \end{vmatrix}.$$

利用此记号,n 阶行列式($n\geqslant 2$)的定义可以写成

$$D=a_{11}A_{11}+a_{12}A_{12}+\cdots+a_{1n}A_{1n}.$$

按定义,二阶行列式可以写成

$$D=\begin{vmatrix} a_{11} & a_{12} \\ a_{21} & a_{22} \end{vmatrix}=a_{11}a_{22}-a_{12}a_{21}=a_{11}M_{11}-a_{12}M_{12}=a_{11}A_{11}+a_{12}A_{12}.$$

利用代数余子式的定义,经过计算发现二阶行列式还可以写成如下形式:

$$D=\begin{vmatrix} a_{11} & a_{12} \\ a_{21} & a_{22} \end{vmatrix}=a_{21}A_{21}+a_{22}A_{22}=a_{11}A_{11}+a_{21}A_{21}=a_{12}A_{12}+a_{22}A_{22}.$$

因此,二阶行列式可表示为它的任一行(列)的各元素与其对应的代数余子式乘积之和.

同理,三阶行列式可以写成

$$\begin{vmatrix} a_{11} & a_{12} & a_{13} \\ a_{21} & a_{22} & a_{23} \\ a_{31} & a_{32} & a_{33} \end{vmatrix}=a_{11}M_{11}-a_{12}M_{12}+a_{13}M_{13}$$

$$
\begin{aligned}
&= a_{11}A_{11} + a_{12}A_{12} + a_{13}A_{13} \\
&= a_{21}A_{21} + a_{22}A_{22} + a_{23}A_{23} \\
&= a_{31}A_{31} + a_{32}A_{32} + a_{33}A_{33} \\
&= a_{11}A_{11} + a_{21}A_{21} + a_{31}A_{31} \\
&= a_{12}A_{12} + a_{22}A_{22} + a_{32}A_{32} \\
&= a_{13}A_{13} + a_{23}A_{23} + a_{33}A_{33}.
\end{aligned}
$$

也就是说，三阶行列式也可表示为它的任一行（列）的各元素与其对应的代数余子式乘积之和.

对于 n 阶行列式，我们不加证明地给出如下定理：

定理 9-1 n 阶（$n\geqslant 2$）矩阵 $\boldsymbol{A}=\begin{bmatrix} a_{11} & a_{12} & \cdots & a_{1n} \\ a_{21} & a_{22} & \cdots & a_{2n} \\ \vdots & \vdots & & \vdots \\ a_{n1} & a_{n2} & \cdots & a_{nn} \end{bmatrix}$ 的行列式 $D=\det\boldsymbol{A}=|\boldsymbol{A}|$ 可表示为它的任一行（列）的各元素与其对应的代数余子式乘积之和，即

$$
D = a_{i1}A_{i1} + a_{i2}A_{i2} + \cdots + a_{in}A_{in} \quad (i=1,2,\cdots,n) \tag{9-2-1}
$$

$$
= a_{1j}A_{1j} + a_{2j}A_{2j} + \cdots + a_{nj}A_{nj} \quad (j=1,2,\cdots,n) \tag{9-2-2}
$$

其中 $A_{i1},A_{i2},\cdots,A_{in}$ 为第 i 行各元素的代数余子式. 从而式(9-2-1)也称为行列式按第 i 行展开. $A_{1j},A_{2j},\cdots,A_{nj}$ 为第 j 列各元素的代数余子式. 式(9-2-2)也称为行列式按第 j 列展开.

定理 9-1 又称为行列式按行（列）展开定理.

【例 1】 设 $D=\begin{vmatrix} 1 & 3 & -2 \\ 0 & 2 & 1 \\ 1 & 4 & 0 \end{vmatrix}$，计算元素 2 所对应的代数余子式，并按第二行展开计算行列式的值.

解 元素 2 的代数余子式 $A_{22}=(-1)^{2+2}\begin{vmatrix} 1 & -2 \\ 1 & 0 \end{vmatrix}=2$，$D$ 按第二行展开得

$$
\begin{aligned}
D &= a_{21}A_{21} + a_{22}A_{22} + a_{23}A_{23} \\
&= 0\cdot(-1)^{2+1}\begin{vmatrix} 3 & -2 \\ 4 & 0 \end{vmatrix} + 2\cdot(-1)^{2+2}\begin{vmatrix} 1 & -2 \\ 1 & 0 \end{vmatrix} + 1\cdot(-1)^{2+3}\begin{vmatrix} 1 & 3 \\ 1 & 4 \end{vmatrix} = 3
\end{aligned}
$$

【例 2】 求 $f(x)=\begin{vmatrix} x & 2x & 0 \\ 1 & 3x & 2 \\ 1 & 2 & 2x \end{vmatrix}$ 中含有 x^2 项的系数.

解 将行列式按照第三列进行展开为

$$
\begin{aligned}
D &= a_{13}A_{13} + a_{23}A_{23} + a_{33}A_{33} \\
&= 0\cdot(-1)^{1+3}\begin{vmatrix} 1 & 3x \\ 1 & 2 \end{vmatrix} + 2\cdot(-1)^{2+3}\begin{vmatrix} x & 2x \\ 1 & 2 \end{vmatrix} + 2x\cdot(-1)^{3+3}\begin{vmatrix} x & 2x \\ 1 & 3x \end{vmatrix} \\
&= 2x(3x^2-2x) = 6x^3-4x^2,
\end{aligned}
$$

所以 $f(x)$ 中含有 x^2 项的系数为 -4.

【例 3】 求 $D=\begin{vmatrix} 1 & & & \\ & 2 & & \\ & & 3 & \\ & & & 4 \end{vmatrix}$.

解　按第一行展开 $D=a_{11}A_{11}+a_{12}A_{12}+a_{13}A_{13}+a_{14}A_{14}$，由于 $a_{12}=a_{13}=a_{14}=0$，所以

$$D=a_{11}A_{11}=1\cdot(-1)^{1+1}\begin{vmatrix}2&&\\&3&\\&&4\end{vmatrix}=1\times2\times3\times4=24.$$

一般地，$D=\begin{vmatrix}a_{11}&&&\\&a_{22}&&\\&&\ddots&\\&&&a_{nn}\end{vmatrix}=a_{11}a_{22}\cdots a_{nn}$.

【例 4】　计算 n 阶行列式 $D=\begin{vmatrix}&&&a_1\\&&a_2&\\&\iddots&&\\a_{n-1}&&&\\a_n&&&\end{vmatrix}$.

解　按第一行展开

$$\begin{aligned}D&=a_{11}A_{11}+a_{12}A_{12}+\cdots+a_{1n}A_{1n}=a_{1n}A_{1n}\\&=a_1(-1)^{1+n}\begin{vmatrix}&&&a_2\\&&a_3&\\&\iddots&&\\a_{n-1}&&&\\a_n&&&\end{vmatrix}_{(n-1)\times(n-1)}\end{aligned}$$

此时，行列式做了一次降阶变化，接下来继续按照第一行展开

$$=a_1(-1)^{1+n}\cdot a_2(-1)^{1+(n-1)}\begin{vmatrix}&&&a_3\\&&a_4&\\&\iddots&&\\a_{n-1}&&&\\a_n&&&\end{vmatrix}_{(n-2)\times(n-2)}$$

以此类推，

$$\begin{aligned}D&=\cdots=a_1(-1)^{1+n}\cdot a_2(-1)^{1+(n-1)}\cdots a_{n-2}(-1)^{1+3}\begin{vmatrix}&a_{n-1}\\a_n&\end{vmatrix}\\&=a_1(-1)^{1+n}\cdot a_2(-1)^{1+(n-1)}\cdots a_{n-2}(-1)^{1+3}\cdot a_{n-1}(-1)^{1+2}|a_n|\\&=a_1a_2\cdots a_{n-1}a_n\cdot(-1)^{(1+n)+[1+(n-1)]+\cdots+(1+3)+(1+2)}\\&=(-1)^{n-1+(n+n-1+\cdots+2)}a_1a_2\cdots a_{n-1}a_n\\&=(-1)^{(n-1)+\frac{(n-1)(2+n)}{2}}a_1a_2\cdots a_{n-1}a_n=(-1)^{\frac{(n-1)(4+n)}{2}}a_1a_2\cdots a_{n-1}a_n\end{aligned}$$

因为 $(-1)^{\frac{n(n-1)}{2}}=(-1)^{\frac{(n+4)(n-1)}{2}}$，所以

$$D=\begin{vmatrix}&&&a_1\\&&a_2&\\&\iddots&&\\a_{n-1}&&&\\a_n&&&\end{vmatrix}=(-1)^{\frac{n(n-1)}{2}}a_1a_2\cdots a_{n-1}a_n.$$

由此可得 $D=\begin{vmatrix} & & & a_1 \\ & & a_2 & \\ & a_3 & & \\ a_4 & & & \end{vmatrix}=a_1a_2a_3a_4.$

注意:乘积 $a_1a_2a_3a_4$ 前并没有系数-1,说明对角线法则只适用于二、三阶行列式,四阶及四阶以上的行列式并不适用.

【例 5】 计算下三角形行列式 $D=\begin{vmatrix} a_{11} & & & & \\ a_{21} & a_{22} & & & \\ a_{31} & a_{32} & a_{33} & & \\ \vdots & \vdots & \vdots & \ddots & \\ a_{n1} & a_{n2} & a_{n3} & \cdots & a_{nn} \end{vmatrix}$.

解 按第一行展开

$$D=a_{11}A_{11}+a_{12}A_{12}+\cdots+a_{1n}A_{1n}=a_{11}A_{11}$$

$$=a_{11}\cdot(-1)^{1+1}\begin{vmatrix} a_{22} & & & & \\ a_{32} & a_{33} & & & \\ a_{42} & a_{43} & a_{44} & & \\ \vdots & \vdots & \vdots & \ddots & \\ a_{n2} & a_{n3} & a_{n4} & \cdots & a_{nn} \end{vmatrix}_{(n-1)\times(n-1)}$$

$$=\cdots=a_{11}a_{22}\cdots a_{nn}.$$

类似地,上三角形行列式 $D=\begin{vmatrix} a_{11} & a_{12} & a_{13} & \cdots & a_{1n} \\ & a_{22} & a_{23} & \cdots & a_{2n} \\ & & a_{33} & \cdots & a_{3n} \\ & & & \ddots & \vdots \\ & & & & a_{nn} \end{vmatrix}=a_{11}a_{22}a_{33}\cdots a_{nn}.$

习题 9-2

1. 用行列式的定义计算下列行列式.

(1) $\begin{vmatrix} 0 & 0 & 1 & 0 \\ 0 & 1 & 0 & 0 \\ 0 & 0 & 0 & 1 \\ 1 & 0 & 0 & 0 \end{vmatrix}$; (2) $\begin{vmatrix} 1 & 1 & 1 & 0 \\ 0 & 1 & 0 & 1 \\ 0 & 1 & 1 & 1 \\ 0 & 0 & 1 & 0 \end{vmatrix}$;

(3) $\begin{vmatrix} 0 & 1 & 0 & \cdots & 0 \\ 0 & 0 & 2 & \cdots & 0 \\ \vdots & \vdots & \vdots & \ddots & \vdots \\ 0 & 0 & 0 & \cdots & n-1 \\ n & 0 & 0 & \cdots & 0 \end{vmatrix}$; (4) $\begin{vmatrix} 0 & \cdots & 0 & 1 & 0 \\ 0 & \cdots & 2 & 0 & 0 \\ \vdots & ⋰ & \vdots & \vdots & \vdots \\ n-1 & \cdots & 0 & 0 & 0 \\ 0 & \cdots & 0 & 0 & n \end{vmatrix}$.

2. 利用行列式按行(列)展开来计算下列行列式.

(1) $\begin{vmatrix} 1 & 2 & 3 & 4 \\ 1 & 0 & 1 & 2 \\ 3 & -1 & -1 & 0 \\ 1 & 2 & 0 & -5 \end{vmatrix}$；　　(2) $\begin{vmatrix} 5 & 3 & -1 & 2 & 0 \\ 1 & 7 & 2 & 5 & 2 \\ 0 & -2 & 3 & 1 & 0 \\ 0 & -4 & -1 & 4 & 0 \\ 0 & 2 & 3 & 5 & 0 \end{vmatrix}$.

3. 设行列式 $|a_{ij}|=\begin{vmatrix} 3 & 6 & 9 & 12 \\ 2 & 4 & 6 & 8 \\ 1 & 2 & 0 & 3 \\ 5 & 6 & 4 & 3 \end{vmatrix}$，求 $A_{41}+2A_{42}+3A_{44}$，其中 $A_{4j}(j=1,2,3,4)$ 为元素 a_{4j} 的代数余子式.

4. 已知四阶行列式 D 中第一行的元素分别是 $1,2,0,-4$，第三行的元素的余子式依次为 $6,x,19,2$，试求 x 的值.

9.3 行列式的性质

从上一章节的几个例子可以看出，行列式某行或者某列中如果含有较多的零元素，就按照该行(列)进行按行(列)展开计算，可以对行列式进行降阶，方便计算. 由之前的章节可知矩阵有三种初等变换：(1)交换两行(列)；(2)某行(列)乘上 k 倍；(3)将某行(列)的 k 倍加到另外一行(列). 那么行列式是否也具有类似的变换性质呢？基于这些性质，是否可以将行列式中某行(列)中原先非零的元素化为零元素，从而简化计算呢？接下来，我们不加证明地给出行列式的性质.

定义 9-2 将行列式 D 的行与列互换后得到的行列式，称为 D 的转置行列式，记为 D^{T}. 即若

$$D=\begin{vmatrix} a_{11} & a_{12} & \cdots & a_{1n} \\ a_{21} & a_{22} & \cdots & a_{2n} \\ \vdots & \vdots & & \vdots \\ a_{n1} & a_{n2} & \cdots & a_{nn} \end{vmatrix}，则\ D^{\mathrm{T}}=\begin{vmatrix} a_{11} & a_{21} & \cdots & a_{n1} \\ a_{12} & a_{22} & \cdots & a_{n2} \\ \vdots & \vdots & & \vdots \\ a_{1n} & a_{2n} & \cdots & a_{nn} \end{vmatrix}.$$

性质 1 行列式与它的转置行列式相等，即 $D=D^{\mathrm{T}}$.

该性质说明，行列式中行和列具有同等的地位. 因此，行列式中有关性质凡是对行成立的，对列也成立.

【例 1】 $D=\begin{vmatrix} 2 & 3 \\ 2 & 1 \end{vmatrix}=-4$，则 $D^{\mathrm{T}}=\begin{vmatrix} 2 & 2 \\ 3 & 1 \end{vmatrix}=-4=D$.

性质 2 行列式的两行(列)互换，行列式变号. 即若

$$D=\begin{vmatrix} a_{11} & a_{12} & \cdots & a_{1n} \\ \vdots & \vdots & & \vdots \\ a_{i1} & a_{i2} & \cdots & a_{in} \\ \vdots & \vdots & & \vdots \\ a_{j1} & a_{j2} & \cdots & a_{jn} \\ \vdots & \vdots & & \vdots \\ a_{n1} & a_{n2} & \cdots & a_{nn} \end{vmatrix}, D_1=\begin{vmatrix} a_{11} & a_{12} & \cdots & a_{1n} \\ \vdots & \vdots & & \vdots \\ a_{j1} & a_{j2} & \cdots & a_{jn} \\ \vdots & \vdots & & \vdots \\ a_{i1} & a_{i2} & \cdots & a_{in} \\ \vdots & \vdots & & \vdots \\ a_{n1} & a_{n2} & \cdots & a_{nn} \end{vmatrix},$$

则 $D_1=-D$.

【例 2】 $D=\begin{vmatrix} 2 & 3 \\ 2 & 1 \end{vmatrix} \xlongequal{r_1 \leftrightarrow r_2} -\begin{vmatrix} 2 & 1 \\ 2 & 3 \end{vmatrix}=-4, D=\begin{vmatrix} 2 & 1 & 3 \\ 0 & 1 & 4 \\ 0 & 0 & 4 \end{vmatrix} \xlongequal{c_1 \leftrightarrow c_2} -\begin{vmatrix} 1 & 2 & 3 \\ 1 & 0 & 4 \\ 0 & 0 & 4 \end{vmatrix}=8.$

这里,我们用 $r_i \leftrightarrow r_j$ 表示将第 i 行与第 j 行交换;用 $c_i \leftrightarrow c_j$ 表示将第 i 列与第 j 列交换.

推论 1 若行列式中有两行(列)相同,则此行列式为零.

证明 将元素相同的两行(列)互相交换,有 $D=-D$,从而 $D=0$.

【例 3】 $D=\begin{vmatrix} 2 & 1 & 3 \\ 2 & 1 & 3 \\ 0 & 0 & 4 \end{vmatrix} \xlongequal{r_1 \leftrightarrow r_2} -\begin{vmatrix} 2 & 1 & 3 \\ 2 & 1 & 3 \\ 0 & 0 & 4 \end{vmatrix}=0.$

性质 3 用数 k 乘行列式的某一行(列)等于用数 k 乘此行列式,即

$$\begin{vmatrix} a_{11} & a_{12} & \cdots & a_{1n} \\ \vdots & \vdots & & \vdots \\ ka_{i1} & ka_{i2} & \cdots & ka_{in} \\ \vdots & \vdots & & \vdots \\ a_{n1} & a_{n2} & \cdots & a_{nn} \end{vmatrix}=k\begin{vmatrix} a_{11} & a_{12} & \cdots & a_{1n} \\ \vdots & \vdots & & \vdots \\ a_{i1} & a_{i2} & \cdots & a_{in} \\ \vdots & \vdots & & \vdots \\ a_{n1} & a_{n2} & \cdots & a_{nn} \end{vmatrix}.$$

性质 3 也可以叙述为:行列式某行(列)公因子可以提到行列式的外面.

推论 2 如果行列式中某一行(列)元素全为零,那么此行列式等于零.

推论 3 行列式中若有两行(列)元素成比例,则此行列式为零.

【例 4】 $D_1=\begin{vmatrix} 2 & 1 & 3 \\ 2 & 2 & 4 \\ 0 & 0 & 4 \end{vmatrix}=2\begin{vmatrix} 2 & 1 & 3 \\ 1 & 1 & 2 \\ 0 & 0 & 4 \end{vmatrix}=8, D_2=\begin{vmatrix} 4 & 2 & 6 \\ 2 & 2 & 4 \\ 0 & 0 & 4 \end{vmatrix}=2^3\begin{vmatrix} 2 & 1 & 3 \\ 1 & 1 & 2 \\ 0 & 0 & 2 \end{vmatrix}=16.$

性质 4 若行列式的某一行(列)的元素都是两个数的和,则此行列式等于两个行列式的和.即

$$\begin{vmatrix} a_{11} & a_{12} & \cdots & a_{1n} \\ \vdots & \vdots & & \vdots \\ b_{i1}+c_{i1} & b_{i2}+c_{i2} & \cdots & b_{in}+c_{in} \\ \vdots & \vdots & & \vdots \\ a_{n1} & a_{n2} & \cdots & a_{nn} \end{vmatrix}=\begin{vmatrix} a_{11} & a_{12} & \cdots & a_{1n} \\ \vdots & \vdots & & \vdots \\ b_{i1} & b_{i2} & \cdots & b_{in} \\ \vdots & \vdots & & \vdots \\ a_{n1} & a_{n2} & \cdots & a_{nn} \end{vmatrix}+\begin{vmatrix} a_{11} & a_{12} & \cdots & a_{1n} \\ \vdots & \vdots & & \vdots \\ c_{i1} & c_{i2} & \cdots & c_{in} \\ \vdots & \vdots & & \vdots \\ a_{n1} & a_{n2} & \cdots & a_{nn} \end{vmatrix}.$$

【例 5】 $D_1+D_2=\begin{vmatrix} 2 & 1 & 3 \\ 2 & 2 & 4 \\ 0 & 0 & 4 \end{vmatrix}+\begin{vmatrix} 2 & 1 & 3 \\ 3 & 1 & 2 \\ 0 & 0 & 4 \end{vmatrix}=\begin{vmatrix} 2 & 1 & 3 \\ 5 & 3 & 6 \\ 0 & 0 & 4 \end{vmatrix}=4.$

性质 5 将行列式某一行(列)各元素的 k 倍加到另一行(列)的对应元素上,行列式值不变.即

$$\begin{vmatrix} a_{11} & a_{12} & \cdots & a_{1n} \\ \vdots & \vdots & & \vdots \\ a_{i1}+ka_{j1} & a_{i2}+ka_{j2} & \cdots & a_{in}+ka_{jn} \\ \vdots & \vdots & & \vdots \\ a_{j1} & a_{j2} & \cdots & a_{jn} \\ \vdots & \vdots & & \vdots \\ a_{n1} & a_{n2} & \cdots & a_{nn} \end{vmatrix} = \begin{vmatrix} a_{11} & a_{12} & \cdots & a_{1n} \\ \vdots & \vdots & & \vdots \\ a_{i1} & a_{i2} & \cdots & a_{in} \\ \vdots & \vdots & & \vdots \\ a_{j1} & a_{j2} & \cdots & a_{jn} \\ \vdots & \vdots & & \vdots \\ a_{n1} & a_{n2} & \cdots & a_{nn} \end{vmatrix} \quad (i\neq j).$$

【例 6】 $D=\begin{vmatrix} 2 & 1 & 3 \\ 0 & 1 & 3 \\ 0 & 0 & 4 \end{vmatrix} \xlongequal{r_1+2r_2} \begin{vmatrix} 2 & 3 & 9 \\ 0 & 1 & 3 \\ 0 & 0 & 4 \end{vmatrix} \xlongequal{c_1+2c_2} \begin{vmatrix} 8 & 3 & 9 \\ 2 & 1 & 3 \\ 0 & 0 & 4 \end{vmatrix}=8.$

注意：记号 r_i+kr_j 与 kr_i+r_j 是不同的. kr_i+r_j 表示进行了两次变换，首先将第 i 行乘上数 k，相当于整个行列式乘上数 k，需要再乘上数 $\frac{1}{k}$ 才能保证等值变换，然后将第 j 行加到已经变化了的第 i 行上. 这里进行 kr_i+r_j 变换后第 j 行没有变化.

例如 $D=\begin{vmatrix} 2 & 1 & 3 \\ 0 & 1 & 3 \\ 0 & 0 & 4 \end{vmatrix} \xlongequal{r_1+2r_2} \begin{vmatrix} 2 & 3 & 9 \\ 0 & 1 & 3 \\ 0 & 0 & 4 \end{vmatrix}=8$，但 $D=\begin{vmatrix} 2 & 1 & 3 \\ 0 & 1 & 3 \\ 0 & 0 & 4 \end{vmatrix} \xlongequal{2r_1+r_2} \frac{1}{2}\begin{vmatrix} 4 & 3 & 9 \\ 0 & 1 & 3 \\ 0 & 0 & 4 \end{vmatrix}=8.$

【例 7】 计算行列式 $D=\begin{vmatrix} 1 & 2 & 0 & 1 \\ 2 & 3 & 10 & 0 \\ 0 & 3 & 5 & 18 \\ 5 & 10 & 15 & 4 \end{vmatrix}$.

解 将行列式化为上三角行列式，可得

$$D=5\begin{vmatrix} 1 & 2 & 0 & 1 \\ 2 & 3 & 2 & 0 \\ 0 & 3 & 1 & 18 \\ 5 & 10 & 3 & 4 \end{vmatrix} \xlongequal[r_4-5r_1]{r_2-2r_1} 5\begin{vmatrix} 1 & 2 & 0 & 1 \\ 0 & -1 & 2 & -2 \\ 0 & 3 & 1 & 18 \\ 0 & 0 & 3 & -1 \end{vmatrix} \xlongequal{r_3+3r_2} 5\begin{vmatrix} 1 & 2 & 0 & 1 \\ 0 & -1 & 2 & -2 \\ 0 & 0 & 7 & 12 \\ 0 & 0 & 3 & -1 \end{vmatrix}$$

$$\xlongequal{r_3-2r_4} 5\begin{vmatrix} 1 & 2 & 0 & 1 \\ 0 & -1 & 2 & -2 \\ 0 & 0 & 1 & 14 \\ 0 & 0 & 3 & -1 \end{vmatrix} \xlongequal{r_4-3r_3} 5\begin{vmatrix} 1 & 2 & 0 & 1 \\ 0 & -1 & 2 & -2 \\ 0 & 0 & 1 & 14 \\ 0 & 0 & 0 & -43 \end{vmatrix}=215.$$

解析：化上三角形求解行列式

【例 8】 计算 $D=\begin{vmatrix} 3 & 1 & 1 & 1 \\ 1 & 3 & 1 & 1 \\ 1 & 1 & 3 & 1 \\ 1 & 1 & 1 & 3 \end{vmatrix}$.

解 行列式的特点是各列 4 个数之和都是 6，故把第 2，3，4 列各元素同时加到第 1 列的对应元素上去，然后提出公因子 6，各行减去第一行化为上三角形行列式.

$$\begin{vmatrix} 3 & 1 & 1 & 1 \\ 1 & 3 & 1 & 1 \\ 1 & 1 & 3 & 1 \\ 1 & 1 & 1 & 3 \end{vmatrix} \xlongequal{c_1+c_2+c_3+c_4} \begin{vmatrix} 6 & 1 & 1 & 1 \\ 6 & 3 & 1 & 1 \\ 6 & 1 & 3 & 1 \\ 6 & 1 & 1 & 3 \end{vmatrix} = 6\begin{vmatrix} 1 & 1 & 1 & 1 \\ 1 & 3 & 1 & 1 \\ 1 & 1 & 3 & 1 \\ 1 & 1 & 1 & 3 \end{vmatrix} = 6\begin{vmatrix} 1 & 1 & 1 & 1 \\ 0 & 2 & 0 & 0 \\ 0 & 0 & 2 & 0 \\ 0 & 0 & 0 & 2 \end{vmatrix}$$

$$=6\times 2^3=48.$$

仿照上述方法可得到更一般的结果.

$$\begin{vmatrix} a & b & b & \cdots & b \\ b & a & b & \cdots & b \\ \vdots & \vdots & \vdots & & \vdots \\ b & b & b & \cdots & a \end{vmatrix} = [a+(n-1)b](a-b)^{n-1}.$$

由例 7 和例 8 可知:利用行列式性质将所给的行列式化为上(下)三角形行列式是计算行列式的基本思路之一.

现在用按行(列)展开降阶行列式的计算方法对例 7 进行计算.

【例 9】 计算 $D=\begin{vmatrix} 1 & 2 & 0 & 1 \\ 2 & 3 & 10 & 0 \\ 0 & 3 & 5 & 18 \\ 5 & 10 & 15 & 4 \end{vmatrix}$.

解 $D \xlongequal[r_4-5r_1]{r_2-2r_1} \begin{vmatrix} 1 & 2 & 0 & 1 \\ 0 & -1 & 10 & -2 \\ 0 & 3 & 5 & 18 \\ 0 & 0 & 15 & -1 \end{vmatrix} = 1\cdot(-1)^{1+1}\begin{vmatrix} -1 & 10 & -2 \\ 3 & 5 & 18 \\ 0 & 15 & -1 \end{vmatrix}$

$\xlongequal{r_2+3r_1} \begin{vmatrix} -1 & 10 & -2 \\ 0 & 35 & 12 \\ 0 & 15 & -1 \end{vmatrix} = -1\cdot(-1)^{1+1}\begin{vmatrix} 35 & 12 \\ 15 & -1 \end{vmatrix} = 215.$

解析:按行(列)展开求解行列式

对比例 7 与例 9,可以发现单纯利用行列式展开定理,可以把 n 阶行列式的计算化为 n 个 $n-1$ 阶行列式计算,但计算量依然很大.这时如果选择行列式中 0 元素最多的行或列展开可减少计算量.因此,通常先利用行列式性质将行列式的某一行(列)化成只有一个非零元素,然后按零元素最多的行(列)展开化为计算低一阶的行列式.这是实际计算行列式的主要方法(降阶法).由定理 9-1 和行列式的性质,可得如下推论.

推论 4 行列式一行(列)的各元素与另一行(列)对应各元素的代数余子式乘积之和为零,即

$$a_{i1}A_{j1}+a_{i2}A_{j2}+\cdots+a_{in}A_{jn}=0(i\neq j)$$

(按第 i 行展开,对应元素乘以第 j 行对应元素的代数余子式);

$$a_{1i}A_{1j}+a_{2i}A_{2j}+\cdots+a_{ni}A_{nj}=0(i\neq j)$$

(按第 i 列展开,对应元素乘以第 j 列对应元素的代数余子式).

证明 由行列式按行(列)展开定理可知

$$D=a_{i1}A_{j1}+a_{i2}A_{j2}+\cdots+a_{in}A_{jn}=\begin{vmatrix} a_{11} & a_{12} & \cdots & a_{1n} \\ \vdots & \vdots & & \vdots \\ a_{i1} & a_{i2} & \cdots & a_{in} \\ \vdots & \vdots & & \vdots \\ a_{i1} & a_{i2} & \cdots & a_{in} \\ \vdots & \vdots & & \vdots \\ a_{n1} & a_{n2} & \cdots & a_{nn} \end{vmatrix}=0(\text{第 } i \text{ 行元素与第 } j \text{ 行元素相同}).$$

又

$$a_{1i}A_{1j}+a_{2i}A_{2j}+\cdots+a_{ni}A_{nj}=\begin{vmatrix} a_{11} & \cdots & a_{1i} & \cdots & a_{1i} & \cdots & a_{1n} \\ a_{21} & \cdots & a_{2i} & \cdots & a_{2i} & \cdots & a_{2n} \\ \vdots & & \vdots & & \vdots & & \vdots \\ a_{n1} & \cdots & a_{ni} & \cdots & a_{ni} & \cdots & a_{nn} \end{vmatrix}=0$$

（第 i 列元素与第 j 列元素相同）.

推论成立.

综合定理 9-1 及其推论 4,可得到有关代数余子式的一个重要性质.

$$a_{i1}A_{j1}+a_{i2}A_{j2}+\cdots+a_{in}A_{jn}=\begin{cases} D, & i=j \\ 0, & i\neq j \end{cases}.$$

$$a_{1i}A_{1j}+a_{2i}A_{2j}+\cdots+a_{ni}A_{nj}=\begin{cases} D, & i=j \\ 0, & i\neq j \end{cases}.$$

可简写为

$$\sum_{k=1}^{n} a_{ik}A_{jk}=\begin{cases} D, & i=j \\ 0, & i\neq j \end{cases}.$$

$$\sum_{k=1}^{n} a_{ki}A_{kj}=\begin{cases} D, & i=j \\ 0, & i\neq j \end{cases}.$$

数学先驱:
范德蒙德

习题 9-3

1. 已知 $\begin{vmatrix} a_{11} & a_{12} & a_{13} \\ a_{21} & a_{22} & a_{23} \\ a_{31} & a_{32} & a_{33} \end{vmatrix}=1$,计算

(1) $\begin{vmatrix} 6a_{11} & -2a_{12} & -10a_{13} \\ -3a_{31} & a_{32} & 5a_{33} \\ -3a_{21} & a_{22} & 5a_{23} \end{vmatrix}$；　　(2) $\begin{vmatrix} 4a_{11} & 2a_{11}-3a_{12} & a_{13} \\ 4a_{21} & 2a_{21}-3a_{22} & a_{23} \\ 4a_{31} & 2a_{31}-3a_{32} & a_{33} \end{vmatrix}$.

2. 用行列式的性质计算下列行列式.

(1) $\begin{vmatrix} 1 & 2 & 3 \\ 0 & 1 & 2 \\ 1 & 1 & 1 \end{vmatrix}$；　　(2) $\begin{vmatrix} 103 & 100 & 204 \\ 199 & 200 & 395 \\ 301 & 300 & 600 \end{vmatrix}$；

(3) $\begin{vmatrix} x & y & x+y \\ y & x+y & x \\ x+y & x & y \end{vmatrix}$.

3. 把下列行列式化为上三角行列式，并计算其值.

(1) $\begin{vmatrix} 3 & 1 & -1 & 2 \\ -5 & 1 & 3 & -4 \\ 2 & 0 & 1 & -1 \\ 1 & -5 & 3 & -3 \end{vmatrix}$；　　(2) $\begin{vmatrix} -2 & 2 & -4 & 0 \\ 4 & -1 & 3 & 5 \\ 3 & 1 & -2 & -3 \\ 2 & 0 & 5 & 1 \end{vmatrix}$.

4. 求解下列方程.

(1) $\begin{vmatrix} 1 & 1 & 2 & 3 \\ 1 & 2-x^2 & 2 & 3 \\ 2 & 3 & 1 & 5 \\ 2 & 3 & 1 & 9-x^2 \end{vmatrix}=0$；　　(2) $\begin{vmatrix} 1 & 1 & 1 & 1 \\ x & a & b & c \\ x^2 & a^2 & b^2 & c^2 \\ x^3 & a^3 & b^3 & c^3 \end{vmatrix}=0$.

9.4 行列式的应用

一、方阵的行列式

定义 9-3 由 n 阶方阵 $\boldsymbol{A}$ 的元素(各元素位置不变)所构成的行列式称为方阵 $\boldsymbol{A}$ 的行列式,记作 $|\boldsymbol{A}|$ 或 $\det\boldsymbol{A}$.

设 $\boldsymbol{A},\boldsymbol{B}$ 为 n 阶方阵,$\boldsymbol{C}$ 为 m 阶方阵,λ 为常数,由行列式的性质及矩阵的运算性质可以得到方阵行列式的下列性质:

性质 1 $|\boldsymbol{A}^{\mathrm{T}}|=|\boldsymbol{A}|$.

性质 2 $|\lambda\boldsymbol{A}|=\lambda^{n}|\boldsymbol{A}|$.

性质 3 $|\boldsymbol{AB}|=|\boldsymbol{A}||\boldsymbol{B}|$.

注意:(1)方阵与行列式是两个完全不同的概念.n 阶方阵是由 n^2 个数排成的方形数表,而 n 阶行列式是由这 n^2 个数按一定运算法则所确定的一个数.以上的性质建立在矩阵为方阵的基础上,因为只有方阵才有行列式.

(2)一般,$|\boldsymbol{A}+\boldsymbol{B}|\neq|\boldsymbol{A}|+|\boldsymbol{B}|$,如 $\boldsymbol{A}=\begin{bmatrix}-1 & 0\\ 0 & -1\end{bmatrix}$,$\boldsymbol{B}=\begin{bmatrix}1 & 0\\ 0 & 1\end{bmatrix}$.

(3)对于 n 阶方阵 $\boldsymbol{A},\boldsymbol{B}$,一般 $\boldsymbol{AB}\neq\boldsymbol{BA}$,但 $|\boldsymbol{AB}|=|\boldsymbol{A}||\boldsymbol{B}|=|\boldsymbol{B}||\boldsymbol{A}|=|\boldsymbol{BA}|$,此性质可以推广到多个矩阵相乘:设 $\boldsymbol{A}_1,\boldsymbol{A}_2,\cdots,\boldsymbol{A}_m$ 均为 n 阶方阵,则有

$$|\boldsymbol{A}_1\boldsymbol{A}_2\cdots\boldsymbol{A}_m|=|\boldsymbol{A}_1||\boldsymbol{A}_2|\cdots|\boldsymbol{A}_m|.$$

【例 1】 设 $\boldsymbol{A}$ 为 3 阶方阵,$|\boldsymbol{A}|=3$,求 $|-2\boldsymbol{A}^{\mathrm{T}}|$.

解 $|-2\boldsymbol{A}^{\mathrm{T}}|=(-2)^3|\boldsymbol{A}^{\mathrm{T}}|=(-2)^3|\boldsymbol{A}|=-8\times3=-24$.

二、逆矩阵公式

定义 9-4 方阵 $\boldsymbol{A}$ 的行列式 $|\boldsymbol{A}|$ 的各个元素的代数余子式构成的矩阵

$$\boldsymbol{A}^{*}=\begin{bmatrix}A_{11} & A_{21} & \cdots & A_{n1}\\ A_{12} & A_{22} & \cdots & A_{n2}\\ \vdots & \vdots & & \vdots\\ A_{1n} & A_{2n} & \cdots & A_{nn}\end{bmatrix}$$

称为矩阵 $\boldsymbol{A}$ 的伴随矩阵.

注意 $\boldsymbol{A}^{*}$ 的构成次序.

定理 9-2 n 阶方阵 $\boldsymbol{A}$ 可逆的充分必要条件是 $|\boldsymbol{A}|\neq0$,且当 $\boldsymbol{A}$ 可逆时,有 $\boldsymbol{A}^{-1}=\dfrac{1}{|\boldsymbol{A}|}\boldsymbol{A}^{*}$,其中 $\boldsymbol{A}^{*}$ 为 $\boldsymbol{A}$ 的伴随矩阵.

证明 必要性,由 $\boldsymbol{A}$ 可逆知存在 n 阶方阵 $\boldsymbol{B}$,使 $\boldsymbol{AB}=\boldsymbol{BA}=\boldsymbol{E}$,从而

$$|\boldsymbol{A}||\boldsymbol{B}|=|\boldsymbol{AB}|=|\boldsymbol{E}|=1\neq0,\ |\boldsymbol{A}|\neq0 \text{ 且 } |\boldsymbol{B}|\neq0.$$

充分性,设 $\boldsymbol{A}=(a_{ij})_{m\times n}$,则

$$AA^* = \begin{bmatrix} a_{11} & a_{12} & \cdots & a_{n1} \\ a_{21} & a_{22} & \cdots & a_{n2} \\ \vdots & \vdots & & \vdots \\ a_{n1} & a_{n2} & \cdots & a_{nn} \end{bmatrix} \begin{bmatrix} A_{11} & A_{21} & \cdots & A_{n1} \\ A_{12} & A_{22} & \cdots & A_{n2} \\ \vdots & \vdots & & \vdots \\ A_{1n} & A_{2n} & \cdots & A_{nm} \end{bmatrix} = \begin{bmatrix} |A| & 0 & \cdots & 0 \\ \cdots & |A| & \cdots & 0 \\ \vdots & \vdots & & \vdots \\ 0 & 0 & \cdots & |A| \end{bmatrix} = |A|E,$$

当$|A|\neq 0$,有$A\dfrac{A^*}{|A|}=\dfrac{A^*}{|A|}A=E$,故

$$A^{-1}=\frac{1}{|A|}A^*.$$

注意:由以上证明过程可得:$AA^*=A^*A=|A|E$.

当$|A|=0$时,A不可逆,为奇异矩阵;否则,当$|A|\neq 0$时,A可逆,为非奇异矩阵.由定理9-2可知:

推论1 n阶方阵A是非奇异矩阵的充分必要条件是$|A|\neq 0$.

推论2 若A是n阶方阵,则$|A^{-1}|=|A|^{-1}$,$|A^*|=|A|^{n-1}$.

证明 $|A^{-1}A|=|A^{-1}||A|=|E|=1$.

因为A可逆,所以$|A|\neq 0$,进而

$$|A^{-1}|=\frac{1}{|A|}=|A|^{-1},$$

故

$$|A^*|=||A|A^{-1}|=|A|^n|A^{-1}|=|A|^{n-1}.$$

【例2】 设矩阵$A=\begin{bmatrix} a & b \\ c & d \end{bmatrix}$,试问$a,b,c,d$满足什么条件时,方阵$A$可逆?当$A$可逆时,求$A^{-1}$.

解 $|A|=\begin{vmatrix} a & b \\ c & d \end{vmatrix}=ad-bc$,当$|A|\neq 0$时,$A$可逆,因为$ad-bc\neq 0$,$A$可逆.

所以

$$A^*=\begin{bmatrix} A_{11} & A_{21} \\ A_{12} & A_{22} \end{bmatrix}=\begin{bmatrix} d & -b \\ -c & a \end{bmatrix},$$

得

$$A^{-1}=\frac{1}{|A|}A^*=\frac{1}{ad-bc}\begin{bmatrix} d & -b \\ -c & a \end{bmatrix}.$$

上式可以作为求二阶方阵的逆矩阵的一般公式.

由定理9-2还可得如下推论.

推论3 若n阶方阵A,B满足$AB=E$(或$BA=E$),则A,B均为可逆矩阵,且$B=A^{-1}$.

证明 $|A||B|=|AB|=|E|=1$,故$|A|\neq 0$,从而A^{-1}存在,同理B^{-1}也存在.于是

$$B=EB=(A^{-1}A)B=A^{-1}(AB)=A^{-1}E=A^{-1}.$$

定理9-2可用来求矩阵的逆矩阵.

【例3】 设$A=\begin{bmatrix} 2 & 2 & 3 \\ 1 & -1 & 0 \\ -1 & 2 & 1 \end{bmatrix}$,判断$A$是否可逆,若可逆,求其逆矩阵.

解 因为$|\boldsymbol{A}|=\begin{vmatrix}2 & 2 & 3\\1 & -1 & 0\\-1 & 2 & 1\end{vmatrix}=-1\neq 0$,所以$\boldsymbol{A}$可逆,且由

$$A_{11}=\begin{vmatrix}-1 & 0\\2 & 1\end{vmatrix}=-1,A_{12}=-\begin{vmatrix}1 & 0\\-1 & 1\end{vmatrix}=-1,A_{13}=\begin{vmatrix}1 & -1\\-1 & 2\end{vmatrix}=1,$$

$$A_{21}=-\begin{vmatrix}2 & 3\\2 & 1\end{vmatrix}=4,A_{22}=\begin{vmatrix}2 & 3\\-1 & 1\end{vmatrix}=5,A_{23}=-\begin{vmatrix}2 & 2\\-1 & 2\end{vmatrix}=-6,$$

$$A_{31}=\begin{vmatrix}2 & 3\\-1 & 0\end{vmatrix}=3,A_{32}=-\begin{vmatrix}2 & 3\\1 & 0\end{vmatrix}=3,A_{33}=\begin{vmatrix}2 & 2\\1 & -1\end{vmatrix}=-4.$$

即

$$\boldsymbol{A}^*=\begin{bmatrix}A_{11} & A_{21} & A_{31}\\A_{12} & A_{22} & A_{32}\\A_{13} & A_{23} & A_{33}\end{bmatrix}=\begin{bmatrix}-1 & 4 & 3\\-1 & 5 & 3\\1 & -6 & -4\end{bmatrix}.$$

得

$$\boldsymbol{A}^{-1}=\frac{1}{|\boldsymbol{A}|}\boldsymbol{A}^*=(-1)\begin{bmatrix}-1 & 4 & 3\\-1 & 5 & 3\\1 & -6 & -4\end{bmatrix}=\begin{bmatrix}1 & -4 & -3\\1 & -5 & -3\\-1 & 6 & 4\end{bmatrix}.$$

【例 4】 设$\boldsymbol{A}=\begin{bmatrix}2 & 3 & 1\\3 & -2 & 1\\-1 & 4 & 0\end{bmatrix}$,$\boldsymbol{A}^*$是$\boldsymbol{A}$的伴随矩阵,求$(\boldsymbol{A}^*)^{-1}$.

解 $|\boldsymbol{A}|=\begin{vmatrix}2 & 3 & 1\\3 & -2 & 1\\-1 & 4 & 0\end{vmatrix}=-1\neq 0$,由定理 9-2 及其推论 3,$\dfrac{\boldsymbol{A}}{|\boldsymbol{A}|}\boldsymbol{A}^*=\boldsymbol{E}$,可得$(\boldsymbol{A}^*)^{-1}$
$=\dfrac{\boldsymbol{A}}{|\boldsymbol{A}|}=-\boldsymbol{A}$,所以

$$(\boldsymbol{A}^*)^{-1}=\frac{\boldsymbol{A}}{|\boldsymbol{A}|}=\begin{bmatrix}-2 & -3 & -1\\-3 & 2 & -1\\1 & -4 & 0\end{bmatrix}.$$

【例 5】 设$\boldsymbol{A}$是三阶方阵,$|\boldsymbol{A}|=3$,求$\left|(3\boldsymbol{A})^{-1}-\dfrac{1}{3}\boldsymbol{A}^*\right|$.

解 $\left|(3\boldsymbol{A})^{-1}-\dfrac{1}{3}\boldsymbol{A}^*\right|=\left|\dfrac{1}{3}\boldsymbol{A}^{-1}-\dfrac{1}{3}|\boldsymbol{A}|\boldsymbol{A}^{-1}\right|=\left|-\dfrac{2}{3}\boldsymbol{A}^{-1}\right|=\left(-\dfrac{2}{3}\right)^3\dfrac{1}{|\boldsymbol{A}|}=-\dfrac{8}{81}.$

三、克拉默(Cramer)法则

设给定含有n个未知量和n个方程的线性方程组

$$\begin{cases}a_{11}x_1+a_{12}x_2+\cdots+a_{1n}x_n=b_1\\a_{21}x_1+a_{22}x_2+\cdots+a_{2n}x_n=b_2\\\cdots\\a_{n1}x_1+a_{n2}x_2+\cdots+a_{nn}x_n=b_n\end{cases}. \tag{9-4-1}$$

它的解能否用 n 阶行列式来计算？利用二、三阶行列式的结论进行推广，可得如下定理.

定理 9-3（克拉默法则） 如果线性方程组(9-4-1)的系数行列式

$$D=\begin{vmatrix} a_{11} & a_{12} & \cdots & a_{1n} \\ a_{21} & a_{22} & \cdots & a_{2n} \\ \vdots & \vdots & & \vdots \\ a_{n1} & a_{n2} & \cdots & a_{nn} \end{vmatrix}\neq 0,$$

则线性方程组(9-4-1)有唯一解

$$x_1=\frac{D_1}{D},x_2=\frac{D_2}{D},\cdots,x_n=\frac{D_n}{D}.$$

其中 $D_j(j=1,2,\cdots,n)$ 是把系数行列式 D 中第 j 列的元素换成方程组的常数项 b_1，$b_2,\cdots,b_n$ 后所得到的 n 阶行列式，即

第 j 列

$$D_j=\begin{vmatrix} a_{11} & \cdots & a_{1,j-1} & b_1 & a_{1,j+1} & \cdots & a_{1n} \\ a_{21} & \cdots & a_{2,j-1} & b_2 & a_{2,j+1} & \cdots & a_{2n} \\ \vdots & & \vdots & \vdots & \vdots & & \vdots \\ a_{n1} & \cdots & a_{n,j-1} & b_n & a_{n,j+1} & \cdots & a_{nn} \end{vmatrix}.$$

证明 设 $1\leqslant j\leqslant n$，分别以第 j 列的各元素的代数余子式 $A_{1j},A_{2j},\cdots,A_{nj}$ 乘以方程组(9-4-1)的每个方程.

$$\begin{cases} a_{11}A_{1j}x_1+a_{12}A_{1j}x_2+\cdots+a_{1n}A_{1j}x_n=b_1A_{1j} \\ a_{21}A_{2j}x_1+a_{22}A_{2j}x_2+\cdots+a_{2n}A_{2j}x_n=b_2A_{2j} \\ \cdots\cdots \\ a_{n1}A_{nj}x_1+a_{n2}A_{nj}x_2+\cdots+a_{nn}A_{nj}x_n=b_nA_{nj} \end{cases}.$$

然后将这 n 个方程的两端分别相加，得

$$\left(\sum_{i=1}^{n}a_{i1}A_{ij}\right)x_1+\left(\sum_{i=1}^{n}a_{i2}A_{ij}\right)x_2+\cdots+\left(\sum_{i=1}^{n}a_{in}A_{ij}\right)x_n=\sum_{i=1}^{n}b_iA_{ij}.$$

由上节结论，上式相当于

$$0x_1+\cdots+Dx_j+\cdots+0x_n=\sum_{i=1}^{n}b_iA_{ij}=D_j,$$

即

$$Dx_j=D_j\quad(j=1,2,\cdots,n).$$

所以当系数行列式 $D\neq 0$ 时，线性方程组(9-4-1)有唯一解：

$$x_1=\frac{D_1}{D},x_2=\frac{D_2}{D},\cdots,x_n=\frac{D_n}{D}.$$

【例 6】 解线性方程组

$$\begin{cases} x_1-x_2+x_3+2x_4=0 \\ 2x_1+x_2-x_3+x_4=0 \\ 3x_1+2x_2+x_3+5x_4=5 \\ -x_1-x_2+x_3+x_4=-1 \end{cases}.$$

解 该方程组的系数行列式

$$D=\begin{vmatrix}1&-1&1&2\\2&1&-1&1\\3&2&1&5\\-1&-1&1&1\end{vmatrix}=9\neq0.$$

因此方程组有唯一解.

$$D_1=\begin{vmatrix}0&-1&1&2\\0&1&-1&1\\5&2&1&5\\-1&-1&1&1\end{vmatrix}=9,D_2=\begin{vmatrix}1&0&1&2\\2&0&-1&1\\3&5&1&5\\-1&-1&1&1\end{vmatrix}=18,$$

$$D_3=\begin{vmatrix}1&-1&0&2\\2&1&0&1\\3&2&5&5\\-1&-1&-1&1\end{vmatrix}=27,D_4=\begin{vmatrix}1&-1&1&0\\2&1&-1&0\\3&2&1&5\\-1&-1&1&-1\end{vmatrix}=-9.$$

由克拉默法则

$$x_1=\frac{D_1}{D}=1,x_2=\frac{D_2}{D}=2,x_3=\frac{D_3}{D}=3,x_4=\frac{D_4}{D}=-1.$$

当线性方程组(9-4-1)右端常数项全为零时,则

$$\begin{cases}a_{11}x_1+a_{12}x_2+\cdots+a_{1n}x_n=0\\a_{21}x_1+a_{22}x_2+\cdots+a_{2n}x_n=0\\\cdots\cdots\\a_{n1}x_1+a_{n2}x_2+\cdots+a_{nn}x_n=0\end{cases}\tag{9-4-2}$$

称为**齐次线性方程组**(否则称为**非齐次线性方程组**).

定理 9-4 若齐次线性方程组(9-4-2)的系数行列式 $D\neq0$,那么它只有零解.

证明 因齐次线性方程组(9-4-2)的 $D_i=0,i=1,2,\cdots,n$.若其系数行列式 $D\neq0$,则由克拉默法则知,它有且仅有唯一解:$x_i=\dfrac{D_i}{D}=0,i=1,2,\cdots,n$.即它仅有零解.

定理 9-5 如果齐次线性方程组有非零解,则它的系数行列式必为零.

【例 7】 当 λ 为何值时,齐次线性方程组$\begin{cases}\lambda x_1+x_2+x_3=0\\x_1+\lambda x_2+x_3=0\\x_1+x_2+\lambda x_3=0\end{cases}$,有非零解?

解 由定理 9-5,齐次线性方程组有非零解,系数行列式必为 0.因此

$$D=\begin{vmatrix}\lambda&1&1\\1&\lambda&1\\1&1&\lambda\end{vmatrix}=(\lambda-1)^2(\lambda+2)=0,$$

拓展:利用克拉默法则讨论非齐次方程的解

所以 $\lambda=1$ 或 $\lambda=-2$ 时,齐次线性方程组有非零解.

注意:克拉默法则只适用于含有 n 个未知量和 n 个方程的线性方程组的求解,如果方程组的方程个数与未知数个数不相等时,此法则不能使用.

习题 9-4

1. 设$\boldsymbol{A}=\begin{bmatrix}1 & 2\\3 & 4\end{bmatrix}$，则$\boldsymbol{A}^*=$________，$\boldsymbol{A}^{-1}=$________.

2. 设$\boldsymbol{A},\boldsymbol{B}$为3阶方阵，$|\boldsymbol{A}|=-3$，$|\boldsymbol{B}|=2$，则$|2(\boldsymbol{A}^{\mathrm{T}}\boldsymbol{B}^{-1})^3|=$________.

3. 设$\boldsymbol{A}=\begin{bmatrix}2 & 1 & 0\\1 & 0 & 2\\0 & 1 & 1\end{bmatrix}$，则$(\boldsymbol{A}+4\boldsymbol{E})^{-1}(\boldsymbol{A}^2-16\boldsymbol{E})=$________.

4. 设$\boldsymbol{A}$为n阶方阵，$|\boldsymbol{A}|=a\neq 0$，k为常数，则$|k\boldsymbol{A}|=$________；$|k\boldsymbol{A}^{-1}|=$________；$|(k\boldsymbol{A})^{-1}|=$________；$|k\boldsymbol{A}^*|=$________.

5. 已知$|\boldsymbol{A}|=4$，且$\boldsymbol{A}^{-1}=\dfrac{1}{4}\begin{bmatrix}-3 & 3 & 1\\-4 & 0 & 4\\5 & -1 & -3\end{bmatrix}$，则$\boldsymbol{A}^*=$________，$\det(\boldsymbol{A}^*)=$________.

6. 设$\boldsymbol{A}$为3阶方阵，$|\boldsymbol{A}|=\dfrac{1}{2}$，则$|\boldsymbol{A}^{-1}-\boldsymbol{A}^*|=$________；$|(2\boldsymbol{A})^{-1}-3\boldsymbol{A}^*|=$________.

7. 当λ为何值时，齐次线性方程组$\begin{cases}\lambda x_1+x_2+x_3=0\\x_1+\lambda x_2+x_3=0\\3x_1-x_2+x_3=0\end{cases}$有非零解？

8. 当λ,μ为何值时，齐次线性方程组$\begin{cases}\lambda x_1+x_2+x_3=0\\x_1+\mu x_2+x_3=0\\x_1+2\mu x_2+x_3=0\end{cases}$有非零解？

复习题 9

一、选择题

1. 若$\begin{vmatrix}a_{11} & a_{12} & \cdots & a_{1n}\\a_{21} & a_{22} & \cdots & a_{2n}\\\vdots & \vdots & & \vdots\\a_{n1} & a_{n2} & \cdots & a_{nn}\end{vmatrix}=D$，则$\begin{vmatrix}a_{n1} & a_{n2} & \cdots & a_{nn}\\\vdots & \vdots & & \vdots\\a_{21} & a_{22} & \cdots & a_{2n}\\a_{11} & a_{12} & \cdots & a_{1n}\end{vmatrix}=$(　　).

A. D　　B. $-D$　　C. $(-1)^nD$　　D. $(-1)^{\frac{n(n-1)}{2}}D$

2. 行列式$\begin{vmatrix}2 & 0 & 0 & 1\\0 & 0 & 1 & 0\\7 & 0 & 0 & 0\\0 & -6 & 0 & 0\end{vmatrix}$的值为(　　).

A. 42　　B. -42　　C. 0　　D. 84

3. 若 $D=\begin{vmatrix} a_{11} & a_{12} & a_{13} \\ a_{21} & a_{22} & a_{23} \\ a_{31} & a_{32} & a_{33} \end{vmatrix}=M$,则 $D_1=\begin{vmatrix} 2a_{11} & 2a_{12} & 2a_{13} \\ 2a_{31} & 2a_{32} & 2a_{33} \\ 2a_{21} & 2a_{22} & 2a_{23} \end{vmatrix}=$(　　).

A. $2M$　　B. $-2M$　　C. $8M$　　D. $-8M$

二、填空题

1. $\begin{vmatrix} 4 & 2 & 1 \\ 1 & 3 & 6 \\ 2 & 0 & 8 \end{vmatrix}=$________.

2. $\begin{vmatrix} k & 2 & 1 \\ 2 & k & 0 \\ 1 & -1 & 0 \end{vmatrix}=0$ 的充要条件是________.

3. $\begin{vmatrix} 0 & 0 & 0 & 2 \\ 0 & 0 & 3 & 0 \\ 0 & 4 & 0 & 0 \\ 5 & 0 & 0 & 0 \end{vmatrix}=$________.

4. $\begin{vmatrix} 1 & 0 & 2 & a \\ 2 & 0 & b & 0 \\ 3 & c & 4 & 5 \\ d & 0 & 0 & 0 \end{vmatrix}=$________.

5. $\begin{vmatrix} 2 & 0 & 4 \\ 6 & 1 & 3 \\ -2 & 3 & 5 \end{vmatrix}$中元素 2 和 -2 的代数余子式分别为________和________.

三、计算题

1. $\begin{vmatrix} 1 & 2 & 3 & 4 \\ 4 & 2 & 1 & 3 \\ 3 & 1 & 2 & 4 \\ 2 & 4 & 3 & 1 \end{vmatrix}$.

2. $\begin{vmatrix} 1 & 0 & a & 1 \\ 0 & -1 & b & -1 \\ -1 & -1 & c & -1 \\ -1 & 1 & d & 0 \end{vmatrix}$.

3. 当 k 为何值,齐次线性方程组$\begin{cases} kx+y+z=0 \\ x+ky-z=0 \\ 2x-y+z=0 \end{cases}$有非零解.

本章思维导图

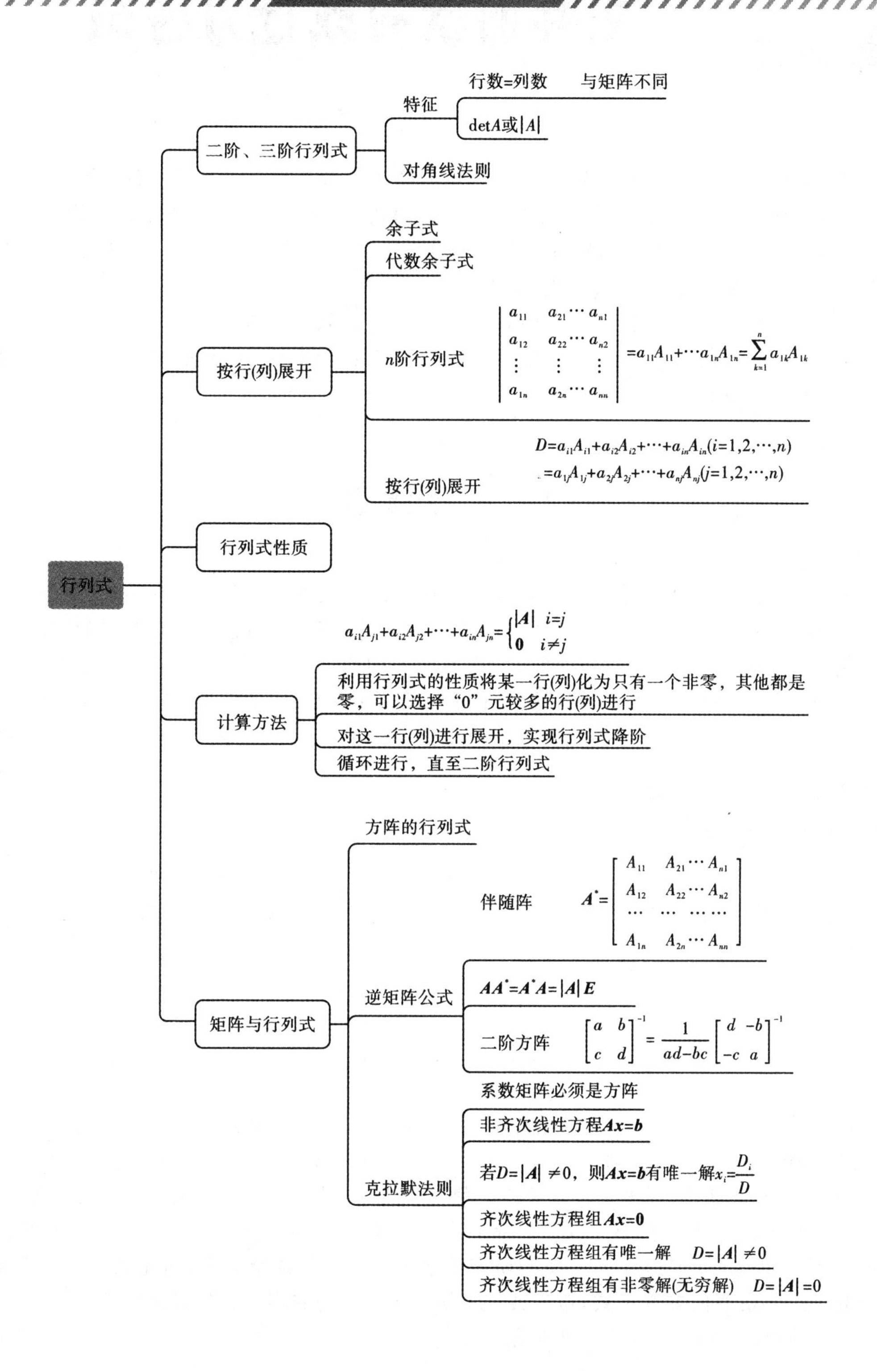

行列式
二阶、三阶行列式
特征
行数=列数 与矩阵不同
detA或|A|
对角线法则
按行(列)展开
余子式
代数余子式
n阶行列式
$\begin{vmatrix} a_{11} & a_{21}\cdots a_{n1} \\ a_{12} & a_{22}\cdots a_{n2} \\ \vdots & \vdots \quad \vdots \\ a_{1n} & a_{2n}\cdots a_{nn} \end{vmatrix}=a_{11}A_{11}+\cdots a_{1n}A_{1n}=\sum_{k=1}^{n}a_{1k}A_{1k}$
按行(列)展开
$D=a_{i1}A_{i1}+a_{i2}A_{i2}+\cdots+a_{in}A_{in}(i=1,2,\cdots,n)$
$=a_{1j}A_{1j}+a_{2j}A_{2j}+\cdots+a_{nj}A_{nj}(j=1,2,\cdots,n)$
行列式性质
计算方法
$a_{i1}A_{j1}+a_{i2}A_{j2}+\cdots+a_{in}A_{jn}=\begin{cases}|A| & i=j \\ 0 & i\neq j\end{cases}$
利用行列式的性质将某一行(列)化为只有一个非零，其他都是零，可以选择“0”元较多的行(列)进行
对这一行(列)进行展开，实现行列式降阶
循环进行，直至二阶行列式
矩阵与行列式
方阵的行列式
逆矩阵公式
伴随阵
$A^*=\begin{bmatrix} A_{11} & A_{21}\cdots A_{n1} \\ A_{12} & A_{22}\cdots A_{n2} \\ \cdots & \cdots \quad \cdots\cdots \\ A_{1n} & A_{2n}\cdots A_{nn} \end{bmatrix}$
$AA^*=A^*A=|A|E$
二阶方阵
$\begin{bmatrix} a & b \\ c & d \end{bmatrix}^{-1}=\frac{1}{ad-bc}\begin{bmatrix} d & -b \\ -c & a \end{bmatrix}^{-1}$
克拉默法则
系数矩阵必须是方阵
非齐次线性方程$Ax=b$
若$D=|A|\neq 0$，则$Ax=b$有唯一解$x_i=\frac{D_i}{D}$
齐次线性方程组$Ax=0$
齐次线性方程组有唯一解 $D=|A|\neq 0$
齐次线性方程组有非零解(无穷解) $D=|A|=0$

第10章 矩阵的秩与线性方程组

线性方程组是线性代数的核心. 在第 8 章介绍了方程个数与未知量个数相等时, 求解线性方程组方程的克拉默法则: 当方程组的系数行列式不等于零时, 非齐次线性方程组有唯一解, 并且解可以用行列式之比表示; 当齐次线性方程组有非零解时, 系数行列式等于零, 当齐次线性方程组有唯一零解时, 系数行列式不等于零.

克拉默法则在理论上能有效解出线性方程组, 但它只对方程个数与未知量个数相等且系数行列式不为零的线性方程组有效, 所以应用范围有局限性. 鉴于此, 本章主要讨论如何求解一般的线性方程组.

10.1 矩阵的秩

在第 8 章已经介绍过, 利用矩阵的初等变换可以将矩阵化为行阶梯形矩阵, 其非零的 r 行所对应的非齐次(齐次)线性方程组与原方程组同解. 该方程组包含有效方程个数最少, 即为没有多余方程的方程组. 这对求解方程组有很大的作用. 这里的 r 就是矩阵的秩. 但由于 r 的唯一性尚未证明, 因此下面利用行列式给出矩阵的秩的定义. 矩阵的秩是矩阵最重要的数量特征之一, 在线性方程组解的判定中有重要的作用.

一、矩阵的秩

定义 10-1 在 $m\times n$ 矩阵 $\boldsymbol{A}$ 中, 任取 k 行 k 列 $(1\leqslant k\leqslant m, 1\leqslant k\leqslant n)$ 位于这些行列交叉处的 k^2 个元素, 按原来的次序组成的 k 阶行列式, 称为矩阵 $\boldsymbol{A}$ 的 k **阶子式**.

例如, 在矩阵

$$\boldsymbol{A}=\begin{bmatrix}1&2&3&4\\0&1&2&3\\0&0&0&2\\0&0&0&0\end{bmatrix}$$

中, 第 1、3 行与第 1、4 列交点上的元素按原次序组成的行列式就是一个二阶子式.

定义 10-2 设 $\boldsymbol{A}$ 为 $m\times n$ 矩阵, 如果至少存在一个 $\boldsymbol{A}$ 的 r 阶子式不为零, 同时 $\boldsymbol{A}$ 的所有 $r+1$ 阶子式皆为零, 则称数 r 为矩阵 $\boldsymbol{A}$ 的**秩**(rank), 记为 $r(\boldsymbol{A})$. 规定零矩阵的秩等于零.

若矩阵 $\boldsymbol{A}$ 的秩为 r, 则 $\boldsymbol{A}$ 的 $r+1$ 阶子式全为零. 由行列式按行的展开式可知, 矩阵 $\boldsymbol{A}$ 的 $r+2$ 阶子式也一定为零, 从而 $\boldsymbol{A}$ 的所有阶数大于 r 的子式全为零. 因此把 r 阶非零子式称为矩阵 $\boldsymbol{A}$ 的**最高阶非零子式**, 矩阵 $\boldsymbol{A}$ 的秩 $r(\boldsymbol{A})$ 是 $\boldsymbol{A}$ 的非零子式的最高阶数.

不难看到, 矩阵的秩具有下列性质.

性质1 由于行列式与其转置行列式的值相等，因此 $\boldsymbol{A}^{\mathrm{T}}$ 的子式与 $\boldsymbol{A}$ 的子式对应相等，从而 $r(\boldsymbol{A})=r(\boldsymbol{A}^{\mathrm{T}})$.

性质2 设 $\boldsymbol{A}$ 为 $m\times n$ 矩阵，则 $0\leqslant r(\boldsymbol{A})\leqslant \min\{m,n\}$，若 $r(\boldsymbol{A})=m$，称 $\boldsymbol{A}$ 为**行满秩矩阵**；若 $r(\boldsymbol{A})=n$，称 $\boldsymbol{A}$ 为**列满秩矩阵**；特殊地，$\boldsymbol{A}$ 为 $n\times n$ 方阵，且 $r(\boldsymbol{A})=n$，称 $\boldsymbol{A}$ 为**满秩矩阵**.

性质3 对于 n 阶矩阵 $\boldsymbol{A}$，由于 $\boldsymbol{A}$ 的 n 阶子式只有一个，即 $|\boldsymbol{A}|$，故当 $|\boldsymbol{A}|\neq 0$ 时 $r(\boldsymbol{A})=n$；当 $|\boldsymbol{A}|=0$ 时 $r(\boldsymbol{A})<n$ 时. 从而，可逆矩阵的秩等于矩阵的阶数，不可逆矩阵的秩小于矩阵的阶数. 即可知，n 阶矩阵 $\boldsymbol{A}$ 可逆的充分必要条件是 $r(\boldsymbol{A})=n$.

由性质2和性质3可知，若 n 阶矩阵 $\boldsymbol{A}$ 可逆，则 $\boldsymbol{A}$ 为**满秩矩阵**；反之，若 n 阶矩阵 $\boldsymbol{A}$ 不可逆，则可称 $\boldsymbol{A}$ 为**降秩矩阵**.

【例1】 求矩阵 $\boldsymbol{A}$ 和 $\boldsymbol{B}$ 的秩，其中 $\boldsymbol{A}=\begin{bmatrix}1 & 0 & -1\\ 1 & -1 & 2\\ 2 & -2 & 4\end{bmatrix}$，$\boldsymbol{B}=\begin{bmatrix}1 & -1 & 0 & 2 & 1\\ 0 & 2 & 1 & 4 & 0\\ 0 & 0 & 0 & -3 & -2\\ 0 & 0 & 0 & 0 & 0\end{bmatrix}$.

解 在矩阵 $\boldsymbol{A}$ 中，第2、3行成比例，即知 $\boldsymbol{A}$ 的3阶子式全为零；又容易看出一个2阶非零子式 $\begin{vmatrix}1 & 0\\ 1 & -1\end{vmatrix}=-1\neq 0$，因此 $r(\boldsymbol{A})=2$.

矩阵 $\boldsymbol{B}$ 是一个行阶梯形矩阵，其非零行只有3行，可知 $\boldsymbol{B}$ 的所有4阶子式全为零. 而以三个非零行的第一个非零元素为对角元素的3阶子式是一个上三角行列式，显然

$$\begin{vmatrix}1 & -1 & 2\\ 0 & 2 & 4\\ 0 & 0 & -3\end{vmatrix}=-6\neq 0,$$

故 $r(\boldsymbol{B})=3$.

利用定义计算矩阵的秩，需要由低阶到高阶考虑矩阵的子式. 当矩阵的行数与列数较高时，按定义求秩很麻烦. 而对于行阶梯形矩阵，它的秩很容易判断，就等于非零行的行数.

由于任意矩阵都可以经过初等行变换化为行阶梯形矩阵，我们可以考虑借助初等变换来求矩阵的秩.

对例1中矩阵 $\boldsymbol{A}$ 进行初等行变换.

$$\boldsymbol{A}=\begin{bmatrix}1 & 0 & -1\\ 1 & -1 & 2\\ 2 & -2 & 4\end{bmatrix}\xrightarrow[r_3-2r_1]{r_2-r_1}\begin{bmatrix}1 & 0 & -1\\ 0 & -1 & 3\\ 0 & -2 & 6\end{bmatrix}\xrightarrow{r_3-2r_2}\begin{bmatrix}1 & 0 & -1\\ 0 & -1 & 3\\ 0 & 0 & 0\end{bmatrix}=\boldsymbol{C},$$

可知 $r(\boldsymbol{C})=r(\boldsymbol{A})=2$，所以 $\boldsymbol{A}$ 与 $\boldsymbol{C}$ 的秩相等.

一般地，有如下定理.

定理 10-1 初等变换不改变矩阵的秩. 即若矩阵 $\boldsymbol{A}$ 与 $\boldsymbol{B}$ 等价，则 $r(\boldsymbol{B})=r(\boldsymbol{A})$.

(证略).

根据定理10-1，利用初等变换求矩阵的秩的方法，把矩阵用初等行变换变成行阶梯形矩阵，行阶梯形矩阵中非零行的行数就是该矩阵的秩.

【例2】 设 $\boldsymbol{A}=\begin{bmatrix}3 & 2 & 0 & 5 & 0\\ 3 & -2 & 3 & 6 & -1\\ 2 & 0 & 1 & 5 & -3\\ 1 & 6 & -4 & -1 & 4\end{bmatrix}$，求矩阵 $\boldsymbol{A}$ 的秩.

解 对 $\boldsymbol{A}$ 做初等行变换，变成行阶梯形矩阵.

$$\boldsymbol{A}\xrightarrow{r_1\leftrightarrow r_4}\begin{bmatrix}1&6&-4&-1&4\\3&-2&3&6&-1\\2&0&1&5&-3\\3&2&0&5&0\end{bmatrix}\xrightarrow{r_2-r_4}\begin{bmatrix}1&6&-4&-1&4\\0&-4&3&1&-1\\2&0&1&5&-3\\3&2&0&5&0\end{bmatrix}$$

$$\xrightarrow[r_4-3r_1]{r_3-2r_1}\begin{bmatrix}1&6&-4&-1&4\\0&-4&3&1&-1\\0&-12&9&7&-11\\0&-16&12&8&-12\end{bmatrix}\xrightarrow[r_4-4r_2]{r_3-3r_2}\begin{bmatrix}1&6&-4&-1&4\\0&-4&3&1&-1\\0&0&0&4&-8\\0&0&0&4&-8\end{bmatrix}$$

解析：求矩阵的秩

$$\xrightarrow{r_4-r_3}\begin{bmatrix}1&6&-4&-1&4\\0&-4&3&1&-1\\0&0&0&4&-8\\0&0&0&0&0\end{bmatrix}.$$

由行阶梯形矩阵有三个非零行，知 $r(\boldsymbol{A})=3$.

【例 3】 设 $\boldsymbol{A}=\begin{bmatrix}1&2&-1&1\\3&2&\lambda&-1\\5&6&3&\mu\end{bmatrix}$，已知 $r(\boldsymbol{A})=2$，求 λ 与 μ 的值.

解 $$\boldsymbol{A}\xrightarrow[r_3-5r_1]{r_2-3r_1}\begin{bmatrix}1&2&-1&1\\0&-4&\lambda+3&-4\\0&-4&8&\mu-5\end{bmatrix}\xrightarrow{r_3-r_2}\begin{bmatrix}1&2&-1&1\\0&-4&\lambda+3&-4\\0&0&5-\lambda&\mu-1\end{bmatrix}.$$

因 $r(\boldsymbol{A})=2$，故

$$\begin{cases}5-\lambda=0\\\mu-1=0\end{cases}.$$

即 $\lambda=5,\mu=1$.

习题 10-1

1. 设矩阵 $\boldsymbol{A}$ 的秩为 r，则 $\boldsymbol{A}$ 中(　　).

A. 所有 $r-1$ 阶子式都不为 0　　B. 所有 $r-1$ 阶子式全为 0

C. 至少有一个 r 阶子式不等于 0　　D. 所有 r 阶子式都不为 0

2. 设 $m\times n$ 矩阵 $\boldsymbol{A}$，且 $r(\boldsymbol{A})=r$，D 为 $\boldsymbol{A}$ 的一个 $r+1$ 阶子式，则 $D=$________.

3. $\boldsymbol{A}=\begin{bmatrix}1&2&3&4\\1&-2&4&5\\1&10&1&2\end{bmatrix}$，则 $r(\boldsymbol{A})=$________.

4. 求矩阵 $\boldsymbol{A}=\begin{bmatrix}1&1&2&2&1\\0&2&1&5&-1\\2&0&3&-1&3\\1&1&0&4&-1\end{bmatrix}$ 的秩.

5. $\boldsymbol{A}=\begin{bmatrix}1&-2&3k\\-1&2k&-3\\k&-2&3\end{bmatrix}$，问 k 取何值时可使

(1) $r(\boldsymbol{A})=1$；　(2) $r(\boldsymbol{A})=2$；　(3) $r(\boldsymbol{A})=3$.

10.2 解线性方程组

1. 非齐次线性方程组解的判定

对 n 个未知数 m 个方程的线性方程组

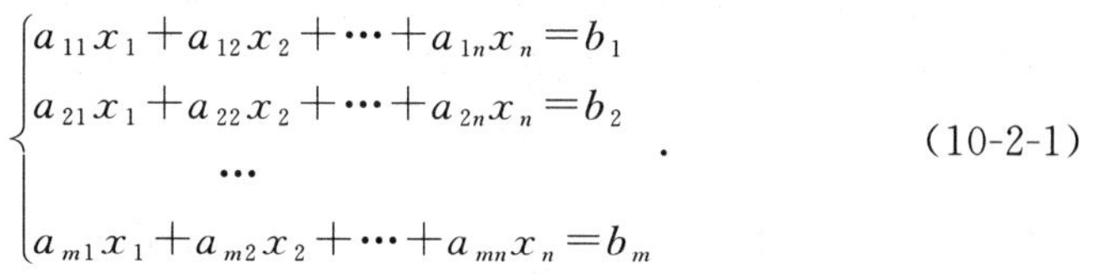

$$\begin{cases} a_{11}x_1+a_{12}x_2+\cdots+a_{1n}x_n=b_1 \\ a_{21}x_1+a_{22}x_2+\cdots+a_{2n}x_n=b_2 \\ \qquad\cdots \\ a_{m1}x_1+a_{m2}x_2+\cdots+a_{mn}x_n=b_m \end{cases}. \qquad (10\text{-}2\text{-}1)$$

利用矩阵,可写成矩阵形式

$$\boldsymbol{Ax}=\boldsymbol{b},$$

其中

$$\boldsymbol{A}=\begin{bmatrix} a_{11} & a_{12} & \cdots & a_{1n} \\ a_{21} & a_{22} & \cdots & a_{2n} \\ \vdots & \vdots & & \vdots \\ a_{m1} & a_{m2} & \cdots & a_{mn} \end{bmatrix},\boldsymbol{x}=\begin{bmatrix} x_1 \\ x_2 \\ \vdots \\ x_n \end{bmatrix},\boldsymbol{b}=\begin{bmatrix} b_1 \\ b_2 \\ \vdots \\ b_m \end{bmatrix}.$$

若记

$$\boldsymbol{\alpha}_j=\begin{bmatrix} a_{1j} \\ a_{2j} \\ \vdots \\ a_{mj} \end{bmatrix}, \quad (j=1,2,\cdots,n),$$

如果线性方程组(10-2-1)有解,则称方程组(10-2-1)是**相容的**;否则,称方程组(10-2-1)是**不相容的**. 利用系数矩阵 $\boldsymbol{A}$ 和增广矩阵 $\boldsymbol{B}=(\boldsymbol{A},\boldsymbol{b})$ 的秩,可方便讨论线性方程组是否有解以及有解时解是否唯一等问题,结论如下:

定理 10-2 设有 n 元线性方程组 $\boldsymbol{Ax}=\boldsymbol{b}$,则

(1) 当 $r(\boldsymbol{A})<r(\boldsymbol{A},\boldsymbol{b})$ 时,方程组 $\boldsymbol{Ax}=\boldsymbol{b}$ 无解.

(2) 当 $r(\boldsymbol{A})=r(\boldsymbol{A},\boldsymbol{b})$ 时,方程组 $\boldsymbol{Ax}=\boldsymbol{b}$ 有解.

(3) 当 $r(\boldsymbol{A})=r(\boldsymbol{A},\boldsymbol{b})=n$ 时,方程组 $\boldsymbol{Ax}=\boldsymbol{b}$ 有唯一解.

(4) 当 $r(\boldsymbol{A})=r(\boldsymbol{A},\boldsymbol{b})<n$ 时,方程组 $\boldsymbol{Ax}=\boldsymbol{b}$ 有无穷多解.

证明 设 $r(\boldsymbol{A})=r$,则 $r(\boldsymbol{A},\boldsymbol{b})$ 的秩至多为 $r+1$,为叙述方便起见,不妨设 $\boldsymbol{B}=(\boldsymbol{A},\boldsymbol{b})$ 的行最简形矩阵为

$$(\boldsymbol{A},\boldsymbol{b})=\begin{bmatrix} 1 & 0 & \cdots & 0 & b_{11} & \cdots & b_{1,n-r} & d_1 \\ 0 & 1 & \cdots & 0 & b_{21} & \cdots & b_{2,n-r} & d_2 \\ \vdots & \vdots & & \vdots & \vdots & & \vdots & \vdots \\ 0 & 0 & \cdots & 1 & b_{r1} & \cdots & b_{r,n-r} & d_r \\ 0 & 0 & \cdots & 0 & 0 & \cdots & 0 & d_{r+1} \\ 0 & 0 & \cdots & 0 & 0 & \cdots & 0 & 0 \\ \vdots & \vdots & & \vdots & \vdots & & \vdots & \vdots \\ 0 & 0 & \cdots & 0 & 0 & & 0 & 0 \end{bmatrix}.$$

其同解方程组为

$$\begin{cases} x_1+b_{11}x_{r+1}+\cdots+b_{1,n-r}x_n=d_1 \\ x_2+b_{21}x_{r+1}+\cdots+b_{2,n-r}x_n=d_2 \\ \cdots \\ x_r+b_{r1}x_{r+1}+\cdots+b_{r,n-r}x_n=d_r \\ 0=d_{r+1} \end{cases}. \tag{10-2-2}$$

若 $d_{r+1}\neq 0$,则 $r(\boldsymbol{A},\boldsymbol{b})=r+1>r(\boldsymbol{A})=r$,则上述方程组中出现矛盾,此时方程组 $\boldsymbol{Ax}=\boldsymbol{b}$ 无解;

若 $d_{r+1}=0$,则 $r(\boldsymbol{A},\boldsymbol{b})=r(\boldsymbol{A})=r$,则方程组(10-2-2)有解,且:

(1)当 $r=n$ 时,方程组(10-2-2)成为 $\begin{cases} x_1=d_1 \\ x_2=d_2 \\ \cdots \\ x_n=d_n \end{cases}$,此时原方程组 $\boldsymbol{Ax}=\boldsymbol{b}$ 有唯一解.

(2)当 $r<n$ 时,方程组(10-2-2)成为 $\begin{cases} x_1=d_1-b_{11}x_{r+1}-\cdots-b_{1,n-r}x_n \\ x_2=d_2-b_{21}x_{r+1}-\cdots-b_{2,n-r}x_n \\ \cdots \\ x_r=d_r-b_{r1}x_{r+1}-\cdots-b_{r,n-r}x_n \end{cases}$.

令 $x_{r+1}=c_1,x_{r+2}=c_2,\cdots,x_n=c_{n-r}$(其中 $c_1,c_2,\cdots,c_{n-r}$ 为任意常数),则原方程组的解为

$$\begin{cases} x_1=d_1-b_{11}c_1-b_{12}c_2-\cdots-b_{1,n-r}c_{n-r} \\ x_2=d_2-b_{21}c_1-b_{22}c_2-\cdots-b_{2,n-r}c_{n-r} \\ \cdots \\ x_r=d_r-b_{r1}c_1-b_{r2}c_2-\cdots-b_{r,n-r}c_{n-r} \\ x_{r+1}=c_1 \\ \cdots \\ x_n=c_{n-r} \end{cases}.$$

此时,参数 $c_1,c_2,\cdots,c_{n-r}$ 可以取任意实数值,故原方程组 $\boldsymbol{Ax}=\boldsymbol{b}$ 有无穷多解.

定理 10-2 的证明过程实际上给出了线性方程组的求解过程. 对线性方程组 $\boldsymbol{Ax}=\boldsymbol{b}$,首先将增广矩阵 $\boldsymbol{B}=(\boldsymbol{A},\boldsymbol{b})$ 通过初等变换化为行最简形矩阵;其次,根据其行阶梯形矩阵判断是否有解,然后在有解时,利用行最简形矩阵对应的同解方程组写出方程组的解.

【例 1】 利用行初等变换求解下列线性方程组.

(1) $\begin{cases} x_1+x_2-x_3=4 \\ -x_1-x_2+x_3=1 \\ x_1-x_2+2x_3=-4 \end{cases}$;　　(2) $\begin{cases} x_1-x_2+2x_3-3x_4=2 \\ 2x_1-2x_2+7x_3-10x_4=5 \\ 3x_1-3x_2+3x_3-5x_4=5 \end{cases}$.

解 (1)对增广矩阵 $\boldsymbol{B}$ 做初等行变换化为行阶梯形矩阵:

$$\boldsymbol{B}=(\boldsymbol{A},\boldsymbol{b})=\left[\begin{array}{ccc:c} 1 & 1 & -1 & 4 \\ -1 & -1 & 1 & 1 \\ 1 & -1 & 2 & -4 \end{array}\right] \xrightarrow[r_3-r_1]{r_2+r_1} \left[\begin{array}{ccc:c} 1 & 1 & -1 & 4 \\ 0 & 0 & 0 & 5 \\ 0 & -2 & 3 & -8 \end{array}\right].$$

$$\xrightarrow{r_3\leftrightarrow r_2} \left[\begin{array}{ccc:c} 1 & 1 & -1 & 4 \\ 0 & -2 & 3 & -8 \\ 0 & 0 & 0 & 5 \end{array}\right].$$

由上可知 $r(\boldsymbol{A})=2<r(\boldsymbol{A},\boldsymbol{b})=3$，由定理 10-2 可得线性方程组无解.

(2)对增广矩阵 $\boldsymbol{B}$ 做初等行变换化为行最简形矩阵：

$$\boldsymbol{B}=(\boldsymbol{A},\boldsymbol{b})=\left[\begin{array}{cccc:c}1&-1&2&-3&2\\2&-2&7&-10&5\\3&-3&3&-5&5\end{array}\right]\xrightarrow[r_3-3r_1]{r_2-2r_1}\left[\begin{array}{cccc:c}1&-1&2&-3&2\\0&0&3&-4&1\\0&0&-3&4&-1\end{array}\right]$$

$$\xrightarrow{r_3+r_2}\left[\begin{array}{cccc:c}1&-1&2&-3&2\\0&0&3&-4&1\\0&0&0&0&0\end{array}\right]\xrightarrow[r_1-2r_2]{r_2\div 3}\left[\begin{array}{cccc:c}1&-1&0&-\frac{1}{3}&\frac{4}{3}\\0&0&1&-\frac{4}{3}&\frac{1}{3}\\0&0&0&0&0\end{array}\right]$$

由上可知 $r(\boldsymbol{A})=r(\boldsymbol{A},\boldsymbol{b})=2$，由定理 10-2 可得线性方程组有无穷多组解.

$$\begin{cases}x_1-x_2-\frac{1}{3}x_4=\frac{4}{3}\\x_3-\frac{4}{3}x_4=\frac{1}{3}\end{cases}$$

所以

$$\begin{cases}x_1= & x_2+\frac{1}{3}x_4+\frac{4}{3}\\x_2= & x_2\\x_3= & \frac{4}{3}x_4+\frac{1}{3}\\x_4= & x_4\end{cases}$$

令 $x_2=c_1,x_4=c_2$，则

$$\begin{bmatrix}x_1\\x_2\\x_3\\x_4\end{bmatrix}=\begin{bmatrix}1\\1\\0\\0\end{bmatrix}c_1+\begin{bmatrix}\frac{1}{3}\\0\\\frac{4}{3}\\1\end{bmatrix}c_2+\begin{bmatrix}\frac{4}{3}\\0\\\frac{1}{3}\\0\end{bmatrix}\quad(c_1,c_2\in\mathbf{R})$$

【例 2】 λ 为何值时，线性方程组

$$\begin{cases}x_1+x_2+\lambda x_3=4\\-x_1+\lambda x_2+x_3=\lambda^2.\\x_1-x_2+2x_3=-4\end{cases}$$

有唯一解？有无穷多解？无解？

解法 1 对增广矩阵 $\boldsymbol{B}$ 做初等行变换化为行最简形矩阵.

$$\boldsymbol{B}=(\boldsymbol{A},\boldsymbol{b})=\left[\begin{array}{ccc:c}1&1&\lambda&4\\-1&\lambda&1&\lambda^2\\1&-1&2&-4\end{array}\right]\xrightarrow[r_2\leftrightarrow r_3]{r_3\leftrightarrow r_1}\left[\begin{array}{ccc:c}1&-1&2&-4\\1&1&\lambda&4\\-1&\lambda&1&\lambda^2\end{array}\right]$$

$$\xrightarrow[r_3+r_1]{r_2-r_1}\left[\begin{array}{ccc:c}1&-1&2&-4\\0&2&\lambda-2&8\\0&\lambda-1&3&\lambda^2-4\end{array}\right]$$

$$\xrightarrow{r_3-\frac{\lambda-1}{2}r_2}\left[\begin{array}{ccc:c}1 & -1 & 2 & -4 \\ 0 & 2 & \lambda-2 & 8 \\ 0 & 0 & -\frac{1}{2}(\lambda+1)(\lambda-4) & \lambda(\lambda-4)\end{array}\right]$$

(1)当 $\lambda=-1$ 时，$r(\boldsymbol{A})=2<r(\boldsymbol{A},\boldsymbol{b})=3$，由定理 10-2 可得线性方程组无解.

(2)当 $\lambda=4$ 时，$r(\boldsymbol{A})=r(\boldsymbol{A},\boldsymbol{b})=2$，由定理 10-2 可得线性方程组有无穷多组解.

(3)当 $\lambda\neq-1$ 且 $\lambda\neq4$ 时，$r(\boldsymbol{A})=r(\boldsymbol{A},\boldsymbol{b})=3$，由定理 10-2 可得线性方程组仅有唯一解.

解法 2 由于该方程组中方程的个数与未知数的个数相等，所以可以先试用克拉默法则讨论有唯一解的情况. 系数行列式

$$D=\begin{vmatrix}1 & 1 & \lambda \\ -1 & \lambda & 1 \\ 1 & -1 & 2\end{vmatrix}=(\lambda+1)(4-\lambda)$$

(1)当 $\lambda\neq-1$ 且 $\lambda\neq4$ 时，$D\neq0$，由克拉默法则知，线性方程组仅有唯一解.

(2)当 $\lambda=4$ 时，方程组的增广矩阵为

$$\boldsymbol{B}=(\boldsymbol{A},\boldsymbol{b})=\left[\begin{array}{ccc:c}1 & 1 & 4 & 4 \\ -1 & 4 & 1 & 16 \\ 1 & -1 & 2 & -4\end{array}\right]\xrightarrow[r_3-r_1]{r_2+r_1}\left[\begin{array}{ccc:c}1 & 1 & 4 & 4 \\ 0 & 5 & 5 & 20 \\ 0 & -2 & -2 & -8\end{array}\right]$$

$$\xrightarrow[r_3+2r_2]{r_2\times\frac{1}{5}}\begin{bmatrix}1 & 1 & 4 & 4 \\ 0 & 1 & 1 & 4 \\ 0 & 0 & 0 & 0\end{bmatrix}\xrightarrow{r_1-r_2}\left[\begin{array}{ccc:c}1 & 0 & 3 & 0 \\ 0 & 1 & 1 & 4 \\ 0 & 0 & 0 & 0\end{array}\right],$$

可见，$r(\boldsymbol{A})=r(\boldsymbol{A},\boldsymbol{b})=2$，由定理 10-2 可得线性方程组有无穷多组解

$$\begin{cases}x_1+3x_3=0 \\ x_2+x_3=4\end{cases},$$

所以

$$\begin{cases}x_1=-3x_3 \\ x_2=-\ x_3+4 \\ x_3=\ \ \ \ x_3\end{cases}$$

令 $x_3=c$，则 $\begin{bmatrix}x_1 \\ x_2 \\ x_3\end{bmatrix}=\begin{bmatrix}-3 \\ -1 \\ 1\end{bmatrix}c+\begin{bmatrix}0 \\ 4 \\ 0\end{bmatrix}\ (c\in\mathbf{R})$

(3)当 $\lambda=-1$ 时，方程组的增广矩阵为

$$\boldsymbol{B}=(\boldsymbol{A},\boldsymbol{b})=\left[\begin{array}{ccc:c}1 & 1 & -1 & 4 \\ -1 & -1 & 1 & 1 \\ 1 & -1 & 2 & -4\end{array}\right]\xrightarrow[r_3-r_1]{r_2+r_1}\left[\begin{array}{ccc:c}1 & 1 & -1 & 4 \\ 0 & 0 & 0 & 5 \\ 0 & -2 & 3 & -8\end{array}\right]$$

$$\xrightarrow{r_3\leftrightarrow r_2}\left[\begin{array}{ccc:c}1 & 1 & -1 & 4 \\ 0 & -2 & 3 & -8 \\ 0 & 0 & 0 & 5\end{array}\right],$$

解析：判断系数讨论非齐次方程组的解

可见，$r(\boldsymbol{A})=2<r(\boldsymbol{A},\boldsymbol{b})=3$，由定理 10-2 可得线性方程组无解.

2. 齐次线性方程组解的判定

齐次线性方程组的一般形式为$\begin{cases} a_{11}x_1+a_{12}x_2+\cdots+a_{1n}x_n=0 \\ a_{21}x_1+a_{22}x_2+\cdots+a_{2n}x_n=0 \\ \cdots \\ a_{m1}x_1+a_{m2}x_2+\cdots+a_{mn}x_n=0 \end{cases}$.

可记成矩阵形式:$\boldsymbol{Ax}=\boldsymbol{0}$.

由定理 10-2 可得:

推论 n 元齐次线性方程组$\boldsymbol{Ax}=\boldsymbol{0}$只有零解(唯一解)的充要条件是 $r(\boldsymbol{A})=n$;n 元齐次线性方程组$\boldsymbol{Ax}=\boldsymbol{0}$有非零解(无穷多组解)的充要条件是 $r(\boldsymbol{A})<n$.

推论指出了含有 m 个方程 n 个未知数的齐次线性方程组$\boldsymbol{Ax}=\boldsymbol{0}$有非零解的充分必要条件是系数矩阵的秩小于未知数的个数,即 $r(\boldsymbol{A})=r<n$(未知数个数). 当齐次线性方程组$\boldsymbol{Ax}=\boldsymbol{0}$中方程个数等于未知数的个数,即 $m=n$ 时,其系数矩阵就是一个 n 阶方阵,当 $r(\boldsymbol{A})=r<n$,$|\boldsymbol{A}|=0$,可得以下结论:

含有 n 个方程 n 个未知数的齐次线性方程组$\boldsymbol{A}_{n\times n}\boldsymbol{x}=\boldsymbol{0}$有非零解的充要条件是$|\boldsymbol{A}|=0$.

【例 3】 λ 为何值时,齐次线性方程组$\begin{cases} -x_1+x_2-2x_3=0 \\ x_1+\lambda x_2+x_3=0 \\ x_1+x_2+\lambda x_3=0 \end{cases}$,只有零解?有非零解?

解法 1 对系数矩阵 $\boldsymbol{A}$ 进行初等变换:

$$\boldsymbol{A}=\begin{bmatrix} -1 & 1 & -2 \\ 1 & \lambda & 1 \\ 1 & 1 & \lambda \end{bmatrix}\xrightarrow[r_3+r_1]{r_2+r_1}\begin{bmatrix} -1 & 1 & -2 \\ 0 & \lambda+1 & -1 \\ 0 & 2 & \lambda-2 \end{bmatrix}\xrightarrow{r_3\leftrightarrow r_2}\begin{bmatrix} -1 & 1 & -2 \\ 0 & 2 & \lambda-2 \\ 0 & \lambda+1 & -1 \end{bmatrix}$$

$$\xrightarrow{r_3-\frac{\lambda+1}{2}r_2}\begin{bmatrix} -1 & 1 & -2 \\ 0 & 2 & \lambda-2 \\ 0 & 0 & \frac{1}{2}\lambda(1-\lambda) \end{bmatrix}.$$

①当 $\lambda\neq0$ 且 $\lambda\neq1$ 时,$r(\boldsymbol{A})=3$,齐次线性方程组只有零解.

②当 $\lambda=0$ 或 $\lambda=1$ 时,$r(\boldsymbol{A})=2<3$,齐次线性方程组有非零解.

解法 2 $|\boldsymbol{A}|=\begin{vmatrix} -1 & 1 & -2 \\ 1 & \lambda & 1 \\ 1 & 1 & \lambda \end{vmatrix}=\begin{vmatrix} -1 & 1 & -2 \\ 0 & \lambda+1 & -1 \\ 0 & 2 & \lambda-2 \end{vmatrix}=-\lambda(\lambda-1)$.

(1)当 $\lambda\neq0$ 且 $\lambda\neq1$ 时,$r(\boldsymbol{A})=3$(未知数个数),齐次线性方程组只有零解.

(2)当 $\lambda=0$ 或 $\lambda=1$ 时,$r(\boldsymbol{A})=2<3$(未知数个数),齐次线性方程组有非零解.

①当 $\lambda=0$ 时,$\boldsymbol{A}\xrightarrow{r}\begin{bmatrix} -1 & 1 & -2 \\ 0 & 2 & -2 \\ 0 & 0 & 0 \end{bmatrix}\xrightarrow[r_1+r_2]{r_1\times(-1),\ r_2\div2}\begin{bmatrix} 1 & 0 & 1 \\ 0 & 1 & -1 \\ 0 & 0 & 0 \end{bmatrix}$

所以
$$\begin{cases} x_1+x_3=0 \\ x_2-x_3=0 \end{cases},$$

所以
$$\begin{cases}x_1=-x_3\\x_2=x_3\\x_3=x_3\end{cases},$$

则令 $x_3=c_1$，$\begin{bmatrix}x_1\\x_2\\x_3\end{bmatrix}=\begin{bmatrix}-1\\1\\1\end{bmatrix}c_1\ [c_1\in\mathbf{R}]$.

②当 $\lambda=1$ 时，$\boldsymbol{A}\xrightarrow{r}\begin{bmatrix}-1&1&-2\\0&2&-1\\0&0&0\end{bmatrix}\xrightarrow[r_1+r_2]{\substack{r_1\times(-1)\\r_2\div 2}}\begin{bmatrix}1&0&\frac{3}{2}\\0&1&-\frac{1}{2}\\0&0&0\end{bmatrix}$.

所以
$$\begin{cases}x_1+\frac{3}{2}x_3=0\\x_2-\frac{1}{2}x_3=0\end{cases},$$

所以
$$\begin{cases}x_1=-\frac{3}{2}x_3\\x_2=\frac{1}{2}x_3\\x_3=x_3\end{cases},$$

解析：判断系数讨论齐次方程组的解

则令 $x_3=c_2$，$\begin{bmatrix}x_1\\x_2\\x_3\end{bmatrix}=\begin{bmatrix}-\frac{3}{2}\\\frac{1}{2}\\1\end{bmatrix}c_2\ (c_2\in\mathbf{R})$.

习题 10-2

判断下列方程组是否有解，若有解，求出一般解.

(1) $\begin{cases}3x_1-x_2+2x_3=10\\4x_1+2x_2-x_3=2\\7x_1+x_2+x_3=6\end{cases}$.

(2) $\begin{cases}2x_1+x_2-x_3+x_4=1\\4x_1+2x_2-2x_3+x_4=2\\2x_1+x_2-x_3-x_4=1\end{cases}$.

(3) $\begin{cases}x_1+x_2+2x_3-x_4=0\\2x_1+x_2+x_3-x_4=0\\2x_1+2x_2+x_3+2x_4=0\end{cases}$.

(4)$\begin{cases}2x_1+x_2-x_3-x_4+x_5=0\\x_1-x_2+x_3+x_4-2x_5=0\\3x_1+3x_2-3x_3-3x_4+4x_5=0\\4x_1+5x_2-5x_3-5x_4+7x_5=0\end{cases}$.

复习题 10

1. 设矩阵 $\boldsymbol{A}=\begin{bmatrix}1&-5&6&-2\\2&-1&3&-2\\-1&-4&3&1\end{bmatrix}$，试计算 $\boldsymbol{A}$ 的一个三阶子式，并求 $r(\boldsymbol{A})$.

2. 求下列矩阵的秩.

(1)$\boldsymbol{A}=\begin{bmatrix}3&1&0&2\\1&-1&1&-1\\1&3&-4&4\end{bmatrix}$；　　(2)$\boldsymbol{A}=\begin{bmatrix}1&2&4\\2&-3&1\\-1&1&-1\end{bmatrix}$.

3. 如果$\begin{cases}kx+2y-z=0\\2x+ky-z=0\\kx-2y+z=0\end{cases}$仅有零解，则 $k=$(　　).

A. 2　　B. 0　　C. 0 或 2　　D. 除 0，2 外的一切数

4. 方程组$\begin{cases}x_1-x_2+6x_3=0\\4x_2-8x_3=4\\x_1+3x_2-2x_3=-2a\end{cases}$有解的充要条件是(　　).

A. $a=2$　　B. $a=-2$　　C. $a=3$　　D. $a=-3$

5. 判断下列方程组是否有解，若有解，求出一般解.

(1)$\begin{cases}2x_1-x_2+2x_3=0\\2x_1-x_2-3x_3=0\\x_2+x_3=0\end{cases}$；　　(2)$\begin{cases}x_1+x_2+2x_3+x_4=3\\x_1+2x_2+x_3-x_4=2\\2x_1+x_2+5x_3+4x_4=7\end{cases}$；

(3)$\begin{cases}x_1-x_2+x_3-x_4=1\\x_1-x_2-x_3+x_4=0\\x_1-x_2-2x_3+2x_4=-\dfrac{1}{2}\end{cases}$.

6. 设$\begin{cases}x_1+x_2+\lambda x_3=2\\3x_1+4x_2+2x_3=\lambda\\2x_1+3x_2-x_3=1\end{cases}$. 当 λ 为何值时，(1)方程组无解；(2)有唯一解；(3)有无穷解. 若有无穷解，求出通解.

本章思维导图

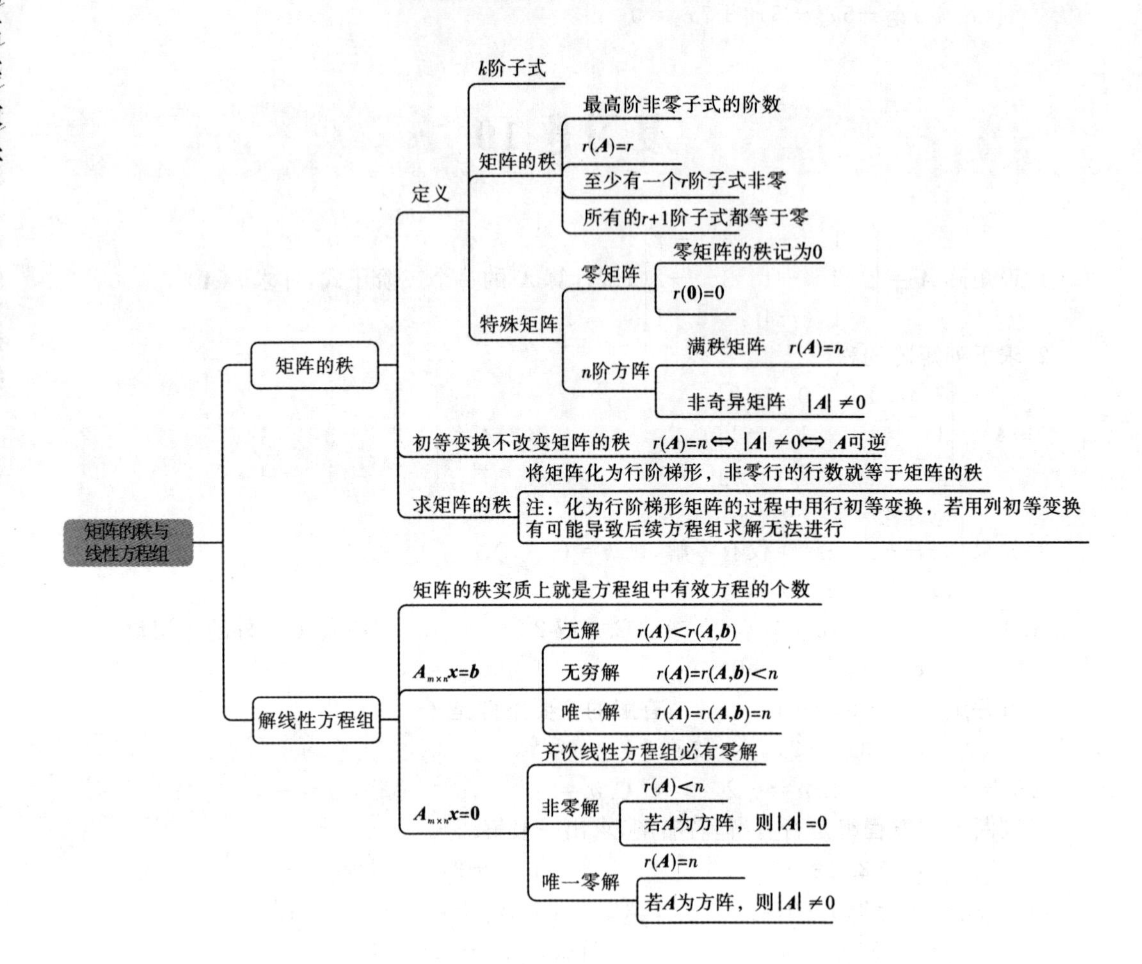

矩阵的秩与线性方程组
矩阵的秩
定义
k阶子式
矩阵的秩
最高阶非零子式的阶数
r(A)=r
至少有一个r阶子式非零
所有的r+1阶子式都等于零
特殊矩阵
零矩阵
零矩阵的秩记为0
r(0)=0
n阶方阵
满秩矩阵 r(A)=n
非奇异矩阵 |A|≠0
初等变换不改变矩阵的秩 r(A)=n⟺|A|≠0⟺A可逆
求矩阵的秩
将矩阵化为行阶梯形，非零行的行数就等于矩阵的秩
注：化为行阶梯形矩阵的过程中用行初等变换，若用列初等变换有可能导致后续方程组求解无法进行
解线性方程组
矩阵的秩实质上就是方程组中有效方程的个数
Am×nx=b
无解 r(A)<r(A,b)
无穷解 r(A)=r(A,b)<n
唯一解 r(A)=r(A,b)=n
Am×nx=0
齐次线性方程组必有零解
非零解
r(A)<n
若A为方阵，则|A|=0
唯一零解
r(A)=n
若A为方阵，则|A|≠0

第3篇

概率论与数理统计

本篇思政目标： 通过学习概率论与数理统计知识，培养学生从点到面，由面及点，从局部到整体，由整体到局部的辩证思维。局部制约着整体，一定程度上可以推知整体，反过来，整体制约着局部，它们二者是相互联系、缺一不可的。由此，我们能认识到个人与集体的辩证关系，唯有培养爱国、敬业、诚信、友善的青年一代，才能筑造自由、平等、公正、法制的社会，才能构建富强、民主、文明、和谐的社会主义强国。

预备知识

一、关于基本计数原理

1. 加法原理

设完成一件事有 m 种方式，第一种方式有 n_1 种方法，第二种方式有 n_2 种方法，…，第 m 种方式有 n_m 种方法，无论通过哪种方法都可以完成这件事，则完成这件事总共有 $n_1+n_2+\cdots+n_m$ 种不同的方法.

2. 乘法原理

设完成一件事有 m 个步骤，第一个步骤有 n_1 种方法，第二个步骤有 n_2 种方法，…，第 m 个步骤有 n_m 种方法，必须通过每一个步骤，才算完成这件事，则完成这件事总共有 $n_1\times n_2\times\cdots\times n_m$ 种不同的方法.

加法原理和乘法原理是两个很重要的计数原理，它们不但可以直接解决不少具体问题，也是推导下面常用排列组合公式的基础，同时它们也是计算古典概率的基础.

二、关于排列

1. 选排列

从 n 个不同元素中，每次取 $k(1\leqslant k\leqslant n)$ 个不同的元素，按一定的顺序排成一列，称为选排列，其排列总数为：$\mathrm{A}_n^k=n(n-1)(n-2)\cdots(n-k+1)=\dfrac{n!}{(n-k)!}$.

2. 全排列

当 $k=n$ 时称为全排列，其排列总数为：$\mathrm{A}_n^n=n(n-1)(n-2)\cdots2\cdot1=n!$

3. 可重复排列

从 n 个不同元素中，每次取 k 个元素 $(k\leqslant n)$，允许重复，这种排列称为可重复排列，其排列总数为：$n\cdot n\cdot n\cdot\cdots\cdot n=n^k$.

三、关于组合与二项式定理

1. 组合

从 n 个不同元素中，每次取 k 个 $(1\leqslant k\leqslant n)$ 元素，不管其顺序合并成一组，称为组合，其组合总数为：$\mathrm{C}_n^k=\dfrac{\mathrm{A}_n^k}{k!}=\dfrac{n!}{(n-k)!\,k!}$，其中 C_n^k 常记为 $\dbinom{n}{k}$，称为组合系数.

2. 二项式定理

$$(a+b)^n = C_n^0 a^n + C_n^1 a^{n-1} b + C_n^2 a^{n-2} b^2 + \cdots + C_n^{n-1} a b^{n-1} + C_n^n a^0 b^n = \sum_{k=0}^{n} C_n^k a^{n-k} b^k.$$

3. 组合与排列的关系

$$A_n^k = C_n^k \cdot k!.$$

4. 组合系数与二项式定理的关系

组合系数 C_n^k 又常称为二项式系数，因为它出现在下面的二项式定理的公式中：

$$(a+b)^n = \sum_{k=0}^{n} C_n^k a^k b^{n-k},$$

利用此公式，令 $a=b=1$，可得到组合公式：

$$C_n^0 + C_n^1 + C_n^2 + \cdots + C_n^{n-1} + C_n^n = 2^n.$$

【例 1】 由 0,1,2,3,4,5 可以组成多少个没有重复数字的五位奇数？

解 由于末位和首位有特殊要求，应该优先安排，以免不合要求的元素占用这两个位置. 先排末位，共有 C_4^1 种排法. 然后排首位，共有 C_3^1 种排法. 最后排其他位置，共有 A_4^3 种排法. 由分步计数原理得 $C_3^1 C_4^1 A_4^3 = 288$ 个.

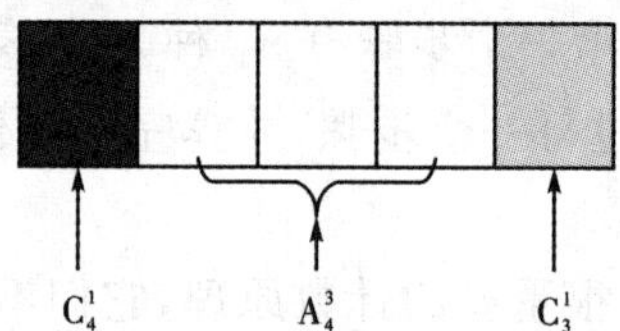

【解析】 本题解法属于特殊元素和特殊位置优先策略. 位置分析法和元素分析法是解决排列组合问题最常用也是最基本的方法，若以元素分析为主，需先安排特殊元素，再处理其他元素. 若以位置分析为主，需先满足特殊位置的要求，再处理其他位置.

【例 2】 有 5 个不同的小球，装入 4 个不同的盒内，每盒至少装一个球，共有多少种不同的装法？

解 第一步从 5 个球中选出 2 个组成复合元素共有 C_5^2 种方法. 再把 5 个元素（包含一个复合元素）装入 4 个不同的盒内有 A_4^4 种方法. 根据分步计数原理装球的方法共有 $C_5^2 A_4^4$ 种.

【解析】 解决排列组合混合问题，先选后排是最基本的指导思想.

【例 3】 把 6 名实习生分配到 7 个车间实习，共有多少种不同的分法？

解 完成此事共分六步：把第一名实习生分配到车间有 7 种分法. 把第二名实习生分配到车间也有 7 种分法，依此类推，由分步计数原理共有 7^6 种不同的分法.

【解析】 允许重复的排列问题的特点是以元素为研究对象，元素不受位置的约束，可以逐一安排各个元素的位置. 一般地，n 个不同的元素没有限制地安排在 m 个位置上的排列种数为 m^n.

习　题

1. 6 人按下列要求站一横排，分别有多少种不同的站法？

(1)甲不站两端；

(2)甲、乙必须相邻；

(3)甲、乙不相邻；

(4)甲、乙之间间隔两人；

(5)甲、乙站在两端；

(6)甲不站左端，乙不站右端.

2.男运动员 6 名，女运动员 4 名，其中男女队长各 1 人. 选派 5 人外出比赛. 在下列情形中各有多少种选派方法？

(1)男运动员 3 名，女运动员 2 名；

(2)至少有 1 名女运动员；

(3)队长中至少有 1 人参加；

(4)既要有队长，又要有女运动员.

3. 有 4 个不同的球，4 个不同的盒子，把球全部放入盒内.

(1)恰有 1 个盒子不放球，共有几种放法？

(2)恰有 1 个盒内放 2 个球，共有几种放法？

(3)恰有 2 个盒子不放球，共有几种放法？

4.用 0 到 9 这 10 个数字，可以组成多少个没有重复数字的三位偶数？

概率论发展史

本篇思维导图

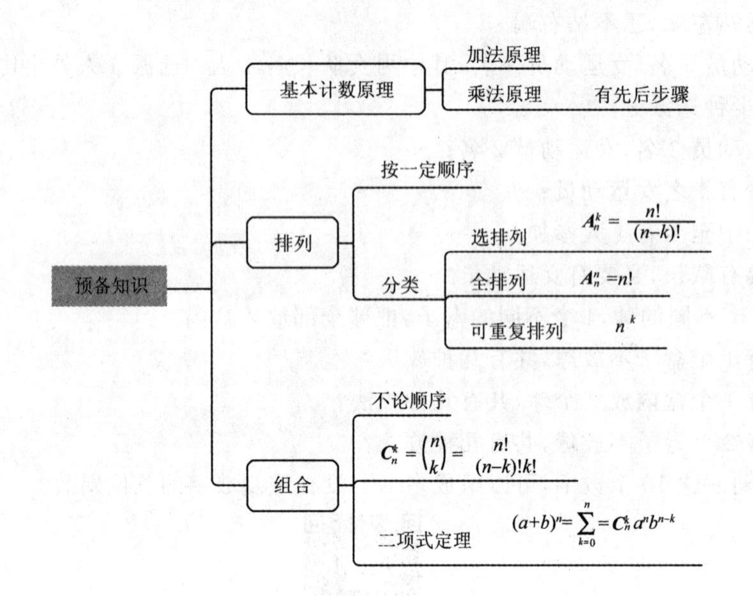

预备知识
基本计数原理
加法原理
乘法原理
有先后步骤
排列
按一定顺序
分类
选排列
$A_n^k=\frac{n!}{(n-k)!}$
全排列
$A_n^n=n!$
可重复排列
n^k
组合
不论顺序
$C_n^k=\binom{n}{k}=\frac{n!}{(n-k)!k!}$
二项式定理
$(a+b)^n=\sum_{k=0}^{n}C_n^k a^n b^{n-k}$

第11章 概率论

概率论与数理统计是高等学校本科阶段各专业开设的一门处理随机性现象数量规律性的数学课程.概率论起源于赌徒对赌博的研究,在作风严谨的数学大家庭中,概率论的诞生背景有点受人轻视,但其在自然科学、社会科学、工程技术、军事科学及工农业生产等诸多领域中都起着不可或缺的作用.直观地说,卫星上天、导弹巡航、宇宙飞船遨游太空等都有概率论的一份功劳;及时准确地预报天气、海洋探险、考古研究等更离不开概率论与数理统计;电子技术的发展,影视文化的进步,人口普查等同概率论与数理统计也是密不可分的.它内容丰富,结论深刻,有别开生面的研究课题,有自己独特的概念和方法,已经成了近代数学一个有特色的分支.

本章将介绍概率基本概念及运算、随机变量及其分布、随机变量的数字特征、大数定律与中心极限定理等基本知识.

11.1 随机事件概述

数学先驱:布莱士帕斯卡

一、随机现象

概率论与数理统计是研究随机现象的统计规律性的一门数学学科,是近代数学重要的组成部分.通俗地讲,概率论与数理统计的任务就是从大量的偶然现象中找出它的一定规律性.人们在实践中经常会遇到各种随机现象,那么什么是随机现象?事实上,在自然界存在着两类现象:一类是在一定的条件下必然发生某种结果的现象,称为**确定性现象**.例如:早晨太阳必然从东方升起;在一个标准大气压下,纯水加热到 100 ℃时必然沸腾等.另一类现象则是在一定的条件下我们事先能够预知所有可能结果,但在每次试验前不能确定哪一种结果将要出现的现象,称为**随机现象**或**偶然现象**.例如:抛一枚硬币,可能是正面朝上也可能是反面朝上,事先无法断言;观察某机床加工出来的零件,可能是正品也可能是次品,在观察之前也无法肯定哪个结果会出现;观察某车站在某一时间区间内的候车人数,可能有 0 个,可能有 1 个 ……事先无法肯定;考察某地区 7 月份的平均气温,在观察之前无法断言是多少;一门炮向同一目标射击,每次射击的弹着点一般是不同的,事先无法预料;等等.这一类现象,尽管我们在每次试验之前无法断言将得到哪一种结果,但是如果进行大量的重复的观察,我们会发现其出现的结果还是有一定的规律可循的.例如,在相同条件下,多次重复抛一枚均匀的硬币得到正面朝上的次数大致有一半,同一门炮射击同一目标的弹着点按照一定规律分布，等等. 随机现象的特征：(1)随机性(偶然性)；(2)大量试验的条件下其结果的发生又具有规律性. 随机现象有其偶然性的一面，也有其必然性的一面，这种必然性表现在大量重复试验或观察中呈现出的固有规律性，即随机现象的统计规律性.

二、随机试验

为了对随机现象的统计规律进行研究，就需要对随机现象进行重复观察，我们把对随机现象的观察称为**试验**.

例如：

E_1：抛一枚硬币两次，观察正面 H（或 1)、反面 T（或 0)出现的情况.

E_2：抛一枚硬币三次，观察正面 H（或 1)、反面 T（或 0)出现的情况.

E_3：抛一枚硬币三次，观察出现正面的次数.

E_4：观察某射击手对固定目标所进行的 n 次射击，记录其击中目标的次数.

E_5：在一批灯泡中任意抽取一只，测试它的寿命.

E_6：记录某医院一昼夜接到 120 急救电话的次数.

上述试验具有以下共同特性：

(1)可重复性：试验可以在相同的条件下重复进行；

(2)可观察性：每次试验的结果可能不止一个，并且能事先明确试验的所有可能结果；

(3)不确定性：每次试验出现的结果事先不能准确预知，但可以肯定会出现上述所有可能结果中的一个.

在概率论中，我们将具有上述三个特性的试验称为**随机试验**，记为 E.

三、样本空间

随机试验每一种可能发生的结果称为一个**样本点**，记为 ω. 随机试验 E 的所有可能的结果组成的集合称为**样本空间**，记为 Ω 或 S.

上例中，试验 $E_k\,(k=1,2,\cdots,6)$ 的样本空间 Ω_k：

$$\Omega_1=\{(H,H),(H,T),(T,H),(T,T)\}$$

或 $$\Omega_1=\{(1,1),(1,0),(0,1),(0,0)\},$$

绘成几何图形如图 11-1-1 中的点，如(0,1)表示第一次反面第二次正面.

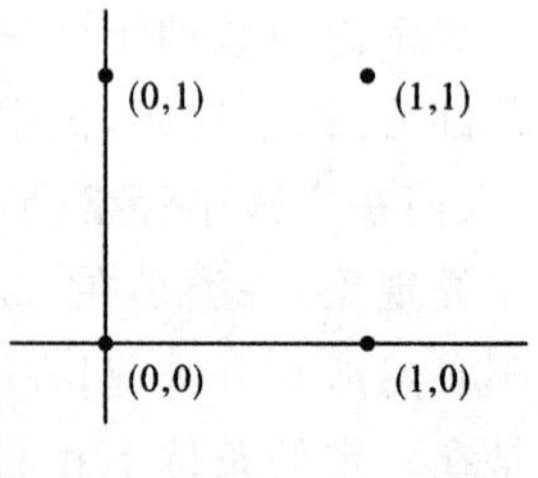

图 11-1-1

$\Omega_2=\{HHH,HHT,HTH,THH,HTT,THT,TTH,TTT\}$.

$\Omega_3=\{0,1,2,3\}$.

$\Omega_4=\{k\,|\,k=0,1,2,3,\cdots,n\}$.

$\Omega_5=\{t\,|\,0\leqslant t<+\infty\}$.

$\Omega_6=\{k\,|\,k=0,1,2,3,\cdots\}$.

从上面的例子可以看出，随机试验样本点的总数可以是有限多个，也可以是无限多个. 并且应该注意的是 E_2 和 E_3 的过程都是将一枚硬币连抛三次，但由于试验的目的不一样，所以样本空间 Ω_2 和 Ω_3 截然不同，这说明试验的目的决定试验所对应的样本空间.

四、随机事件的概念

在随机试验中，可能出现或可能不出现的试验结果称为**随机事件**，简称**事件**，通常用大写字母 A，B，C 等来表示，随机事件是概率论研究的主要对象.

例如，在抛掷一枚骰子的试验中，用 A 表示“点数为偶数”这一试验结果，则 A 是一个随机事件.

(1)必然事件：在每次试验中一定会发生的试验结果，用字母 Ω 或 S 表示.

例如，在上述试验中，“点数小于 7”是一个必然事件.

(2)不可能事件：在任何一次试验中都不可能发生的试验结果，用字母 $\varnothing$ 表示.

例如，在上述试验中，“点数为 8”是一个不可能事件.

(3)基本事件：在随机试验中，每一个可能出现的试验结果(样本点)，用字母 e 或 ω 表示.

例如，在上述试验中，“出现 2 点”“出现 4 点”等都是基本事件.

(4)复合事件：在随机试验中，由若干个基本事件组合而成的事件.

例如，在抛掷一枚骰子的试验中，A 表示“点数为偶数”，就是包含有可能为“2 点”“4 点”或“6 点”3 个基本事件，即 $A=\{2,4,6\}$.

五、事件的关系与运算

在一个样本空间中，显然可以定义不止一个事件. 概率论的重要研究课题之一是希望从简单事件的概率推算出复杂的事件的概率. 为此，需要研究事件间的关系与运算.

事件是一个集合，因此事件间的关系和运算自然按照集合之间的关系和运算来处理.

1. 事件的包含与相等

若 $A\subset B$，则称事件 B 包含事件 A，这指的是事件 A 发生必然导致事件 B 发生，即属于 A 的样本点都属于 B. 显然对任何事件 A，必有 $\varnothing\subset A\subset\Omega$.

若 $A\subset B$ 且 $A\supset B$，则称事件 A 与 B **相等**，记为 $A=B$.

2. 事件的积

事件 $A\cap B=\{x|x\in A$ 且 $x\in B\}$，称为事件 A 与事件 B 的**积事件**，即当且仅当事件 A 与事件 B 同时发生时，积事件 $A\cap B$ 发生. 它由既属于 A 又属于 B 的所有公共样本点构成. 积事件 $A\cap B$ 也可简记为 AB.

3. 事件的并

事件 $A\cup B=\{x|x\in A$ 或 $x\in B\}$，称为事件 A 与事件 B 的**和事件**，即当且仅当事件 A 或事件 B 至少有一个发生时，和事件 $A\cup B$ 发生. 它由属于 A 或 B 的所有公共样本点构成.

4. 事件的差

事件 $A-B=\{x|x\in A$ 且 $x\notin B\}$ 称为事件 A 与事件 B 的**差事件**，当且仅当事件 A 发生但事件 B 不发生时，积事件 $A-B$ 发生. 它是由属于 A 但不属于 B 的样本点构成的集合. 差事件 $A-B$ 也可写作 $A\overline{B}$.

5. 事件的互不相容(互斥)

若 $A\cap B=\varnothing$，则称事件 A 与事件 B 是**互不相容**的，或称为**互斥**的，这是指事件 A 与事

件 B 不能同时发生，即 A 与 B 没有公共样本点.

特别地，若事件 A 与事件 B 互不相容（即 $A\cap B=\varnothing$），则 A 与 B 的和事件常记为 $A+B$.

6. 事件的对立

事件 A 不发生这一事件称为 A 的**对立事件**（**或逆事件**），记作 $\overline{A}$，即 $\overline{A}=\Omega-A$. 它由样本空间中所有不属于 A 的样本构成. 显然 $A\cup\overline{A}=\Omega$，$A\cap\overline{A}=\varnothing$，$\overline{\overline{A}}=A$.

由定义可知：对立事件一定是互斥事件，但互斥事件不一定是对立事件.

在进行事件的运算时，关于它们的顺序做如下约定：先进行逆的运算，再进行交的运算，最后才进行并或差的运算.

不难把上面定义推广到多个事件的场合. 事件的 6 种关系如图 11-1-2～图 11-1-7 所示.

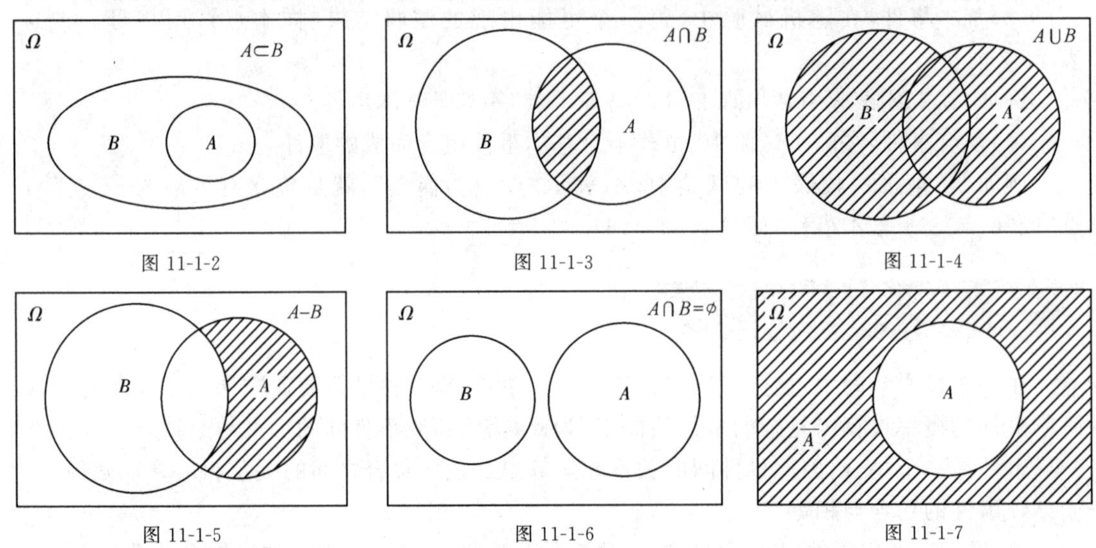

图 11-1-2　　图 11-1-3　　图 11-1-4

图 11-1-5　　图 11-1-6　　图 11-1-7

7. 事件的运算法则

交换律　$A\cup B=B\cup A$，$A\cap B=B\cap A$.

结合律　$(A\cup B)\cup C=A\cup(B\cup C)$，$(A\cap B)\cap C=A\cap(B\cap C)$.

分配律　$(A\cup B)\cap C=(A\cap C)\cup(B\cap C)$，$(A\cap B)\cup C=(A\cup C)\cap(B\cup C)$.

对偶律　$\overline{A\cup B}=\overline{A}\cap\overline{B}$，$\overline{A\cap B}=\overline{A}\cup\overline{B}$.

【例 1】 某棉麦连作地区，因受气候条件的影响，棉花、小麦都可能减产，如果记 $A=$ {棉花减产}，$B=$ {小麦减产}，试用 A,B 表示事件：①棉花、小麦都减产；②棉花减产，小麦不减产；③棉花、小麦至少有一样减产；④棉花、小麦至少有一样不减产.

解　①AB；　②$A\overline{B}$；　③$A\cup B$；　④$\overline{A}\cup\overline{B}$.

【例 2】 调查甲、乙、丙收看某电视剧的情况，如果记 $A=$ {甲收看}，$B=$ {乙收看}，$C=$ {丙收看}，试用 A,B,C 表示事件：①甲收看，乙收看，丙未收看；②甲、乙、丙之中有一人未收看；③甲、乙、丙之中有两人未收看；④甲、乙、丙至少有一人未收看；⑤甲、乙、丙三人都未收看；⑥甲、乙、丙三人不都收看.

解　①$AB\overline{C}$；　②$\overline{A}BC+A\overline{B}C+AB\overline{C}$；　③$\overline{A}\,\overline{B}C+A\overline{B}\,\overline{C}+\overline{A}B\overline{C}$；　④$\overline{A}\cup\overline{B}\cup\overline{C}$；⑤$\overline{A}\,\overline{B}\,\overline{C}$；　⑥$\overline{ABC}$.

【例 3】 在某系的学生中任选一人. 设 $A=\{$他是男生$\}$, $B=\{$他是二年级学生$\}$, $C=\{$他是高数协会会员$\}$, 试说明:①事件 $AB\overline{C}$ 的意义;②事件 $\overline{ABC}$ 的意义;③事件 $\overline{A}\,\overline{B}\,\overline{C}$ 的意义;④事件 $ABC=C$ 的条件.

解 ① $AB\overline{C}=\{$他是男生,是二年级学生,但不是高数协会会员$\}$;

② $\overline{ABC}=\{$他至少具备:不是男生,不是二年级学生,不是高数协会会员三条件之一$\}$;

③ $\overline{A}\,\overline{B}\,\overline{C}=\{$他不是男生,不是二年级学生,不是高数协会会员$\}$;

④ $ABC=C\Rightarrow AB\supseteq C$, 即 $C=\{$他是高数协会会员$\}\subset\{$他是二年级男生$\}$, 即高数协会会员都是二年级的男生.

习题 11-1

1. 试写出下列的样本空间:

(1)记录一个班级一次数学考试的平均分数(以百分制记分);

(2)一射手对某目标进行射击,直到击中目标为止,观察其射击次数;

(3)观察甲、乙两人乒乓球 9 局 5 胜制的比赛,记录他们的比分;

(4)在单位圆内任取两点,观察这两点的距离;

(5)投掷一颗均匀的骰子两次,观察前后两次出现的点数之和.

2. 化简下列各式:

(1) $(AB)\cup(A\overline{B})\cup(\overline{A}B)\cup(\overline{AB})$; (2) $(A+B)(A+\overline{B})$.

3. 设 A,B,C 为三个事件,用 A,B,C 的运算关系表示下列事件:

(1) A 与 B 都发生,但 C 不发生;

(2) A 发生,且 B 与 C 至少有一个发生;

(3) A,B,C 中恰有一个发生;

(4) A,B,C 中至多有两个发生;

(5) A,B,C 中至少有一个发生;

(6) A,B,C 都发生;

(7) A,B,C 不都发生.

11.2 随机事件的概率

随机事件虽有其偶然性一面,但在多次重复试验中又呈现出明显的统计规律性. 在现实生活中,我们常常希望知道某些事件在一次试验中发生的可能性大小. 我们把衡量事件发生可能性大小的数量指标称为事件的概率,事件 A 的概率用 $P(A)$ 表示.

一、频率

人们容易接受这种说法:当一个事件发生的可能性大(小),在相同条件下重复进行若干次试验,该事件发生的次数就多(少),因而,下面引进的数量指标能在一定程度上反应事件发生的可能性大小.

定义 11-1 在相同的条件下重复进行了 n 次试验,如果事件 A 在这 n 次试验中出现了 n_A 次,则称比值 $\frac{n_A}{n}$ 为事件 A 发生的频率,记为 $f_n(A)$,即

$$f_n(A)=\frac{n_A}{n}.$$

显然,频率 $f_n(A)$ 的大小表示了在 n 次试验中事件 A 发生的频繁程度.频率大,事件 A 发生就频繁,在一次试验中 A 发生的可能性就大,也就是事件 A 发生的概率大,反之亦然.因此,直观的想法是用频率来描述概率.

【例 1】 历史上有一些科学家曾做过抛硬币试验,并统计了 n 次试验中出现正面(事件 A)的次数 n_A 及相应的频率 $f_n(A)=\frac{n_A}{n}$,具体试验数据见表 11-1.

表 11-1 **具体试验数据**

实验者	n	n_A	$f_n(A)$
德·摩根	2 048	1 061	0.518 1
蒲　丰	4 040	2 048	0.506 9
费　勒	10 000	4 979	0.497 9
卡尔·皮尔逊	24 000	12 012	0.500 5

从表 11-1 中结果可以看出,当试验次数 n 较大时,频率 $f_n(A)=\frac{n_A}{n}$ 总是围绕在 0.5 附近摆动,且逐渐稳定于 0.5,这表明频率具有**稳定性**.

通过大量试验可知,对于可重复进行的试验,当试验次数 n 逐渐增大时,事件 A 的频率 $f_n(A)$ 都逐渐稳定于某个常数 p,即呈现出稳定性,这种"频率稳定性"就是通常所说的统计规律性,因此可以用频率来描述概率,定义**概率为频率的稳定值**.

二、概率

定义 11-2(概率的公理化定义) 设 E 是随机试验,Ω 是它的样本空间.对于 E 的每一个事件 A,定义实值函数 $P(A)$,若满足下列条件:

(1)非负性 对任意一个事件 A,有 $P(A)\geqslant 0$;

(2)规范性 对必然事件 Ω,有 $P(\Omega)=1$;

(3)可列可加性 若 $A_1,A_2,\cdots$ 是两两互不相容的事件,即对于 $i\neq j,A_iA_j=\varnothing,i,j=1,2,\cdots$,有

$$P(A_1\cup A_2\cup\cdots\cup A_n\cup\cdots)=P(A_1)+P(A_2)+\cdots+P(A_n)+\cdots,$$

则称 $P(A)$ 为**随机事件 A 的概率**.

由概率的定义,可以推得概率的一些重要性质.

性质 1 不可能事件的概率为 0,即 $P(\varnothing)=0$.

性质 2(有限可加性) 若 $A_1,A_2,\cdots,A_n$ 是两两互不相容的事件,则有

$$P(A_1\cup A_2\cup\cdots\cup A_n)=P(A_1)+P(A_2)+\cdots+P(A_n).$$

性质 3 设 A,B 是两个事件,若 $A\subset B$,则有

$$P(B-A)=P(B)-P(A);$$
$$P(B)\geqslant P(A).$$

推论 设 A,B 是任意两个事件,则有
$$P(B-A)=P(B\overline{A})=P(B)-P(AB).$$

性质4(逆事件的概率) 对于任一事件 A,有
$$P(\overline{A})=1-P(A).$$

性质5(加法公式) 对于任意两个随机事件 A,B 有
$$P(A\cup B)=P(A)+P(B)-P(AB).$$

此性质还能推广到多个事件的情况.例如,设 A_1,A_2,A_3 为任意三个事件,则有
$$P(A_1\cup A_2\cup A_3)=P(A_1)+P(A_2)+P(A_3)-P(A_1A_2)-P(A_1A_3)-P(A_2A_3)+P(A_1A_2A_3).$$

一般,对于任意 n 个事件 $A_1,A_2,\cdots,A_n$,可以用归纳法证得
$$P(A_1\cup A_2\cup\cdots\cup A_n)=\sum_{i=1}^{n}p(A_i)-\sum_{1\leqslant i<j\leqslant n}P(A_iA_j)+\sum_{1\leqslant i<j<k\leqslant n}P(A_iA_jA_k)+\cdots+(-1)^{n-1}P(A_1A_2\cdots A_n).$$

【例2】 设事件 A,B 的概率分别为 $\frac{1}{3},\frac{1}{2}$.在下列三种情况下分别求 $P(B\overline{A})$ 的值:

(1)A 与 B 互斥;

(2)$A\subset B$;

(3)$P(AB)=\frac{1}{8}$.

解 由性质3的推论,$P(B\overline{A})=P(B)-P(AB)$.

(1)因为 A 与 B 互斥,所以 $AB=\varnothing$,$P(B\overline{A})=P(B)-P(AB)=P(B)=\frac{1}{2}$.

(2)因为 $A\subset B$,所以 $P(B\overline{A})=P(B)-P(AB)=P(B)-P(A)=\frac{1}{2}-\frac{1}{3}=\frac{1}{6}$.

(3)$P(B\overline{A})=P(B)-P(AB)=\frac{1}{2}-\frac{1}{8}=\frac{3}{8}$.

【例3】 设 $P(A)=P(B)=\frac{1}{2}$,证明 $P(AB)=P(\overline{A}\,\overline{B})$.

证明 $P(\overline{A}\,\overline{B})=P(\overline{A\cup B})=1-P(A\cup B)=1-[P(A)+P(B)-P(AB)]$
$$=1-\left[\frac{1}{2}+\frac{1}{2}-P(AB)\right]=P(AB).$$

三、等可能概型(古典概型)

古典概型是一类最简单且又常见的随机试验,这类试验具有以下特点:

(1)有限性:试验的样本空间的元素只有有限个,即 $\Omega=\{e_1,e_2,\cdots,e_n\}$;

(2)等可能性:试验中每个基本事件发生的可能性相同,且两两互不相容.即

$$P(e_1)=P(e_2)=\cdots=P(e_n)=\frac{1}{n}.$$

把具有这种性质的随机现象的数学模型称为**等可能概型**,它在概率论发展初期曾是主要的研究对象,所以也称为**古典概型**. 等可能概型的一些概念具有直观、容易理解的特点,有着广泛的应用.

定义 11-3(概率的古典定义) 设在古典概型中共有 n 个基本事件,随机事件 A 包含其中 k 个基本事件,则事件 A 发生的概率为

$$P(A)=\frac{A\text{ 包含的基本事件数}}{\text{基本事件总数}}=\frac{k}{n}.$$

【例 4】 某班有 27 人,女生为 6 人,从班上任选 8 名班干部,求这 8 名班干部里有 3 名是女生的概率.

解 基本事件空间 $\Omega=\{$从班上任选 8 名班干部的各种选法$\}$,$A=\{$8 名班干部里有 3 名是女生的选法$\}$,则:

$$P(A)=\frac{C_6^3C_{21}^5}{C_{27}^8}.$$

在计算古典概率时,所使用的基本工具是排列组合计算法,所使用的基本模型是"摸球"模型. 以下我们举例来说明.

设一袋中有 n 个编好号码的小球,从中抽取 r 次,每次一球. 抽取方法分两种:(1)**有放回抽取**,即每次取出一球记下号码后放回袋中,混合后再进行下次抽取. 这时样本点总数为 n^r 个. (2)**不放回抽取**,即每次取出一球后不再放回又抽取下一球. 这时样本点总数为 $A_n^r=n(n-1)\cdots(n-r+1)$. 显然,前一种抽取时,$r$ 可以大于 n;而后一种抽取时有 $r\leqslant n$.

【例 5】 一袋中有 60 个白球和 40 个红球,从中摸取三次,每次一球. 设 A 表示"恰有两次都取到红球". 请分别在(1)有放回抽样;(2)不放回抽样条件下求 $P(A)$.

解 显然袋中有 100 个球.

(1)有放回抽样时,由于每次抽取后都放回,故每次抽取的球都是原 100 个球,则从 100 个球中任取三个的所有可能取法共有 $100\times100\times100$ 种,即样本空间包含的基本样本点总数为 $n=100^3$.

因任取三球中有两个红球的可能取法有 C_3^2 种,且这两个红球是从 40 个红球中摸取,其可能取法有 40^2,另一个球是从 60 个白球中摸取,有 60 种取法,因此事件 A 中样本点数为 $k=C_3^2\times40^2\times60$,于是

$$P(A)=\frac{C_3^2\times40^2\times60}{100\times100\times100}=0.288.$$

(2)不放回抽样时,由于每次摸一个球后不放回,因此第一次是从原 100 个球中任意摸取,第二次是从第一次摸取后剩下的 99 个球中任意取得,第三次是从第二次摸取后剩下的 98 个球中任意摸取,因此从 100 个球中任意摸取三个球的所有可能取法共有 $100\times99\times98$ 种,此时样本空间样本点总数为 $n=100\times99\times98$,同理可求得事件 A 中样本点数为 $C_3^2\times40\times39\times60$,故

$$P(A)=\frac{C_3^2\times40\times39\times60}{100\times99\times98}=0.289.$$

注意：从本例计算结果说明，在被抽取对象的数量较大的情况下，用放回抽样与不放回抽样，其算得事件的概率是十分相近的，无明显差异. 在大样本情况下，常把不放回抽样当作放回抽样来处理. 但当被抽取对象的数量较少时，两者会有较大差异，此时需严格区分是放回抽样还是不放回抽样.

【例 6】 一袋中装有 N 个小球，其中有 m 个红球，余下为白球. 从袋中任取出 $n(n\leqslant N)$ 个小球，问恰有 $k(k\leqslant m)$ 个红球的概率是多少？

解 这个模型不要求摸球顺序，故用组合式计算. 所有可能的取法共有 C_N^n 种，设事件 A 表示"任取 n 个小球，其中恰有 k 个红球"，则

$$P(A)=\frac{C_m^k C_{N-m}^{n-k}}{C_N^n}.$$

上式即为**超几何分布**的概率公式.

【例 7】(分房模型) 设有 n 个人，随机地住进 N 个房间中的任意一间($n\leqslant N$)，且设每个房间可容纳的人数不限，试求下列各事件的概率：

(1)$A=\{$某指定的 n 个房间中各住一人$\}$；

(2)$B=\{$恰有 n 个房间，其中各住一人$\}$；

(3)$C=\{$某指定的一房间中，恰有 k 个人$\}$.

解 n 个人住进 N 个房间，每个人都有 N 种住法，共有 N^n 种，即基本事件空间 Ω 的基本事件数为 N^n.

(1)在指定的 n 个房间中，第 1 个人有 n 种选择，第 2 个人有 $n-1$ 种选择，…，第 n 个人只有 1 种选择，所以 A 包含的基本事件数为 $n!$. 故

$$P(A)=\frac{n!}{N^n}.$$

(2)恰有 n 个房间共有 C_N^n 种，所以 B 所包含的基本事件数为 $C_N^n\times n!$. 故

$$P(B)=\frac{C_N^n\times n!}{N^n}=\frac{N!}{N^n(N-n)!}.$$

(3)指定的一个房间恰好有 k 个人，可由 n 个人中任意选出，有 C_n^k 种选法，其余 $n-k$ 个人可任意住到其余 $N-1$ 个房间中，共有 $(N-1)^{n-k}$ 种住法，所以 C 所包含的基本事件数为 $C_n^k\times(N-1)^{n-k}$. 故

$$P(C)=\frac{C_n^k\times(N-1)^{n-k}}{N^n}=C_n^k\left(\frac{1}{N}\right)^k\left(1-\frac{1}{N}\right)^{n-k}.$$

【例 8】(生日问题) 某班有 n 个学生，试求该班至少有两名学生的生日相同的概率.

解 设 $A=\{$至少有两名学生的生日相同$\}$，由假设知，本题直接计算事件 A 的概率比较复杂，此时我们可以用对立事件来求解，即有：

$$\overline{A}=\{\text{没有两名学生的生日相同}\},$$

于是

$$P(\overline{A})=\frac{365\times364\times\cdots\times(365-n+1)}{365^n}$$

则

$$P(A)=1-P(\overline{A})=1-\frac{365\times364\times\cdots\times(365-n+1)}{365^n}$$

现将 n 取不同值时，事件 A 的概率列于表 11-2.

表 11-2 事件 A 的概率

n	20	30	40	50	64	100
$P(A)$	0.411	0.706	0.891	0.970	0.997	0.999 999 7

从表 11-2 的计算结果可知，当一个班级的学生人数在 64 人以上时，至少有两人生日相同这一事件几乎是必然发生的. 显然这一结果常常会使人们感到惊讶："多巧啊！我们班竟然有两位同学的生日是在同一天."但从概率意义上来说，这几乎是必然发生的事件. 这就是概率思维与人们习惯思维的差异. 学生掌握了这种思维方法，对提高事物的认识能力与分析水平都有积极意义.

【例 9】 将 3 个球随机放入 4 个杯子中，问杯子中球的个数最多为 1,2,3 的概率各是多少？

解 设 A,B,C 分别表示杯子中的最多球数为 1,2,3 的事件. 我们认为球是可以区分的，于是，放球过程的所有可能结果数为 $n=4^3$.

(1)A 所含的基本事件数，即从 4 个杯子中任选 3 个杯子，每个杯子放入一个球，杯子的选法有 C_4^3 种，球的放法有 3! 种，故

$$P(A)=\frac{C_4^3\cdot 3!}{4^3}=\frac{3}{8}$$

(2)C 所含的基本事件数：由于杯子中的最多球数是 3，即 3 个球放在同一个杯子中共有 4 种放法，故

$$P(C)=\frac{4}{4^3}=\frac{1}{16}$$

(3)由于三个球放在 4 个杯子中的各种可能放法为事件 $A\cup B\cup C$，显然 $A\cup B\cup C=\Omega$，且 A,B,C 互不相容，故

$$P(B)=1-P(A)-P(C)=\frac{9}{16}$$

注意：在用排列组合公式计算古典概率时，必须注意在计算样本空间 Ω 和事件 A 所包含的基本事件数时，基本事件数的多少与问题是排列还是组合有关，不要重复计数，也不要遗漏.

习题 11-2

1. 已知 $P(A)=a$, $P(B)=b$, $P(AB)=c$，求以下概率：

(1)$P(\overline{A}\cup\overline{B})$； (2) $P(\overline{A}\,\overline{B})$； (3)$P(\overline{A}B)$； (4)$P(\overline{A}\cup B)$.

2. 设 A,B,C 是三事件，且 $P(A)=P(B)=P(C)=\frac{1}{4}$，$P(AB)=P(CB)=0$，$P(AC)=\frac{1}{8}$，求 A,B,C 至少有一个发生的概率.

3. 从 0,1,2,…,9 等十个数字中任意选出三个不同的数字，试求下列事件的概率：$A_1=$ {三个数字中不含 0 和 5}；$A_2=$ {三个数字中不含 0 或 5}.

4. 一个袋子中装有 10 个大小相同的球，其中 3 个黑球，7 个白球，求：

(1)从袋子中任取一球，这个球是黑球的概率；

(2)从袋子中任取两球,刚好一个白球一个黑球的概率以及两个球全是黑球的概率.

5. 货架上有外观相同的商品 15 件,其中 12 件来自产地甲,3 件来自产地乙. 现从 15 件商品中随机地抽取两件,求这两件商品来自同一场地的概率.

6. (1) 在某房间里有 500 个人,问至少有一个人的生日是 10 月 1 日的概率是多少(设一年以 365 天计算)?

(2)在房间里有 4 个人,问至少有两个人的生日是同一个月的概率是多少?

11.3 条件概率

一、条件概率的概念

条件概率是一个重要概念. 我们知道,世界万物都是互相联系、互相影响的,随机事件也不例外. 在实际问题中,常常会遇到这样的问题:在得到某个信息 B 以后(即在已知事件 B 发生的条件下),求事件 A 发生的概率,这时由于附加了条件,它与事件 A 的概率 $P(A)$ 的意义是不同的,我们把这种在已知事件 B 发生的条件下,求事件 A 发生的概率称为**条件概率**,记为 $P(A|B)$.

【例 1】 掷一枚质地均匀的骰子一次,观察出现的点数. 设事件 A 表示"掷出 2 点",事件 B 表示"掷出偶数点".

(1)求掷出 2 点的概率;

(2)在已知掷出偶数点的情况下,求掷出 2 点的概率.

解 (1)由题意,样本空间 $\Omega=\{1,2,3,4,5,6\}$,显然可知"掷出 2 点"是样本空间中的一种情况,于是

$$P(A)=\frac{1}{6}.$$

(2)事件 B 表示"掷出偶数点",即 $B=\{2,4,6\}$,而此时"掷出 2 点"是其中三种情况中的一种,于是有

$$P(A|B)=\frac{1}{3}. \tag{11-3-1}$$

这里 $P(A)\neq P(A|B)$,其原因在于事件 B 的发生改变了样本空间,事件 B 的发生就犹如给我们提供一条"情报",使我们在更小的范围内考虑问题,从而使它原来的 Ω 缩减为 $\Omega_B=B$,因此 $P(A|B)$是在新的样本空间 Ω_B 中由古典概率的计算公式得到的.

注意到式(11-3-1)还可以写成如下的形式:

$$P(A|B)=\frac{1}{3}=\frac{1/6}{1/2}=\frac{P(AB)}{P(B)}$$

从概率的直观意义出发,若事件 B 已经发生,则要使事件 A 发生,当且仅当试验结果出现的样本点属于 A 又属于 B,即属于 AB,因此 $P(A|B)$应为 $P(AB)$在 $P(B)$中的"比重". 由此,我们可以给出条件概率的定义.

定义 11-4 设 A,B 是两个随机事件，且 $P(B)>0$，称

$$P(A|B)=\frac{P(AB)}{P(B)}$$

为事件 B 发生的条件下事件 A 发生的**条件概率**.

【例 2】 袋中有 5 个球，其中 3 个红球 2 个白球. 现从袋中不放回地连取两个. 已知第一次取得红球，求第二次取得白球的概率.

解 设 B 表示“第一次取得红球”，A 表示“第二次取得白球”，求 $P(A|B)$.

方法 1 缩减样本空间 B 中的样本点数，即第一次取得红球的取法为 $A_3^1\cdot A_4^1$，第二次取得白球占其中的 $A_3^1\cdot A_2^1$ 种，所以

$$P(A|B)=\frac{A_3^1\cdot A_2^1}{A_3^1\cdot A_4^1}=\frac{1}{2}.$$

方法 2 在 5 个球中不放回连取两球的取法有 A_5^2 种，其中，第一次取得红球的取法有 $A_3^1\cdot A_4^1$ 种，第一次取得红球第二次取得白球的取法有 $A_3^1\cdot A_2^1$ 种，所以

$$P(B)=\frac{A_3^1\cdot A_4^1}{A_5^2}=\frac{3}{5},\ P(AB)=\frac{A_3^1\cdot A_2^1}{A_5^2}=\frac{3}{10}.$$

由定义得

$$P(A|B)=\frac{P(AB)}{P(B)}=\frac{3/10}{3/5}=\frac{1}{2}.$$

计算条件概率一般的方法：

(1)在缩减后的样本空间中计算概率；

(2)在原来的样本空间中，直接由公式计算概率.

【例 3】 据历年气象资料，某地 4 月份刮东风的概率为$\frac{9}{30}$，既“刮东风”又“下雨”的概率为$\frac{8}{30}$，问“刮东风”与“下雨”有无密切关系？

解 设 B 表示“刮东风”，A 表示“下雨”，则 AB 表示“既刮东风又下雨”，于是由条件概率公式可得

$$P(A|B)=\frac{P(AB)}{P(B)}=\frac{8/30}{9/30}=\frac{8}{9}\approx 0.9$$

计算结果说明，一般情况下，“刮东风”时“下雨”的可能性较大.

注意：用条件概率可以判断两事件之间是否有密切关系，或者说，一事件发生对另一事件发生的影响程度都可用条件概率来计算，如例 3 中说明某地 4 月份天气：“刮东风”与“下雨”有密切关系.

二、乘法公式

利用条件概率的定义，很自然地可得到下述乘法公式.

定理 11-1(乘法公式) 设 A,B 是两个随机事件，

若 $P(B)>0$，则

$$P(AB)=P(B)P(A|B); \qquad (11\text{-}3\text{-}2)$$

若 $P(A)>0$，则

$$P(AB)=P(A)P(B|A). \tag{11-3-3}$$

式(11-3-2)和式(11-3-3)称为**乘法公式**.

乘法公式容易推广到多个事件的情形.

推论 设有 n 个随机事件 $A_1,A_2,\cdots,A_n$，则

$$P(A_1A_2\cdots A_n)=P(A_1)P(A_2|A_1)P(A_3|A_1A_2)\cdots P(A_n|A_1A_2\cdots A_{n-1}).$$

【例4】 在一批由90件正品，3件次品组成的产品中，不放回接连抽取两件产品，问第一件取正品，第二件取次品的概率.

解 设事件 $A=\{$第一件取正品$\}$；事件 $B=\{$第二件取次品$\}$. 按题意，

$$P(A)=\frac{90}{93},P(B|A)=\frac{3}{92}.$$

由乘法公式

$$P(AB)=P(A)P(B|A)=\frac{90}{93}\times\frac{3}{92}\approx 0.031\,6.$$

【例5】 袋中有 a 个白球和 b 个黑球，随机地取出一个，然后放回，并同时再放进与取出的球同色的球 c 个，再取第二个，如此连续地取3次，问：

(1)取出的3个球中，已知前两个是黑球，求第3个是白球的概率；

(2)取出的3个球中，前两个是黑球，第3个是白球的概率.

解 设 $A_i=\{$第 i 次取得黑球$\}$，$i=1,2,3$，则

(1)$P(\overline{A_3}|A_1A_2)=\dfrac{a}{a+b+c+c}=\dfrac{a}{a+b+2c}$；

(2)$P(A_1A_2\overline{A_3})=P(A_1)P(A_2|A_1)P(\overline{A_3}|A_1A_2)$

$$=\frac{b}{a+b}\cdot\frac{b+c}{a+b+c}\cdot\frac{a}{a+b+2c}.$$

说明：注意区分 $P(AB)$ 和 $P(A|B)$.

三、全概率公式

下面先介绍样本空间的划分定义.

定义11-5 若事件 $A_1,A_2,\cdots,A_n$ 满足下面两个条件：

(1)$A_1,A_2,\cdots,A_n$ 两两互不相容，即 $A_iA_j=\varnothing(1\leqslant i,j\leqslant n,i\neq j)$；

(2)$A_1\cup A_2\cup\cdots\cup A_n=\Omega$.

则称 $A_1,A_2,\cdots,A_n$ 为样本空间 Ω 的一个**划分**，或称其为一个**完备事件组**(图11-3-1).

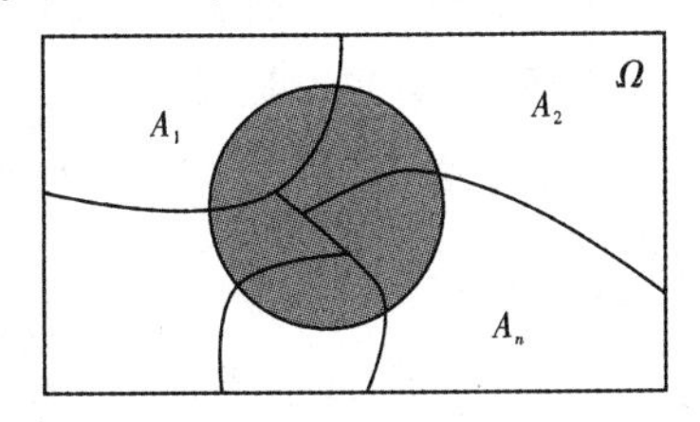

图11-3-1

显然，全部的基本事件构成一个完备事件组；任何事件 A 与 $\overline{A}$ 也构成完备事件组.

为了计算复杂事件的概率，经常把一个复杂事件分解为若干个互不相容的简单事件的和，通过分别计算简单事件的概率，来求得复杂事件的概

率.

定理 11-2(全概率公式) 设 $A_1,A_2,\cdots,A_n$ 为样本空间 Ω 的一个划分,且 $P(A_i)>0$ $(i=1,2,\cdots,n)$,则对 Ω 中的任意一个事件 B 都有

$$P(B)=P(A_1)P(B|A_1)+P(A_2)P(B|A_2)+\cdots+P(A_n)P(B|A_n)$$
$$=\sum_{i=1}^{n}P(A_i)P(B|A_i).$$

【例 6】 七人轮流抓阄,抓一张参观票,问第二人抓到的概率?

解 设 $A_i=\{$第 i 人抓到参观票$\}(i=1,2)$,于是

$$P(A_1)=\frac{1}{7},P(\overline{A_1})=\frac{6}{7},P(A_2|A_1)=0,P(A_2|\overline{A_1})=\frac{1}{6}$$

由全概率公式 $P(A_2)=P(A_1)P(A_2|A_1)+P(\overline{A}_1)P(A_2|\overline{A}_1)=\frac{1}{7}\times 0+\frac{6}{7}\times\frac{1}{6}=\frac{1}{7}$.

从这道题,我们可以看到,第一个人和第二个人抓到参观票的概率一样;事实上,每个人抓到的概率都一样.这就是**"抓阄不分先后原理"**.

【例 7】 设有一个仓库有一批产品,已知其中 50%、30%、20% 依次是甲、乙、丙厂生产的,且甲、乙、丙厂生产的次品率分别为$\frac{1}{10},\frac{1}{15},\frac{1}{20}$,现从这批产品中任取一件,求取得正品的概率?

解 以 A_1、A_2、A_3 表示诸事件"取得的这件产品是甲、乙、丙厂生产";以 B 表示事件"取得的产品为正品",于是:

$$P(A_1)=\frac{5}{10},P(A_2)=\frac{3}{10},P(A_3)=\frac{2}{10},P(B|A_1)=\frac{9}{10},P(B|A_2)=\frac{14}{15},P(B|A_3)=\frac{19}{20};$$

按全概率公式,有

$$P(B)=P(B|A_1)P(A_1)+P(B|A_2)P(A_2)+P(B|A_3)P(A_3)$$
$$=\frac{9}{10}\cdot\frac{5}{10}+\frac{14}{15}\cdot\frac{3}{10}+\frac{19}{20}\cdot\frac{2}{10}=0.92.$$

四、贝叶斯公式

贝叶斯(Bayes)公式与全概率公式是相反的问题,即某事件已经发生,要考察引发该事件发生的各种原因或情况的可能性大小.

定理 11-3(贝叶斯公式) 设 B 是样本空间 Ω 的一个事件,$A_1,A_2,\cdots,A_n$ 为样本空间 Ω 的一个划分,且 $P(B)>0,P(A_i)>0(i=1,2,\cdots,n)$,则在 B 已经发生的条件下,A_i 发生的条件概率为

$$P(A_i\mid B)=\frac{P(A_iB)}{P(B)}=\frac{P(A_i)P(B|A_i)}{\sum_{k=1}^{n}P(A_k)P(B|A_k)},(i=1,2,\cdots,n)$$

这个公式称为**贝叶斯公式**.

贝叶斯公式在理论上和应用上都十分重要,假定 $A_1,A_2,\cdots,A_n$ 是导致结果"B"发生的"原因",且已知 A_i 发生的概率大小为 $P(A_i)$,称其为**先验概率**.现在试验中出现了事件 B,它将有助于探讨引起事件 B 发生的"原因".归纳起来,贝叶斯公式是一类由"结果"找引起"结果"发生的"原因"的问题,即求 $P(A_i|B)$,称此概率为**后验概率**.

【例 8】 根据以往的记录,某种诊断肝炎的试验有如下效果:对肝炎病人的试验呈阳性的概率为 0.95 ;非肝炎病人的试验呈阴性的概率为 0.95 .对自然人群进行普查的结果为:有千分之五的人患有肝炎.现有某人做此试验结果为阳性,问此人确有肝炎的概率为多少?

解 设 $A=\{$某人做此试验结果为阳性$\}$,$B=\{$某人确有肝炎$\}$;由已知条件有,$P(A|B)=0.95$,$P(\overline{A}|\overline{B})=0.95$,$P(B)=0.005$;从而 $P(\overline{B})=1-P(B)=0.995$,$P(A|\overline{B})=1-P(\overline{A}|\overline{B})=0.05$;由贝叶斯公式,有

$$P(B|A)=\frac{P(BA)}{P(A)}=\frac{P(B)P(A|B)}{P(B)P(A|B)+P(\overline{B})P(A|\overline{B})}$$

$$=\frac{0.005\times0.95}{0.005\times0.95+0.995\times0.05}\approx0.087.$$

解析:诊断肝炎问题

本题的结果表明,虽然 $P(A|B)=0.95$,$P(\overline{A}|\overline{B})=0.95$,这两个概率都很高.但若将此试验用于普查,则有 $P(B|A)=0.087$,即其正确性只有 8.7%.如果不注意到这一点,将会经常得出错误的诊断.这也说明,若将 $P(A|B)$ 和 $P(B|A)$ 混淆会造成不良的后果.

还可进一步说明:$P(A|B)=0.95$ 与 $P(\overline{B})=0.995$,这两个概率都很接近于 1,若近似取值为 1,则有

$$P(B|A)=\frac{0.005\times0.95}{0.005\times0.95+0.995\times0.05}\approx\frac{0.005\times1}{0.005\times1+1\times0.05}=\frac{1}{11},$$

从上式可以看出,非肝炎病人的试验呈阳性的概率 $P(A|\overline{B})$(即误诊率)为 0.05,是肝炎犯病率 $P(B)$ 为 0.005 的 10 倍,此时 $P(B|A)$ 近似等于 $\frac{1}{11}$;在其他条件不变,当误诊率 $P(A|\overline{B})$ 增加时,$P(B|A)$ 的值将减小,反之则增大.

习题 11-3

1. 设随机事件 A,B 及其和事件 $A\cup B$ 的概率分别为 0.4,0.3 和 0.6,求积事件 $A\overline{B}$ 的概率 $P(A\overline{B})$.

2. 设有来自三个地区的各 10 名,15 名和 25 名考生的报名表,其中女生的报名表分别为 3 份,7 份和 5 份.随机地取一个地区的报名表,从中先后抽取两份.

(1)求先抽到的一份是女生表的概率 p;

(2)已知后抽到的一份是男生表,求先抽到的一份是女生表的概率 q.

3. 对某台仪器进行调试,第一次调试能调好的概率是 1/3;在第一次调试的基础上,第二次调试能调好的概率是 3/8;在前两次调试的基础上,第三次调试能调好的概率是 9/10.如果对仪器调试三次,问:能调好的概率是多少?

4. 将两条信息分别编码为 A 和 B 传送出去,接收站接收时,A 被误收作 B 的概率为 0.02,而 B 被误收作 A 的概率为 0.01.信息 A 与信息 B 传送的频繁程度为 2∶1.若接收站收到的信息是 A,问原发信息是 A 的概率为多少?

5. 有朋友自远方来，他乘火车、轮船、汽车、飞机的概率分别是 0.3，0.2，0.1，0.4. 如果他乘火车、轮船、汽车来的话，迟到的概率分别是 1/4，1/3，1/12，而乘飞机则不会迟到，结果他迟到了，试问他乘火车来的概率是多少？

11.4 事件的独立性

一、事件的独立性

从条件概率的例子中，我们知道，一般有 $P(A|B)\neq P(A)$，但有时事件 B 发生与否与 A 无关，这时就会有 $P(A|B)=P(A)$，由此可以引出事件独立性的概念. 我们先看一个例子.

【例 1】 10 件产品中有 4 件正品，连续取两次，每次取一件，做有放回抽样. 设 B、A 分别表示第一、二次取得正品，则 $P(A)=0.4$，$P(A|B)=0.4$，故 $P(A|B)=P(A)$.

这个例子说明，当事件 B 对事件 A 没有任何影响时，事件 A 与事件 $A|B$ 是等价的. 当 $P(B)>0$ 且 $P(A|B)=P(A)$时，有

$$P(A)=P(A|B)=\frac{P(AB)}{P(B)},$$

即

$$P(AB)=P(A)P(B).$$

我们可由此定义事件的独立性.

定义 11-6 设 A，B 为同一样本空间中的两事件，若

$$P(AB)=P(A)P(B),$$

则称 A 与 B 互相独立.

应当指出的是，事件的独立性与事件的互不相容是两个完全不同的概念. 事实上，由定义可以证明，在 $P(A)>0$，$P(B)>0$ 的前提下，事件 A，B 互相独立与事件 A，B 互不相容是不能同时成立的.

定理 11-4 设 A，B 是两事件，且 $P(B)>0$. 若 A，B 相互独立，则 $P(A)=P(A|B)$. 反之亦然.

定理 11-5 若事件 A 与 B 相互独立，则下列各对事件也相互独立：

$$A \text{ 与 } \overline{B}, \overline{A} \text{ 与 } B, \overline{A} \text{ 与 } \overline{B}.$$

在实际问题中，我们一般不用定义来判断两事件 A，B 是否相互独立，而是相反，从试验的具体条件以及试验的具体本质分析判断它们有无关联，是否独立. 如果独立，就可以用定义中的公式来计算积事件的概率了.

【例 2】 两门高射炮彼此独立地射击一架敌机，设甲炮击中敌机的概率为 0.9，乙炮击中敌机的概率为 0.8，求敌机被击中的概率？

解 设 A＝{甲炮击中敌机}，B＝{乙炮击中敌机}，那么{敌机被击中}＝$A\cup B$；因为 A

与 B 相互独立，所以，有

$$P(A\cup B)=P(A)+P(B)-P(AB)=P(A)+P(B)-P(A)P(B)$$
$$=0.9+0.8-0.9\times 0.8=0.98.$$

或 $P(A\cup B)=1-P(\overline{A\cup B})=1-P(\overline{A}\,\overline{B})=1-P(\overline{A})P(\overline{B})=1-(1-0.9)(1-0.8)=0.98.$

定义 11-7 设 A,B,C 是三个事件，如果以下 4 个等式成立：

$$\left.\begin{aligned}P(AB)=P(A)P(B)\\P(AC)=P(A)P(C)\\P(BC)=P(B)P(C)\end{aligned}\right\},\tag{11-4-1}$$

$$P(ABC)=P(A)P(B)P(C),\tag{11-4-2}$$

则称事件 A,B,C **互相独立**. 若仅式(11-4-1)成立，则称 A,B,C **两两独立**.

由定义 11-7 知，事件 A,B,C 相互独立，则必两两独立；但若事件 A,B,C 两两独立，则事件 A,B,C 不一定相互独立.

【例 3】 有四张同样大小的卡片，上面标有数字，如图 11-4-1 所示，从中任抽一张，每张被抽到的概率相同.

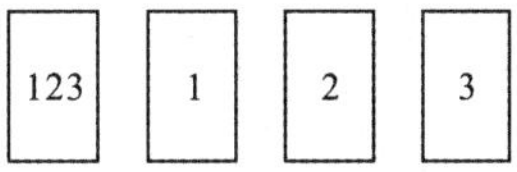

123	1	2	3

图 11-4-1

解 令 $A_i=\{$抽到卡片上有数字 $i\}$，$i=1,2,3$，则 $P(A_i)=\dfrac{2}{4}=\dfrac{1}{2}$，即 $P(A_1)=P(A_2)=P(A_3)=\dfrac{1}{2}$，而

$$P(A_1A_2)=\frac{1}{4}=P(A_1)P(A_2);$$

$$P(A_1A_3)=\frac{1}{4}=P(A_1)P(A_3);$$

$$P(A_2A_3)=\frac{1}{4}=P(A_2)P(A_3).$$

可见 A_i 两两之间是独立的，但是 $P(A_1A_2A_3)=1/4\neq P(A_1)P(A_2)P(A_3)=1/8$，所以 A_1,A_2,A_3 并不相互独立.

两个事件的独立性概念可以推广到有限多个事件独立的情形.

设 $A_1,A_2,\cdots,A_n$ 为 n 个事件，若对任何正整数 $k(2\leqslant k\leqslant n)$ 及 $1\leqslant i_1\leqslant i_2\leqslant\cdots\leqslant i_k\leqslant n$，都有 $P(A_{i_1}A_{i_2}\cdots A_{i_k})=P(A_{i_1})P(A_{i_2})\cdots P(A_{i_k})$，则称 $A_1,A_2,\cdots,A_n$ 相互独立.

【例 4】 用步枪射击飞机，设每支步枪命中率均为 0.004，求：①现用 250 支步枪同时射击一次，飞机被击中的概率；②若想以 0.99 的概率击中飞机，需要多少支步枪同时射击？

解 ①A_i 表示“第 i 支击中”，则要求 $P(A_1\cup A_2\cup\cdots\cup A_n)$，而

$$P(A_1\cup A_2\cup\cdots\cup A_n)=1-P(\overline{A_1\cup A_2\cup\cdots\cup A_n})=1-P(\overline{A_1}\,\overline{A_2}\cdots\overline{A_n})$$
$$=1-P(\overline{A_1})P(\overline{A_2})\cdots P(\overline{A_n})=1-0.996^{250}\approx 0.63.$$

②由 $1-0.996^n\geqslant 0.99\Rightarrow n\approx 1\,150$(支)

本例计算结果说明，虽然每支步枪单独射击命中率很低，但是很多支步枪同时射击，命中飞机的概率还是可以比较高的. 这就是“人多力量大、人多智慧广”的生动阐述.

下面介绍独立性在可靠性问题中的应用.

元件的可靠性：对于一个元件，它能正常工作的概率称为元件的可靠性.

系统的可靠性:对于一个系统,它能正常工作的概率称为系统的可靠性.

【例 5】 一个系统由 3 个部件组成,它们的工作是相互独立的,若它们正常工作的概率都是 0.85,在下列各情形下,分别求系统正常工作的概率:

(1)3 个部件串联起来,如图 11-4-2(Ⅰ)所示.

(2)3 个部件并列起来,如图 11-4-2(Ⅱ)所示.

(3)3 个部件串联两个,再并联起来,如图 11-4-2(Ⅲ)所示.

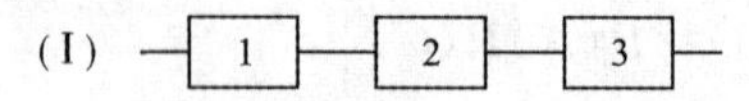

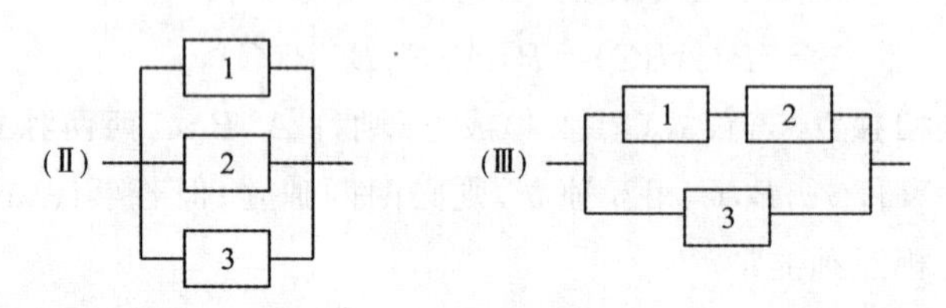

图 11-4-2

解 设 $A_i=\{$第 i 个部件正常工作$\}(i=1,2,3)$,$B_i=\{$第 i 个系统正常工作$\}(i=1,2,3)$.

由题意知 A_1,A_2,A_3 相互独立,于是

(1)$P(B_1)=P(A_1A_2A_3)=P(A_1)P(A_2)P(A_3)=0.85^3\approx 0.614\ 1$.

(2)$P(B_2)=P(A_1\cup A_2\cup A_3)=1-P(\overline{A_1})P(\overline{A_2})P(\overline{A_3})=1-0.15^3\approx 0.996\ 6$.

(3)$P(B_3)=P[(A_1\cap A_2)\cup A_3]=P(A_1\cap A_2)+P(A_3)-P(A_1A_2A_3)$

$$=P(A_1)P(A_2)+P(A_3)-P(A_1)P(A_2)P(A_3)$$

$$=0.85^2+0.85-0.85^3\approx 0.958\ 4.$$

计算结果说明,系统(Ⅱ)可靠性最高,系统(Ⅲ)可靠性其次,系统(Ⅰ)可靠性最低,因此在实际应用中,集成电路大多采用并联形式.

二、伯努利概型

随机现象的统计规律,往往是通过相同条件下进行大量重复试验和观察而得以揭示.这种在相同条件下重复试验的数学模型在概率论中占有重要地位.

定义 11-8 具有以下两个特点的随机试验称为 n 次**伯努利概型试验**:

(1)在相同条件下,重复 n 次做同一试验,每次试验只有两个可能结果 A 和 $\overline{A}$,且 $P(A)=p(0<p<1)$,$P(\overline{A})=1-p=q$;

(2)n 次试验是相互独立的(即每次试验结果出现的概率不受其他各次试验结果发生情况的影响).

n 次伯努利概型试验简称为伯努利概型,它是一种很重要的数学模型,现实生活中大量的随机试验都可归结为伯努利概型.

例如:产品的抽样检验中的“合格品”与“次品”,打靶中的“命中”与“不中”,车间里的机器“出故障”与“未出故障”等,都是只有两个结果的伯努利概型.下面我们讨论在伯努利概型

试验中,事件 A 在 n 次试验中恰好发生 k 次的概率.

定理 11-6 在 n 次伯努利概型中,每次试验事件 A 发生的概率为 $p(0<p<1)$,则在 n 次试验中,事件 A 恰好发生 k 次的概率为

$$P_n(k)=C_n^k p^k q^{n-k}, \quad k=0,1,2,\cdots,n$$

其中 $q=1-p$.

【例 6】 若某厂家生产的每台仪器,以概率 0.7 可以直接出厂;以概率 0.3 需进一步调试,经调试后以概率 0.8 可以出厂,以概率 0.2 定为不合格品不能出厂.现该厂生产了 n 台仪器(假设各台仪器的生产过程相互独立),求(1)全部能出厂的概率;(2)其中恰有两台不能出厂的概率;(3)其中至少有两台不能出厂的概率.

解 设 $A=\{$某一台仪器可以出厂$\}$,则

$$P(A)=0.7+0.3\times0.8=0.94, P(\overline{A})=1-0.94=0.06.$$

(1)$P\{$全部能出厂$\}=C_n^n(0.94)^n$;

(2)$P\{$恰有两台不能出厂$\}=C_n^2(0.94)^{n-2}(0.06)^2$;

(3)$P\{$至少有两台不能出厂$\}=1-C_n^0(0.94)^n-C_n^1(0.94)^{n-1}(0.06)$.

【例 7】 某厂自称产品的次品率不超过 0.5%,经过抽样检查,任取 200 件产品就查出了 5 件次品,试问:上述的次品率是否可信?

解 设该厂产品的次品率为 0.005,任取 200 件产品中任一件检查,其结果只有两个,即次品与非次品,且每次检查结果互不影响,即视为独立.所以此试验为伯努利概型,$n=200$,$p=0.005$,故

$$P\{200\text{ 件中恰好出现 5 件次品}\}=P_{200}(5)=C_{200}^5(0.005)^5(0.995)^{195}\approx0.002\,98.$$

此概率如此之小,应该说在一次检查中几乎不可能发生(我们把"概率很小的随机事件在一次试验中几乎不可能发生"这一事实,称为"**小概率原理**".它是统计推断理论中的主要依据,今后将要经常引用),可现在竟然发生了,因此我们认为此厂自称的次品率不超过 0.5%是不可信的.

解析:小概率原理

习题 11-4

1.假设 $P(A)=0.4$,$P(A\cup B)=0.7$,那么

(1)若 A 与 B 互不相容,求 $P(B)$; (2) 若 A 与 B 相互独立,求 $P(B)$.

2.甲、乙两人独立对同一目标射击一次,其命中率分别为 0.6 和 0.5.现已知目标被命中,求它是甲射中的概率为多少.

3.设某课程考卷上有 20 道选择题,每题答案是四选一.某学生只会做 10 道题,另 10 道题完全不会做,于是就试猜.试求他至少猜对 2 题的概率为多少?

4.电话分机网络有用户 6 家,每小时每户平均用电话 6 分钟,各户用电话相互独立,求:

(1)每小时恰好有 2 户用电话的概率;

(2)每小时至少有 2 户用电话的概率;

(3)每小时至多有 2 户用电话的概率.

5.在一批产品中有 1%的废品,试问:任意选出多少件产品,才能保证至少有一件废品的概率不小于 0.95?

6. 甲、乙、丙三人同时对飞机进行三次独立的射击，三人击中的概率分别为 0.4，0.5，0.7. 飞机被一人击中而被击落的概率为 0.2；被两人击中而被击落的概率为 0.6；若三人都击中，飞机必定被击落，求飞机被击落的概率.

11.5 随机变量及其分布函数

为了深入研究和全面掌握随机现象的统计规律，我们将随机试验的结果与实数对应起来，即将随机试验的结果数量化，为此引入随机变量的概念. 随机变量是概率论中最基本的概念之一，用它描述随机现象是近代概率论中非常重要的方法，它使概率论从事件及其概率的研究扩大到随机变量及其概率分布的研究，这样就可以应用微积分等近代数学工具，使概率论成为真正的一门数学学科.

一、随机变量

在许多随机试验中，试验的结果可以直接用一个数值来表示，不同的结果对应着不同的数值. 例如，投掷一枚骰子，观察出现的点数，可能的结果分别是 1，2，3，4，5，6 这六个数值. 如果我们用一个变量 T 表示出现的点数，那么试验的所有可能结果都可以用 T 的取值来表示，如“出现 2 点”可以表示成 $\{T=2\}$，“出现 6 点”可以表示成 $\{T=6\}$. 这个变量 T 随着试验的不同结果而取不同的数值.

而在有些随机现象中，随机事件与实数之间虽然没有上述那种数字联系，但常常可以人为引进变量给它建立起一个对应关系. 例如抛掷一枚硬币，它的可能结果为“出现正面”或“出现反面”. 我们引进变量 W，用 $\{W=1\}$ 表示“出现正面”，用 $\{W=0\}$ 表示“出现反面”.

一般地，我们有下面的定义.

定义 11-9 设随机试验 E 的样本空间为 Ω，如果对于每一个 $\omega\in\Omega$，都有唯一的实数 $X(\omega)$ 与之对应，则称 $X=X(\omega)$ 为**随机变量**. 随机变量通常用大写字母 X，Y，Z 或希腊字母 ξ，η 等表示；而其所对应的小写字母 x，y，z 等则表示为**随机变量所取的值**.

由定义 11-9 可知，前面所说的 T 和 W 都是随机变量. 下面再举几个随机变量的例子.

(1)将一枚硬币抛掷 4 次，用 X 表示正面出现的次数，则 X 是一个随机变量，它的所有可能取值为 0，1，2，3，4.

(2)某篮球队员投篮，投中记 2 分，未投中记 0 分. 用 Y 表示篮球队员一次投篮的得分，则 Y 是一个随机变量，它的所有可能取值为 0，2.

(3)一个在数轴上的闭区间 $[a,b]$ 上做随机游动的质点，用 Z 表示它在数轴上的坐标，则 Z 是一个随机变量，它可以取 a 和 b 之间(包括 a 和 b)的任何实数.

由于随机变量的取值依赖于随机试验的结果，因此，在试验之前我们只能知道它的所有可能取值的范围，而不能预先知道它究竟取哪个值. 因为试验的各个结果的出现都有一定的概率，所以随机变量取相应的值也有确定的概率.

例如，在上面的(1)中，

$$P\{X=1\}=P\{\text{正面出现一次}\}=C_4^1\left(\frac{1}{2}\right)\left(1-\frac{1}{2}\right)^3=\frac{1}{4},$$

$$P\{X=2\}=P\{\text{正面出现两次}\}=C_4^2\left(\frac{1}{2}\right)^2\left(1-\frac{1}{2}\right)^2=\frac{3}{8}.$$

引入随机变量以后，就可以用随机变量来表示随机试验中的各种事件. 例如在上面的(1)中，事件“四次均未出现正面”可以用$\{X=0\}$来表示，事件“正面至少出现两次”可以用$\{X\geqslant 2\}$来表示，事件“正面最多出现三次”可以用$\{X\leqslant 3\}$来表示. 可见，随机变量是一个比随机事件更宽泛的概念.

随机变量依其取值的特点通常分为离散型和非离散型两类：如果随机变量 X 具有有限个值或无限多个可数值，则称 X 为离散型随机变量，如：“取到的次品的个数”“收到的呼叫次数”等；另一类就是非离散型随机变量，它包含的范围很广，情况比较复杂，我们只关注其中最重要也是实际中常遇到的连续型随机变量，如：“电灯泡的寿命”，实际生活中常遇到的“测量误差”等.

研究随机变量，不仅要知道它能够取得哪些值，更重要的是要知道它的取值规律，即取到相应值的概率. 随机变量的取值及其取值规律之间的对应关系称为随机变量的概率分布.

概率论的历史表明，引入随机变量的概念以后，概率论的研究中心就从随机事件转移到随机变量上来，概率论的发展也从古典概率时期跨越到分析概率时期.

二、随机变量的分布函数

随机变量是定义在样本空间上的单值实函数，它的取值是有确定的概率的，这是它与普通函数的本质差异. 下面我们引进分布函数的概念，它是普通的一元函数，通过它我们可以利用数学分析的方法来研究随机变量.

定义 11-10 设 X 是一个随机变量，x 为任意实数，函数

$$F(x)=P\{X\leqslant x\},\quad -\infty<x<+\infty$$

称为随机变量 X 的**分布函数**.

显然，随机变量 X 的分布函数 $F(x)$是定义在$(-\infty,+\infty)$上的一元函数. 如果将 X 看成是数轴上随机点的坐标，则分布函数 $F(x)$在 x 处的函数值等于事件“随机点 X 落在区间$(-\infty,x]$上”的概率.

由定义可知，对于任意实数 $a,b(a<b)$，由于$\{a<X\leqslant b\}=\{X\leqslant b\}-\{X\leqslant a\}$，所以随机点落在区间$(a,b]$的概率为：

$$P\{a<X\leqslant b\}=P\{X\leqslant b\}-P\{X\leqslant a\}=F(b)-F(a).$$

可见，若已知随机变量 X 的分布函数，就可以求出 X 落在任一区间$(a,b]$上的概率，这表明分布函数完整地描述了随机变量的统计规律性.

分布函数 $F(x)$具有下列性质：

性质 1　单调性　$F(x)$为 x 的单调不减函数，即当 $x_1<x_2$，时，有 $F(x_1)\leqslant F(x_2)$.

性质 2　有界性　对任意实数 x，有 $0\leqslant F(x)\leqslant 1$，且

$$F(-\infty)=\lim_{x\to-\infty}F(x)=0, F(+\infty)=\lim_{x\to+\infty}F(x)=1.$$

性质 3　右连续性　对任意实数 x，有 $F(x+0)=F(x)$.

需要指出的是，如果一个函数满足上述三条性质，则该函数一定可以作为某一随机变量 X 的分布函数，因此，通常将满足上述三条性质的函数都称为分布函数. 也就是说，上述三条性质是鉴别一个函数是否为某一随机变量 X 的分布函数的充分必要条件.

【例 1】　抛掷一枚硬币，设随机变量 $X=\begin{cases}0, & \text{出现反面 } T\\ 1, & \text{出现正面 } H\end{cases}$，求：

(1)随机变量 X 的分布函数；

(2)随机变量 X 在区间 $\left(\frac{1}{3},2\right]$ 上取值的概率.

解　(1)设 x 是任意实数. 当 $x<0$ 时，事件 $\{X\leqslant x\}=\varnothing$，因此

$$F(x)=P\{X\leqslant x\}=P\{\varnothing\}=0;$$

当 $0\leqslant x<1$ 时，

$$F(x)=P\{X\leqslant x\}=P\{X=0\}=\frac{1}{2};$$

解析：离散型分布函数

当 $x\geqslant 1$ 时，

$$F(x)=P\{X\leqslant x\}=P\{X=0\}+P\{X=1\}=\frac{1}{2}+\frac{1}{2}=1.$$

综上所述，X 的分布函数为

$$F(x)=\begin{cases}0, & x<0\\ \frac{1}{2}, & 0\leqslant x<1.\\ 1, & x\geqslant 1\end{cases}$$

(2)随机变量 X 在区间 $\left(\frac{1}{3},2\right]$ 上取值的概率为

$$P\left\{\frac{1}{3}<X\leqslant 2\right\}=F(2)-F\left(\frac{1}{3}\right)=1-\frac{1}{2}=\frac{1}{2}.$$

【例 2】　设随机变量 X 的分布函数为

$$F(x)=\begin{cases}0, & x\leqslant 0\\ Ax^2, & 0<x\leqslant 1,\\ 1, & x>1\end{cases}$$

求常数 A 以及概率 $P\{0.5<x\leqslant 0.8\}$.

解　由于分布函数 $F(x)$ 是右连续的，所以 $F(1+0)=F(1)$. 又

$$F(1+0)=\lim_{x\to 1^+}F(x)=1,\quad F(1)=A,$$

因此 $A=1$. 于是

$$F(x)=\begin{cases}0, & x\leqslant 0\\ x^2, & 0<x\leqslant 1.\\ 1, & x>1\end{cases}$$

进而

$$P\{0.5<x\leqslant 0.8\}=F(0.8)-F(0.5)=0.8^2-0.5^2=0.39.$$

三、离散型随机变量及其分布律

对于离散型随机变量 X 而言，知道 X 的所有可能取值以及 X 取每一个可能值的概率，也就掌握了随机变量 X 的统计规律.

定义 11-11 如果离散型随机变量 X 的所有可能取值为 $x_k(k=1,2,\cdots)$，并且 X 取到各个可能值的概率为

$$P\{X=x_k\}=p_k \quad (k=1,2,\cdots) \tag{11-5-1}$$

则称式(11-5-1)为离散型随机变量 X 的概率分布律，简称为分布律.

分布律也可以用表 11-5-1 来表示，并称之为 X 的概率分布表.

表 11-5-1　　离散型随机变量分布律

X	x_1	x_2	$\cdots$	x_n	$\cdots$
P	p_1	p_2	$\cdots$	p_n	$\cdots$

容易验证，离散型随机变量的分布律满足下列性质：

性质 1 $p_k\geqslant 0, k=1,2,\cdots$；

性质 2 $\sum\limits_{k=1}^{\infty} p_k=1$.

【例 3】 设随机变量的分布律如下.

X	-2	-1	0	1	2
P	a	$3a$	$1/8$	a	$2a$

求：(1)a 的值；　(2)$P\{X<1\}$，$P\{-2<X\leqslant 0\}$，$P\{X\geqslant 2\}$.

解 根据性质 1 和性质 2 可知

$$a+3a+\frac{1}{8}+a+2a=1 \text{ 解得 } a=\frac{1}{8}$$

以下计算欲求的概率分别为

$$P\{X<1\}=P\{X=-2\}+P\{X=-1\}+P\{X=0\}=\frac{5}{8},$$

$$P\{-2<X\leqslant 0\}=P\{X=-1\}+P\{X=0\}=\frac{1}{2},$$

$$P\{X\geqslant 2\}=P\{X=2\}=\frac{1}{4}.$$

四、连续型随机变量及其概率密度

对于离散型随机变量，我们可用分布律 $P\{X=x_k\}=p_k(k=1,2,\cdots)$来刻画其概率分布情况；而对于非离散型随机变量，考虑对任意实数 x，事件$\{X=x\}$的概率 $P\{X=x\}$没有多大意义. 比如等公共汽车的时间 X，考虑它取某特定常数的概率，例如$\{X=3\}$，事实上“等待公共汽车时间严格等于 3 分钟”这一事件几乎不可能发生，其概率为 0. 于是我们需要

寻求另外的方法来刻画非离散型随机变量的概率分布，这里我们将引入概率密度函数的概念来介绍其中的连续型随机变量.

定义 11-12 设随机变量 X 的分布函数为 $F(x)$，如果存在一个非负可积函数 $f(x)$，使得对任意实数 x，都有

$$F(x)=P\{X\leqslant x\}=\int_{-\infty}^{x}f(t)\mathrm{d}t \tag{11-5-2}$$

则称 X 为连续型随机变量，并称函数 $f(x)$ 为 X 的**概率密度函数**或**分布密度函数**，简称为**概率密度**或**分布密度**，常记作 $X\sim f(x)$.

概率密度 $f(x)$ 具有下列性质：

性质 1 $f(x)\geqslant 0$.

性质 2 $\int_{-\infty}^{+\infty}f(x)\mathrm{d}x=1$.

性质 3 对于任意实数 $a,b(a<b)$，有

$$P\{a<X\leqslant b\}=F(b)-F(a)=\int_{a}^{b}f(x)\mathrm{d}x.$$

性质 4 对任意实数 x，$P\{X=x\}=0$.

性质 5 如果 $f(x)$ 在点 x 处连续，则有

$$F'(x)=f(x).$$

需要指出的是，满足性质 1 和性质 2 的函数一定可以作为某一连续型随机变量的概率密度函数.

在几何直观上，概率密度曲线总是位于 x 轴上方，并且介于它和 x 轴之间的面积为 1，随机变量落在区间 $(a,b]$ 的概率 $P\{a<X\leqslant b\}$ 等于区间 $(a,b]$ 上曲线 $y=f(x)$ 以下的曲边梯形的面积(图 11-5-1).

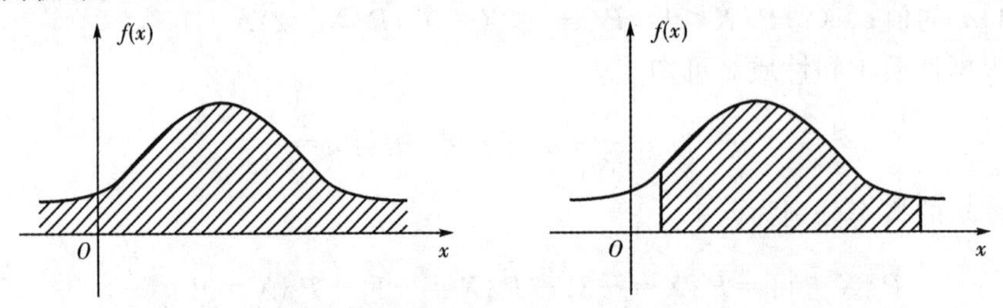

图 11-5-1 概率密度曲线

最后，我们指出，对于连续型随机变量 X，它取任一实数 x 的概率都是 0，即

$$P\{X=x\}=0.$$

事实上，设 $\Delta x>0$，由于事件 $\{X=x\}\subset\{x<X\leqslant x+\Delta x\}$，所以

$$0\leqslant P\{X=x\}\leqslant P\{x<X\leqslant x+\Delta x\}=F(x+\Delta x)-F(x),$$

令 $\Delta x\to 0^{+}$，由 $F(x)$ 的连续性，有 $P\{X=x\}=0$.

连续型随机变量的这一特性是它与离散型随机变量的最大差异. 这一特性也表明，概率为 0 的事件未必是不可能事件，同样概率为 1 的事件并不一定是必然事件.

根据这一特性，在计算连续型随机变量落在某一区间的概率时，可以不必区分该区间是开区间还是闭区间，或者是半开半闭区间. 即

$$P\{x_1<X\leqslant x_2\}=P\{x_1<X<x_2\}=P\{x_1\leqslant X<x_2\}=P\{x_1\leqslant X\leqslant x_2\}$$

根据定义 11-12,性质 5 是显然成立的,则

$$f(x)=F'(x)=\lim_{\Delta x\to 0}\frac{F(x+\Delta x)-F(x)}{\Delta x}=\lim_{\Delta x\to 0}\frac{P(x<X\leqslant x+\Delta x)}{\Delta x}$$

因此当 Δx 很小时,有 $P\{x<X\leqslant x+\Delta x\}\approx f(x)\Delta x$.

上式说明密度函数在 x 处的函数值 $f(x)$ 越大,则 X 取 x 附近的值的概率就越大.因此密度函数 $f(x)$ 并不是随机变量 X 取值 x 时的概率,而是随机变量 X 集中在该点附近的密集程度.这也意味着 $f(x)$ 确实有"密度"的性质,所以称它为概率密度.

【例 4】 已知随机变量 X 的概率密度为

$$f(x)=\begin{cases}ax^2, & 0<x<1\\ 0, & 其他\end{cases}.$$

(1) 求常数 a;

(2) 求分布函数 $F(x)$;

(3) 求概率 $P\left\{\frac{1}{3}\leqslant X<\frac{1}{2}\right\}$.

解 (1) 由于 $\int_{-\infty}^{+\infty}f(x)\mathrm{d}x=1$,即

$$\int_{-\infty}^{0}0\mathrm{d}x+\int_{0}^{1}ax^2\mathrm{d}x+\int_{1}^{+\infty}0\mathrm{d}x=\int_{0}^{1}ax^2\mathrm{d}x=1,$$

所以有 $\frac{a}{3}=1$,$a=3$;

(2) 因为 $F(x)=\int_{-\infty}^{x}f(t)\mathrm{d}t$,所以当 $x<0$ 时,$F(x)=\int_{-\infty}^{x}0\mathrm{d}x=0$;

当 $0\leqslant x<1$ 时,$F(x)=\int_{-\infty}^{0}0\mathrm{d}t+\int_{0}^{x}3t^2\mathrm{d}t=x^3$;

当 $x\geqslant 1$ 时,$F(x)=\int_{-\infty}^{0}0\mathrm{d}t+\int_{0}^{1}3t^2\mathrm{d}t+\int_{1}^{x}0\mathrm{d}t=1$.

综上所述,X 的分布函数为

$$F(x)=\begin{cases}0, & x<0\\ x^3, & 0\leqslant x<1\\ 1, & x\geqslant 1\end{cases};$$

(3) $P\left\{\frac{1}{3}\leqslant X<\frac{1}{2}\right\}=\int_{\frac{1}{3}}^{\frac{1}{2}}f(x)\mathrm{d}x=\int_{\frac{1}{3}}^{\frac{1}{2}}3x^2\mathrm{d}x=\frac{1}{8}-\frac{1}{27}=\frac{19}{216}$.

习题 11-5

1.从一批产品中每次随机抽出一个产品进行检验,取出检查后返回,设 $X_i(i=1,2,3)$ 表示第 i 次取产品,记"$X_i=1$"表示取到合格品,"$X_i=0$"表示取到次品.试描述:

(1)三次都取到合格品;

(2)三次中至少有一次取到合格品;

(3)三次中恰有两次取到合格品;

(4)三次中最多有一次取到合格品.

2.某射手对一目标进行一次射击,命中目标次数是一个随机变量 X,若命中率为 0.8,

★ 试用分布函数来描述这一随机变量.

3. 假设 $F(x)$, $F_1(x)$, $F_2(x)$ 均为分布函数,且 $F(x)=\frac{3}{5}F_1(x)-bF_2(x)$,求 b.

4. 设随机变量 X 的分布为 $P\{X=k\}=\lambda p^k(k=1,2,\cdots.)$,求 λ.

5. 将一枚骰子抛掷 2 次或同时掷 2 枚骰子,用 X 表示出现点数之和,求 X 的分布律.

6. 从装有 4 个黑球,8 个白球和 2 个黄球的箱中,随机抽取 2 个球,假定每取出一个黑球得 2 分,每取出一个白球失 1 分,每取出一个黄球不得分也不失分,用 X 表示所得到的分数,求 X 的概率分布.

7. 随机变量 X 的概率密度为 $f(x)=\begin{cases}\frac{C}{\sqrt{1-x^2}}, & |x|<1\\ 0, & \text{其他}\end{cases}$.

求:(1)常数 C; (2)X 的分布函数.

11.6 常见的随机变量及其概率分布

一、几种常见的离散型随机变量及其概率分布

1.(0-1)分布

定义 11-13 如果随机变量 X 只可能取 0 和 1 两个值,其分布律为

$$P\{X=0\}=1-p,\ P\{X=1\}=p,\ 0<p<1,$$

或写成

$$P\{X=k\}=p^k(1-p)^{1-k},\ k=0,1,0<p<1, \tag{11-6-1}$$

则称随机变量 X 服从**参数为 p 的(0-1)分布**或**两点分布**. 它的分布律也可以写成

X	0	1
P	$1-p$	p

(0-1)分布是一种常见的分布,如果随机试验只有两个对立结果 A 和 $\overline{A}$,或者一个试验虽然有很多个结果,但我们只关心事件 A 发生与否,那么就可以定义一个服从(0-1)分布的随机变量. 例如对产品合格率的抽样检测,新生儿性别的调查等.

2. 二项分布

定义 11-14 设 X 表示在 n 重伯努利试验中事件 A 发生的次数,其概率分布为

$$P\{X=k\}=C_n^k p^k(1-p)^{n-k},k=0,1,\cdots,n,0<p<1 \tag{11-6-2}$$

则称随机变量 X 服从参数为 n,p 的二项分布,记作 $X\sim B(n,p)$.

特别地,当 $n=1$ 时,二项分布 $B(1,p)$ 的分布律为

$$P\{X=k\}=p^k(1-p)^{1-k},k=0,1,0<p<1.$$

这就是(0-1)分布. 这也说明了(0-1)分布是二项分布在 $n=1$ 时的特例.

【例 1】 某射手射击的命中率为 0.6,在相同的条件下独立射击 7 次,用 X 表示命中的次数,求随机变量 X 的分布律.

解 每次射击命中的概率都是 0.6,独立射击 7 次是 7 重伯努利概型,因此,随机变量 $X \sim B(7,0.6)$,于是

$$P\{X=k\}=C_7^k 0.6^k (1-0.6)^{7-k}=C_7^k 0.6^k 0.4^{7-k},k=0,1,2,3,4,5,6,7.$$

计算可知 X 的分布律如下.

X	0	1	2	3	4	5	6	7
P	0.001 6	0.017 2	0.077 4	0.193 5	0.290 3	0.261 3	0.130 6	0.028 0

如图 11-6-1 所示,当 k 增加时,概率 $P\{X=k\}$ 先是随之单调增加,直到达到最大值 $P\{X=4\}$,然后单调减少.

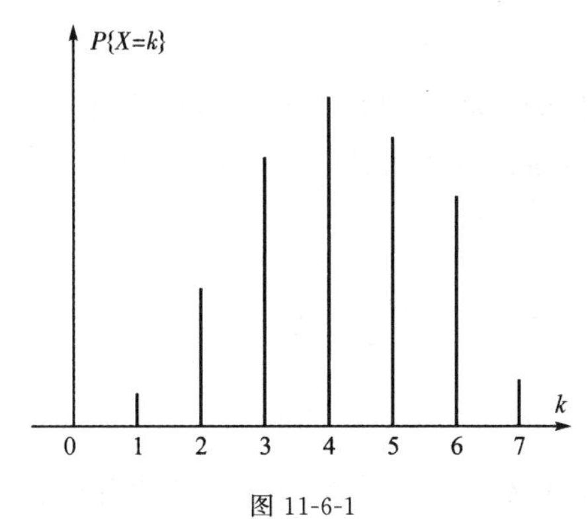

图 11-6-1

一般地,对于固定的 n 及 p,当 k 增加时,概率 $P\{X=k\}$先是随着 k 的增加而增加,直至某点(k_0)时达到最大值,然后再随着 k 的增加而减少.事实上,若随机变量 X 在 k_0 点处的概率最大,必须满足不等式 $P\{X=k_0-1\}\leqslant P\{X=k_0\}\leqslant P\{X=k_0+1\}$,由解这个不等式可得

$$k_0=\begin{cases}(n+1)p \text{ 或}(n+1)p-1, & (n+1)p \text{ 是整数}\\ [(n+1)p], & (n+1)p \text{ 不是整数}\end{cases}. \tag{11-6-3}$$

达到最大值的 k_0 值就是随机变量 X 最可能出现的数.下图 11-6-2 是试验次数均为 20,但试验成功概率不同的三种二项分布的概率分布图,由此图我们可以看出三种二项分布最可能发生的次数 k_0 的值.

【例 2】 某人进行射击,每次击中目标的概率为 0.01,问:独立射击 400 次时,击中目标的最可能成功次数是多少?并求该次数对应的概率.

解 显然独立射击 400 次中击中目标的次数 X 服从参数 $n=400,p=0.01$ 的二项分布.

根据式(11-6-3)的结论,击中目标的最可能成功次数$=[(n+1)p]=[4.01]=4$,而相应发生的概率为

$$P_{400}(4)=C_{400}^4\times 0.01^4\times 0.99^{396}\approx 0.196\ 35.$$

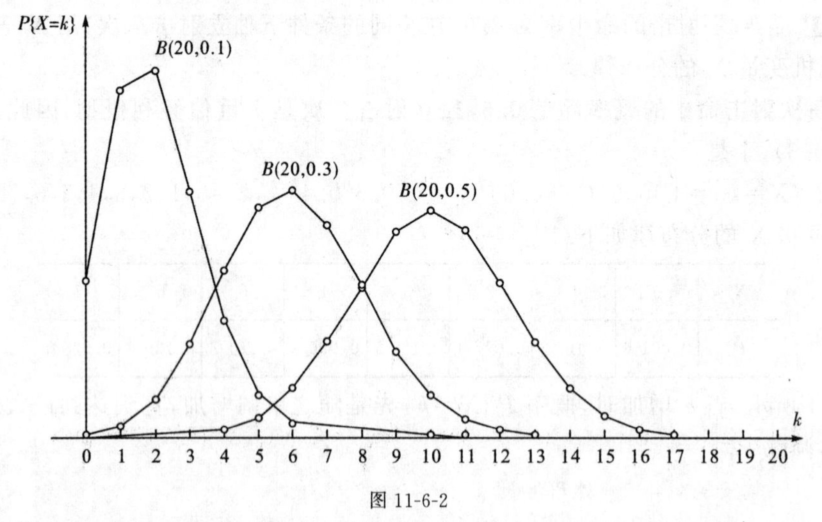

图 11-6-2

二项分布的计算公式虽然很简单，但当 n 较大且没有计算机等工具时，$P_n(k)$ 的计算却不容易. 为了寻找快速且较准确的计算方法，人们进行了不懈努力，而泊松(Poisson)最早做到了这一点.

3. 泊松分布

定义 11-15 如果随机变量 X 的所有可能取值为 $0,1,2,\cdots$，并且

$$P\{X=k\}=\mathrm{e}^{-\lambda}\frac{\lambda^k}{k!},\quad k=0,1,2,\cdots \tag{11-6-4}$$

其中 $\lambda>0$ 为常数，则称随机变量 X 服从**参数为 λ 的泊松分布**，记作 $X\sim P(\lambda)$.

在实际问题中经常会遇到服从泊松分布的随机变量. 例如，某急救中心一天内收到的呼救次数；某印刷品一页上出现的印刷错误个数；某地区一段时间内迁入的昆虫数目等都服从泊松分布.

对于固定的 λ，当 k 增大时，概率 $P\{X=k\}$ 先是随之增大，当 k 增大到一定范围之外时，相应的概率便急剧下降，如下图 11-6-3 所示. 书后附表给出了泊松分布表，以便查阅.

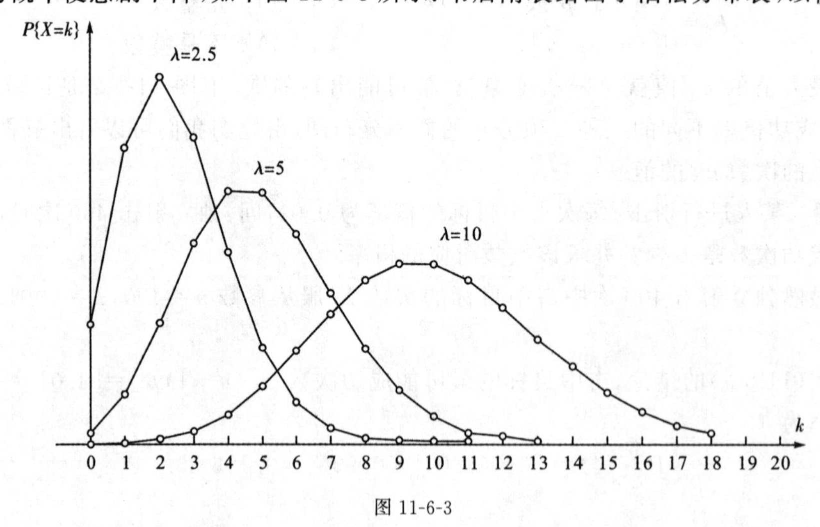

图 11-6-3

【例 3】 设每分钟通过某交叉路口的汽车流量 X 服从泊松分布,且已知在一分钟内恰有一辆车通过的概率和恰有两辆车通过的概率相等,求在一分钟内至少有三辆车通过的概率.

解 设 X 服从参数为 λ 的泊松分布,则 X 的分布律为

$$P\{X=k\}=e^{-\lambda}\frac{\lambda^k}{k!}, \ k=0,1,2,\cdots.$$

又 $P\{X=1\}=P\{X=2\}$, 即

$$e^{-\lambda}\frac{\lambda^1}{1!}=e^{-\lambda}\frac{\lambda^2}{2!},$$

解得 $\lambda=2$,所以在一分钟内至少有三辆车通过的概率为

$$\begin{aligned}P\{X\geqslant 3\}&=1-P\{X=0\}-P\{X=1\}-P\{X=2\}\\&=1-e^{-2}\frac{2^0}{0!}-e^{-2}\frac{2^1}{1!}-e^{-2}\frac{2^2}{2!}=1-5e^{-2}.\end{aligned}$$

查泊松分布表,当 $\lambda=2$ 时,

$$P\{X=0\}=0.135\ 3, \quad P\{X=1\}=0.270\ 7, \quad P\{X=2\}=0.270\ 7,$$

从而

$$\begin{aligned}P\{X\geqslant 3\}&=1-P\{X=0\}-P\{X=1\}-P\{X=2\}\\&=1-0.135\ 3-0.270\ 7-0.270\ 7\\&=0.323\ 3.\end{aligned}$$

在概率论的发展史上,泊松分布是作为二项分布的近似引入的,下面我们给出二项分布与泊松分布的关系定理.

定理 11-7(泊松定理) 设 $X_n(n=1,2,\cdots)$ 为随机变量序列,并且 $X_n\sim B(n,p_n)(n=1,2,\cdots)$. 如果 $\lim\limits_{n\to\infty}np_n=\lambda(\lambda>0$ 为常数),则有

$$\lim_{n\to\infty}P\{X_n=k\}=\lim_{n\to\infty}C_n^k p_n^k(1-p_n)^{n-k}=e^{-\lambda}\frac{\lambda^k}{k!},k=0,1,2,\cdots.$$

由泊松定理我们知道,当 n 很大(由于 $\lim\limits_{n\to\infty}np_n=\lambda$,所以 p_n 必定较小)时,有下面的近似公式

$$P\{X_n=k\}=C_n^k p_n^k(1-p_n)^{n-k}\approx e^{-\lambda}\frac{\lambda^k}{k!},k=0,1,2,\cdots,n; \qquad (11\text{-}6\text{-}5)$$

即二项分布可以用泊松分布近似表达.

在实际计算时,当 n 较大 p 相对较小时(通常 $n\geqslant 10,p\leqslant 0.1$),二项分布 $B(n,p)$ 就可以用泊松分布 $P(\lambda)(\lambda=np)$ 来近似代替,近似效果不错.

【例 4】 设一批产品共 2 000 个,其中有 40 个次品,每次任取 1 个产品做放回抽样检查,求抽检的 100 个产品中次品数 X 的分布律.

解 由题意,产品的次品率为 $p=\dfrac{40}{2\ 000}=0.02$,从而 $X\sim B(100,0.02)$,即

$$P\{X=k\}=C_{100}^k(0.02)^k(0.98)^{100-k}, \ k=0,1,2,\cdots,100.$$

由于 $n=100$ 较大而 $p=0.02$ 相对较小,由泊松定理,X 近似服从泊松分布 $P(\lambda)$,其中 $\lambda=2$,所以

$$P\{X=k\}\approx \mathrm{e}^{-2}\frac{2^k}{k!},k=0,1,2,\cdots,100.$$

【例 5】 在 400 毫升的水中随机游动着 200 个菌团，从中任取 1 毫升水，求其中所含菌团的个数不少于 3 的概率.

解 观察 1 个菌团，它落在取出的 1 毫升水中的概率为 $p=\frac{1}{400}=0.0025$，对 200 个菌团逐个进行类似的观察，相当于做 200 次伯努利试验. 设任取的 1 毫升水中所含菌团的个数为 X，则 $X\sim B(200,0.0025)$，即 X 的分布律为

$$P\{X=k\}=\mathrm{C}_{200}^{k}(0.0025)^k(0.9975)^{200-k},k=0,1,2,\cdots,200,$$

从而，任取的 1 毫升水中所含菌团的个数不少于 3 的概率为

$$P\{X\geqslant 3\}=1-P\{X=0\}-P\{X=1\}-P\{X=2\}.$$

由于 $n=200$ 较大，$p=0.0025$ 相对较小，由泊松定理，有

$$P\{X=k\}\approx \mathrm{e}^{-\lambda}\frac{\lambda^k}{k!},k=0,1,2,\cdots,200,$$

其中 $\lambda=200\times 0.0025=0.5$. 查泊松分布表知，

$$P\{X=0\}=0.6065,P\{X=1\}=0.3033,P\{X=2\}=0.0758,$$

所以

$$\begin{aligned}P\{X\geqslant 3\}&=1-P\{X=0\}-P\{X=1\}-P\{X=2\}\\&=1-0.6065-0.3033-0.0758=0.0144.\end{aligned}$$

二、几种常见的连续型随机变量及其概率分布

1. 均匀分布

定义 11-16 如果连续型随机变量 X 的概率密度为

$$f(x)=\begin{cases}\frac{1}{b-a}, & a\leqslant x\leqslant b\\ 0, & 其他\end{cases}. \tag{11-6-6}$$

则称 X 在区间 $[a,b]$ 上服从均匀分布，记作 $X\sim U[a,b]$. X 的分布函数为

$$F(x)=\begin{cases}0, & x<a\\ \frac{x-a}{b-a}, & a\leqslant x<b\\ 1, & x\geqslant b\end{cases}. \tag{11-6-7}$$

X 的均匀分布的概率密度和分布函数的图形如图 11-6-4 所示.

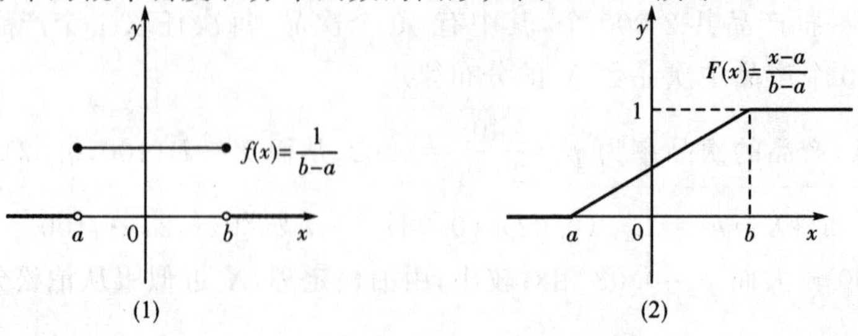

图 11-6-4

如果 $X\sim U[a,b]$，那么对于满足 $a\leqslant c<d\leqslant b$ 的任意实数 c,d，都有

$$P\{c\leqslant X\leqslant d\}=\int_c^d \frac{1}{b-a}\mathrm{d}x=\frac{d-c}{b-a}.$$

此时表明随机变量 X 落在区间 $[a,b]$ 的任一子区间 $[c,d]$ 内的概率，只依赖于子区间 $[c,d]$ 的长度，且与该子区间的长度成正比，而与子区间的位置无关，这说明 X 落在 $[a,b]$ 内任意等长的子区间内的概率是相等的，所以均匀分布也称为**等概率分布**.

【例 6】 某机场每隔 20 分钟向市区发一辆班车，假设乘客在相邻两辆班车间的 20 分钟内的任一时刻到达候车处的可能性相等，求乘客候车时间在 5～10 分钟之内的概率.

解 设乘客候车时间为 X(单位:分钟)，由题意，X 在 $[0,20]$ 上等可能取值，即 X 服从 $[0,20]$ 上的均匀分布，X 的概率密度为

$$f(x)=\begin{cases}\dfrac{1}{20}, & 0<x<20\\ 0, & 其他\end{cases},$$

于是乘客等车的时间在 5～10 分钟之内的概率为

$$P\{5\leqslant X\leqslant 10\}=\int_5^{10} f(x)\mathrm{d}x=\int_5^{10}\frac{1}{20}\mathrm{d}x=0.25.$$

2. 指数分布

定义 11-17 如果连续型随机变量 X 的概率密度为

$$f(x)=\begin{cases}\lambda \mathrm{e}^{-\lambda x}, & x>0\\ 0, & x\leqslant 0\end{cases}, \tag{11-6-8}$$

其中 $\lambda>0$ 为常数，则称 X 服从参数为 λ 的指数分布，记作 $X\sim E(\lambda)$. X 的分布函数为

$$F(x)=\begin{cases}1-\mathrm{e}^{-\lambda x}, & x\geqslant 0\\ 0, & x<0\end{cases}. \tag{11-6-9}$$

X 的指数分布的概率密度和分布函数的图形如图 11-6-5 所示.

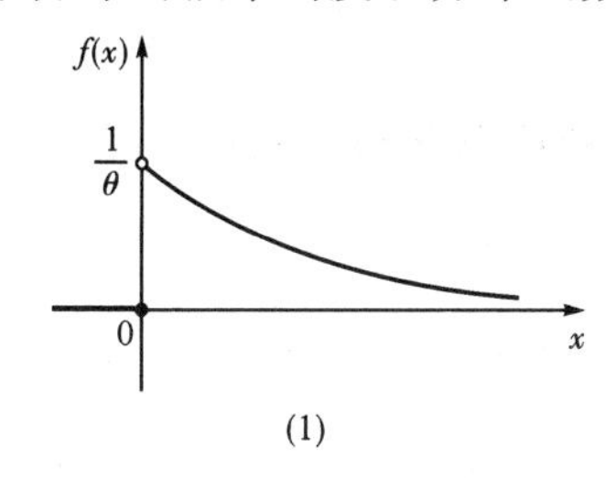

(1)

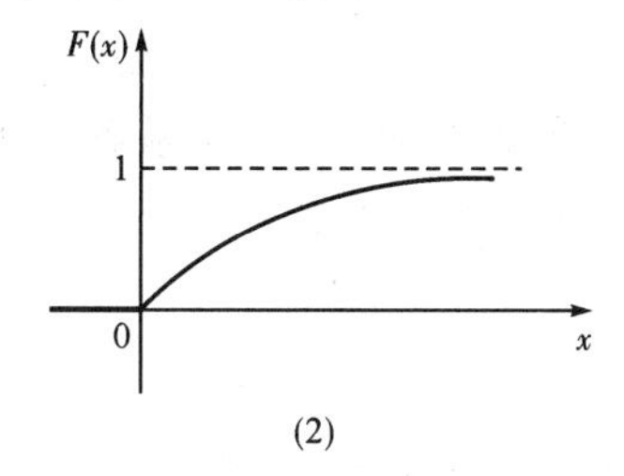

(2)

图 11-6-5

指数分布通常用作各种“寿命”分布，例如无线电元件的寿命、动物的寿命等；另外电话问题中的通话时间、服务系统中的服务时间等都可认为服从指数分布，因此它在排队理论和可靠性理论等领域中有广泛的应用.

【例 7】 某电子元件的寿命 X(单位:小时)是一个连续型随机变量，其概率密度为

$$f(x)=\begin{cases}C\mathrm{e}^{-\frac{x}{100}}, & x>0\\ 0, & x\leqslant 0\end{cases}$$

(1)确定常数 C；

(2)求寿命超过 100 小时的概率；

(3)已知该元件已正常使用 200 小时,求它至少还能正常使用 100 小时的概率.

解 (1)由概率密度函数性质知

$$\int_0^{+\infty} C\mathrm{e}^{\frac{-x}{100}}\mathrm{d}x=\left[-100C\mathrm{e}^{\frac{-x}{100}}\right]\Big|_0^{+\infty}=100C=1,$$

由此得 $C=1/100=0.01$,所以 $X\sim E(0.01)$.

(2)寿命超过 100 小时的概率为

$$P\{X>100\}=1-F(100)=1-(1-\mathrm{e}^{-0.01\times 100})=\mathrm{e}^{-1}\approx 0.3679.$$

(3)已知该元件已正常使用 200 小时,求它至少还能正常使用 100 小时的概率即求条件概率

$$P\{X>300\mid X>200\}=\frac{P\{X>300,X>200\}}{P\{X>200\}}=\frac{P\{X>300\}}{P\{X>200\}}=\frac{\mathrm{e}^{-3}}{\mathrm{e}^{-2}}=\mathrm{e}^{-1}\approx 0.3679.$$

从(2)、(3)可知,该元件寿命超过 100 小时的概率等于已使用 200 小时的条件下至少还能使用 100 小时的概率,这种性质称为指数分布的"无记忆性".

定义 11-18 若随机变量 X 对任意的 $s>0,t>0$ 有

$$P\{X>s+t\mid X>s\}=P\{X>t\},\tag{11-6-10}$$

则称 X 的分布具有无记忆性.

因此指数分布具有无记忆性.若某元件或动物寿命服从指数分布,则式(11-6-10)表明,如果已知寿命长于 s 年,则再"活"t 年的概率与 s 无关,即对过去的 s 时间没有记忆,也就是说只要在某时刻 s 仍"活"着,它的剩余寿命的分布于原来的寿命分布相同.所以也戏称指数分布是"永远年轻的".

3.正态分布

(1)正态分布的定义

定义 11-19 如果连续型随机变量 X 的概率密度为

$$f(x)=\frac{1}{\sqrt{2\pi}\sigma}\mathrm{e}^{-\frac{(x-\mu)^2}{2\sigma^2}},\ -\infty<x<+\infty,\tag{11-6-11}$$

其中 $\mu,\sigma(\sigma>0)$为常数,则称 X **服从参数为** μ,σ^2 **的正态分布**或**高斯**(Gauss)**分布**,记作 $X\sim N(\mu,\sigma^2)$. X 的分布函数为

$$F(x)=\frac{1}{\sqrt{2\pi}\sigma}\int_{-\infty}^{x}\mathrm{e}^{-\frac{(t-\mu)^2}{2\sigma^2}}\mathrm{d}t,\ -\infty<x<+\infty.\tag{11-6-12}$$

正态分布是概率论和数理统计中最重要的分布,一方面它是自然界中十分常见的一种分布,例如测量的误差、人的身高和体重、农作物的产量、产品的尺寸和质量以及炮弹落地点等都可以服从正态分布.另一方面,正态分布又具有许多良好的性质,可用它作为其他不易处理的分布的近似,因此在理论和工程技术等领域,正态分布都有着不可替代的重要意义.

X 的正态分布的概率密度和分布函数的图形如图 11-6-6 所示.

如图 11-6-7 所示,正态分布的概率密度 $f(x)$的图形呈钟形,"中间大,两头小".从而得出 $f(x)$有以下的性质:

性质 1 $f(x)$的图形关于 $x=\mu$ 对称.

性质 2 $f(x)$在 $x=\mu$ 处达到最大,最大值为$\frac{1}{\sqrt{2\pi}\sigma}$.

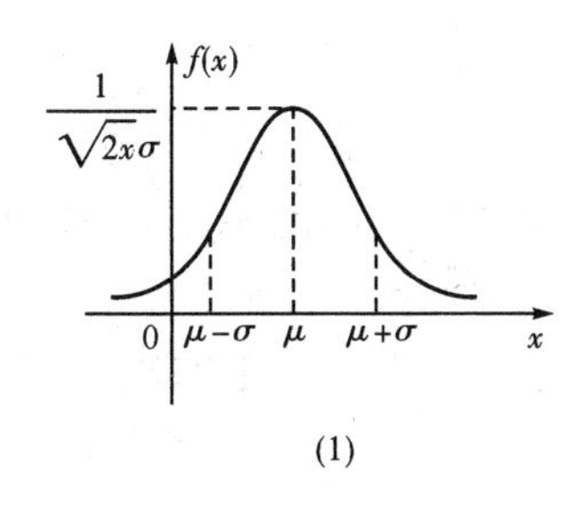

(1)

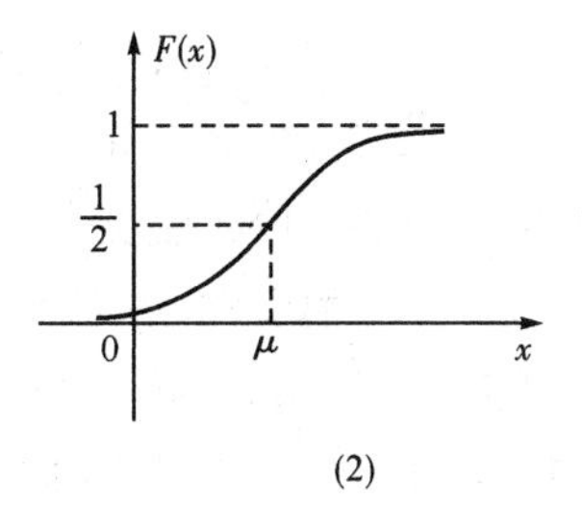

(2)

图 11-6-6

性质 3　$f(x)$在 $x=\mu\pm\sigma$ 处有拐点.

性质 4　x 离 μ 越远，$f(x)$值越小，当 x 趋向无穷大时，$f(x)$趋于 0，即 $f(x)$以 x 轴为渐近线.

性质 5　当 μ 固定，σ 愈大，则 $f(x)$最大值愈小，即曲线愈平坦；σ 愈小，则 $f(x)$最大值愈大，即曲线愈尖.

性质 6　当 σ 固定而改变 μ 时，就是将 $f(x)$图形沿 x 轴平移.

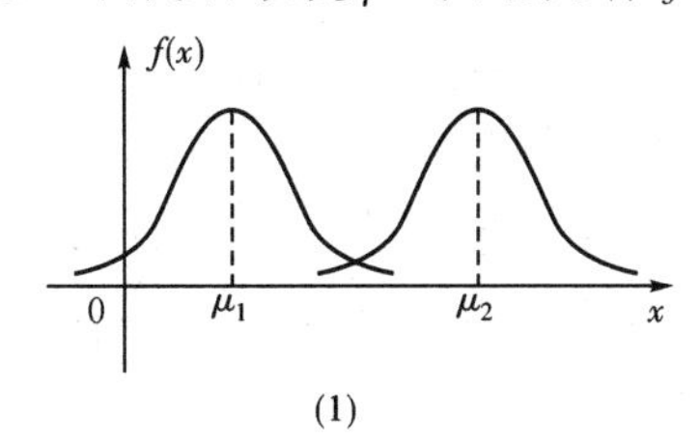

(1)

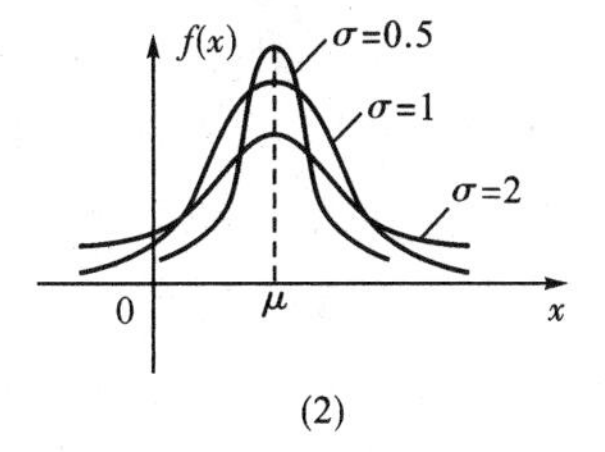

(2)

图 11-6-7

(2)标准正态分布的定义

定义 11-20　设 $X\sim N(\mu,\sigma^2)$. 如果 $\mu=0,\sigma=1$，则称 X 服从**标准正态分布**，记作 $X\sim N(0,1)$，它的概率密度函数与分布分别为

$$\varphi(x)=\frac{1}{\sqrt{2\pi}}\mathrm{e}^{-\frac{x^2}{2}},-\infty<x<+\infty,\tag{11-6-13}$$

$$\Phi(x)=\frac{1}{\sqrt{2\pi}}\int_{-\infty}^{x}\mathrm{e}^{-\frac{t^2}{2}}\mathrm{d}t\ ,-\infty<x<+\infty.\tag{11-6-14}$$

X 的标准正态分布的概率密度和分布函数的图形如图 11-6-8.

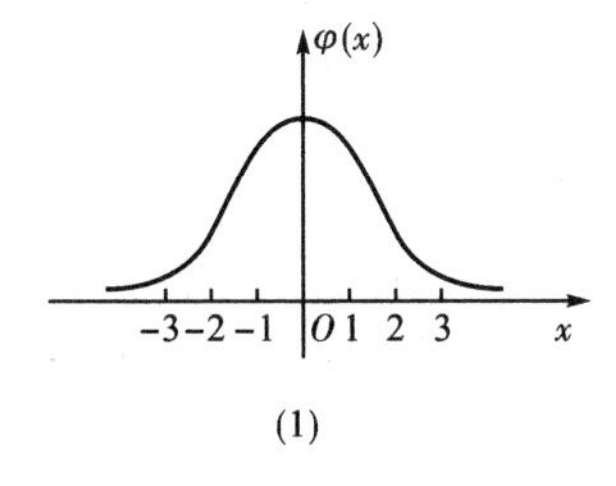

(1)

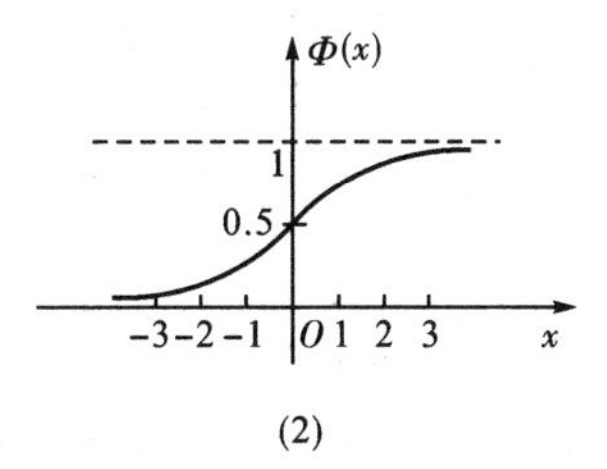

(2)

图 11-6-8

只要令$\frac{t-\mu}{\sigma}=s$(称为标准化)，就可以把正态随机变量的分布函数式(11-6-12)化为用标准正态随机变量的分布函数 $\Phi(x)$表示的形式，即

$$F(x)=\frac{1}{\sqrt{2\pi}}\int_{-\infty}^{\frac{x-\mu}{\sigma}}\mathrm{e}^{-\frac{s^2}{2}}\mathrm{d}s=\Phi\left(\frac{x-\mu}{\sigma}\right).$$

书后附表给出了 $x\geqslant0$ 时标准正态分布的分布函数 $\Phi(x)$ 的函数值，以便查阅. 例如

$$\Phi(1.00)=0.8413,\ \Phi(1.96)=0.9750.$$

在附表中，只对 $x\geqslant0$ 给出 $\Phi(x)$ 的函数值. 事实上，标准正态随机变量的概率密度 $\varphi(x)$ 是偶函数，所以当 $x<0$ 时，由标准正态分布的概率密度 $\varphi(x)$ 图形的对称性易知

$$\Phi(-x)=1-\Phi(x), \tag{11-6-15}$$

【例 8】 设 $X\sim N(0,1)$，计算下列概率：

①$P\{X\leqslant-1.24\}$； ②$P\{|X|\leqslant2\}$； ③$P\{|X|>1.96\}$； ④$P\{X>1\}$.

解 ①$P\{X\leqslant-1.24\}=\Phi(-1.24)=1-\Phi(1.24)$

$=1-0.8925=0.1075$；

② $P\{|X|\leqslant2\}=P\{-2\leqslant X\leqslant2\}=\Phi(2)-\Phi(-2)$

$=\Phi(2)-[1-\Phi(2)]=2\Phi(2)-1$

$=2\times0.9772-1=0.9544$；

③$P\{|X|>1.96\}=1-P\{|X|\leqslant1.96\}=1-[2\Phi(1.96)-1]$

$=2-2\Phi(1.96)=2-2\times0.9750=0.05$；

④$P\{X>1\}=1-P\{X\leqslant1\}=1-\Phi(1)=0.1587$

(3) 一般正态分布与标准正态分布的关系

①若 $X\sim N(0,1)$，有

$$P\{X\leqslant x\}=\begin{cases}\Phi(x) & x>0\\ 0.5 & x=0\\ 1-\Phi(-x) & x<0\end{cases}$$

$$P\{a<X\leqslant b\}=\Phi(b)-\Phi(a)$$

当 $x>0$ 时，$P\{|X|<x\}=\Phi(x)-\Phi(-x)=2\Phi(x)-1$.

②若 $X\sim N(\mu,\sigma^2)$，则

$$U=\frac{X-\mu}{\sigma}\sim N(0,1), \tag{11-6-16}$$

即 $X\sim N(\mu,\sigma^2)$，有 $P\{X\leqslant x\}=\Phi\left(\frac{x-\mu}{\sigma}\right)$.

于是，若 $X\sim N(\mu,\sigma^2)$，则 X 落在区间 $(a,b]$ 的概率为

$$P\{a<X\leqslant b\}=F(b)-F(a)=\Phi\left(\frac{b-\mu}{\sigma}\right)-\Phi\left(\frac{a-\mu}{\sigma}\right),$$

即对一般的正态分布概率的计算，也可以通过查表解决.

【例 9】 设随机变量 $X\sim N(1,4)$，计算下列概率：

① $P\{X>0\}$； ② $P\{|X-2|<1\}$.

解 ① $P\{X>0\}=1-P\{X\leqslant0\}=1-\Phi\left(\frac{0-1}{2}\right)$

$=1-\Phi\left(-\frac{1}{2}\right)=\Phi(0.5)=0.6915$；

②$P\{|X-2|<1\}=P\{1<X<3\}=\Phi\left(\frac{3-1}{2}\right)-\Phi\left(\frac{1-1}{2}\right)$

$$=\Phi(1)-\Phi(0)=0.841\,3-0.500\,0=0.341\,3.$$

【例 10】 设 $X\sim N(\mu,\sigma^2)$,求 $P\{|X-\mu|<k\sigma\}$.

解 把正态随机变量 X 标准化为$\frac{X-\mu}{\sigma}$得

$$\begin{aligned}P\{|X-\mu|<k\sigma\}&=P\{\mu-k\sigma<X<\mu+k\sigma\}\\&=P\left\{\frac{X-\mu}{\sigma}<k\right\}-P\left\{\frac{X-\mu}{\sigma}\leqslant -k\right\}\\&=\Phi(k)-\Phi(-k)=2\Phi(k)-1,\end{aligned}$$

所以

$$P\{|X-\mu|<\sigma\}=0.682\,6,$$
$$P\{|X-\mu|<2\sigma\}=0.954\,4,$$
$$P\{|X-\mu|<3\sigma\}=0.997\,3.$$

上式表明,正态随机变量 X 落在区间$(\mu-3\sigma,\mu+3\sigma)$内的概率已高达 99.73%,因此可认为 X 的值几乎不落在区间$(\mu-3\sigma,\mu+3\sigma)$之外.这就是著名的"$3\sigma$ 准则",它在工业生产中常用来作为质量控制的依据.

【例 11】 公共汽车车门的高度是按男子与车门顶头碰头机会在 0.01 以下来设计的.设男子身高 $X\sim N(170,6^2)$(单位:cm),问车门高度应如何确定?

解 设车门高度为 h cm,按设计要求 $P\{X\geqslant h\}<0.01$,即

$$1-P\{X<h\}<0.01;$$
$$P\{X<h\}>0.99.$$

解析:公共汽车车门高度设计问题

而 $P\{X<h\}=\Phi\left(\frac{h-170}{\sqrt{6^2}}\right)>0.99.$

查表得 $\Phi(2.33)=0.990\,1>0.99$,所以 $h=170+13.98\approx184$(cm).

因此要使男子与车门碰头机会在 0.01 以下,车门高度至少为 184 cm.

习题 11-6

1.据统计有 20%的美国人没有任何健康保险,现任意抽查 15 个美国人,以 X 表示 15 个人中无任何健康保险的人数(设每个人是否有健康保险相互独立).问 X 服从什么分布?写出分布律,并求下列情况下无任何健康保险的概率:(1)恰有 3 人;(2)至少有 2 人;(3)不少于 1 人且不多于 3 人;(4)多于 5 人.

2.一本 500 页的书,共有 500 个错字,每个错字可能出现在每一页上,试求在指定一页上至少有三个错字的概率.

3.为保证设备的正常工作,需要配备适量的维修人员,设共有 300 台设备,每台设备的工作相互独立,发生故障的概率都是 0.01,若在通常情况下,一台设备的故障可以由一个人来处理,问:至少应配备多少维修人员,才能保证当设备发生故障时不能及时维修的概率小于 0.01?

4.修理某机器所需时间(单位:小时)服从参数为 $\lambda=\frac{1}{2}$的指数分布,试问:

(1)修理时间超过 2 小时的概率是多少?

(2)若已持续修理了 9 小时,总共需要至少 10 小时才能修好的条件概率是多少?

5.已知随机变量 $X \sim N(3,2^2)$,求:

(1)$P\{2<X\leqslant 5\}$; (2)$P\{-4<X\leqslant 10\}$; (3)$P\{|X|>2\}$; (4)$P\{|X|<3\}$;

(5)确定 C 值,使 $P\{X\geqslant C\}=P\{X<C\}$成立.

6.某元件寿命 X 服从参数为$\lambda=\dfrac{1}{1\ 000}$的指数分布,3 个这样的元件使用 1 000 小时后,都没有损坏的概率是多少?

7.某厂生产的电子管寿命 X(单位:小时)服从 $N(1\ 600,\sigma^2)$,若电子管寿命在 1 200 小时以上的概率不小于 0.96,求 σ 的值.

8.随机变量 $C\sim U(0,5)$,问 $4x^2+4Cx+C+2=0$ 的两个根均为实数的概率是多少?

11.7 随机变量函数的概率分布

在许多实际问题中,所考虑的随机变量常常依赖于另一个随机变量.例如要考虑一批球,其直径 X 和体积 Y 都是随机变量,其中球的直径可以较方便测量出来,而体积不易直接测量,但可由公式 $Y=\dfrac{\pi}{6}X^3$ 计算得到,那么我们关心的是,若我们已知这批球直径 X 的概率分布,能否得到其体积 Y 的概率分布呢?

一般地,设 X 为随机变量,$g(x)$为一元函数,且 X 的所有可能取值都落在 $g(x)$的定义域内,则 $Y=g(X)$也是一个随机变量,称为随机变量 X 的函数.在这一节我们将讨论如何由随机变量 X 的概率分布求得 $Y=g(X)$的概率分布.下面分别就离散型和连续型随机变量函数的分布进行讨论.

一、离散型随机变量函数的分布律

引例 设随机变量 X 的分布律为

X	-1	0	1	2
P	0.2	0.3	0.1	0.4

求 $Y=(X-1)^2$ 的分布律.

解 随机变量 Y 的所有可能取值为 0,1,4,且 Y 取每个值的概率分别为

$$P\{Y=0\}=P\{(X-1)^2=0\}=P\{X=1\}=0.1,$$

$$P\{Y=1\}=P\{(X-1)^2=1\}=P\{X=0\}+P\{X=2\}=0.7,$$

$$P\{Y=4\}=P\{(X-1)^2=4\}=P\{X=-1\}=0.2,$$

所以随机变量 Y 的分布律为

Y	0	1	4
P	0.1	0.7	0.2

所以说,对于离散型随机变量,如果知道了它的分布律,也就知道了该随机变量取值的

概率规律. 在这个意义上，我们说离散型随机变量由它的分布律唯一确定.

定义 11-21 一般地，设离散型随机变量 X 的分布律为

$$P\{X=x_k\}=p_k, k=1,2,\cdots,$$

记 $y_k=g(x_k)(k=1,2,\cdots)$. 如果函数值 y_k 互不相等，$Y=g(X)$ 的分布律为

$$P\{Y=y_k\}=p_k, k=1,2,\cdots.$$

如果函数值 $y_k(k=1,2,\cdots)$ 中有相等的情形，把 Y 取这些相等的数值的概率相加，作为 Y 取该值的概率，便可得到 $Y=g(X)$ 的分布律.

【例 1】 设随机变量 X 的分布律如下.

X	-2	-1	0	1	2
P	0.3	0.2	0.1	0.3	0.1

求：(1)$Y=2X+1$ 的分布律； (2)$Z=X^2$ 的分布律.

解 (1)当 X 取 $-2,-1,0,1,2$ 时，$Y=2X+1$ 分别取 $-3,-1,1,3,5$，其中没有相同的值，故 $Y=2X+1$ 的分布律如下：

Y	-3	-1	1	3	5
P	0.3	0.2	0.1	0.3	0.1

(2)当 X 取 $-2,-1,0,1,2$ 时，$Z=X^2$ 分别取 $4,1,0,1,4$，把其中相同的合并，同时将相应的概率加在一起，得 $Z=X^2$ 的分布律如下：

Z	4	1	0
P	0.4	0.5	0.1

二、连续型随机变量的函数的概率密度

连续型随机变量：随机变量所取的可能值可以连续地充满某个区间，叫作连续型随机变量. 连续型随机变量 X 所有可能取值充满一个区间，对连续型随机变量，不能像离散型随机变量那样，以指定它取每个值概率的方式，去给出其概率分布，而是通过给出所谓“概率密度函数”的方式来描述其概率分布.

【例 2】 设随机变量 X 的概率密度为

$$f_X(x)=\begin{cases}2x, & 0<x<1\\0, & \text{其他}\end{cases},$$

求随机变量 $Y=3X+1$ 的概率密度.

解 先求随机变量 Y 的分布函数 $F_Y(y)$.

$$F_Y(y)=P\{Y\leqslant y\}=P\{3X+1\leqslant y\}=P\left\{X\leqslant\frac{y-1}{3}\right\}=\int_{-\infty}^{\frac{y-1}{3}}f_X(x)\mathrm{d}x.$$

当 $y<1$ 时，$\dfrac{y-1}{3}<0$，$F_Y(y)=\displaystyle\int_{-\infty}^{\frac{y-1}{3}}0\mathrm{d}x=0$；

当 $1\leqslant y<4$ 时，$0\leqslant\dfrac{y-1}{3}<1$，$F_Y(y)=\displaystyle\int_{-\infty}^{0}0\mathrm{d}x+\int_{0}^{\frac{y-1}{3}}2x\,\mathrm{d}x=\frac{(y-1)^2}{9}$；

当 $y\geqslant 4$ 时，$\dfrac{y-1}{3}\geqslant 1$，$F_Y(y)=\displaystyle\int_{-\infty}^{0}0\mathrm{d}x+\int_{0}^{1}2x\,\mathrm{d}x+\int_{1}^{\frac{y-1}{3}}0\mathrm{d}x=1.$

综上所述，

$$F_Y(y)=\begin{cases}0, & y<1\\ \dfrac{(y-1)^2}{9}, & 1\leqslant y<4\\ 1, & y\geqslant 4\end{cases},$$

再由概率密度与分布函数的关系，知 Y 的概率密度为

$$f_Y(y)=F'_Y(y)=\begin{cases}\dfrac{2(y-1)}{9}, & 1<y<4\\ 0, & \text{其他}\end{cases}.$$

【例 3】 设随机变量 $X\sim N(0,1)$，求 $Y=X^2$ 的概率密度.

解 设随机变量 Y 的分布函数和概率密度分别为 $F_Y(y)$，$f_Y(y)$，则

$$F_Y(y)=P\{Y\leqslant y\}=P\{X^2\leqslant y\}$$

当 $y<0$ 时，$F_Y(y)=P\{X^2\leqslant y\}=0$；

当 $y\geqslant 0$ 时，$F_Y(y)=P\{X^2\leqslant y\}=P\{-\sqrt{y}\leqslant X\leqslant \sqrt{y}\}=\int_{-\sqrt{y}}^{\sqrt{y}}\varphi(x)\mathrm{d}x$.

于是随机变量 Y 的概率密度为

$$f_Y(y)=F'_Y(y)=\begin{cases}\dfrac{1}{2\sqrt{y}}[\varphi(\sqrt{y})+\varphi(-\sqrt{y})], & y>0\\ 0, & y\leqslant 0\end{cases}$$

$$=\begin{cases}\dfrac{1}{\sqrt{2\pi}}y^{-\frac{1}{2}}\mathrm{e}^{-\frac{y}{2}}, & y>0\\ 0, & y\leqslant 0\end{cases}.$$

从上面两个例子中我们看到，求连续型随机变量 $Y=g(X)$ 的概率密度，总是先求 $Y=g(X)$ 的分布函数，然后通过求导数得到 $Y=g(X)$ 的概率密度，这种方法称为分布函数法. 在计算过程中，关键的一步是从"$Y=g(X)\leqslant y$"中解出 X 应满足的不等式. 下面我们就 $g(x)$ 是严格单调函数的情形给出一般的结果.

定理 11-8 设随机变量 X 的取值范围为 (a,b)（可以是无穷区间），其概率密度为 $f_X(x)$，函数 $y=g(x)$ 是处处可导的严格单调函数，它的反函数为 $x=h(y)$，则随机变量 $Y=g(X)$ 的概率密度为

$$f_Y(y)=\begin{cases}f_X[h(y)]|h'(y)|, & \alpha<y<\beta\\ 0, & \text{其他}\end{cases}, \tag{11-7-1}$$

其中 $\alpha=\min\{g(a),g(b)\}$，$\beta=\max\{g(a),g(b)\}$.

【例 4】 设随机变量 $X\sim N(0,1)$，求 $Y=\mathrm{e}^X$ 的概率密度.

解 由题意，随机变量 X 的概率密度 $\varphi(x)=\dfrac{1}{\sqrt{2\pi}}\mathrm{e}^{-\frac{x^2}{2}}$，$-\infty<x<+\infty$，$y'=\mathrm{e}^x>0$，$y=\mathrm{e}^x$ 是单调增函数，反函数为 $x=\ln y\,(0<y<+\infty)$，且 $x'=\dfrac{1}{y}$，由此即得 Y 的概率密度为

$$f_Y(y)=\begin{cases}\varphi(\ln y)\left|\dfrac{1}{y}\right|, & 0<y<+\infty\\ 0, & 其他\end{cases},$$

$$f_Y(y)=\begin{cases}\dfrac{1}{\sqrt{2\pi}}e^{-\frac{(\ln y)^2}{2}}\dfrac{1}{y}, & 0<y<+\infty\\ 0, & 其他\end{cases}.$$

习题 11-7

1. 设 X 的分布律为

X	-2	-1	0	1	2
p	$\frac{1}{5}$	$\frac{1}{6}$	$\frac{1}{5}$	$\frac{1}{15}$	$\frac{11}{30}$

求:(1)$Y=1-X$ 的分布律; (2) $Y=X^2$ 的分布律.

2. 设 $X\sim N(0,1)$,试求:

(1)$Y=e^{-X}$ 的概率密度; (2)$Y=|X|$的概率密度.

3. 设对圆片直径进行测量,测量值 X 在 $[5,6]$ 上服从均匀分布,求圆片面积 Y 的概率密度.

4. 设随机变量 $X\sim f(x)=\begin{cases}2x, & x\in(0,1)\\ 0, & 其他\end{cases}$,求 $Y=e^{-X}$ 的概率密度.

11.8 随机变量的数字特征

一、随机变量的数学期望

上几节介绍了随机变量的分布函数,概率函数和分布律,它们都能完整地描述随机变量,但是在某些实际或理论问题中,人们往往感兴趣的只是某些能够描述随机变量的某一种特征常数.例如:一足球队的队员的球龄是随机变量,但观众往往关注的只是平均年龄;一个白领一年十二个月的收入是一个随机变量,但人们往往关注月平均收入.这种由随机变量的分布所确定的,能刻画随机变量某一方面的特征的常数称为数字特征.

数学期望实际上就是随机变量在某种意义上的平均数.我们先来讨论一个引例:

引例 国庆节某商场准备进行促销活动.如果在商场内进行促销活动,可获得收益 3 万元;若在商场外进行促销活动,那么如果没有遇到雨天可以获收益 12 万元,但如果遇到雨天则会导致经济损失 5 万元.而 9 月 30 日的天气预报称当地有雨的概率为 40%.综合以上信息,若您作为商场经理将会选择哪种促销方式?不妨我们做一分析计算,显然,在商场外进行促销活动的收益 X 是一个随机变量,其概率分布为

$$P\{X=12\}=0.6,P\{X=-5\}=0.4$$

★ 新编高等数学

要做出决策就要将此时的平均收益与在商场内进行促销的 3 万元进行比较.如何求此平均收益呢?这需要考虑 X 的每一个取值以及取该值的概率,即为

$$12\times0.6+(-5)\times0.4=5.2(\text{万元})$$

这个数据就是在商场外进行促销活动的平均收益,我们称其为随机变量 X 的数学期望,又称为均值.

解析:离散型随机变量的数学期望

1. 离散型随机变量的数学期望

定义 11-22 设离散型随机变量 X 的分布律为 $P\{X=x_k\},k=1,2,\cdots$;若级数 $\sum_{k=1}^{\infty}x_kp_k$ 绝对收敛,则称级数 $\sum_{k=1}^{\infty}x_kp_k$ 的和为随机变量 X 的数学期望,记为 $E(X)$.即

$$E(X)=\sum_{k=1}^{\infty}x_kp_k \tag{11-8-1}$$

数学期望简称**期望**,又或**均值**.

数学期望完全由随机变量 X 及其分布所确定,式(11-8-1)既是数学期望的定义式,同时也是数学期望的计算式.

【例 1】 设随机变量 $X\sim(0\text{-}1)$ 分布,易知:$E(X)=p$.

【例 2】 设随机变量 $X\sim B(n,p)$ 分布,求 $E(X)$.

解 $$E(X)=\sum_{k=0}^{n}x_kp_k=\sum_{k=0}^{n}kC_n^kp^k(1-p)^{n-k}=\sum_{k=1}^{n}k\frac{n!}{k!\ (n-k)!}p^k(1-p)^{n-k}$$
$$=np\sum_{k=1}^{n}C_{n-1}^{k-1}p^{k-1}(1-p)^{n-k}=np\sum_{k=0}^{n-1}C_{n-1}^{k}p^k(1-p)^{n-1-k}$$
$$=np[p+(1-p)]^{n-1}=np$$

所以得 $E(X)=np$.

【例 3】 设随机变量 $X\sim P(\lambda)$ 分布,求 $E(X)$.

解 $$E(X)=\sum_{k=0}^{\infty}kp_k=\sum_{k=0}^{\infty}k\frac{\lambda^k}{k!}e^{-\lambda}=\lambda e^{-\lambda}\sum_{k=1}^{\infty}\frac{\lambda^{k-1}}{(k-1)!}=\lambda e^{-\lambda}e^{\lambda}=\lambda$$

所以得 $E(X)=\lambda$.

2. 连续型随机变量的数学期望

定义 11-23 设连续型随机变量 X 的概率密度为 $f(x)$,若积分 $\int_{-\infty}^{+\infty}xf(x)dx$ 绝对收敛,则称积分 $\int_{-\infty}^{+\infty}xf(x)dx$ 的值为随机变量 X 的数学期望,记为 $E(X)$.即

$$E(X)=\int_{-\infty}^{+\infty}xf(x)dx \tag{11-8-2}$$

数学期望完全由随机变量 X 及其分布所确定,同样的,式(11-8-2)既是数学期望的定义式,同时也是数学期望的计算式.

【例 4】 设随机变量 $X\sim U(a,b)$ 分布,求 $E(X)$.

解 $$E(X)=\int_{-\infty}^{\infty}xf(x)dx=\int_a^b x\frac{1}{b-a}dx=\frac{a+b}{2}.$$

【例 5】 设随机变量 $X \sim E(\lambda)$ 分布，其概率密度为：

$$f(x)=\begin{cases}\lambda e^{-\lambda}, & x>0 \\ 0, & x \leqslant 0\end{cases}.$$ 其中 $\lambda>0$，求 $E(X)$.

解 $E(X)=\int_{-\infty}^{\infty} x f(x) \mathrm{d} x=\int_{0}^{\infty} \lambda x e^{-\lambda x} \mathrm{d} x=-x e^{-\lambda x}\Big|_{0}^{\infty}+\int_{0}^{\infty} e^{-\lambda x} \mathrm{d} x=\frac{1}{\lambda}$

【例 6】 设随机变量 $X \sim N(\mu, \sigma^{2})$ 分布，求 $E(X)$.

解 $E(X)=\int_{-\infty}^{\infty} x f(x) \mathrm{d} x=\int_{-\infty}^{\infty} x \frac{1}{\sqrt{2 \pi} \sigma} e^{-\frac{(x-\mu)^{2}}{2 \sigma^{2}}} \mathrm{d} x$

令 $z=\frac{x-\mu}{\sigma}$，则：

$$E(X)=\frac{1}{\sqrt{2 \pi}} \int_{-\infty}^{\infty}(\sigma z+\mu) e^{-\frac{z^{2}}{2}} \mathrm{d} z=\frac{\sigma}{\sqrt{2 \pi}} \int_{-\infty}^{\infty} z e^{-\frac{z^{2}}{2}} \mathrm{d} z+\frac{\mu}{\sqrt{2 \pi}} \int_{-\infty}^{\infty} e^{-\frac{z^{2}}{2}} \mathrm{d} z=\mu .$$

由此可知，正态分布 $N(\mu, \sigma^{2})$ 中的参数 μ，恰是服从正态分布的随机变量的数学期望.

3. 随机变量函数的数学期望

定理 11-9 设离散型随机变量 X 的分布律为 $P\{X=x_{k}\}(k=1,2,\cdots)$，$g(x)$ 是实值连续函数，且级数 $\sum_{k=1}^{\infty} g(x_{k}) p_{k}$ 绝对收敛，则随机变量函数 $g(X)$ 的数学期望为

$$E[g(X)]=\sum_{k=1}^{\infty} g(x_{k}) p_{k}. \tag{11-8-3}$$

定理 11-10 设连续型随机变量 X 的概率密度为 $f(x)$，$g(x)$ 是实值连续函数，且积分 $\int_{-\infty}^{\infty} g(x) f(x) \mathrm{d} x$ 绝对收敛，则随机变量函数 $g(X)$ 的数学期望为

$$E[g(X)]=\int_{-\infty}^{\infty} g(x) f(x) \mathrm{d} x. \tag{11-8-4}$$

【例 7】 设随机变量 X 的分布律为

X	-1	0	1
P	$\frac{1}{2}$	$\frac{3}{8}$	$\frac{1}{8}$

求随机变量函数 $Y=X^{2}$ 的数学期望.

解

Y	0	1
P	$\frac{3}{8}$	$\frac{5}{8}$

由式(11-8-3)知，$E(Y)=0 \times \frac{3}{8}+1 \times \frac{5}{8}=\frac{5}{8}$.

【例 8】 对圆的直径做近似测量，设其测量值 $X \sim U(0,2)$，求圆面积的数学期望.

解 记圆面积为 S，则 $S=\frac{\pi}{4} X^{2}$. 又由已知 X 的概率密度为：

$$f(x)=\begin{cases}\frac{1}{2}, & 0<x<2 \\ 0, & \text{其他}\end{cases}$$

则由式(11-8-4)有：

$$E(S)=E\left(\frac{\pi}{4}X^2\right)=\int_{-\infty}^{\infty}\frac{\pi}{4}x^2 f(x)\mathrm{d}x=\int_0^2\frac{\pi}{4}x^2\frac{1}{2}\mathrm{d}x=\frac{\pi}{3}$$

4. 数学期望的性质

性质 1 设 C 是常数，则 $E(C)=C$；

性质 2 若 k 是常数，则 $E(kX)=kE(X)$；

性质 3 $E(X_1+X_2)=E(X_1)+E(X_2)$；

性质 3 可以推广到有限个随机变量情况，即 $E\left[\sum\limits_{i=1}^{n}X_i\right]=\sum\limits_{i=1}^{n}E(X_i)$.

【例 9】 设随机变量 $X\sim B(n,p)$分布，求 $E(X)$.

解 设随机变量 X_i，$\{X_i=1\}$指第 i 次试验中事件 A 发生，$\{X_i=0\}$指第 i 次试验中事件 A 不发生，$i=1,2,\cdots,n$，其中 $P(A)=p$，由例 1 可知，$E(X_i)=p$，所以

$$E(X)=E(X_1+X_2+\cdots+X_n)=E(X_1)+E(X_2)+\cdots+E(X_n)=np$$

这种做法比例 2 的做法简便很多.

解析：方差

二、方差

先从例子说起.例如，有一批灯泡，知其平均寿命是 $E(X)=1\ 000$ (小时).仅由这一指标我们还不能判定这批灯泡的质量好坏.事实上，有可能其中绝大部分灯泡的寿命都在 950～1 050 小时；也有可能其中约有一半是高质量的，它们的寿命大约有 1 300 小时，另一半却是质量很差的，其寿命大约只有 700 小时.要评定这批灯泡质量的好坏，还需进一步考察灯泡寿命 X 与其均值 $E(X)=1\ 000$ 的偏离程度.若偏离程度较小，表示质量比较稳定，从这个意义上来说，我们认为质量较好.前面也曾提到一个白领一年十二个月的收入是一个随机变量，但人们往往关注月平均收入，但两份月平均收入相同的工作，哪份工作会更好呢？这个时候就要考虑每个月实际收入和平均收入的偏离程度.由此可见，研究随机变量与其均值的偏离程度是十分必要的.那么，用怎样的方法去度量这个偏离程度呢？容易看到

$$E\{|X-E(X)|\}$$

能度量随机变量 X 与其均值 $E(X)$的偏离程度.但由于上式带有绝对值，计算不便，所以，通常用 $E\{[X-E(X)]^2\}$来度量随机变量 X 与其均值 $E(X)$的偏离程度.

1. 方差的定义

定义 11-24 设 X 是一个随机变量，若 $E\{[X-E(X)]^2\}$存在，则称 $E\{[X-E(X)]^2\}$为 X 的方差，记为 $D(X)$或 $\mathrm{Var}(x)$，即

$$D(X)=\mathrm{Var}(X)=E\{[X-E(X)]^2\} \tag{11-8-5}$$

在应用上还引入量$\sqrt{D(X)}$，记为 $\sigma(x)$，称为**标准差或均方差**.

由定义知，$D(X)$描述了随机变量 X 与其期望 $E(X)$的偏离程度.$D(X)$越小，说明 X 的取值越集中；反之，$D(X)$越大，X 的取值越分散.$\sqrt{D(X)}$同样也描述了随机变量 X 的偏离程度.

若 X 为离散型随机变量，其分布律为：$P\{X=x_k\}$，$k=1,2,\cdots$，则由式(11-8-5)有：

$$D(X)=\sum_{k=1}^{\infty}(x_k-E(X))^2 p_k \tag{11-8-6}$$

若 X 为连续型随机变量，其概率密度为 $f(x)$，则由式(11-8-5)有：

$$D(X)=\int_{-\infty}^{\infty}(x-E(X))^2 f(x)\mathrm{d}x \tag{11-8-7}$$

随机变量 X 的方差可以按以下公式计算：

$$D(X)=E(X^2)-[E(X)]^2 \tag{11-8-8}$$

证明 由数学期望的性质可知：

$$\begin{aligned}D(X)&=E\{[X-E(X)]^2\}=E\{X^2-2XE(X)+[E(X)]^2\}\\&=E(X^2)-2E(X)E(X)+[E(X)]^2=E(X^2)-[E(X)]^2.\end{aligned}$$

【例 10】 设随机变量 $X\sim$(0-1)分布，求 $D(X)$.

解 因为 $X\sim$(0-1)，所以 $E(X)=p$. 又

$$E(X^2)=0\cdot(1-p)+1^2\cdot p=p,$$

所以 $D(X)=E(X^2)-[E(X)]^2=p-p^2=p(1-p)$.

【例 11】 设随机变量 $X\sim P(\lambda)$分布，求 $D(X)$.

解 因为 $X\sim P(\lambda)$，所以 $E(X)=\lambda$，又

$$\begin{aligned}E(X^2)&=\sum_{k=0}^{\infty}k^2 p_k=\sum_{k=0}^{\infty}k^2\frac{\lambda^k}{k!}\mathrm{e}^{-\lambda}=\sum_{k=0}^{\infty}(k^2-k)\frac{\lambda^k}{k!}\mathrm{e}^{-\lambda}+\sum_{k=0}^{\infty}k\frac{\lambda^k}{k!}\mathrm{e}^{-\lambda}\\&=\sum_{k=0}^{\infty}k(k-1)\frac{\lambda^k}{k!}\mathrm{e}^{-\lambda}+E(X)=\lambda^2\sum_{k=2}^{\infty}\frac{\lambda^{k-2}}{(k-2)!}\mathrm{e}^{-\lambda}+\lambda=\lambda^2+\lambda,\end{aligned}$$

所以 $D(X)=E(X^2)-[E(X)]^2=\lambda^2+\lambda-\lambda^2=\lambda$.

由此可见，泊松分布中的参数 λ，即是服从泊松分布的随机变量的数学期望，又是该随机变量的方差.

【例 12】 设随机变量 $X\sim U(a,b)$，求 $D(X)$.

解 因为 $X\sim U(a,b)$，所以 $E(X)=\dfrac{a+b}{2}$. 又

$$E(X^2)=\int_a^b x^2\frac{1}{b-a}\mathrm{d}x=\frac{a^2+ab+b^2}{3},$$

所以

$$D(X)=E(X^2)-[E(X)]^2=\frac{(b-a)^2}{12}.$$

【例 13】 设随机变量 X 服从指数分布，其概率密度为

$$f(x)=\begin{cases}\lambda\mathrm{e}^{-\lambda}, & x>0\\0, & x\leqslant 0\end{cases}.$$

其中 $\lambda>0$，求 $D(X)$.

解 因为随机变量 X 服从指数分布，所以 $E(X)=\dfrac{1}{\lambda}$，又

$$\begin{aligned}E(X^2)&=\int_{-\infty}^{\infty}x^2 f(x)\mathrm{d}x=\int_0^{\infty}x^2\lambda\mathrm{e}^{-\lambda x}\mathrm{d}x=-\int_0^{\infty}x^2\mathrm{d}\mathrm{e}^{-\lambda x}\\&=-x^2\mathrm{e}^{-\lambda x}\Big|_0^{\infty}+\int_0^{\infty}2x\mathrm{e}^{-\lambda x}\mathrm{d}x=-\frac{2}{\lambda}\int_0^{\infty}xd\mathrm{e}^{-\lambda x}\end{aligned}$$

$$=-\frac{2}{\lambda}\left((x\mathrm{e}^{-\lambda x})\Big|_0^{\infty}-\int_0^{\infty}\mathrm{e}^{-\lambda x}\mathrm{d}x\right)=\frac{2}{\lambda^2},$$

所以 $D(X)=E(X^2)-[E(X)]^2=\frac{1}{\lambda^2}$.

【例 14】 设随机变量 $X\sim N(\mu,\sigma^2)$，求 $D(X)$.

解 因为 $X\sim N(\mu,\sigma^2)$ ，所以 $E(X)=\mu$. 有

$$D(X)=\int_{-\infty}^{\infty}(x-E(X))^2 f(x)\mathrm{d}x=\int_{-\infty}^{\infty}(x-\mu)^2\cdot\frac{1}{\sqrt{2\pi}\sigma}\mathrm{e}^{\frac{-(x-\mu)^2}{2\sigma^2}}\mathrm{d}x,$$

令 $\frac{x-\mu}{\sigma}=t$，则 $D(X)=\frac{\sigma^2}{\sqrt{2\pi}}\int_{-\infty}^{\infty}t^2\mathrm{e}^{\frac{-t^2}{2}}\mathrm{d}t=\sigma^2$.

正态分布 $N(\mu,\sigma^2)$ 中的参数 μ，是服从正态分布的随机变量的数学期望. 正态分布 $N(\mu,\sigma^2)$ 中的另一个参数 σ^2，就是服从正态分布的随机变量的方差.

2. 方差的性质

假设以下讨论的随机变量的方差均存在，则随机变量的方差具有下列一些性质：

性质 1 设随机变量 X，则对于任意常数 a,b，有

$$D(aX+b)=a^2D(X) \tag{11-8-9}$$

证明
$$\begin{aligned}D(aX+b)&=E\{[aX+b-E(aX+b)]^2\}\\&=E\{[aX+b-aE(X)-b]^2\}\\&=E\{a^2[X-E(X)]^2\}\\&=a^2E\{[X-E(X)]^2\}\\&=a^2D(X)\end{aligned}$$

推论 1 设 b 为常数，则 $D(b)=0$，即常数的方差为 0.

推论 2 设 X 为随机变量，a 为常数，则 $D(aX)=a^2D(X)$.

推论 3 设 X 为随机变量，则 $D(X)=D(-X)$，即 X 与 $-X$ 的方差相同.

性质 2 设 X,Y 为相互独立的随机变量，则有

$$D(X+Y)=D(X)+D(Y) \tag{11-8-10}$$

推论 1 X,Y 为相互独立的随机变量，a,b 为任意常数，有

$$D(aX+bY)=a^2D(X)+b^2D(Y)$$

特别地，
$$D(X-Y)=D(X)+D(Y).$$

推论 2 $X_1,X_2,\cdots,X_n$ 为 n 个相互独立的随机变量，$a_1,a_2,\cdots,a_n$ 为任意常数，则有

$$D\left(\sum_{i=1}^{n}a_iX_i\right)=\sum_{i=1}^{n}a_i^2D(X_i)$$

【例 15】 设随机变量 $X\sim B(n,p)$，求 $D(X)$.

解 设 $X=X_1+X_2+\cdots+X_n$，其中 $X_1,X_2,\cdots,X_n$ 为 n 个相互独立的随机变量. 且 $X_k(k=1,2,\cdots,n)$ 服从(0-1)分布. 又

$$D(X_k)=p(1-p),$$

所以 $D(X)=D(X_1)+D(X_2)+\cdots+D(X_n)=np(1-p)$.

【例 16】 设随机变量 X，$E(X)=\mu$，$D(X)=\sigma^2$，称 $Y=\frac{X-\mu}{\sigma}$ 为 X 的标准化变量. 证

明：$E(Y)=0, D(Y)=1$.

证明 $E(Y)=E\left(\frac{X-\mu}{\sigma}\right)=\frac{1}{\sigma}E(X-\mu)=0$；

$$D(Y)=E(Y^2)-[E(Y)]^2=E(Y^2)=E\left(\frac{X-\mu}{\sigma}\right)^2=\frac{1}{\sigma^2}E(X-\mu)^2$$

$$=\frac{1}{\sigma^2}E(X^2-2\mu X+\mu^2)=\frac{1}{\sigma^2}[E(X^2)-2\mu E(X)+\mu^2]$$

$$=\frac{1}{\sigma^2}\{D(X)-[E(X)]^2+\mu^2\}=\frac{1}{\sigma^2}\cdot\sigma^2=1,$$

标准化变量是一种无量纲的随机变量，这有助于简化很多计算.

【例17】 $X_1, X_2, \cdots, X_n$ 为n个相互独立的随机变量，$E(X_i)=\mu, D(X_i)=\sigma^2, i=0,1,2\cdots,n$，令$\overline{X}=\frac{1}{n}\sum_{i=1}^{n}X_i$，求 $E(\overline{X}), D(\overline{X})$.

解 由期望和方差的性质有：

$$E(\overline{X})=E\left(\frac{1}{n}\sum_{i=1}^{n}X_i\right)=\frac{1}{n}\sum_{i=1}^{n}E(X_i)=\frac{1}{n}n\mu=\mu,$$

$$D(\overline{X})=D\left(\frac{1}{n}\sum_{i=1}^{n}X_i\right)=\frac{1}{n^2}\sum_{i=1}^{n}D(X_i)=\frac{1}{n^2}n\sigma^2=\frac{\sigma^2}{n}.$$

某些常见分布的数学期望和方差见表11-8-1，希望读者熟记，将来可以直接使用其中的结论.

表11-8-1　　几种常见分布的数学期望与方差

分布名称及记号	参数	分布律或概率密度	数学期望	方差
(0-1)分布	$0<p<1$	$p\{X=k\}=p^k(1-p)^{1-k}$ $k=0,1$	p	$p(1-p)$
二项分布 $B(n,p)$	$0<p<1$ $n\geqslant 1$	$p\{X=k\}=C_n^k p^k(1-p)^{n-k}$ $k=0,1,2,\cdots$	np	$np(1-p)$
泊松分布 $P(\lambda)$	$\lambda>0$	$p\{X=k\}=e^{-\lambda}\frac{\lambda^k}{k!}$ $k=0,1,\cdots,n$	λ	λ
均匀分布 $U(a,b)$	$a<b$	$f(x)=\begin{cases}\frac{1}{b-a} & a<x<b\\ 0 & \text{其他}\end{cases}$	$\frac{a+b}{2}$	$\frac{(b-a)^2}{12}$
指数分布 $E(\lambda)$	$\lambda>0$	$f(x)=\begin{cases}\lambda e^{-\lambda x} & x>0\\ 0 & x\leqslant 0\end{cases}$	$\frac{1}{\lambda}$	$\frac{1}{\lambda^2}$
正态分布 $N(\mu,\sigma^2)$	$\mu,\sigma>0$	$f(x)=\frac{1}{\sqrt{2\pi}\sigma}e^{-\frac{(x-\mu)^2}{2\sigma^2}}$ $-\infty<x<+\infty$	μ	σ^2

习题 11-8

1. 设随机变量 X 的分布律为

X	-2	0	2
p_k	0.3	0.4	0.3

求 $E(X)$,$E(X^2)$,$E(3X^2+5)$.

2. 已知 100 个产品中有 10 个次品,求任意取出的 5 个产品中次品数的期望值.

3. 某产品的次品率为 0.1,检验员每天检验 4 次,每次随机地取得 10 件产品进行检验,如发现其中的次品数多于 1,就去调整设备. 以 X 表示一天中调整设备的次数,试求 $E(X)$.(设各产品是否为次品是相互独立的)

4. 连续型随机变量 ξ 的概率密度为 $\varphi(x)=\begin{cases} kx^a & 0<x<1 \\ 0 & \text{others} \end{cases}$,$(k,a>0)$,又已知 $E(\xi)=0.75$,求 k 和 a 的值.

5. 设某动物的寿命为 X(以年记)是一个随机变量,其分布函数为

$$F(x)=\begin{cases} 0 & x\leqslant 5 \\ 1-\dfrac{25}{x^2} & x>5 \end{cases},$$

求这种动物的平均寿命.

6. 某公司生产的篮球直径服从均匀分布 $U(0,a)$,求篮球体积的数学期望.

7. 设 X 的分布律为

X	-1	0	$\frac{1}{2}$	2
P	$\frac{1}{3}$	$\frac{1}{6}$	$\frac{1}{6}$	$\frac{1}{3}$

求(1)$D(X)$; (2)$D(-X+4)$;

8. 设随机变量 $X\sim B(n,p)$,$E(X)=2.4$,$D(X)=1.44$,求 n 和 p.

9. 设随机变量 X 的概率密度 $f(x)=\begin{cases} \dfrac{1}{\pi\sqrt{1-x^2}}, & |x|<1 \\ 0, & \text{其他} \end{cases}$,求 $E(X)$,$D(X)$.

10. 设随机变量 X_1,X_2,X_3,X_4 相互独立,且有 $E(X_i)=i$,$D(X_i)=5-i$,其中 $i=1,2,3,4$,设 $Y=2X_1-X_2+3X_3-\frac{1}{2}X_4$,求 $E(X)$,$D(X)$.

11. 一个羽毛球的质量是随机变量,期望值为 10 g,标准差为 1 g. 100 个一箱的同型号羽毛球质量的期望值和标准差为多少?(设每个羽毛球质量不受其他羽毛球影响)

12. 设灯管使用寿命 X 服从指数分布,且其平均使用寿命为 3 000 小时. 现有 10 只这样的灯管(并联)每天工作 4 小时,求 150 天内这 10 只灯管

(1)需要更换灯管的概率; (2)平均有几只需要更换; (3)需要更换灯管数的方差.

11.9 大数定律及中心极限定理

极限定理是概率论的基本理论，在理论研究和应用中起着重要的作用，其中最重要的是被称为“大数定律”与“中心极限定理”的一些定理. 大数定律描述了随机变量序列的前一些项的算术平均值按某种前置条件下收敛于这些项所希望的平均值；中心极限定理则是确定在什么条件下，大量随机变量之和的概率分布近似于正态分布. 本节仅就这些定理的一些最基本的内容进行简要介绍.

一、切比雪夫不等式

定义 11-25（切比雪夫不等式） 设随机变量 X 具有有限数学期望 $E(X)=\mu$ 和方差 $D(X)=\sigma^2$，则对于任意的正数 $\varepsilon>0$，有 $P\{|X-\mu|\geqslant\varepsilon\}\leqslant\frac{\sigma^2}{\varepsilon^2}$，即

$$P\{|X-\mu|<\varepsilon\}\geqslant1-\frac{\sigma^2}{\varepsilon^2} \tag{11-9-1}$$

证明 $$P\{|X-\mu|\geqslant\varepsilon\}=\int_{|x-\mu|\geqslant\varepsilon}f(x)\mathrm{d}x\leqslant\int_{|x-\mu|\geqslant\varepsilon}\frac{(x-\mu)^2}{\varepsilon^2}f(x)\mathrm{d}x$$

$$\leqslant\frac{1}{\varepsilon^2}\int_{-\infty}^{\infty}[x-E(X)]^2f(x)\mathrm{d}x=\frac{D(X)}{\varepsilon^2}=\frac{\sigma^2}{\varepsilon^2}$$

即 $P\{|X-\mu|<\varepsilon\}\geqslant1-\frac{\sigma^2}{\varepsilon^2}$.

推论 $D(X)=0$ 的充要条件是随机变量 X 依概率 1 取常数 $C=E(X)$，即 $P[X=E(X)]=1$.

从切比雪夫不等式还可以看出，当方差越小时，事件 $\{|X-E(X)|\geqslant\varepsilon\}$ 发生的概率也越小，这表明随机变量 X 的取值也就越集中在其“中心”$E(X)$的附近. 可见，方差的确是刻画随机变量 X 取值集中程度的一个量.

【例 1】 设 X 为随机变量，且 $E(X)=\mu$，$D(X)=\sigma^2$，试用切比雪夫不等式估计 $P\{|X-\mu|\geqslant3\sigma\}$.

解 由切比雪夫不等式有

$$P\{|X-\mu|\geqslant3\sigma\}\leqslant\frac{D(X)}{(3\sigma)^2}=\frac{\sigma^2}{9\sigma^2}=\frac{1}{9}\approx0.111$$

由本例题可得，不论随机变量 X 的分布如何，X 的取值基本上与数学期望的偏离程度都控制在 3 倍方差的区间内. 这是前面所学习的正态分布“3σ 原则”的一个推广.

二、大数定律

大量试验证实，随机事件 A 发生的频率 $f_n(A)=\frac{n_A}{n}$，当重复试验的次数 n 增大时总会稳定在某一个常数的附近. 这个常数就称为随机事件 A 发生的概率. 频率的稳定性是概率

定义的客观基础.接下来我们将对频率的稳定性做出理论的说明.

定义 11-26　切比雪夫大数定律(研究算术平均值的稳定性)　设 $X_1,X_2,\cdots,X_n$ 是相互独立同分布的随机变量序列,且具有相同的有限数学期望与方差,即 $E(X_k)=\mu,D(X_k)=\sigma^2(k=1,2,\cdots)$,则对于任意 $\varepsilon>0$,有

$$\lim_{n\to\infty}P\left\{\left|\frac{1}{n}\sum_{x=1}^{n}X_k-\mu\right|<\varepsilon\right\}=1 \tag{11-9-2}$$

证明　因为

$$E\left(\frac{1}{n}\sum_{k=1}^{n}X_k\right)=\frac{1}{n}\sum_{k=1}^{n}E(X_k)=\frac{1}{n}(n\mu)=\mu$$

又由独立性得

$$D\left(\frac{1}{n}\sum_{k=1}^{n}X_k\right)=\frac{1}{n^2}\sum_{k=1}^{n}D(X_k)=\frac{1}{n^2}(n\sigma^2)=\frac{\sigma^2}{n},$$

由切比雪夫不等式得

$$1\geqslant P\left\{\left|\frac{1}{n}\sum_{k=1}^{n}X_k-\mu\right|<\varepsilon\right\}\geqslant 1-\frac{\sigma^2/n}{\varepsilon^2}.$$

在上式中令 $n\to\infty$,即得

$$\lim_{n\to\infty}P\left\{\left|\frac{1}{n}\sum_{k=1}^{n}X_k-\mu\right|<\varepsilon\right\}=1.$$

$\left\{\left|\frac{1}{n}\sum_{k=1}^{n}X_k-\mu\right|<\varepsilon\right\}$ 是一个随机事件.式(11-9-2)表明,当 $n\to\infty$ 时,这个事件的概率趋于1,即对于任意正数 ε,当 n 充分大时,不等式 $\left|\frac{1}{n}\sum_{k=1}^{n}X_k-\mu\right|<\varepsilon$ 成立的概率很大,通俗地说,切比雪夫大数定律是说,对于独立同分布且具有均值 μ 的随机变量 $X_1,X_2,\cdots,X_n$,当 n 很大时它们的算术平均 $\frac{1}{n}\sum_{k=1}^{n}X_k$ 很可能接近于 μ.

定义 11-27(伯努利大数定律)　设 f_A 是 n 次独立重复试验中事件 A 发生的次数,p 是事件 A 在每次试验中发生的概率,则对于任意正数 $\varepsilon>0$,有

$$\lim_{n\to\infty}P\left\{\left|\frac{f_A}{n}-p\right|<\varepsilon\right\}=1.$$

伯努利大数定律的结果表明,对于任意 $\varepsilon>0$,只要重复独立试验的次数 n 充分大,事件 $\left\{\left|\frac{f_A}{n}-p\right|<\varepsilon\right\}$ 实际上几乎是必定要发生的,亦即对于给定的任意小的正数 ε,在 n 充分大时,事件"频率 $\frac{f_A}{n}$ 与概率 p 的偏差小于 ε"实际上几乎是必定要发生的.这就是我们所说的频率稳定性的真正含义.由实际推断原理,在实际应用中,当试验次数很大时,便可以用事件的频率来代替事件的概率.

解析:中心极限定理

三、中心极限定理

正态分布是一种十分常见的分布,在现实生活中有大量的实例符合正态分布.那为什么

正态分布会具有如此特别的重要性呢？由大量的实际操作经验表明，当许许多多微小的彼此没有什么相依关系的偶然因素共同作用的结果必然导致正态分布. 例如，影响某大学学生的成绩的分布的因素有很多，比如：学生的情绪波动，学生的健康，考卷印刷清晰程度，考试当天天气情况，等等. 但其中每一个因素在总的影响中所起的作用都是微小的. 然而学生成绩的分布往往呈现近似正态分布. 为了说明这种现实结果，在概率论中把研究在什么条件下，大量独立的随机变量和的分布以正态分布为极限的这一类定理称为——**中心极限定理**.

以下仅介绍两个常用的中心极限定理.

定理 11-11(列维-林德伯格中心极限定理)　设随机变量 $X_1,X_2,\cdots,X_n$ 相互独立且服从同一分布，具有有限的数学期望和方差：$E(X_k)=\mu,D(X_k)=\sigma^2>0,(k=1,2,\cdots)$，则随机变量之和 $\sum\limits_{k=1}^{n}X_k$ 的标准化变量

$$Y_n=\frac{\sum\limits_{k=1}^{n}X_k-E\left(\sum\limits_{k=1}^{n}X_k\right)}{\sqrt{D\left(\sum\limits_{k=1}^{n}X_k\right)}}=\frac{\sum\limits_{k=1}^{n}X_k-n\mu}{\sqrt{n}\sigma}$$

的分布函数 $F_n(x)$ 对于任意 x 满足

$$\begin{aligned}\lim_{n\to\infty}F_n(x)&=\lim_{n\to\infty}P\left\{\frac{\sum\limits_{k=1}^{n}X_k-n\mu}{\sqrt{n}\sigma}\leqslant x\right\}\\&=\int_{-\infty}^{x}\frac{1}{\sqrt{2\pi}}e^{\frac{-t^2}{2}}\mathrm{d}t=\Phi(x)\end{aligned}\tag{11-9-3}$$

这就是说，均值为 μ，方差为 $\sigma^2>0$ 的独立同分布的随机变量 $X_1,X_2,\cdots,X_n$ 之和 $\sum\limits_{k=1}^{n}X_k$ 的标准化变量，当 n 充分大时，有

$$\frac{\sum\limits_{k=1}^{n}X_k-n\mu}{\sqrt{n}\sigma}\sim N(0,1),$$

或者可以表示为，当 n 充分大时，

$$\sum_{k=1}^{n}X_k\overset{\text{近似}}{\sim}N(n\mu,n\sigma^2),$$

$$\overline{X}=\frac{1}{n}\sum_{k=1}^{n}X_k\overset{\text{近似}}{\sim}N\left(\mu,\frac{\sigma^2}{n}\right).$$

将定理 11-11 应用到 n 重伯努利试验，设

$$X_i=\begin{cases}1 & \text{第 } i \text{ 次试验中事件 } A \text{ 出现}\\0 & \text{第 } i \text{ 次试验中事件 } A \text{ 不出现}\end{cases}$$

其中 $P(X_i=1)=p,0<p<1,i=1,2,\cdots,n$

则
$$\eta_n=\sum_{i=1}^{n}X_i\sim B(n,p).$$

定理 11-12(棣莫弗 - 拉普拉斯中心极限定理)　设随机变量 $\eta_n(n=1,2,\cdots)$ 服从参数

为 $n,p(0<p<1)$ 的二项分布. 则对于任意 x，有

$$\lim_{n\to\infty}P\left\{\frac{\eta_n-np}{\sqrt{np(1-p)}}\leqslant x\right\}=\int_{-\infty}^{x}\frac{1}{\sqrt{2\pi}}e^{\frac{-t^2}{2}}dt=\Phi(x) \qquad (11\text{-}9\text{-}4)$$

定理 11-12 说明，当 n 充分大的时候，可以用式 (11-9-4) 来近似计算二项分布的概率. 实际上，定理 11-12 可以写成如下更实用的形式：当 n 充分大时，

$$\frac{\eta_n-np}{\sqrt{np(1-p)}}\xrightarrow{\text{近似}}N(0,1),$$

或者可以表示为，当 n 充分大时，

$$\eta_n\xrightarrow{\text{近似}}N(np,np(1-p)).$$

【例 2】 某大学举行篮球三分球大赛，总共有 100 名男生参加，每名男生投篮若干次，其在比赛中投篮命中的次数为一个随机变量，其数学期望是 2，方差是 1.69，求这 100 名男生参加完比赛后，总共投篮命中 180 次到 220 次的概率.

解 设每名男生投篮命中次数为 X_i，则 100 名男生总共投篮命中次数为 $Y=\sum_{i=1}^{100}X_i$，

$$E(X_i)=2,D(X_i)=1.69,$$

则

$$E(Y)=E\left(\sum_{i=1}^{100}X_i\right)=200,D(Y)=D\left(\sum_{i=1}^{100}X_i\right)=169,$$

由列维-林德伯格中心极限定理，知 $Y\xrightarrow{\text{近似}}N(200,169)$，

于是

$$\begin{aligned}P\{180\leqslant Y\leqslant 220\}&=p\left\{\frac{180-200}{\sqrt{169}}\leqslant\frac{Y-200}{\sqrt{169}}\leqslant\frac{220-200}{\sqrt{169}}\right\}\\&\approx\Phi\left(\frac{220-200}{\sqrt{169}}\right)-\Phi\left(\frac{180-200}{\sqrt{169}}\right)\\&=2\Phi(1.538)-1\approx 0.875\ 9.\end{aligned}$$

【例 3】 某学生开了家网店，店内有 120 件相互无关的商品. 若每件商品在一个小时内平均每 3 分钟就有一个顾客点击查看，问：

(1)在任一时刻至少有 10 名顾客点击查看店内商品的概率；

(2)在任一时刻有 8 到 10 名顾客点击查看店内商品的概率.

解 (1)设在任一时刻，访问店内商品的顾客数为 X，易知 $X\sim B\left(120,\frac{1}{20}\right)$，则

$$E(X)=6,D(X)=5.7,$$

由棣莫弗-拉普拉斯中心极限定理，知

$$X\xrightarrow{\text{近似}}N(6,5.7)$$

于是

$$\begin{aligned}P\{X\geqslant 10\}&=1-P\{0\leqslant X<10\}\\&\approx 1-P\left\{\frac{0-6}{\sqrt{5.7}}\leqslant\frac{X-6}{\sqrt{5.7}}\leqslant\frac{10-6}{\sqrt{5.7}}\right\}\\&=1-[\Phi(1.68)-\Phi(-2.51)]=0.052\ 5;\end{aligned}$$

(2) $P\{8\leqslant X\leqslant 10\}\approx P\left\{\frac{8-6}{\sqrt{5.7}}\leqslant\frac{X-6}{\sqrt{5.7}}\leqslant\frac{10-6}{\sqrt{5.7}}\right\}$

$=\Phi(1.68)-\Phi(0.84)=0.154.$

习题 11-9

1. 已知每毫升成人血液中平均含有 7 300 个淋巴细胞，均方差是 700. 利用切比雪夫不等式估计每毫升血液存在 5 200～9 400 个淋巴细胞的概率.

2. 设面包房烤制出来的面包的质量是随机变量，并且它们相互独立，且服从相同的分布，其数学期望是 0.5 kg，均方差是 0.1 kg，问 5 000 个面包的总质量大于 2 510 kg 的概率.

3. 北京奥运会吸引了大批海内外游客到北京旅游. 现在假设在北京开一家餐馆，每天接待顾客 400 名，设每位顾客消费服从 [20,100] 的均匀分布，顾客的消费是各自独立的，试求 (1) 该餐厅日平均营业额；(2) 日营业额在平均营业额上下不超过 760(元) 的概率.

4. 设某个局域网有 120 个节点，每个节点有 5% 的概率有数据通过. 若每个节点之间是相互独立的，试求同一个时间段，有不少于 10 个节点有数据传输的概率.

5. 编写一段程序实现一个游戏. 整个程序分成 100 个互相独立的程序包，每个程序包在编写过程中出现 BUG 的概率为 0.1. 若游戏可以运行，至少需要调用 85 个程序包，求游戏可以正常运行的概率.

6. 甲、乙两电影院在竞争 1 000 名观众. 假设每个观众任选一个电影院且观众间的选择彼此独立，问每个电影院至少要设多少个座位，才能保证因缺少座位而使观众离去的概率小于 1%.

复习题 11

一、单项选择题

1. 设 $\Omega=\{1,2,\cdots,10\}$，$A=\{2,3,4\}$，$B=\{3,4,5\}$，则 $\overline{\overline{A}\cap\overline{B}}=($　　$)$.

A. $\{2,3,4,5\}$　　B. $\{1,2,3\}$　　C. Ω　　D. $\varnothing$

2. 从一副除去两张王牌的 52 张牌中，任取 5 张，其中没有 A 牌的概率为(　　).

A. $\dfrac{48}{52}$　　B. $\dfrac{C_{48}^5}{C_{52}^5}$　　C. $\left(\dfrac{12}{13}\right)^5$　　D. $\dfrac{C_{48}^5}{52^5}$

3. 已知 $P(A)=a^2$，$P(B)=b^2$，$P(AB)=ab$，则 $P(\overline{A}B\cup A\overline{B})=($　　$)$.

A. a^2-b^2　　B. $(a-b)^2$　　C. $2ab$　　D. a^2-ab

4. 下列正确的是(　　).

A. $P(A)=1$，则 A 为必然事件　　B. $P(B)=0$，则 $B=\varnothing$

C. $P(A)\leqslant P(B)$，则 $A\subset B$　　D. $A\subset B$ 则 $P(A)\leqslant P(B)$

5. 设 $A\subset B$ 且相互独立，则有(　　).

A. $P(A)=0$　　B. $P(A)=0$ 或 $P(B)=1$

C. $P(B)=1$　　D. 上述都不对

6. 设 A,B 为随机事件，$P(A)>0$，$P(A|B)=1$，则必有(　　).

A. $P(A\cup B)=P(A)$　　B. $A\subset B$

C. $P(A)=P$　　D. $P(AB)=P(A)$

7. 每次试验成功的概率为 $p(0<p<1)$，则在 3 次重复试验中至少失败 1 次的概率为(　　).

A. $(1-p)^3$　　B. $1-p^3$

C. $3(1-p)$　　D. $(1-p)^3+p(1-p)^2+p^2(1-p)$

8. 已知随机变量 X 只能取 $-1,0,1,2,3$ 五个数值，其相应的概率依次为 $\frac{1}{2c},\frac{1}{4c},\frac{1}{8c},\frac{1}{16c},\frac{1}{16c}$，则 $c=$(　　).

A. 2　　B. 3　　C. 4　　D. 1

9. 设随机变量 X 的分布函数 $F(x)=\begin{cases}0 & x<0\\ \frac{1}{2} & 0\leqslant x<2\\ 1 & x\geqslant 2\end{cases}$，则 $F(-1)=$(　　).

A. 0　　B. 1　　C. $\frac{1}{2}$　　D. $\frac{3}{4}$

10. 设随机变量 X 在区间 $[2,a]$ 上服从均匀分布，且 $P\{X>4\}=0.6$，则 $a=$(　　).

A. 5　　B. 7　　C. 8　　D. 6

11. 随机变量 $X\sim N(2,\sigma^2)$，$P\{0<X<4\}=0.3$，则 $P\{X<0\}=$(　　).

A. 0.5　　B. 0.3　　C. 0.35　　D. 0.7

12. 已知连续型随机变量 $X\sim f_X(x)$，$Y=-4X+1$，则 $f_Y(y)=$(　　).

A. $\frac{1}{4}f_X\left(\frac{1-y}{4}\right)$　　B. $-\frac{1}{4}f_X\left(-\frac{y-1}{4}\right)$

C. $-\frac{1}{4}f_X\left(\frac{y-1}{4}\right)$　　D. $\frac{1}{4}f_X\left(\frac{y-1}{4}\right)$

13. 设随机变量 $X\sim B(3,0.4)$，且随机变量 $Y=X(3-X)/2$，则 $P\{Y=1\}=$(　　).

A. 0.432　　B. 0.72　　C. 0.288　　D. 0.5

14. 设 X 是随机变量，$E(X)=\mu$，$D(X)=\sigma^2$，则对于任意常数 C，有(　　).

A. $E[(X-C)^2]=E(X^2)-C$　　B. $E[(X-C)^2]=E[(X-\mu)^2]$

C. $E[(X-C)^2]\leqslant E[(X-\mu)^2]$　　D. $E[(X-C)^2]\geqslant E[(X-\mu)^2]$

15. 设随机变量 $X\sim N(\mu,\sigma^2)$，则随 σ 的增大，概率 $P\{|X-\mu|<\sigma\}$(　　).

A. 单调增大　　B. 单调减小　　C. 保持不变　　D. 增减不变

二、填空题

1. 设 A,B 为任意两个随机事件，则 $(A\cup B)B=$________.

2. 两封信随机地投入 4 个邮筒，则第一个邮筒只有一封信的概率为________.

3. 在整数 0 至 9 中任取 4 个，能排成 4 位偶数的概率 $p=$________.

4. 若 $P(A)=\frac{1}{2}$，$P(B)=\frac{1}{3}$ 且 $B\subset A$，则 $P(\overline{A}\cup\overline{B})=$________；$P(A\overline{B})=$________.

5. 设随机事件 A 与 B 相互独立，A 发生 B 不发生的概率与 B 发生 A 不发生的概率相等，且 $P(A)=\frac{1}{3}$，则 $P(B)=$________.

6. 加工一产品经过三道工序，第一，二，三道工序不出废品的概率为 0.9，0.95，0.8，若各工序是否出废品为独立的，则经过三道工序而不出废品的概率为________.

7. 设 $P(A)=\frac{1}{2}$，$P(B)=\frac{1}{3}$，若 A、B 独立，则 $P(A-B)=$________；$P(A\cup B)=$________.

8. 设随机变量 X 的概率密度为

$$f(x)=\begin{cases}x, & 0\leqslant x<1\\ 2-x, & 1\leqslant x<2\\ 0, & \text{其他}\end{cases}$$，则 $P\{1/4<X<3/2\}=$________.

9. 设随机变量 $X\sim N(2,5^2)$，且 $P\{X<c\}=P\{X>c\}$，则 $c=$________.

10. 设随机变量 X 取值为两次独立试验中事件 A 发生的次数，如果在这些试验中事件发生的概率相同，并且已知 $E(X)=0.9$，则 $D(X)=$________.

11. 随机变量 $X\sim b(1\ 000,0.4)$，由切比雪夫不等式估计 $P\{300<X<500\}=$________.

三、计算题

1. 设一批产品中一、二、三等品各占 60%，30%，10%，从中随意取出一件，结果不是三等品，求取到的是一等品的概率.

2. 一批零件中有 90 个正品 10 个次品，若每次从中任取一个零件，取出的零件不再放回去. 试计算：(1)第二次才取出正品的概率；(2)第三次才取出正品的概率.

3. 在区间(0,1)中随机地取两个数，求：(1)两数之积小于 1/4 的事件的概率；(2)两数之和大于 1.2 的事件的概率.

4. 某校男女生比例为 3∶1，男生中身高 1.70 m 以上的占 60%，女生中身高 1.70 m 以上的仅占 10%，在校内随机地采访一位学生，

(1)若这位学生的身高在 1.70 m 以上，求这位学生是女生的概率；

(2)若这位学生的身高不超过 1.70 m，求这位学生是男生的概率.

5. 将储户按收入多少分为高、中、低三类，通过调查得知，这三类储户分别占总户数的 10%，60%，30%，而银行存款在 20 万元以上的储户在各类中所占的比例分别为 100%，60%，5%，试计算(1)任取一位储户银行存款在 20 万元以上的概率是多少？(2)已知某储户银行存款在 20 万元以上，求该储户是高收入这类储户的概率.

6. 根据以往数据分析的结果表明，当机器调整为良好时，产品的合格率为 90%，而当机器发生故障时，其产品合格率为 30%. 每天早上机器启动时，机器调整为良好的概率为 75%，试求已知某日早上第一件产品是合格品时，机器调整为良好的概率.

7. 设某厂产品的合格率为 0.96，现采用新方法测试，一件合格产品经检查而获准出厂的概率为 0.95，而一件废品经检查而获准出厂的概率为 0.05，试求使用这种方法后，获得出厂许可的产品是合格品的概率及未获得出厂许可的产品是废品的概率.

8. 某人的一串钥匙上有 n 把钥匙，其中只有一把能打开自己的家门，他随意地试用这串钥匙中的某一把去开门，若每把钥匙试开一次后除去，求打开门时试开次数 X 的分布律.

9. 设随机变量 X 的分布函数为 $F(x)=\frac{A}{1+e^{-x}}$，求(1)常数 A；(2)X 的概率密度；

(3)$P\{X\leqslant 0\}$.

10. 某元件寿命 X 服从参数为 $\lambda=\frac{1}{1\,000}$ 的指数分布，3 个这样的元件使用 1 000 小时后，都没有损坏的概率是多少？

11. 某地抽样调查结果表明，考生的外语成绩（百分制）近似服从于正态分布 $N(72,\sigma^2)$，96 分以上占考生 2.3%，试求考生的外语成绩在 60～84 分的概率.

12. 设 X 的分布律为

X	-1	0	$\frac{1}{2}$	1	2
P	$\frac{1}{3}$	$\frac{1}{6}$	$\frac{1}{6}$	$\frac{1}{12}$	$\frac{1}{4}$

求(1)$E(X)$； (2)$E(X^2)$； (3)$D(X)$.

13. 已知 $X\sim f(x)=\begin{cases}\frac{1}{5}e^{-\frac{1}{5}x} & x>0\\ 0 & x\leqslant 0\end{cases}$，求 X 不超过自己数学期望的概率.

14. 在每次试验中，事件 A 发生的概率为 0.5，利用切比雪夫不等式估计在 1 000 次试验中，事件 A 发生次数在 400～600 的概率.

15. 某公司员工一个月的工作时间服从均值为 100 小时的指数分布，现随机地取其中 16 个人，假设每个人的工作时间与他人无关. 求这 16 个人的工作时间总和大于 1 920 小时的概率.

16. 设某车间有 400 台同类型的机器，每台的电功率为 $Q(W)$，设每台机器开动时间为总工作时间的 $\frac{3}{4}$，且每台机器的开与停是相互独立的，为了保证以 0.99 的概率有足够的电力，问本车间至少要供应多大的电功率.

本章思维导图

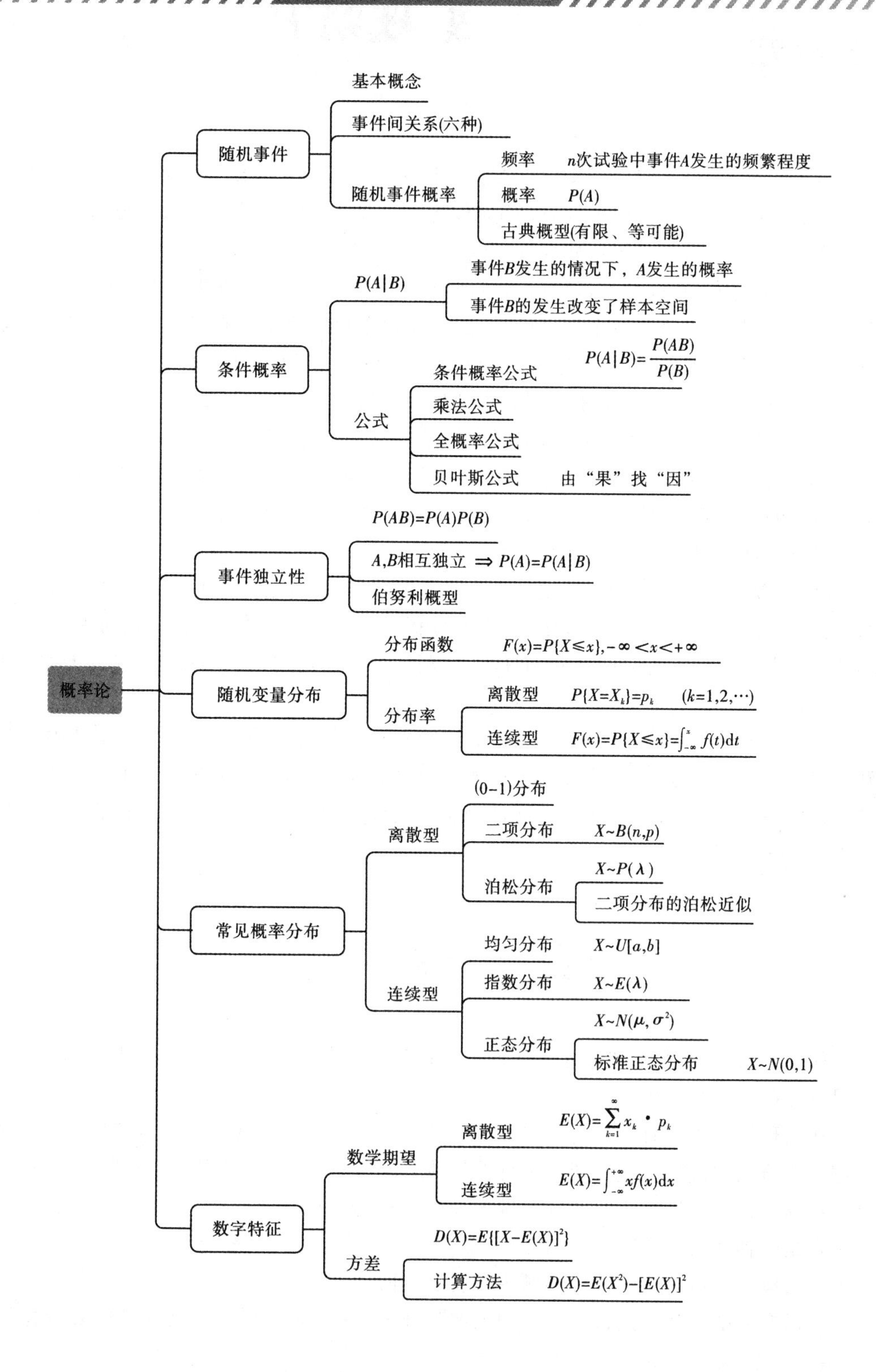
概率论
随机事件
基本概念
事件间关系(六种)
随机事件概率
频率 n次试验中事件A发生的频繁程度
概率 P(A)
古典概型(有限、等可能)
条件概率
P(A|B)
事件B发生的情况下，A发生的概率
事件B的发生改变了样本空间
公式
条件概率公式 P(A|B)=P(AB)/P(B)
乘法公式
全概率公式
贝叶斯公式 由“果”找“因”
事件独立性
P(AB)=P(A)P(B)
A,B相互独立 ⇒ P(A)=P(A|B)
伯努利概型
随机变量分布
分布函数 F(x)=P{X≤x},-∞<x<+∞
分布率
离散型 P{X=X_k}=p_k (k=1,2,···)
连续型 F(x)=P{X≤x}=∫_{-∞}^{x} f(t)dt
常见概率分布
离散型
(0-1)分布
二项分布 X~B(n,p)
泊松分布
X~P(λ)
二项分布的泊松近似
连续型
均匀分布 X~U[a,b]
指数分布 X~E(λ)
正态分布
X~N(μ, σ²)
标准正态分布 X~N(0,1)
数字特征
数学期望
离散型 E(X)=∑_{k=1}^{∞} x_k · p_k
连续型 E(X)=∫_{-∞}^{+∞} xf(x)dx
方差
D(X)=E{[X-E(X)]²}
计算方法 D(X)=E(X²)-[E(X)]²

第12章 数理统计

从历史的典籍中，人们不难发现许多关于钱粮、户口、地震、水灾等的记载，这说明人们很早就开始了统计的工作. 但是当时的统计，只是对有关事实的简单记录和整理，而没有在一定理论的指导下，做出超越这些数据范围之外的推断.

到了 19 世纪末 20 世纪初，随着近代数学和概率论的发展，才真正诞生了数理统计学这门学科. 同时随着计算机的诞生与发展，为数据处理提供了强有力的技术支持，这就导致了数理统计与计算机结合的必然的发展趋势. 国内外著名的统计软件包括：SAS、SPSS、STAT 等，都提供了快速、简便地进行数据处理和分析的方法与工具.

数理统计以概率论为理论基础，但其研究重点与概率论不同. 例如，从口袋中摸彩球的试验，概率论关心的是在彩球情况已知的条件下，摸出某种颜色的彩球的概率是多大；而数理统计研究的是在彩球情况部分已知或全部未知的条件下摸出的彩球样本，通过观察分析样本，估计或检验口袋中彩球的颜色分布.

可以说，数理统计研究的对象是带有随机性的数据. 数理统计学是一门应用性很强的学科，它是研究怎样以有效的方式收集、整理和分析所获得的有限的资料，以便对所考察的问题尽可能地做出精确而可靠的推断和预测，直至为采取一定的决策和行动提供依据和建议. 这也正是数理统计的任务.

从上述内容也可看出，数理统计方法具有"部分推断整体"的特征. 在数理统计中必然要用到概率论的理论和方法. 因为随机抽样的结果带有随机性，不能不把它当作随机现象来处理. 所以，概率论是数理统计的基础，而数理统计是概率论的重要应用. 但它们是并列的两个学科，并无从属关系.

12.1 总体与样本

前面我们已经提到，在概率论中所研究和讨论的随机变量，它的分布都是已知的，在这一前提下去研究它的性质、特点和规律性.

而在数理统计中所研究和讨论的随机变量，它的分布是未知的或部分未知的，于是就必须通过对所研究和讨论的随机变量进行重复独立的观察和试验，得到所需的观察值(数据)，对这些数据进行分析后才能对其分布做出种种判断. 得到这些数据最常用的方法是"随机抽样法"，它是一种从局部推断整体的方法.

本章后续几节所讨论的统计问题主要属于下面这种类型：

从所研究的随机变量的某个集合中抽取一部分元素，对这部分元素的某些数量指标进行试验和观察，根据试验与观察获得的数据来推断这个集合中全体元素的数量指标的分布情况或数字特征.

一、总体与样本

1. 总体和个体

定义 12-1 称研究对象的某项数量指标的值的全体为**总体**（**母体**）；称总体中的每个元素为**个体**.

比如，我们要研究某大学的学生的身高情况，则该大学的全体学生的身高构成问题的总体，而每一个学生的身高即是一个个体；又如，研究某批灯泡的质量，则该批灯泡寿命的全体构成了问题的总体，而每个灯泡的寿命就是个体. 如此看来，若不考虑问题的实际背景，总体就是一堆数，这堆数中有大有小，有的出现的机会多，有的出现的机会少. 因此，用一个概率分布去描述和归纳总体是恰当的.

2. 抽样和样本

定义 12-2 为推断总体分布及各种特征，按一定规则从总体中抽取若干个体进行试验观察，以获得有关总体的信息，这一抽取过程称为**抽样**，所抽取的部分个体称为**样本**，样本中所包含的个体数目称为**样本容量**.

【例 1】 某饮料厂生产的瓶装可乐规定净含量为 750 g，由于随机性，事实上在生产过程中不可能使得所有的瓶装可乐净含量均为 750 g. 现从该厂生产的可乐中随机抽取 10 瓶测定其净含量，得到结果如下：

751　745　750　747　752　748　756　753　749　750

这是一个容量为 10 的样本的观测值，对应的总体为该厂生产的瓶装可乐的净含量.

从总体中抽取样本可以有不同的抽法，为了能由样本对总体做出较可靠的推断，就希望所抽取的样本能很好地代表总体.

这就需要对抽取方法提出要求，最常用的是**简单随机抽样**，它有如下**两点要求**：

第一，样本具有**随机性**，即要求总体中每一个个体都有同等机会被选入样本，这就意味着每一样品 X_i 与总体 X 有相同的分布.

第二，样本具有**独立性**，即要求样本中的每一样品的取值不影响其他样品的取值，这就意味着 $X_1, X_2, \cdots, X_n$ 相互独立.

若$(X_1, X_2, \cdots, X_n)$为从总体 X 中得到的容量为 n 的一个简单随机样本，在实际问题中，样本$(X_1, X_2, \cdots, X_n)$是一组具体数据$(x_1, x_2, x_3, \cdots, x_n)$，称为样本的观察值. 若没有特殊声明，本书中的样本皆为简单随机样本.

二、统计量

样本是进行统计推断的依据，它含有总体各方面的信息，但这些信息常常较为分散，通常不能直接用于解决我们所要研究的问题. 所以在实际应用中，人们需要从样本中获得对总体更深入的认识，往往不是直接使用样本本身，而是需要对样本进行加工和计算，把样本中所包含的信息集中起来，针对不同问题构造出样本的适当函数，利用这些样本函数进行统计推断.

定义 12-3 设 $X_1,X_2,\cdots,X_n$ 是总体 X 的样本,样本函数 $g(X_1,X_2,\cdots,X_n)$ 是样本的实体函数,且不含有任何未知参数,则称这类样本函数 $g(X_1,X_2,\cdots,X_n)$ 为**统计量**.

由于样本具有二重性,统计量作为样本的函数也具有二重性,即对一次具体的观测或试验,它们都是具体的数值,但当脱离开具体的某次观测或试验,样本是随机变量,因此统计量也是随机变量.

统计量是用来对总体分布参数进行估计或检验的,它包含样本中有关参数的信息,在数理统计中,根据不同的目的构造了许多不同的统计量.下面介绍几种常见的统计量.

设 $X_1,X_2,\cdots,X_n$ 是总体 X 的样本,则可定义统计量:

(1)样本均值

$$\overline{X}=\frac{1}{n}\sum_{i=1}^{n}X_i \tag{12-1-1}$$

(2)样本方差

$$S^2=\frac{1}{n-1}\sum_{i=1}^{n}(X_i-\overline{X})^2=\frac{1}{n-1}\left(\sum_{i=1}^{n}X_i^2-n\overline{X}^2\right) \tag{12-1-2}$$

(3)样本标准差

$$S=\sqrt{S^2}=\sqrt{\frac{1}{n-1}\sum_{i=1}^{n}(X_i-\overline{X})^2} \tag{12-1-3}$$

(4)样本 k 阶原点矩

$$A_k=\frac{1}{n}\sum_{i=1}^{n}X_i^k,\quad k=1,2,3,\cdots \tag{12-1-4}$$

显然,样本的一阶原点矩就是样本均值.

(5)样本 k 阶中心矩

$$B_k=\frac{1}{n}\sum_{i=1}^{n}(X_i-\overline{X})^k,\quad k=1,2,\cdots \tag{12-1-5}$$

显然,样本一阶中心矩恒等于0.

解析:抽样分布

三、抽样分布

在使用统计量进行统计推断时常需要知道它的分布.当总体的分布函数已知时,抽样分布是确定的,然而要求出统计量的精确分布,一般是比较困难的.接下来介绍三个常用的重要统计量,它们是以标准正态变量为基石而构造的,加上正态分布本身,就构成了数理统计中的"四大抽样分布",这四大分布在实际中有着广泛的应用,因为这四个统计量不仅有明确背景,而且其抽样分布的密度函数有明显表达式.

1.三个重要分布

为了后面的讨论,首先引进数理统计中占有重要地位的三大分布:χ^2 分布,t 分布和 F 分布.

(1)χ^2 分布

定义 12-4 设 $X_1,X_2,\cdots,X_n$ 为独立同分布的随机变量,且都服从 $N(0,1)$,则称统计

量

$$\chi^2=X_1^2+X_2^2+\cdots+X_n^2 \tag{12-1-6}$$

服从自由度为 n 的 χ^2 分布,记为 $\chi^2\sim\chi^2(n)$. 其中,自由度指的是 χ^2 中所包含的独立变量的个数.

$\chi^2(n)$分布的概率密度为

$$f_n(x)=\begin{cases}\dfrac{1}{2^{n/2}\Gamma(n/2)}x^{\frac{n}{2}-1}\mathrm{e}^{-\frac{x}{2}} & x>0\\ 0 & 其他\end{cases} \tag{12-1-7}$$

其中函数 $\Gamma(x)=\int_0^{+\infty}\mathrm{e}^{-t}t^{x-1}\mathrm{d}t, x>0$, χ^2 分布的密度函数的图形是一个只取非负值的偏态分布,如图 12-1-1 所示.

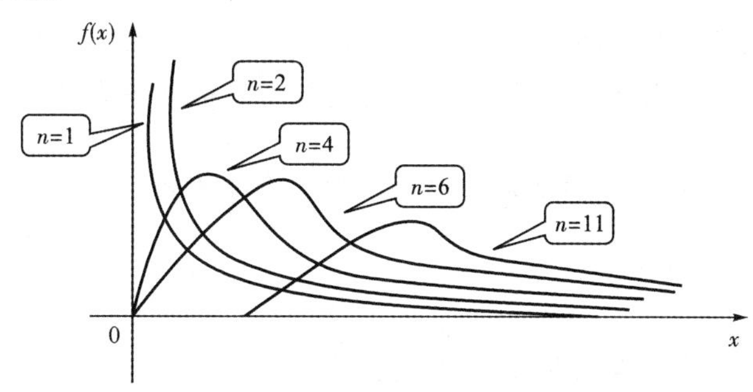

图 12-1-1

χ^2 分布是由正态分布派生出来的一种分布.

χ^2 分布的数学期望与方差:

若 $\chi^2\sim\chi^2(n)$,则有:$E(\chi^2)=n$,

$$D(\chi^2)=2n. \tag{12-1-8}$$

(2)t 分布

定义 12-5 设 $X\sim N(0,1)$,$Y\sim\chi^2(n)$,且 X,Y 独立,则称随机变量

$$T=\frac{X}{\sqrt{Y/n}} \tag{12-1-9}$$

服从自由度为 n 的 t **分布**. 记为 $T\sim t(n)$.

t 分布是英国统计学家戈塞特首先发现的. 戈塞特年轻时在牛津大学学习数学和化学,1899 年开始在一家酿酒厂担任酿酒化学技师,从事试验和数据分析工作. 由于当时在工作中戈塞特接触的样本容量都比较小,一般只有四五个,所以在大量的实验数据积累的过程中,戈塞特发现 $t=\sqrt{n-1}(\overline{X}-\mu)/s$ 的分布与传统认定的 $N(0,1)$分布并不同,特别是尾部的概率相差较大. 由此,戈塞特就怀疑是否有另一个分布族存在,通过大量深入的研究与实践,戈塞特于 1908 年以学生(student)的笔名在英国的《Biometrike》杂志上发表了他的研究结果,故 t 分布也称为学生氏分布. t 分布的发现在统计学史上具有划时代的意义,因为它打破了正态分布一统天下的局面,开创了小样本统计推断的新纪元.

t 分布的概率密度函数为

$$t(x;n)=\frac{\Gamma[(n+1)/2]}{\sqrt{\pi n}\,\Gamma(n/2)}\left(1+\frac{x^2}{n}\right)^{-(n+1)/2},\quad -\infty<x<+\infty \tag{12-1-10}$$

t 分布的密度函数是一个关于 y 轴对称的分布图，它与标准正态分布的密度函数图形非常类似，只是峰比标准正态分布的密度函数低一些，尾部的概率比标准正态分布大一些. 其图形如图 12-1-2 所示.

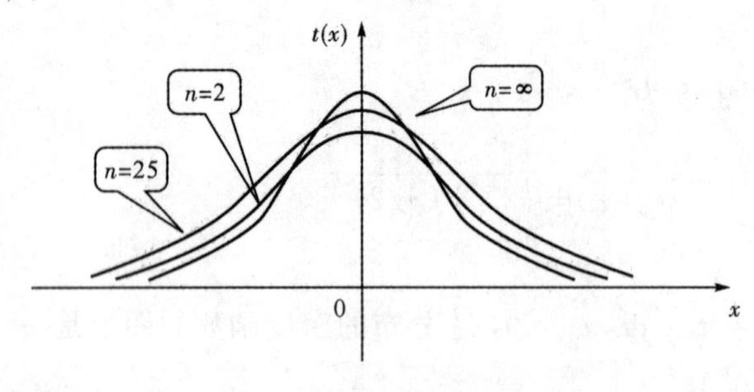

图 12-1-2

由图 12-1-2 可看出，t 分布的密度函数的图形确实与正态分布的密度函数图形非常相像，需要指出的是，当 n 充分大时，t 分布可以近似看作是标准正态分布，即有 $\lim\limits_{n\to\infty}t(x;n)=\frac{1}{\sqrt{2\pi}}e^{-\frac{x^2}{2}}$，但当 n 较小时，t 分布与正态分布的差异是不能忽略的.

t 分布的数学期望与方差：

若 $t\sim t(n)$，则

当 $n=1$　t 分布即为标准柯西分布，其均值不存在；

当 $n>1$　t 分布的数学期望存在且 $E(t)=0$；

当 $n>2$　t 分布的方差存在且 $D(t)=n/(n-2)$；

(3) F 分布

定义 12-6　设 $X\sim\chi^2(n_1)$，$Y\sim\chi^2(n_2)$，且 X，Y 独立，则称随机变量

$$F=\frac{X/n_1}{Y/n_2} \tag{12-1-11}$$

服从第一自由度为 n_1，第二自由度为 n_2 的 F 分布，记为 $F\sim F(n_1,n_2)$.

$F(n_1,n_2)$ 的概率密度为

$$\varphi(x;n_1,n_2)=\begin{cases}\dfrac{\Gamma[(n_1+n_2)/2](n_1/n_2)^{n_1/2}x^{(n_1/2)-1}}{\Gamma(n_1/2)\Gamma(n_2/2)[1+(n_1x/n_2)]^{(n_1+n_2)/2}} & x>0\\ 0 & x\leqslant 0\end{cases} \tag{12-1-12}$$

F 分布的密度函数的图形与 χ^2 分布的密度函数的图形类似，是一个只取非负值的偏态分布，如图 12-1-3 所示.

显然，由定义可知，若 $F\sim F(n_1,n_2)$，则

$$\frac{1}{F}\sim F(n_2,n_1) \tag{12-1-13}$$

2. 抽样分布的分位点

下面我们再介绍一下抽样分布的分位点概念.

(1) 标准正态分布的上 α 分位点

定义 12-7　设 $X\sim N(0,1)$，对于任意给定的 $\alpha(0<\alpha<1)$，如果 u_α 满足条件

$$P\{X > u_\alpha\} = \int_{u_\alpha}^{+\infty} \varphi(x)\mathrm{d}x = \alpha \tag{12-1-14}$$

则称 u_α 为标准正态分布的上 α **分位点**(或**分位数**).

其图形如图 12-1-4 所示.

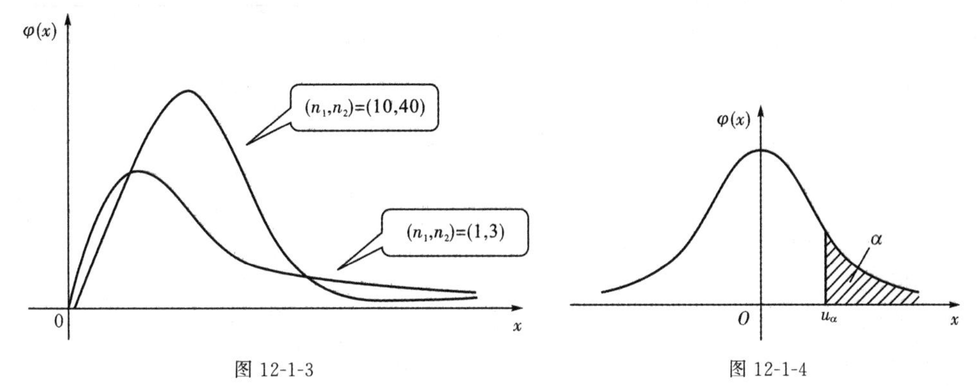

图 12-1-3　　　　图 12-1-4

由上 α 分位点定义可知 $P\{X \leqslant u_\alpha\} = 1 - P\{X > u_\alpha\} = 1 - \alpha$,所以 $\Phi(u_\alpha) = 1 - \alpha$.

由图 12-1-4 可看出,

$$u_{1-\alpha} = -u_\alpha. \tag{12-1-15}$$

用正态分布的函数表求上 α 分位点的方法是:对于给定的 α,点 u_α 的值等于概率 $1-\alpha$ 所对应的 u 值.例如,求 $u_{0.025}$ 的值.因为 $\alpha = 0.025$,$1-\alpha = 0.975$,$u_{0.025} = u(1-\alpha) = u(0.975)$,由标准正态分布表可查得,$\Phi(1.96) = 0.975$,所以 $u_{0.025} = 1.96$.类似地,$u_{0.05} = 1.645$.

(2) χ^2 分布的上 α 分位点

定义 12-8　对于给定的 $\alpha(0<\alpha<1)$,若 $\chi_\alpha^2(n)$ 满足条件:

$$P\{\chi^2 > \chi_\alpha^2(n)\} = \int_{\chi_\alpha^2(n)}^{+\infty} f(x)\mathrm{d}x = \alpha \tag{12-1-16}$$

则称点 $\chi_\alpha^2(n)$ 为 χ^2 **分布的上** α **分布点**.

其图形如图 12-1-5 所示.

对于不同的 α 与 n,上 α 分布点 $\chi_\alpha^2(n)$ 的值可以通过查表得到.

例如,$\chi_{0.1}^2(25) = 34.382 \Leftrightarrow P\{\chi^2(25) > 34.382\} = 0.1$;

$\chi_{0.95}^2(10) = 18.31 \Leftrightarrow P\{\chi^2(10) > 18.31\} = 0.95$;

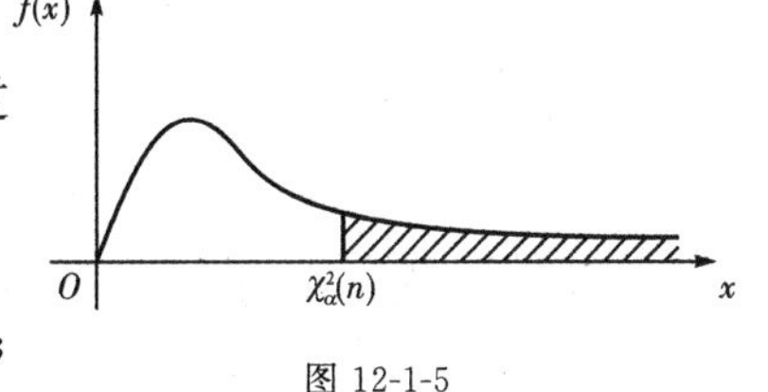

图 12-1-5

(3) t 分布的上 α 分位点

定义 12-9　对于给定的 $\alpha(0<\alpha<1)$,若点 $t_\alpha(n)$ 满足条件:

$$P\{t > t_\alpha(n)\} = \int_{t_\alpha(n)}^{+\infty} f(t)\mathrm{d}t = \alpha \tag{12-1-17}$$

则称点 $t_\alpha(n)$ 为 t **分布的上** α **分位点**.

其图形如图 12-1-6 所示.

由图 12-1-6 及 t 分布的上 α 分位点的定义,可得到 t 分布的对称性:

$$t_{1-\alpha}(n) = -t_\alpha(n) \tag{12-1-18}$$

对于不同的 α 与 n,上 α 分位点 $t_\alpha(n)$ 的值可以通过查表得到.

例如，$t_{0.1}(25)=1.3163 \Leftrightarrow P\{t(25)>1.3163\}=0.1$；

$$t_{0.95}(10)=-t_{0.05}(10)=-1.8125$$
$$\Leftrightarrow P\{t(10)>-1.8125\}=0.95$$

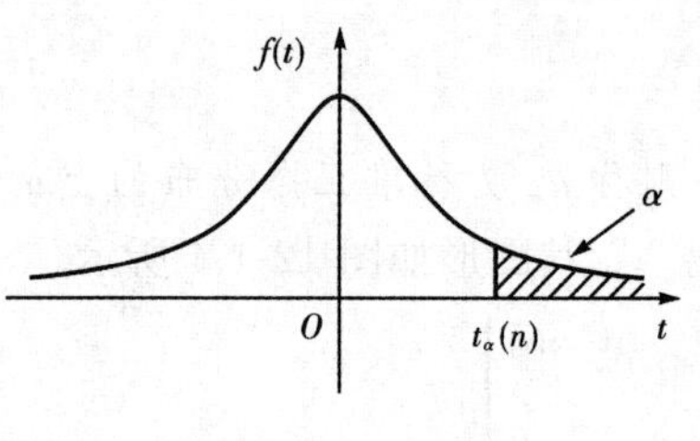

图 12-1-6

(4)F 分布的上 α 分位点

定义 12-10 对于给定的 $\alpha(0<\alpha<1)$，若点 $F_\alpha(n_1,n_2)$ 满足条件：

$$P\{F>F_\alpha(n_1,n_2)\}=\int_{F_\alpha(n_1,n_2)}^{\infty}\varphi(x)\mathrm{d}x=\alpha \tag{12-1-19}$$

则称点 $F_\alpha(n_1,n_2)$ 为 F 分布的上 α 分布点.

其图形如图 12-1-7 所示.

对于不同的 α 与 n，上 α 分位点 $F_\alpha(n_1,n_2)$ 的值可以通过查表得到.

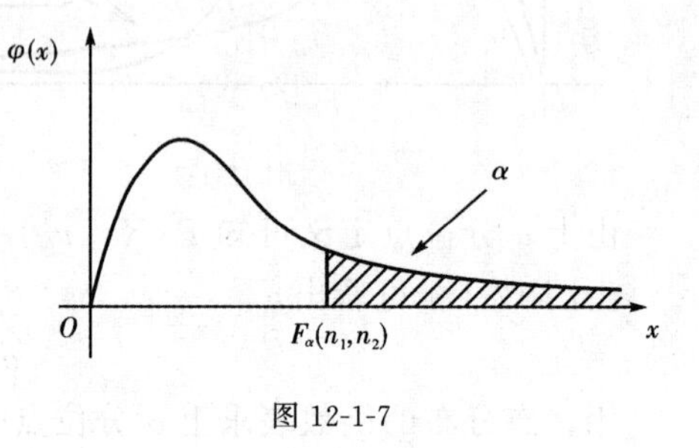

图 12-1-7

3. 正态总体的抽样分布

对于正态总体，关于样本均值和样本方差以及某些重要统计量的抽样分布具有非常完善的理论成果，它们为讨论参数评估和假设检验奠定了坚实的基础.

定理 12-1 设 $X_1,X_2,\cdots,X_n$ 是来自正态总体 $X\sim N(\mu,\sigma^2)$ 的样本，则

(1) $\overline{X}\sim N\left(\mu,\dfrac{\sigma^2}{n}\right)$；　　(2) $\dfrac{(n-1)S^2}{\sigma^2}\sim\chi^2(n-1)$；

(3) $\overline{X}$ 与 S^2 相互独立；　　(4) $\dfrac{\sqrt{n}(\overline{X}-\mu)}{S}\sim t(n-1)$.

这里 $\overline{X}$ 为样本均值，S^2 为样本方差，即

$$\overline{X}=\frac{1}{n}\sum_{i=1}^{n}X_i,\quad S^2=\frac{1}{n-1}\sum_{i=1}^{n}(X_i-\overline{X})^2$$

习题 12-1

1. 从某工人生产的钉子中随机抽取 5 只，测得其直径分别为(单位：mm)：

13.7　13.08　13.11　13.11　13.13

求样本观测值的均值、方差.

2. 设抽样得到样本观测值为

38.2　40.2　42.4　37.6　39.2　41.0　44.0　43.2　38.8　40.6

计算样本均值、样本方差、样本标准差.

3. 设总体 X 服从 $N(\mu,\sigma^2)$ 分布，μ,σ^2 是已知常数，$X_1,X_2,\cdots,X_n$ 是来自总体 X 的一个容量为 n 的简单随机样本，证明：统计量：$\chi^2=\dfrac{1}{\sigma^2}\sum\limits_{i=1}^{n}(X_i-\mu)^2$ 服从自由度为 n 的 χ^2 分布.

4. 已知 $X\sim t(n)$，求证 $X^2\sim F(1,n)$.

5. 设 $T\sim t(10)$，求常数 c，使 $P\{T>c\}=0.95$.

6. 总体分布 X 服从正态分布 $N(0,4)$，而$(X_1,X_2,\cdots,X_{15})$是来自总体 X 的样本，则随机变量 $Y=\dfrac{X_1^2+X_2^2+\cdots+X_{10}^2}{2(X_{11}^2+X_{12}^2+\cdots+X_{15}^2)}$服从什么分布？

12.2 参数估计

在总体所服从的分布类型已知的条件下，根据样本所提供的信息对总体的一个或者多个参数进行估计，称为**参数估计**. 参数估计的方式有两种，一种是参数的值估计（点估计），另一种是参数的范围估计（区间估计）.

解析：矩估计法

一、点估计

用一个数值来估计某个参数，这种估计就是点估计. 如我们要考察某城市选择洗车行为的家庭所占的比例，抽查了 1 000 个家庭，然后估计出这个比例值为 0.28，这个值就是“比例”这个未知数的点估计.

定义 12-11 设 θ 为总体 X 的待估计参数，用样本 $X_1,X_2,\cdots,X_n$ 的一个统计量$\hat{\theta}=\hat{\theta}(X_1,X_2,\cdots,X_n)$来估计 θ，则称$\hat{\theta}(X_1,X_2,\cdots,X_n)$是 θ 的一个**点估计量**，对应于样本观测值 $x_1,x_2,\cdots,x_n$，称$\hat{\theta}(x_1,x_2,\cdots,x_n)$为 θ 的**点估计值**.

那么，如何构造一个统计量$\hat{\theta}(X_1,X_2,\cdots,X_n)$作为 θ 的估计量呢？对于点估计问题，关键是找一个合适的统计量，所谓合适是指既有合理性，又有计算上的方便性. 这里只介绍两种常用的点估计方法：矩估计法和极大似然估计法.

1. 矩估计法

样本取自总体，根据大数定律，样本矩在一定程度上反映了总体矩的特征，因而很自然想到用样本矩来估计与之相应的总体矩，由此得到的参数估计称为**矩估计法**. 例如：以样本均值 $\overline{X}$ 作为总体均值$E(X)$的点估计量，以二阶样本原点矩 $A_2=\dfrac{1}{n}\sum\limits_{i=1}^{n}X_i^2$ 作为总体的二阶原点矩 $E(X^2)$ 的点估计量.

【例 1】 设总体 X 具有概率密度 $f_X(x)=\begin{cases}\dfrac{2}{\theta^2}(\theta-x), & 0<x<\theta \\ 0, & \text{其他}\end{cases}$，参数 θ 未知，$X_1,X_2,\cdots,X_n$ 是来自 X 的样本，求 θ 的矩估计量.

解 总体 X 的数学期望为

$$E(X)=\int_0^{\theta}\frac{2x}{\theta^2}(\theta-x)\mathrm{d}x=\frac{\theta}{3},$$

由矩估计法，用样本一阶原点矩 $\overline{X}$ 替代总体一阶原点矩 $E(X)$，可得 $\overline{X}=\dfrac{\theta}{3}$，于是解得 θ 的矩估计量为$\hat{\theta}=3\overline{X}$.

【例 2】 设总体 $X\sim B(n,p)$，其中 n 已知. 求 p 的矩估计量.

解 由二项分布的性质可知

$$E(X)=np$$

设 $X_1,X_2,\cdots,X_n$ 为总体 X 的样本，由矩估计法，可得

$$E(X)=np=\overline{X}.$$

解方程得 p 的矩估计量为 $\hat{p}=\dfrac{\overline{X}}{n}$.

【例 3】 设总体 $X\sim N(\mu,\sigma^2)$，其中 μ,σ^2 是未知参数. 试求 μ,σ^2 的矩估计量.

解 已知总体 X 的 $E(X)$ 和 $D(X)$ 均存在且有限，即 $E(X)=\mu,D(X)=\sigma^2$. 现设 $X_1,X_2,\cdots,X_n$ 为总体 X 的样本，由矩估计法，得到

$$\begin{cases}E(X)=\mu=\dfrac{1}{n}\sum\limits_{i=1}^{n}X_i=\overline{X}\\E(X^2)=\sigma^2+\mu^2=\dfrac{1}{n}\sum\limits_{i=1}^{n}X_i^2\end{cases}$$

解上述方程组，得 μ,σ^2 的矩估计量分别为

$$\begin{cases}\hat{\mu}=\dfrac{1}{n}\sum\limits_{i=1}^{n}X_i=\overline{X}\\\hat{\sigma}^2=\dfrac{1}{n}\sum\limits_{i=1}^{n}X_i^2-\overline{X}^2=\dfrac{1}{n}\sum\limits_{i=1}^{n}(X_i-\overline{X})^2=\dfrac{n-1}{n}S^2\end{cases}$$

其中 S^2 是样本方差.

2. 极大似然估计法

在随机试验中，许多事件都有可能发生，概率大的事件发生的可能性也大，若在一次试验中，某事件 A 发生了，则有理由认为事件 A 比其他事件发生的概率大，这就是所谓的**极大似然原理**，极大似然估计法就是依据这一原理得到的一种参数估计方法.

定义 12-12 设总体 X 的分布律或概率密度为 $f(x,\theta)$，$\theta=(\theta_1,\theta_2,\cdots,\theta_k)$ 是未知参数，$X_1,X_2,\cdots,X_n$ 是总体 X 的样本，则称 $X_1,X_2,\cdots,X_n$ 的联合分布律或联合概率密度

$$L(x_1,x_2,\cdots,x_n;\theta)=\prod_{i=1}^{n}f(x_i;\theta) \tag{12-2-1}$$

解析：极大似然估计法

为样本的**似然函数**，简记为 $L(\theta)$.

注意：(1) 当总体 X 为离散型随机变量时，$f(x;\theta)$ 为 X 的分布律 $P(x;\theta)$；(2) 当总体 X 为连续型随机变量时，$f(x;\theta)$ 为 X 的概率密度.

下面结合例子来介绍极大似然估计法的基本思想.

【例 4】 设在一个箱子中装有若干个白色和黄色乒乓球，且已知两种球的数目之比为 1∶3，但不知是白球多还是黄球多. 现从中有放回地任取 3 个球，发现有两个白球. 问：白球所占的比例是多少？

解 设白球所占的比例为 p，则 $p=\dfrac{1}{4}$ 或 $\dfrac{3}{4}$. 又设 X 为任取 3 个球中所含白球的个数，则 $X\sim B(3,p)$，所以

$$P\{X=2\}=C_3^2p^2(1-p)=3p^2(1-p)$$

于是，当 $p=\frac{1}{4}$时，$P\{X=2\}=\frac{9}{64}$；当 $p=\frac{3}{4}$时，$P\{X=2\}=\frac{27}{64}$.

因为$\frac{9}{64}<\frac{27}{64}$，这就意味着使$\{X=2\}$的样本来自 $p=\frac{3}{4}$的总体比来自 $p=\frac{1}{4}$的总体的可能性要大，因而取$\frac{3}{4}$作为 p 的估计值比取$\frac{1}{4}$作为 p 的估计值更合理，故我们认为白球所占的比例是$\frac{3}{4}$.

上例中选取 p 的估计值 $\hat{p}$ 的原则是：对每个样本观测值，选取$\hat{p}$ 使得样本观测值出现的概率最大. 这种选择使得概率最大的那个$\hat{p}$ 作为参数 p 的估计的方法，就是极大似然估计法. 用同样的思想方法也可以估计连续型总体的参数. 这种方法的基本思想是利用“概率最大的事件最可能出现”这一直观想法，即对 $L(\theta)$固定样本观测值 $x_i(i=1,2,\cdots,n)$，选择适当的参数$\hat{\theta}=(\theta_1,\theta_2,\cdots,\theta_k)$，使 $L(\theta)$达到最大值，并把$\hat{\theta}$ 作为参数θ 的估计值. 为此引入下面的定义.

定义 12-13 如果样本似然函数 $L(\theta_1,\theta_2,\cdots,\theta_k)$在 $\theta_i(x_1,x_2,\cdots,x_n)(i=1,2,\cdots,k)$处达到最大值，则称$\hat{\theta}_i(x_1,x_2,\cdots,x_n)(i=1,2,\cdots,k)$为参数 θ_i 的**极大似然估计值**，而称相应的统计量$\hat{\theta}_i(X_1,X_2,\cdots,X_n)$为参数 θ_i 的**极大似然估计量**.

由定义可知，求参数的极大似然估计问题，其实就是求似然函数 $L(\theta)$的最大值问题. 一般情况下，似然函数 $L(\theta)$的最大值点的一阶偏导数为零，但直接对似然函数 $L(\theta)$求偏导，计算量比较大. 我们知道，$\ln x$ 是 x 的单调上升函数，因此，$\ln L(\theta)$与 $L(\theta)$有相同的最大值点，故只需求 $\ln L(\theta)$的最大值点即可.

【例 5】 设 $X_1,X_2,\cdots,X_n$ 是总体 X 的一个样本，$x_1,x_2,\cdots,x_n$ 为其相应的样本值. 总体 X 的概率密度函数为 $f(x)=\begin{cases}\frac{x}{\theta^2}e^{-\frac{x}{\theta}}, & x>0\\ 0, & \text{其他}\end{cases}$，$0<\theta<\infty$，求参数 θ 的极大似然估计量和估计值.

解 (1)样本的似然函数为

$$L(\theta)=\prod_{i=1}^{n}\left[\frac{x_i}{\theta^2}e^{-\frac{x_i}{\theta}}\right]$$

(2) 取对数得对数似然函数

$$\ln L(\theta)=\sum_{i=1}^{n}\ln\frac{x_i}{\theta^2}e^{-\frac{x_i}{\theta}}=\sum_{i=1}^{n}\ln x_i-2n\ln\theta-\sum_{i=1}^{n}\frac{x_i}{\theta}$$

(3) 求导得似然方程为

$$\frac{d}{d\theta}[\ln L(\theta)]=-\frac{2n}{\theta}+\frac{1}{\theta^2}\sum_{i=1}^{n}x_i=0$$

解得

$$\hat{\theta}=\frac{1}{2n}\sum_{i=1}^{n}x_i=\frac{\overline{x}}{2}$$

为 θ 的极大似然估计值，其相应的极大似然估计量为$\hat{\theta}=\frac{\overline{X}}{2}$.

【例6】 设总体 X 服从参数为 λ 的泊松分布，$x_1,x_2,\cdots,x_n$ 为一样本取值，求参数 λ 的极大似然估计.

解 (1) 似然函数为

$$L(\lambda)=\prod_{i=1}^{n}P(X_i=x_i)=\prod_{i=1}^{n}\left(\frac{\lambda^{x_i}}{x_i!}e^{-\lambda}\right)=\frac{\lambda^{\sum\limits_{i=1}^{n}x_i}}{\prod\limits_{i=1}^{n}(x_i!)}e^{-n\lambda}$$

(2) 取对数得对数似然函数

$$\ln[L(\lambda)]=\left(\sum_{i=1}^{n}x_i\right)\ln\lambda-n\lambda-\sum_{i=1}^{n}\ln(x_i!)$$

(3) 求导得似然方程为

$$\frac{d}{d\lambda}[\ln L(\lambda)]=\frac{1}{\lambda}\sum_{i=1}^{n}x_i-n=0$$

(4) 解得 λ 的极大似然估计值为

$$\hat{\lambda}=\frac{1}{n}\sum_{i=1}^{n}x_i=\overline{x}$$

其对应极大似然估计量为

$$\hat{\lambda}=\overline{X}$$

二、估计量的评价标准

由上面内容可知，对于总体 X 的同一参数，用不同的估计方法求出的估计量可能不相同，而且即使用相同的方法也可能得到不同的估计量.也就是说，同一参数可能有多种不同的估计量.原则上来说，任何统计量都可以作为未知参数的估计量.那么到底采用哪个估计量较好呢？确定估计量好坏必须在大量观察的基础上从统计的意义来评价.也就是说，估计量的好坏取决于估计量的统计性质.设总体未知参数 θ 的估计量为 $\hat{\theta}=\hat{\theta}(X_1,X_2,\cdots,X_n)$，很自然地，我们认为一个"好"的估计量应该由**无偏性**、**有效性**、**一致性**的标准来衡量.下面就这三条性质分别予以介绍.

1. 无偏性

$\hat{\theta}$ 与被估计参数 θ 的真值越近越好.由于 $\hat{\theta}$ 是随机变量，它有一定的波动性，因此只能在统计的意义上要求 $\hat{\theta}$ 的平均值离 θ 的真值越近越好，最好是能满足所有加权和为零，即没有系统误差，公式为 $E(\hat{\theta})=\theta$，这就是无偏性的要求.为此，引入了如下无偏性的概念：

定义 12-14 设 $\hat{\theta}=\hat{\theta}(X_1,X_2,\cdots,X_n)$ 是未知参数 θ 的估计量.若

$$E(\hat{\theta})=\theta, \tag{12-2-2}$$

则称 $\hat{\theta}=\hat{\theta}(X_1,X_2,\cdots,X_n)$ 是 θ 的**无偏估计量**.

我们称 $E(\hat{\theta})-\theta$ 为估计量 $\hat{\theta}(X_1,X_2,\cdots,X_n)$ 的**系统误差**.有系统误差的估计称为有偏估计.因此，无偏估计的实际意义就是无系统误差.显然，样本均值 $\overline{X}$、样本方差 S^2 分别是总体均值 μ、总体方差 σ^2 的无偏估计.

【例 7】 设 $X_1,X_2,\cdots,X_n$ 来自有限数学期望 μ 和方差 σ^2 的总体. 证明：

(1)$\hat{\mu}=\overline{X}=\frac{1}{n}\sum_{i=1}^{n}X_i$ 是总体均值 μ 的无偏估计量；

(2)$\hat{\sigma}^2=S^2=\frac{1}{n-1}\sum_{i=1}^{n}(X_i-\overline{X})^2$ 是总体方差 σ^2 的无偏估计量.

证明 (1) 由于 $E(X_i)=\mu(i=1,2,\cdots,n)$，因此

$$E(\hat{\mu})=E(\overline{X})=\frac{1}{n}E\left(\sum_{i=1}^{n}X_i\right)=\frac{1}{n}\sum_{i=1}^{n}E(X_i)=\mu.$$

由无偏估计量的定义可知，$\hat{\mu}=\overline{X}$ 是 μ 的无偏估计量.

(2) 由于 $D(X_i)=\sigma^2$，$D(\overline{X})=\frac{\sigma^2}{n}$，所以

$$E(X_i^2)=D(X_i)+[E(X_i)]^2=\sigma^2+\mu^2,i=1,2,\cdots,n;$$

$$E(\overline{X}^2)=D(\overline{X})+[E(\overline{X})]^2=\frac{\sigma^2}{n}+\mu^2$$

因此

$$\begin{aligned}E(\hat{\sigma}^2)=E(S^2)&=\frac{1}{n-1}E\left(\sum_{i=1}^{n}X_i^2-n\overline{X}^2\right)\\&=\frac{1}{n-1}\left[\sum_{i=1}^{n}E(X_i^2)-nE(\overline{X}^2)\right]\\&=\frac{1}{n-1}\left[n(\sigma^2+\mu^2)-n\left(\frac{\sigma^2}{n}+\mu^2\right)\right]\\&=\frac{1}{n-1}\left(n\sigma^2-n\frac{\sigma^2}{n}\right)\\&=\sigma^2.\end{aligned}$$

由无偏估计量的定义可知，$\hat{\sigma}^2=S^2$ 是 σ^2 的无偏估计量.

2. 有效性

$\hat{\theta}$ 围绕 θ 的真值波动幅度越小越好. 下面我们将会看到，同一个参数满足无偏性要求的估计值往往不止一个. 无偏性只对估计量波动的平均值提出了要求，但是对波动的“振幅”(即估计量的方差) 没有提出进一步的要求. 当然，我们希望估计量方差尽可能地小. 这就是无偏估计量的有效性要求. 为此，引入如下有效性的概念：

定义 12-15 设 $\hat{\theta}_1(X_1,X_2,\cdots,X_n)$ 和 $\hat{\theta}_2(X_1,X_2,\cdots,X_n)$ 均是未知参数 θ 的无偏估计量. 若

$$D(\hat{\theta}_1)<D(\hat{\theta}_2) \tag{12-2-3}$$

则称 $\hat{\theta}_1$ 比 $\hat{\theta}_2$ 有效.

由有效性的定义容易看出，在 θ 的无偏估计量中，方差越小者越有效.

【例 8】 设 X_1,X_2 来自具有有限数学期望 μ 和方差 σ^2 的总体，μ_1、μ_2、μ_3 皆为 μ 的估计量，试问：以下哪个估计量较好？

(1)$\mu_1=\frac{1}{2}X_1+\frac{1}{2}X_2$；

(2)$\mu_2=\frac{1}{3}X_1+\frac{2}{3}X_2$；

(3)$\mu_3=\frac{1}{4}X_1+\frac{3}{4}X_2$.

解 $E(\mu_1)=E\left(\frac{1}{2}X_1+\frac{1}{2}X_2\right)=\frac{1}{2}E(X_1)+\frac{1}{2}E(X_2)=\frac{1}{2}\mu+\frac{1}{2}\mu=\mu$；

$$E(\mu_2)=E\left(\frac{1}{3}X_1+\frac{2}{3}X_2\right)=\frac{1}{3}E(X_1)+\frac{2}{3}E(X_2)=\frac{1}{3}\mu+\frac{2}{3}\mu=\mu;$$

$$E(\mu_3)=E\left(\frac{1}{4}X_1+\frac{3}{4}X_2\right)=\frac{1}{4}E(X_1)+\frac{3}{4}E(X_2)=\frac{1}{4}\mu+\frac{3}{4}\mu=\mu.$$

因为估计量 μ_1、μ_2、μ_3 都为 μ 的无偏估计，故比较 μ_1、μ_2、μ_3 的方差：

$$D(\mu_1)=D\left(\frac{1}{2}X_1+\frac{1}{2}X_2\right)=\frac{1}{4}D(X_1)+\frac{1}{4}D(X_2)=\frac{1}{2}D(X)=\frac{1}{2}\sigma^2;$$

$$D(\mu_2)=D\left(\frac{1}{3}X_1+\frac{2}{3}X_2\right)=\frac{1}{9}D(X_1)+\frac{4}{9}D(X_2)=\frac{5}{9}D(X)=\frac{5}{9}\sigma^2;$$

$$D(\mu_3)=D\left(\frac{1}{4}X_1+\frac{3}{4}X_2\right)=\frac{1}{16}D(X_1)+\frac{9}{16}D(X_2)=\frac{5}{8}D(X)=\frac{5}{8}\sigma^2.$$

由于 $D(\mu_1)<D(\mu_2)<D(\mu_3)$. 根据有效性的定义可知，估计量 μ_1 比较有效.

3. 一致性

当样本容量越来越大时，$\hat{\theta}$ 靠近 θ 的真值的可能性也应该越来越大，最好是当样本容量趋于无穷时，$\hat{\theta}$ 在概率的意义上收敛于 θ 的真值. 这就是一致性的要求. 为此，引入如下一致性的概念：

定义 12-16 设 $\hat{\theta}$ 是未知参数 θ 的估计量. 若对 $\forall\varepsilon>0$，有

$$\lim_{n\to\infty}P\{|\hat{\theta}-\theta|<\varepsilon\}=1 \tag{12-2-4}$$

恒成立，则称 $\hat{\theta}$ 是 θ 的**一致估计量**.

估计量的一致性是对于极限性质而言的，它只在样本容量 n 较大时才起作用.

【例 9】 证明：样本均值 $\overline{X}$ 是总体均值 μ 的一致估计量.

证明 由于样本的个体相互独立且与总体 X 同分布，所以

$$E(\overline{X})=\frac{1}{n}E\left(\sum_{i=1}^{n}X_i\right)=\frac{1}{n}\sum_{i=1}^{n}E(X_i)=\mu$$

根据切比雪夫大数定律知，对 $\forall\varepsilon>0$，有

$$\lim_{n\to\infty}P\{|\overline{X}-\mu|<\varepsilon\}=1$$

因此，样本均值 $\overline{X}$ 是总体均值 μ 的一致估计量.

对于上述三个评价好估计量的标准，在实际问题中难以同时兼顾. 无偏性在直观上比较合理，但并不是每个参数都有无偏估计量，而有效性又要建立在无偏估计量的前提下，用一致性评价估计量好坏时要求样本容量适当地大，它的优越性才明显. 因此，应该根据实际情况合理地选择评价标准.

三、区间估计

由参数的点估计可知，可以用样本的均值与方差来估计总体的均值与方差.在有些情况下，这种估计按照一定的判别标准(无偏性、有效性、一致性)是相当好的.但是有时对总体参数估计不满足于只是一个具体值，而是要估计总体参数落入某一区域，以及参数落入这一区域的概率.这样的区域通常用区间的形式给出，同时给出此区间包含参数真实值的概率，这种形式的估计称为区间估计.

定义 12-17 设总体 X 的分布函数是 $F(x;\theta)$，其中 θ 是未知参数.给定 $\alpha(0<\alpha<1)$，若由样本 $X_1,X_2,\cdots,X_n$ 确定的两个统计量 $\hat{\theta}(X_1,X_2,\cdots,X_n)$ 和 $\hat{\theta}_2(X_1,X_2,\cdots,X_n)$ 满足 $p(\hat{\theta}_1<\theta<\hat{\theta}_2)=1-\alpha$，则称随机区间 $(\hat{\theta}_1,\hat{\theta}_2)$ 是参数 θ 的置信度为 $1-\alpha$ 的**置信区间**.其中 $\hat{\theta}_1$ 和 $\hat{\theta}_2$ 称为置信度为 $1-\alpha$ 的双侧置信区间的**置信下限**和**置信上限**，$1-\alpha$ 称为**置信度**.

α 是事前给定的一个比较小的正数，它是指参数估计不准的概率，即参数 θ 未被区间 $(\hat{\theta}_1,\hat{\theta}_2)$ 涵盖的概率，一般取 $\alpha=0.05$ 或 $\alpha=0.01$.

例如，设参数 θ 满足条件 $P\{35.72<\theta<53.47\}=96\%$，则参数 θ 的置信度为 96%的置信区间为(35.72,53.47)，其中置信下限 $\hat{\theta}_1=35.72$，置信上限 $\hat{\theta}_2=53.47$.

对于给定的置信度，根据样本来确定未知参数 θ 的置信区间，称为参数 θ 的**区间估计**.

以下讨论单正态总体均值与方差的区间估计.

1. 总体方差 σ^2 已知时，μ 的 $1-\alpha$ 置信区间

根据上一节统计量的抽样分布定理知

$$U=\frac{\overline{X}-\mu}{\sigma/\sqrt{n}}\sim N(0,1) \tag{12-2-5}$$

因方差 σ^2 已知，于是，对给定置信度 $1-\alpha$ 必存在 $\mu_{\alpha/2}$ 使

解析：区间估计

$$P\left\{\left|\frac{\overline{X}-\mu}{\sigma/\sqrt{n}}\right|<\mu_{\alpha/2}\right\}=1-\alpha$$

将上式括号内的不等式作等价变换得

$$P\left\{\overline{X}-\mu_{\alpha/2}\frac{\sigma}{\sqrt{n}}<\mu<\overline{X}+\mu_{\alpha/2}\frac{\sigma}{\sqrt{n}}\right\}=1-\alpha$$

即得 μ 的置信区间

$$\left(\overline{X}-\mu_{\alpha/2}\frac{\sigma}{\sqrt{n}},\overline{X}+\mu_{\alpha/2}\frac{\sigma}{\sqrt{n}}\right) \tag{12-2-6}$$

【例 10】 现随机地从一批服从正态分布 $N(\mu,0.02^2)$ 的零件中抽取 16 个，分别测得其长度(单位：cm)如下：

2.14,2.10,2.13,2.15,2.13,2.12,2.13,2.10,
2.15,2.12,2.14,2.10,2.13,2.11,2.14,2.11.

估计该批零件的平均长度 μ，并求 μ 的置信度为 95%的置信区间.

解 根据矩估计法得 μ 的矩估计值为

$$\hat{\mu}=\overline{X}=\frac{2.14+\cdots+2.11}{16}=2.125$$

由题意，$\alpha=0.05$，查正态分布表得相应的上侧分位点 $\mu_{\alpha/2}=\mu_{0.025}=1.96$. 又 $\sigma=0.02$，$n=16$，所以

$$\overline{X}-u_{\alpha/2}\frac{\sigma}{\sqrt{n}}=2.125-1.96\times\frac{0.02}{4}\approx 2.115,$$

$$\overline{X}+u_{\alpha/2}\frac{\sigma}{\sqrt{n}}=2.125+1.96\times\frac{0.02}{4}\approx 2.135.$$

故由式(12-2-6)可得 μ 的置信度为95%的置信区间为(2.115,2.135).

2. 总体方差 σ^2 未知时，μ 的 $1-\alpha$ 置信区间

根据上一节统计量的抽样分布定理知

$$T=\frac{\overline{X}-\mu}{S/\sqrt{n}}\sim t(n-1). \tag{12-2-7}$$

于是，利用 T 的分布可导出方差 σ^2 未知时正态总体的区间估计，给定置信度 $1-\alpha$，则必存在 $t_{\alpha/2}(n-1)$ 使

$$P\left\{\left|\frac{\overline{X}-\mu}{S/\sqrt{n}}\right|<t_{\frac{\alpha}{2}}(n-1)\right\}=1-\alpha.$$

对上式做等价变换得

$$P\left\{\overline{X}-t_{\alpha/2}(n-1)\frac{S}{\sqrt{n}}<\mu<\overline{X}+t_{\alpha/2}(n-1)\frac{S}{\sqrt{n}}\right\}=1-\alpha.$$

因此，μ 的置信区间为

$$\left(\overline{X}-t_{\alpha/2}(n-1)\frac{S}{\sqrt{n}},\overline{X}+t_{\alpha/2}(n-1)\frac{S}{\sqrt{n}}\right). \tag{12-2-8}$$

【例 11】 从一批零件中抽取16个零件，测得它们的直径(单位：mm)如下：

12.15,12.12,12.01,12.08,12.09,12.16,12.03,12.01,

12.06,12.13,12.07,12.11,12.08,12.01,12.03,12.06.

设这批零件的直径服从正态分布 $N(\mu,\sigma^2)$. 求零件直径的均值 μ 对应于置信度为0.95的置信区间.

解 因为 σ^2 未知，因此由式(12-2-8) 可知，μ 的置信度为 $1-\alpha$ 的置信区间为

$$\left(\overline{X}-t_{\alpha/2}(n-1)\frac{S}{\sqrt{n}},\overline{X}+t_{\alpha/2}(n-1)\frac{S}{\sqrt{n}}\right).$$

由题设给定的样本值可得

$$n=16,\overline{X}=12.075,S^2=0.002\,44.$$

当置信度 $1-\alpha=0.95$ 时，$\alpha=0.05$，查 t 分布表得 $t_{\alpha/2}(n-1)=t_{0.025}(15)=2.13$，所以

$$\overline{X}-t_{\alpha/2}(n-1)\frac{S}{\sqrt{n}}=12.075-2.13\,\frac{\sqrt{0.002\,44}}{4}\approx 12.049$$

$$\overline{X}+t_{\alpha/2}(n-1)\frac{S}{\sqrt{n}}=12.075+2.13\,\frac{\sqrt{0.002\,44}}{4}\approx 12.101.$$

故所求的置信区间为(12.049,12.101).

3. μ 未知时，总体方差 σ^2 的 $1-\alpha$ 置信区间

根据上一节统计量的抽样分布定理知

$$\chi^2=\frac{(n-1)S^2}{\sigma^2}\sim\chi^2(n-1). \tag{12-2-9}$$

给定置信度 $1-\alpha$，可在 χ^2 分布表中查得自由度为 $n-1$ 的上侧分位点 $\chi^2_{\alpha/2}(n-1)$，$\chi^2_{1-\alpha/2}(n-1)$ 使

$$P\left\{\frac{(n-1)S^2}{\sigma^2}\geqslant\chi^2_{\alpha/2}(n-1)\right\}=\frac{\alpha}{2}$$

和

$$P\left\{\frac{(n-1)S^2}{\sigma^2}\leqslant\chi^2_{1-\alpha/2}(n-1)\right\}=\frac{\alpha}{2}$$

于是有

$$P\left\{\chi^2_{1-\alpha/2}(n-1)<\frac{(n-1)S^2}{\sigma^2}<\chi^2_{\alpha/2}(n-1)\right\}=1-\alpha$$

将上式做等价变换得

$$P\left\{\frac{(n-1)S^2}{\chi^2_{\alpha/2}(n-1)}<\sigma^2<\frac{(n-1)S^2}{\chi^2_{1-\alpha/2}(n-1)}\right\}=1-\alpha$$

因此，正态总体在 μ 未知时方差 σ^2 的置信度为 $1-\alpha$ 的置信区间为

$$\left(\frac{(n-1)S^2}{\chi^2_{\alpha/2}(n-1)},\frac{(n-1)S^2}{\chi^2_{1-\alpha/2}(n-1)}\right), \tag{12-2-10}$$

而标准差 σ 的置信度为 $1-\alpha$ 的置信区间为

$$\left(\sqrt{\frac{(n-1)S}{\chi^2_{\alpha/2}(n-1)}},\sqrt{\frac{(n-1)S}{\chi^2_{1-\alpha/2}(n-1)}}\right). \tag{12-2-11}$$

【例 12】 从某厂生产的滚珠中随机抽取 10 个，测得滚珠的直径(单位:mm)如下：

14.6，15.0，14.7，15.1，14.9，14.8，15.0，15.1，15.2，14.8，

若滚珠直径服从正态分布 $N(\mu,\sigma^2)$ 且 μ 未知，求滚珠直径方差 σ^2 的置信水平为 95%的置信区间.

解 计算样本方差 $S^2=0.037\,3$；

给定的置信水平 $1-\alpha=0.95$，可得 $\alpha=0.05$；自由度 $n-1=10-1=9$.

查 χ^2 分布表得

$$\chi^2_{0.95}(9)=2.70,\chi^2_{0.025}(9)=19.0$$

所以，由式(12-2-10)求得滚珠直径方差 σ^2 置信区间为 $\left(\frac{9\times0.037\,3}{19.0},\frac{9\times0.037\,3}{2.70}\right)$，即 $(0.017\,7,0.124\,3)$.

习题 12-2

1. 设总体 X 具有分布律

X	1	2	3
P	θ^2	$2\theta(1-\theta)$	$(1-\theta)^2$

其中$\theta(0<\theta<1)$为未知参数.已知取得了样本值$x_1=1,x_2=2,x_3=1$.试求θ的矩估计值和极大似然估计值.

2.设总体X具有概率密度$f(x)=\begin{cases}\theta x^{\theta-1}, & 0<x<1\\ 0, & 其他\end{cases},(\theta>0)$.

(1)求θ的矩估计； (2)求θ的极大似然估计.

3.设电话总机在某时间内接到的呼叫次数服从未知参数λ的泊松分布$P(\lambda)$,现有42个数据如下：

接到呼叫次数	0	1	2	3	4	5
出现的频数	7	10	12	8	3	2

用极大似然估计法估计上述的未知参数λ.

4.设X_1,X_2,X_3为总体X的样本,证明$\hat{\mu}_1=\frac{1}{6}X_1+\frac{1}{3}X_2+\frac{1}{2}X_3$,$\hat{\mu}_2=\frac{2}{5}X_1+\frac{1}{5}X_2+\frac{2}{5}X_3$都是总体均值$\mu$的无偏估计,并进一步判断哪一个估计较有效.

5.设总体X的均值$E(X)=\mu$已知,方差$D(x)=\sigma^2$未知,$X_1,X_2,\cdots,X_n$为样本,证明:$\hat{\sigma}^2=\frac{1}{n}\sum_{i=1}^{n}(X_i-\mu)^2$是$\sigma^2$的无偏估计.

6.设$\hat{\theta}$是参数θ的无偏估计,且有$D(\hat{\theta})>0$.证明:$\hat{\theta}^2$不是θ^2的无偏估计.

7.设$\hat{\theta}_1$及$\hat{\theta}_2$是θ的两个独立的无偏估计量,且假定$D(\hat{\theta}_1)=2D(\hat{\theta}_2)$,求常数$C_1$及$C_2$,使$\hat{\theta}=C_1\hat{\theta}_1+C_2\hat{\theta}_2$为$\theta$的无偏估计量,并使得$D(\hat{\theta})$达到最小.

8.设$X_1,X_2,\cdots,X_n$是取自总体$X\sim N(0,\sigma^2)$的一个样本,其中σ^2未知,令$\hat{\sigma}^2=\frac{1}{n}\sum_{i=1}^{n}X_i^2$,试证$\hat{\sigma}^2$是$\sigma^2$的一致估计量.

9.设电子元件的寿命服从正态分布$N(\mu,\sigma^2)$,抽样检查10个元件,得到样本均值$\bar{x}=1\,500$(小时),样本标准差$s=14$(小时),求：

(1)总体均值μ的置信水平为99%的置信区间；

(2)用$\bar{x}$作为μ的估计值,误差绝对值不大于10(小时)的概率.

10.用机器装罐头,已知罐头质量服从正态分布$N(\mu,0.02^2)$.随机抽取25盒罐头进行测量,算得其样本均值$\overline{X}=1.02$ kg.试求总体期望μ的置信度为95%的置信区间.

11.从某商店一年来的发票存根中随机抽取26张,算得平均金额为78.5元,样本标准差为20元.假定发票金额服从正态分布.试求该商店一年来发票平均的置信度为90%的置信区间.

12.随机取某种炮弹9发做实验,得炮口的速度的样本标准差$S=11$ m/s.设炮口的速度服从正态分布.求这种炮弹炮口的速度方差σ^2和标准差σ的置信度为0.95的置信区间.

正态总体参数的置信区间见表12-2-1.

表 12-2-1　正态总体参数的置信区间

估计对象	总体条件	统计量及其分布	置信区间
μ	σ 已知	$U=\dfrac{\overline{X}-\mu}{\sigma/\sqrt{n}}\sim N(0,1)$	$\left(\overline{X}-u_{\alpha/2}\dfrac{\sigma}{\sqrt{n}},\overline{X}+u_{\alpha/2}\dfrac{\sigma}{\sqrt{n}}\right)$
	σ 未知	$T=\dfrac{\overline{X}-\mu}{S/\sqrt{n}}\sim t(n-1)$	$\left(\overline{X}-t_{\alpha/2}(n-1)\dfrac{S}{\sqrt{n}},\overline{X}+t_{\alpha/2}(n-1)\dfrac{S}{\sqrt{n}}\right)$
σ^2	μ 已知	$\chi^2=\sum\limits_{i=1}^{n}\left(\dfrac{X_i-\mu}{\sigma}\right)^2\sim\chi^2(n)$	$\left(\dfrac{\sum\limits_{i=1}^{n}(X_i-\mu)^2}{\chi^2_{\alpha/2}(n)},\dfrac{\sum\limits_{i=1}^{n}(X_i-\mu)^2}{\chi^2_{(1-\alpha/2)}(n)}\right)$
	μ 未知	$\chi^2=\dfrac{(n-1)S^2}{\sigma^2}\sim\chi^2(n-1)$	$\left(\dfrac{(n-1)S^2}{\chi^2_{\alpha/2}(n-1)},\dfrac{(n-1)S^2}{\chi^2_{1-\alpha/2}(n-1)}\right)$

12.3　假设检验

假设检验，是另一大类统计推断问题.它是先假设总体具有某种特征(例如总体的参数为多少)，然后再通过对样本的加工，即构造统计量，推断出假设的结论是否合理.从纯粹逻辑上考虑，似乎对参数的估计与对参数的检验不应有实质性的差别，犹如说："求某方程的根"与"验证某数是否是某方程的根"这两个问题不会得出矛盾的结论一样.但从统计的角度看估计和检验，这两种统计推断是不同的，它们不是简单的"计算"和"验算"的关系.

一、统计假设

假设检验有它独特的统计思想，也就是说引入假设检验是完全必要的.我们来考虑下面的例子.

【例 1】 某厂家向一百货商店长期供应某种货物，双方根据厂家的传统生产水平，定出质量标准，即若次品率超过 3%，则百货商店拒收该批货物.今有一批货物，随机抽取 43 件检验，发现有次品 2 件，问应如何处理这批货物?

如果双方商定用点估计方法作为验收方法，显然$\dfrac{2}{43}>3\%$，这批货物是要被拒收的.但是厂家有理由反对用这种方法验收.他们认为，由于抽样是随机的，在这次抽样中，次品的频率超过 3%，不等于说这批产品的次品率 p(概率)超过了 3%.就如同说掷一枚钱币，正反两面出现的概率各为$\dfrac{1}{2}$，但若掷两次钱币，不见得正、反面正好各出现一次一样.就是说，即使该批货的次品率为 3%，仍有很大的概率使得在抽检 43 件货物时出现 2 个以上的次品，因此需要用别的方法.如果百货商店也希望在维护自己利益的前提下，不轻易地失去一个有信誉的货源，也会同意采用别的更合理的方法.事实上，对于这类问题，通常采用假设检验的方法.具体来说就是先假设次品率 $p\leqslant 3\%$，然后从抽样的结果来说明 $p\leqslant 3\%$这一假设是否合理.注意，这里用的是"合理"一词，而不是"正确"，粗略地说就是"认为 $p\leqslant 3\%$"能否说得过去.

还有一类问题实际上很难用参数估计的方法去解决.

【例 2】 某研究所推出一种感冒特效新药,为证明其疗效,选择 200 名患者为志愿者.将他们均分为两组,分别为不服药、服药,观察三日后痊愈的情况,得出数据如下.

是否痊愈 服何种药	痊愈者	未痊愈者	合计
未服药者	48	52	100
服药者	56	44	100
合计	104	96	200

问新药是否确有明显疗效?

这个问题就不存在估计什么的问题.从数据来看,新药似乎有一定疗效,但效果不明显,服药者在这次试验中的情况比未服药者好,完全可能是随机因素造成的.对于新药上市这样关系到千万人健康的事,一定要采取慎重的态度.这就需要用一种统计方法来检验药效,假设检验就是在这种场合下的常用手段.

具体来说,我们先不轻易地相信新药的作用,因此可以提出假设"新药无效",除非抽样结果显著地说明这假设不合理,否则,将不能认为新药有明显的疗效.这种提出假设然后做出否定或肯定的判断通常称为**假设检验**.

在假设检验中,常把一个被检验的假设称为**原假设**或**零假设**,并以 H_0 表示,而其对立面就称为**对立假设**或者**备择假设**,并以 H_1 表示.例如,若正态总体的平均数未知,但知道它的可能取值为 μ_0,要检验原假设"$\mu=\mu_0$",这样,除 μ_0 以外的一切正实数都是备择假设.在假设检验中,检验的目的就是通过实测资料来判断是接受还是拒绝这个原假设,这种假设检验也称为**显著性测验**.如果检验的结果否定了原假设,就说(假设与实际)差异显著;如果检验的结果不能否定原假设,就说(假设与实际)无差异显著.

假设检验也可分为参数检验和非参数检验.当总体分布形式已知,只对某些参数做出假设,进而做出的检验为参数检验;对其他假设做出的检验为非参数检验.

二、假设检验的思想方法

如何利用从总体中抽取的样本来检验一个关于总体的假设是否成立呢?由于样本与总体分布相同,样本包含了总体的信息,因而也包含了原假设 H_0 是否成立的信息,如何来获取并利用样本信息是解决问题的关键.统计学中常用"小概率原理"和"概率反证法"来解决这一问题.

小概率原理 概率很小的事件在一次试验中几乎不会发生.如果小概率事件在一次试验中竟然发生了,则属于不正常现象,有理由怀疑试验的原定条件不成立.

概率反证法 欲判断假设 H_0 的真假,首先假定 H_0 为真,在此前提下构造一个能说明问题的小概率事件 A.试验取样,根据样本信息确定 A 是否发生,若 A 发生,这与小概率原理相违背,说明试验的前提条件 H_0 不成立,拒绝 H_0,接受备择假设 H_1;若小概率事件 A 没有发生,则没有理由拒绝 H_0,就只能接受 H_0.反证法的关键是通过推理,得到一个与常理(定理、公式、原理)相违背的结论."概率反证法"依据的是"小概率原理".那么多小的概率才算小概率呢？这要由实际问题的不同需要来决定. 以后用符号 α 记作小概率，一般取 $\alpha=0.01, 0.05, 0.1$ 等. 在假设检验中，若小概率事件的概率不超过 α，则称 α 为**检验水平**或**显著性水平**.

三、假设检验中的两类错误

在假设检验中，只能在拒绝 H_0 或接受 H_0 中做出选择，两者必居其一. 而判断的唯一依据是样本信息. 由于样本的随机性，因此在进行判断时，还是有可能犯错误，归纳起来，可能犯以下两类错误.

第Ⅰ类错误，当原假设 H_0 为真时，却做出拒绝 H_0 的判断，通常称之为**弃真错误**，由于样本的随机性，犯这类错误的可能性是不可避免的. 若将犯这一类错误的概率记为 α，则有 $P\{拒绝\ H_0 \mid H_0\ 为真\}=\alpha$.

第Ⅱ类错误，当原假设 H_0 不成立时，却做出接受 H_0 的决定，这类错误称之为**取伪错误**，这类错误同样是不可避免的. 若将犯这类错误的概率记为 β，则有 $P\{接受\ H_0 \mid H_0\ 为假\}=\beta$.

为保证检验效果，当然希望犯这两类错误的概率都尽可能地小. 而事实上，在样本容量 n 固定的情况下，当 α 减小时，β 就增大；反之，当 β 减小时，α 就增大. 因此两类错误是互相关联的，当样本容量固定时，一类错误概率的减少导致另一类错误概率的增加.

要同时降低两类错误的概率 α 和 β，或者要在 α 不变的条件下降低 β，我们只能是增加样本容量.

一般在实际中，往往倾向于保护 H_0，即 H_0 确实成立时，做出拒绝 H_0 的概率应是一个很小的正数 α，也就是将犯弃真错误的概率限制在事先给定的 α 范围内，因此这类假设检验通常又称为**显著性假设检验**.

四、假设检验的原理和步骤

无论是参数检验还是非参数检验，其原理和步骤都有共同的地方，我们将通过下面的例子来阐述假设检验的一般原理和步骤.

【例 3】 一台包装机装洗衣粉，额定标准质量为 500 g，根据以往经验，包装机的实际装袋质量服从正态分布 $N(\mu,\sigma^2)$，其中 $\sigma=15$ g，为检验包装机工作是否正常，随机抽取 9 袋，称得洗衣粉净重数据如下（单位：g）

497　506　518　524　488　517　510　515　516

若取显著性水平 $\alpha=0.01$，问这台包装机工作是否正常？

所谓包装机工作正常，即是包装机包装洗衣粉的分量的期望值应为额定分量 500 g，多装了厂家要亏损，少装了损害消费者利益. 因此要检验包装机工作是否正常，用参数表示就是 $\mu=500$ 是否成立.

首先，我们根据以往的经验认为，在没有特殊情况下，包装机工作应该是正常的，由此提出原假设和备选假设：

$$H_0: \mu=\mu_0=500;\quad H_1: \mu\neq\mu_0.$$

其次对给定的显著性水平 $\alpha=0.01$，构造统计量和小概率事件，来进行检验.

一般地，可将例 3 表述如下：设 $X\sim N(\mu,\sigma^2)$，σ^2 已知 $(X_1,X_2,\cdots,X_n)$ 为 X 的一个样本，求对问题

$$H_0:\mu=\mu_0;\quad H_1:\mu\neq\mu_0 \tag{12-3-1}$$

的显著水平为 $\alpha(0<\alpha<1)$ 的检验.

这个问题就归结为，总体服从 $N(\mu,\sigma^2)$，σ^2 已知，需检验 μ.

解 (1) 提出假设

$$H_0:\mu=\mu_0=500;\quad H_1:\mu\neq\mu_0.$$

(2) 在 H_0 成立的条件下，构造统计量. 由于 σ^2 已知，可取统计量

$$U=\frac{\overline{X}-\mu_0}{\dfrac{\sigma}{\sqrt{n}}}.$$

并计算其具体值. 在例 3 中

$$U=\frac{\left[\dfrac{1}{9}(497+506+518+524+488+517+510+515+516)-500\right]}{(15/\sqrt{9})}\approx 2.02$$

(3) 易知，在 H_0 成立的条件下，U 服从正态分布 $N(0,1)$，因此根据正态分布的特点，在 H_0 成立的条件下，U 的值应以较大的概率出现在 0 的附近，因此对 H_0 不利的小概率事件是 U 的值出现在远离 0 的地方. 即 U 大于某个较大的数，或小于某个较小的数. 这一小概率事件对应的否定域为

$$W=\{U>u_{\frac{\alpha}{2}}\}\cup\{U<u_{1-\frac{\alpha}{2}}\}=\{|U|>u_{\frac{\alpha}{2}}\}. \tag{12-3-2}$$

满足 $P\{W|H_0\}=\alpha$. 构造这一否定域利用了 U 的概率密度曲线两侧尾部面积(图 12-3-1)，故称具有这种形式的否定域的检验为双侧检验.

(4)给定显著性水平，在例 3 中 $\alpha=0.01$，查出临界值

$$u_{\frac{\alpha}{2}}=2.575,u_{1-\frac{\alpha}{2}}=-u_{\frac{\alpha}{2}}=-2.575.$$

(5)从 U 的值判断小概率事件是否发生，并由此得出接受或拒绝 H_0 的结论. 对于例 3，因为在(2)中算出的 U 值，其绝对值小于 2.575，样本点在否定域 W 之外，即小概率事件未发生，故接受 H_0，亦即认为包装机工作正常.

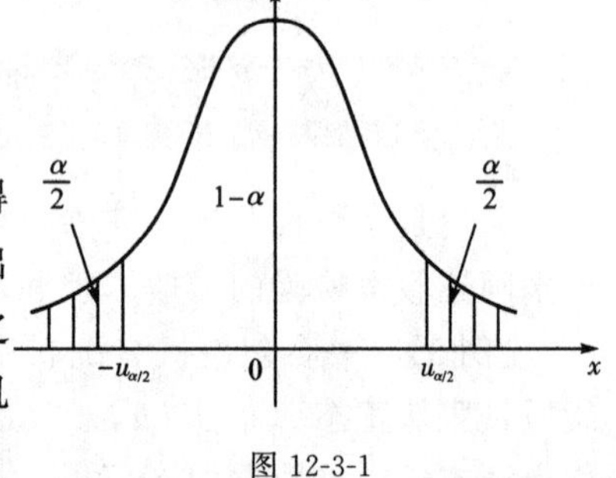

图 12-3-1

从上面的讨论中可以看出，在假设检验中，接受或拒绝原假设的决定是根据样本特征值与假设值的偏差超出一定界限的概率做出的，如果这个概率很小，就拒绝假设，如果这个概率较大，就接受假设. 这里显然有一个标准问题，也就是说，要规定一个很小的概率 α 作为临界值，使得当上述偏差超过规定界限的概率小于或等于 α 时，就拒绝原假设，反之，就接受原假设.

总结上面例子的分析过程，可以得到假设检验的步骤：

(1)根据实际问题提出原假设 H_0 与备择假设 H_1，即说明所要的假设的具体内容.

(2)根据已知条件,选择合适的统计量,在原假设 H_0 为真的条件下,该统计量的精确分布(小样本情况)或极限分布(大样本情况)已知.

(3)选取合适的显著性水平 α,并根据统计量的分布查表,确定对应于此显著水平的临界值(分位点).

(4)根据样本观测值计算统计量的值,并与临界值比较,从而导出接受或拒绝原假设 H_0 的结论.

解析:单个正态总体的假设检验

五、单个正态总体的假设检验

1. U 检验法

(1)对于双侧检验,已知 $\sigma^2=\sigma_0^2$,检验 $H_0:\mu=\mu_0$;$H_1:\mu\neq\mu_0$.

选择统计量:

$$U=\frac{\overline{X}-\mu_0}{\frac{\sigma}{\sqrt{n}}}\sim N(0,1).\tag{12-3-3}$$

在 H_0 成立的假设下,$U\sim N(0,1)$.对给定的显著性水平 α,查标准正态分布表可得临界值 $u_{\alpha/2}$,使 $P\{|U|>u_{\alpha/2}\}=\alpha$,这说明 $W=\{|U|>u_{\alpha/2}\}$为小概率事件,将样本观测值带入 $U=\frac{\overline{X}-\mu_0}{\sigma/\sqrt{n}}$中,计算统计量的值 U,如果$|U|>u_{\alpha/2}$,那么表明在一次试验中小概率事件 W 发生了,因而拒绝 H_0,而接受 H_1;否则就接受 H_0.

【例 4】 上海 76 年间 7 月平均气温的平均值为 27.2 ℃,均方差 $\sigma=1.09$,为绘制 7 月平均气温等温线图,试以显著性水平 $\alpha=0.05$ 检验 27.0 ℃等温线通过上海是否可信?

解 检验 27.0 ℃等温线通过上海是否可信,即检验上海 7 月平均气温是否等于 27.0 ℃.

原假设 H_0:上海 7 月平均气温等于 27.0 ℃,即 $\mu=\mu_0=27.0$ ℃;备择假设 H_1:上海 7 月平均气温不等于 27.0 ℃,即 $\mu\neq\mu_0$.

由于 $\sigma=1.09$ 已知,故取统计量

$$U=\frac{\overline{X}-\mu_0}{\sigma/\sqrt{n}}\sim N(0,1).$$

给定的显著性水平 $\alpha=0.05$,又为双侧检验,查正态分布表得 $u_{\alpha/2}=u_{0.025}=1.96$,使得

$$P(|U|>u_{\alpha/2})=\alpha.$$

取拒绝域 $W=\{|U|>1.96\}$.

将 $\overline{X}=27.2,\sigma=1.09,\mu_0=27.0,n=76$ 代入式(12-3-3)得:

$$|U|=\left|\frac{27.2-27.0}{1.09/\sqrt{76}}\right|\approx1.60<1.96.$$

不属于拒绝域,所以不能否定原假设,只能接受原假设,即在 $\alpha=0.05$ 的显著性水平上,可认为上海 7 月平均气温等于 27.0 ℃.

(2)对于右侧检验,已知 $\sigma^2=\sigma_0^2$,检验 $H_0:\mu\leqslant\mu_0$,$H_1:\mu>\mu_0$.

选择统计量 $U=\dfrac{\overline{X}-\mu_0}{\sigma/\sqrt{n}}$,对给定的显著性水平 α,查标准正态分布表可得临界值 u_α,即 $\Phi(u_\alpha)=1-\alpha$. 在 H_0 成立的条件下,拒绝域为$\{U>u_\alpha\}$,如果 $U>u_\alpha$ 时,拒绝 H_0,接受 H_1,否则接受 H_0.

(3)对于左侧检验,已知 $\sigma^2=\sigma_0^2$,检验 $H_0:\mu\geqslant\mu_0$,$H_1:\mu<\mu_0$.

选择统计量 $U=\dfrac{\overline{X}-\mu_0}{\sigma/\sqrt{n}}$,对给定的显著性水平 α,查标准正态分布表可得临界值 u_α,即 $\Phi(u_\alpha)=1-\alpha$. 在 H_0 成立的条件下,拒绝域为$\{U<-u_\alpha\}$,如果 $U<-u_\alpha$ 时,拒绝 H_0,接受 H_1,否则接受 H_0.

【例 5】 有人说某学校的学生平均每天的锻炼时间至少 30 分钟,随机在该学校中随机选择 100 名学生,他们每天平均的锻炼时间为 31 分钟,已知学生锻炼时间的标准差为 12 分钟. 试在 $\alpha=0.05$ 的显著性水平下,检验该人说法是否可信?

解 根据题意,此平均数检验为单侧检验. 假设 $H_0:\mu\leqslant\mu_0=30$;$H_1:\mu>\mu_0$.

$$U=\frac{\overline{X}-\mu_0}{\sigma/\sqrt{n}}=\frac{31-30}{12/\sqrt{100}}\approx 0.833$$

已知 $\alpha=0.05$ 是右侧检验,查正态分布表 $u_{0.05}=1.64$. 可见 $U=0.833<1.64$,位于接受域,所以接受原假设,拒绝备择假设,即该人的说法是不可信的.

2. t 检验法

若正态总体方差 σ^2 未知,要检验总体的均值,可用样本方差 S^2 代替总体方差 σ^2. 此时我们选取统计量

$$T=\frac{\overline{X}-\mu_0}{S/\sqrt{n}}\sim t(n-1) \tag{12-3-4}$$

据此,可用 t 分布来检验有关正态总体平均值的统计假设,称为 t 检验法.

对于这类单个正态总体的检验,可归纳为:

(1)对于双侧检验,σ^2 未知,检验 $H_0:\mu=\mu_0$,$H_1:\mu\neq\mu_0$,拒绝域为:$W=\{|T|>t_{\alpha/2}(n-1)\}$;

(2)对于右侧检验,σ^2 未知,检验 $H_0:\mu\leqslant\mu_0$,$H_1:\mu>\mu_0$,拒绝域为:$W=\{T>t_\alpha(n-1)\}$.

(3)对于左侧检验,σ^2 未知,检验 $H_0:\mu\geqslant\mu_0$,$H_1:\mu<\mu_0$,拒绝域为:$W=\{T<-t_\alpha(n-1)\}$.

【例 6】 某地区 10 岁儿童的平均体重为 $\mu_0=34$ kg,现选择某一小学随机抽取 8 个儿童测量他们的体重,分别为(kg):35.6,37.6,33.4,35.1,32.7,36.8,35.9,34.6,问这所小学 10 岁儿童的体重与当地有无显著差异?显著水平 $\alpha=0.05$.

解 提出假设,原假设 H_0:这所小学 10 岁儿童的体重与当地同龄儿童平均体重相同,即 $\mu=\mu_0=34$ kg,备择假设 $H_1:\mu\neq\mu_0\neq 34$ kg.

由于总体方差 σ^2 未知,取统计量

$$T=\frac{\overline{X}-\mu_0}{S/\sqrt{n}}\sim t(n-1) \tag{12-3-5}$$

对于给定的显著性水平 $\alpha=0.05$，查表得 $t_{\alpha/2}(n-1)=t_{0.025}(7)=2.365$，使得

$$P\{|T|>t_{\alpha/2}(n-1)\}=\alpha.$$

取拒绝域 $W=\{|T|>2.365\}$.

由所给样本计算得

$$\overline{X}=(35.6+37.6+\cdots+34.6)/8\approx 35.2\ \text{kg}$$

$$S=\sqrt{\frac{(35.6-35.2)^2+(37.6-35.2)^2+\cdots+(34.6-35.2)^2}{8-1}}\approx 1.64\ \text{kg}$$

把 $\overline{X},S,\mu_0,n=8$ 带入得

$$|T|=\left|\frac{35.2-34}{1.64/\sqrt{8}}\right|\approx 2.069<2.365$$

位于接受域，所以接受原假设，拒绝备择假设，即这所小学 10 岁儿童的体重与当地指定值没有显著差异.

3. χ^2 检验法

若总体数学期望 μ 未知，由于 S^2 是 σ^2 的无偏估计，此时可选取统计量：

$$\chi^2=\frac{(n-1)S^2}{\sigma^2}\sim\chi^2(n-1) \tag{12-3-6}$$

式中 S^2 为抽样样本方差. 这类总体方差的检验也叫作 χ^2 检验法.

(1)对于双侧检验，μ 未知，检验 $H_0:\sigma^2=\sigma_0^2$，$H_1:\sigma^2\neq\sigma_0^2$，拒绝域为：$W=\{\chi^2>\chi^2_{\alpha/2}(n-1)\}\cup\{\chi^2<\chi^2_{1-\frac{\alpha}{2}}(n-1)\}$；

(2)对于右侧检验，μ 未知，检验 $H_0:\sigma^2\leqslant\sigma_0^2$，$H_1:\sigma^2>\sigma_0^2$，拒绝域为：$W=\{\chi^2>\chi^2_{\alpha}(n-1)\}$；

(3)对于左侧检验，μ 未知，检验 $H_0:\sigma^2\geqslant\sigma_0^2$，$H_1:\sigma^2<\sigma_0^2$，拒绝域为：$W=\{\chi^2<\chi^2_{1-\alpha}(n-1)\}$.

【例 7】 某厂生产的某种型号电池，其寿命长期以来服从方差 $\sigma^2=5\ 000$ 的正态分布. 今有一批这种电池，从它的生产情况来看，寿命波动性比较大. 为判断这种想法是否合乎实际，随机抽取了 26 只电池，测出其寿命的样本方差为 $S^2=9\ 200$. 问根据这个数据能否判定这批电池的波动性较以往有显著变化(取 $\alpha=0.02$)?

解 ①提出假设 原假设 $H_0:\sigma^2=\sigma_0^2=5\ 000$，备择假设 $H_1:\sigma^2\neq\sigma_0^2$；

②取统计量 $\chi^2=\dfrac{(n-1)S^2}{\sigma_0^2}\sim\chi^2(n-1)$；

③对于给定的显著水平 $\alpha=0.02$，样本容量 $n=26$，查表得：

$$\chi^2_{\alpha/2}(n-1)=\chi^2_{0.01}(25)=44.314,\chi^2_{1-\alpha/2}(n-1)=\chi^2_{0.99}(25)=11.524$$

得拒绝域：$W=\{\chi^2>44.314\}\cup\{\chi^2<11.524\}$；

④计算 χ^2 统计量的值为：

$$\chi^2=\frac{(n-1)S^2}{\sigma^2}=\frac{(26-1)}{5\ 000}\times 9\ 200=46,$$

由于 46>44.314，应拒绝原假设 H_0，即在水平 0.02 下认为这批电池抽样的波动性较以往有显著变化.

习题 12-3

一、选择题

1. 在假设检验中，记 H_0 为原假设，第Ⅰ类错误为(　　).

A. H_0 为真，接受 H_0　　　　B. H_0 不真，拒绝 H_0

C. H_0 为真，拒绝 H_0　　　　D. H_0 不真，接受 H_0

2. 在假设检验中，显著水平 α 的意义是(　　).

A. 原假 H_0 成立，经检验被拒绝的概率

B. 原假设 H_0 不成立，经检验被拒绝的概率

C. 原假设 H_0 成立，经检验不能被拒绝的概率

D. 原假设 H_0 不成立，经检验不能被拒绝的概率

3. 对显著水平 α 检验结果而言，犯第Ⅰ类(去真)错误的概率 $P\{$拒绝 $H_0 \mid H_0$为真$\}=$(　　).

Aα　　B. $1-\alpha$　　C. 大于 α　　D. 小于或等于 α

二、填空题

1. 假设检验的方法是依据________原理.

2. 由容量 n=11 的样本，计算得 $\overline{X}=3$，$\sum_{i=1}^{11} X_i^2=200$，则 $S^2=$________.

三、计算题

1. 早稻收割根据长势估计平均亩产为 310 kg，收割时，随机抽取了 10 块田地，测出每块田地的实际亩产量为 $X_1, X_2, \cdots, X_{10}$，计算得 $\overline{X}=\frac{1}{10}\sum_{i=1}^{10} X_i=320$，如果已知早稻亩产量 $\overline{X}$ 服从正态分布 $N(\mu, 144)$，试问所估产量是否正确？($\alpha=0.05$)

2. 自动车床加工零件的长度服从正态分布 $N(\mu, \sigma^2)$，车床正常时，加工零件长度均值为 10.5，经过一段时间生产后，要检验这个车床是否工作正常，为此抽取该车床加工的 31 个零件，测得数据如下：

零件长度	10.1	10.3	10.6	11.2	11.5	11.8	12.0
频数	1	3	7	10	6	3	1

若加工零件长度方差不变，问此车床工作是否正常？($\alpha=0.05$)

3. 某卷烟厂生产甲、乙两种香烟，分别对它们的尼古丁含量(mm)做了六次测定，得出样本观察值为

甲：25，28，23，26，29，22；

乙：28，23，30，25，21，27.

试问：这两种香烟的尼古丁含量有无显著差异.($\alpha=0.05$，两种香烟的尼古丁含量服从正态

分布,且方差相等)

4. 某种导线的电阻服从正态分布 $N(\mu,0.005^2)$,今从新生产的一批导线中随机抽取 9 根,测其电阻,然后计算出样本标准差 $s=0.004\ \Omega$,能否认为这批导线电阻的标准差仍为 0.005?($\alpha=0.05$)

复习题 12

一、选择题

1. 设 X_1,X_2,X_3,X_4,是来自总体 $X\sim N(\mu,\sigma^2)$ 的样本,其中 σ 已知,μ 未知,则下列四个样本中的函数中不是统计量的是(　　).

A. $\max X_i-\min X_i$

B. $\frac{1}{4}\sum\limits_{i=1}^{4}(X_i-\mu)$

C. $\frac{\sum\limits_{i=1}^{4}X_i^2}{\sigma^2}$

D. $\frac{1}{3}\sum\limits_{i=1}^{4}X_i^2-\frac{1}{12}(\sum\limits_{i=1}^{4}X_i)^2$

2. 设总体 $X\sim N(12,2^2)$,X_1,X_2,X_3,X_4 为样本,则 $P\{\overline{X}\geqslant 13\}=$(　　).

A. $1-\Phi(1)$　　B. $1-\Phi\left(\frac{1}{2}\right)$　　C. $\Phi(1)$　　D. $\Phi\left(\frac{1}{2}\right)$

3. 单个正态总体期望未知时,对取定的样本观察值及给定的 $\alpha(0<\alpha<1)$,欲求总体方差的置信度为 $1-\alpha$ 的置信区间,使用的统计量服从(　　).

A. F 分布　　B. t 分布　　C. χ^2 分布　　D. 标准正态分布

4. 设 $\hat{\theta}$ 是参数 θ 的无偏估计量,且 $D(\hat{\theta})>0$,则 $\hat{\theta}^2$ 是 θ^2 的(　　)估计量.

A. 无偏估计量　　B. 有偏估计量

C. 有效估计量　　D. A 与 B 同时成立

5. 设总体 $X\sim N(\mu,\sigma^2)$,其中 σ^2 已知,则总体均值 μ 的置信区间长度 L 与置信度 $1-\alpha$ 的关系是(　　).

A. 当 $1-\alpha$ 降低时,L 缩短　　B. 当 $1-\alpha$ 降低时,L 增长

C. 当 $1-\alpha$ 降低时,L 不变　　D. 以上说法都不对

6. $X_1,X_2,\cdots,X_n$ 是来自总体 $N(\mu,\sigma^2)$ 的样本,样本均值 $\overline{X}$ 服从(　　)分布.

A. $N(\mu,\sigma^2)$　　B. $N(0,1)$　　C. $N(n\mu,n\sigma^2)$　　D. $N\left(\mu,\frac{\sigma^2}{n}\right)$

二、填空题

1. 设随机变量 $X\sim N(0,2)$,$Y\sim\chi^2(5)$,且 X,Y 独立,则当 $A=$________时,$Z=A\frac{X}{\sqrt{Y}}$ 服从自由度为________的 t 分布.

2. 设总体 X 在区间$[0,\theta]$上服从均匀分布，$X_1,X_2,\cdots,X_n$ 是总体 X 的样本，则未知参数 θ 的矩法估计量为________.

3. 设总体 $X\sim N(\mu,\sigma^2)$，X_1,X_2,X_3 为来自总体 X 的样本. 当用 $2\overline{X}-X_1$，$\overline{X}$ 及 $\frac{1}{2}X_1+\frac{2}{3}X_2-\frac{1}{6}X_3$ 作为 μ 的估计量时，最有效的是________.

4. 设总体 $X\sim N(\mu,10^2)$. 若使 μ 的置信度为 0.95 的置信区间长度不超长 5，则样本容量 n 最小应为________.

5. 设总体 $X\sim N(\mu,\sigma^2)$，待检的原假设 $H_0:\sigma^2=\sigma_0^2$，对于给定的显著性水平 α，若拒绝域为$(0,\chi^2_{1-\frac{\alpha}{2}}(n-1))\cup(\chi^2_{\frac{\alpha}{2}}(n-1),+\infty)$，则相应的备择假设 H_1：________.

三、计算题

1. 设 $X_1,X_2,\cdots,X_n$ 是来自总体 $X\sim N(\mu,\sigma^2)$ 的样本，且样本均值为 $\overline{X}$，样本方差为 S^2.

(1) 若 $n=25$，求 $P\{\mu-0.2\sigma<\overline{X}<\mu+0.2\sigma\}$；

(2) 要使 $P\{|\overline{X}-\mu|>0.1\sigma\}\leqslant 0.05$，问：$n$ 至少应等于多少？

(3) 若 $n=10$，求使 $P\{\mu-\lambda S<\overline{X}<\mu+\lambda S\}=0.90$ 的 λ；

2. 设 $X_1,X_2,\cdots,X_{10}$ 是来自总体 $X\sim N(0,0.3^2)$ 的样本，求 $P\left\{\sum_{i=1}^{10}X_i^2>1.44\right\}$.

3. 对容量为 n 的样本，求概率密度为 $f(x;\alpha)=\begin{cases}\frac{2}{\alpha^2}(\alpha-x), & 0<x<\alpha\\ 0, & \text{其他}\end{cases}$ 的总体 X 的参数 α 的矩估计量.

4. 设总体 X 的概率密度为 $f(x;\theta)=\begin{cases}\frac{1}{\theta}e^{-\frac{x}{\theta}}, & x\geqslant 0\\ 0, & \text{其他}\end{cases}$，其中 $\theta>0$ 为未知参数，$X_1,X_2,\cdots,X_n$ 为来自总体 X 的简单随机样本，试求 θ 的极大似然估计.

5. 设 $X_1,X_2,\cdots,X_n$ 为总体 X 的样本，X 的密度函数为 $f(x)=\begin{cases}\sqrt{\theta}x^{\sqrt{\theta}-1}, & 0\leqslant x\leqslant 1\\ 0, & \text{其他}\end{cases}$，其中 $\theta>0$，θ 为未知参数，求 θ 的矩估计量及极大似然估计量.

6. 从一批火箭推力装置中抽取 10 个进行试验，测得燃烧时间(单位：s)如下：

50.7，54.9，54.3，44.8，42.3，69.8，53.4，66.1，48.1，34.5

设燃烧时间服从正态分布 $N(\mu,\sigma^2)$，求燃烧时间标准差 σ 的置信水平为 90%的置信区间.

7. 有两个建筑工程队，第一队有 10 人，平均每人每月完成 50 m^2 的住房建筑任务，标准差 $S_1=6.7$ m；第二队有 12 人，平均每人每月完成 43 m^2，标准差 $S_2=5.9$ m. 假设两个工程队完成的建筑任务分别服从正态分布 $N(\mu_1,\sigma^2)$ 和 $N(\mu_2,\sigma^2)$. 试求 $\mu_1-\mu_2$ 的置信度为 0.95 的置信区间.

8. 对总体 $X \sim N(\mu, \sigma^2)$，σ^2 已知来说，需要抽取容量 n 为多大的样本，才能使总体均值 μ 的置信区间的长度不大于 L（取 $\alpha=0.05$）.

9. 已知某炼铁厂铁水含碳量服从正态分布 $N(4.55, 0.108^2)$. 现在测定了 9 炉铁水，其平均含碳量为 4.484. 如果认为方差没有变化，可否认为现在生产的铁水的平均含碳量仍为 4.55？（$\alpha=0.05$）

10. 某厂生产乐器用合金弦线，其抗拉强度服从均值为 10 560（公斤/厘米^2）的正态分布，现从一批产品中抽取 10 根，测得其抗拉强度（单位：公斤/厘米^2）10 512，10 623，10 668，10 554，10 776，10 707，10 557，10 581，10 666，10 670，问这批产品的抗拉强度有无显著变化？（$\alpha=0.01$）

新编高等数学

本章思维导图

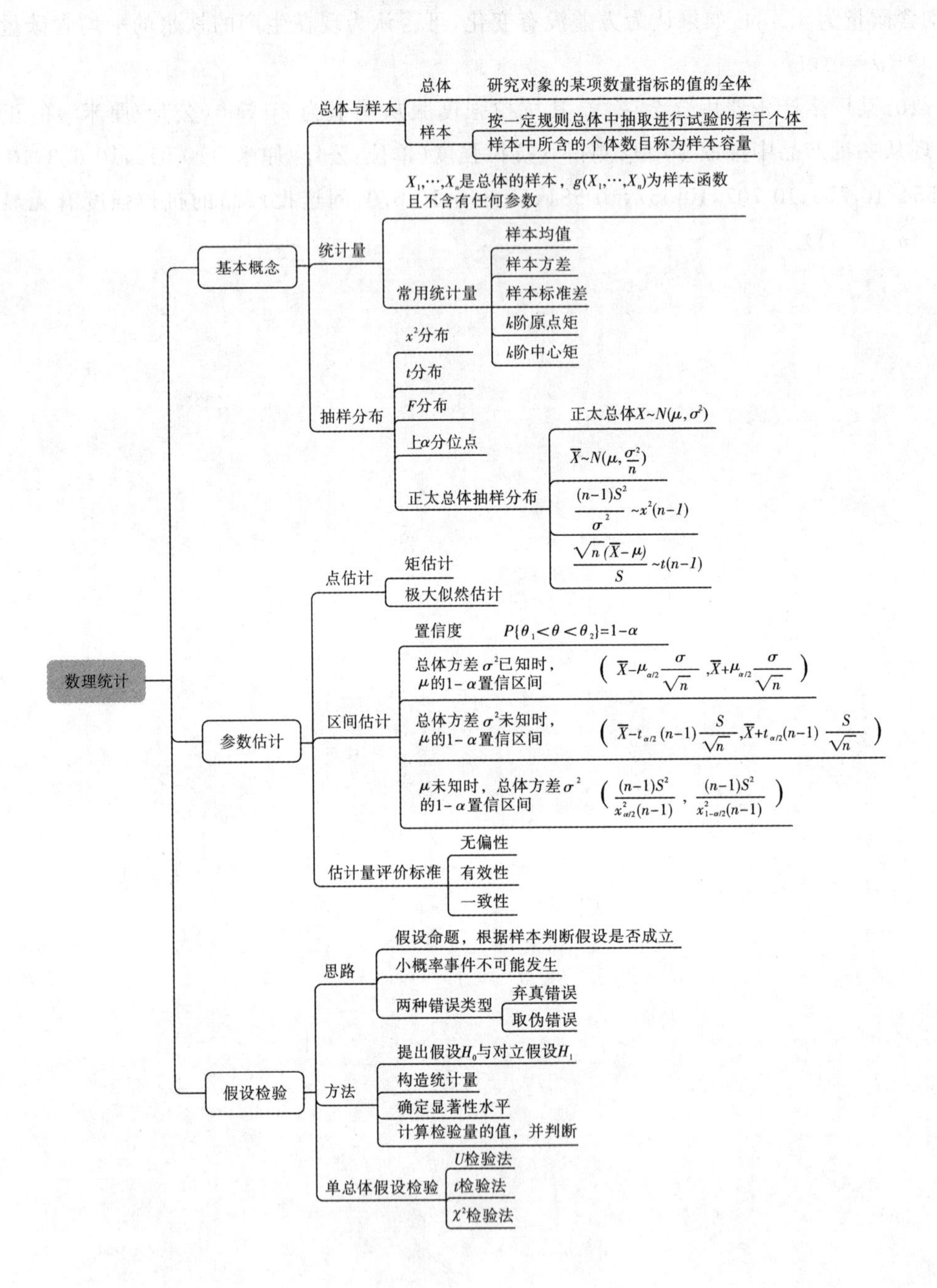

附表 1 泊松分布表

k \ λ	0.1	0.2	0.3	0.4	0.5	0.6	0.7	0.8	0.9	1.0
0	0.904 8	0.818 7	0.740 8	0.670 3	0.606 5	0.548 8	0.496 6	0.449 3	0.406 6	0.367 9
1	0.995 3	0.982 5	0.963 1	0.938 4	0.909 8	0.878 1	0.844 2	0.808 8	0.772 5	0.735 8
2	0.999 8	0.998 9	0.996 4	0.992 1	0.985 6	0.976 9	0.965 9	0.952 6	0.937 1	0.919 7
3	1	0.999 9	0.999 7	0.999 2	0.998 2	0.996 6	0.994 2	0.990 9	0.986 5	0.981 0
4		1	1	0.999 9	0.999 8	0.999 6	0.999 2	0.998 6	0.997 7	0.996 3
5				1	1	1	0.999 9	0.999 8	0.999 7	0.999 4
6							1	1	1	0.999 9

k \ λ	1.2	1.4	1.6	1.8	2.0	2.5	3.0	3.5	4.0	4.5
0	0.301 2	0.246 6	0.201 9	0.165 3	0.135 3	0.082 0	0.049 8	0.030 2	0.018 3	0.011 1
1	0.662 6	0.591 8	0.524 9	0.462 8	0.406 0	0.287 3	0.199 2	0.135 9	0.091 6	0.061 1
2	0.879 5	0.833 5	0.783 4	0.730 6	0.676 7	0.543 8	0.423 2	0.320 9	0.238 1	0.173 6
3	0.966 2	0.946 3	0.921 2	0.891 3	0.857 1	0.757 6	0.647 2	0.536 6	0.433 5	0.352 3
4	0.992 3	0.985 8	0.976 3	0.963 6	0.947 4	0.891 2	0.815 3	0.825 4	0.628 8	0.542 1
5	0.998 5	0.996 8	0.994 0	0.989 6	0.983 4	0.958 0	0.916 1	0.857 6	0.785 1	0.702 9
6	0.999 8	0.999 4	0.998 7	0.997 4	0.995 5	0.985 8	0.966 5	0.934 7	0.889 3	0.831 1
7	1	0.999 9	0.999 7	0.999 4	0.998 9	0.995 8	0.988 1	0.973 3	0.948 9	0.913 4
8	1	1	1	0.999 9	0.999 8	0.998 9	0.996 2	0.990 1	0.978 6	0.959 7
9	1	1	1	1	1	0.999 7	0.998 9	0.996 7	0.991 9	0.982 9
10	1	1	1	1	1	0.999 9	0.999 7	0.999 0	0.997 2	0.993 3

附表 2　　标准正态分布表

x	0.00	0.01	0.02	0.03	0.04	0.05	0.06	0.07	0.08	0.09
0.0	0.500 0	0.504 0	0.508 0	0.512 0	0.516 0	0.519 9	0.523 9	0.527 9	0.531 9	0.535 9
0.1	0.539 8	0.543 8	0.547 8	0.551 7	0.555 7	0.559 6	0.563 6	0.567 5	0.571 4	0.573 5
0.2	0.573 9	0.583 2	0.587 1	0.591 0	0.594 8	0.598 7	0.602 6	0.606 4	0.610 3	0.614 1
0.3	0.617 9	0.621 7	0.625 5	0.629 3	0.633 1	0.636 8	0.640 6	0.644 3	0.648 0	0.651 7
0.4	0.655 4	0.659 1	0.662 8	0.666 4	0.670 0	0.673 6	0.677 2	0.680 8	0.684 4	0.687 9
0.5	0.691 5	0.695 0	0.698 5	0.701 9	0.705 4	0.708 8	0.712 3	0.715 7	0.719 0	0.722 4
0.6	0.725 7	0.729 1	0.732 4	0.735 7	0.738 9	0.742 2	0.745 4	0.748 6	0.751 7	0.754 9
0.7	0.758 0	0.761 1	0.764 2	0.767 3	0.770 4	0.773 4	0.776 4	0.779 4	0.782 3	0.785 2
0.8	0.788 1	0.791 0	0.793 9	0.796 7	0.799 5	0.802 3	0.805 1	0.807 8	0.810 6	0.813 3
0.9	0.815 9	0.818 6	0.821 2	0.823 8	0.826 4	0.828 9	0.831 5	0.834 0	0.836 5	0.838 9
1.0	0.841 3	0.843 8	0.846 1	0.848 5	0.850 8	0.853 1	0.855 4	0.857 7	0.859 9	0.862 1
1.1	0.864 3	0.866 5	0.868 6	0.870 8	0.872 9	0.874 9	0.877 0	0.879 0	0.881 0	0.883 0
1.2	0.884 9	0.886 9	0.888 8	0.890 7	0.892 5	0.894 4	0.896 2	0.898 0	0.899 7	0.901 5
1.3	0.903 2	0.904 9	0.906 6	0.908 2	0.909 9	0.911 5	0.913 1	0.914 7	0.916 2	0.917 7
1.4	0.919 2	0.920 7	0.922 2	0.923 6	0.925 1	0.926 5	0.927 9	0.929 2	0.930 6	0.931 9
1.5	0.933 2	0.934 5	0.935 7	0.937 0	0.938 2	0.939 4	0.940 6	0.941 8	0.942 9	0.944 1
1.6	0.945 2	0.946 3	0.947 4	0.948 4	0.949 5	0.950 5	0.951 5	0.952 5	0.953 5	0.954 5
1.7	0.955 4	0.956 4	0.957 3	0.958 2	0.959 1	0.959 9	0.960 8	0.961 6	0.962 5	0.963 3
1.8	0.964 1	0.964 9	0.965 6	0.966 4	0.967 1	0.967 8	0.968 6	0.969 3	0.969 9	0.970 6
1.9	0.971 3	0.971 9	0.972 6	0.973 2	0.973 8	0.974 4	0.975 0	0.975 6	0.976 1	0.976 7
2.0	0.977 2	0.977 8	0.978 3	0.978 8	0.979 3	0.979 8	0.980 3	0.980 8	0.981 2	0.981 7
2.1	0.982 1	0.981 6	0.983 0	0.983 4	0.983 8	0.984 2	0.984 6	0.985 0	0.985 4	0.985 7
2.2	0.986 1	0.986 4	0.986 8	0.987 1	0.987 5	0.987 8	0.988 1	0.988 4	0.988 7	0.989 0
2.3	0.989 3	0.989 6	0.989 8	0.990 1	0.990 4	0.990 6	0.990 9	0.991 1	0.991 3	0.991 6
2.4	0.991 8	0.992 0	0.992 2	0.992 5	0.992 7	0.992 9	0.993 1	0.993 2	0.993 4	0.993 6
2.5	0.993 8	0.994 0	0.994 1	0.994 3	0.994 5	0.994 6	0.994 8	0.994 9	0.995 1	0.995 2
2.6	0.995 3	0.995 5	0.995 6	0.995 7	0.995 9	0.996 0	0.996 1	0.996 2	0.996 3	0.996 4
2.7	0.996 5	0.996 6	0.996 7	0.996 8	0.996 9	0.997 0	0.997 1	0.997 2	0.997 3	0.997 4
2.8	0.997 4	0.997 5	0.997 6	0.997 7	0.997 7	0.997 8	0.997 9	0.997 9	0.998 0	0.998 1
2.9	0.998 1	0.998 2	0.998 2	0.998 3	0.998 4	0.998 4	0.998 5	0.998 5	0.998 6	0.998 6
3.0	0.998 7	0.998 7	0.998 7	0.998 8	0.998 8	0.998 9	0.998 9	0.998 9	0.999 0	0.999 0
3.1	0.999 0	0.999 1	0.999 1	0.999 1	0.999 2	0.999 2	0.999 2	0.999 2	0.999 3	0.999 3
3.2	0.999 3	0.999 3	0.999 4	0.999 4	0.999 4	0.999 4	0.999 4	0.999 5	0.999 5	0.999 5

附表 3　　χ^2 分布表

n \ a	0.990	0.975	0.950	0.900	0.1	0.05	0.025	0.01
1	—	0.001	0.004	0.016	2.706	3.841	5.024	6.635
2	0.020	0.051	0.103	10211	4.605	5.991	7.378	9.210
3	0.115	0.216	0.352	0.584	6.251	7.815	9.348	11.35
4	0.297	0.484	0.771	1.064	7.779	9.488	11.14	13.28
5	0.554	0.931	1.145	1.160	9.236	11.07	12.83	15.09
6	0.872	1.237	1.635	2.204	10.65	12.59	14.45	16.81
7	1.239	1.690	2.167	2.833	12.02	14.57	16.01	18.48
8	1.646	2.180	2.733	3.490	13.36	15.51	17.54	20.09
9	2.088	2.700	3.325	4.168	14.68	16.92	19.02	21.67
10	2.558	3.247	3.940	4.685	15.99	18.31	20.48	23.21
11	3.053	3.816	4.575	5.578	17.28	19.68	21.92	24.73
12	3.571	4.404	5.226	6.304	18.55	21.03	23.34	26.22
13	4.107	5.009	5.892	7.042	19.81	22.36	24.74	27.69
14	4.660	5.629	6.571	7.790	21.06	23.69	26.12	29.14
15	5.229	6.262	7.261	8.547	22.31	25.00	27.49	30.58
16	5.912	6.908	7.962	9.312	33.54	26.30	28.85	32.00
17	6.408	7.564	8.672	10.09	24.77	27.59	30.19	33.41
18	7.015	8.231	9.390	10.87	25.59	28.87	31.53	34.81
19	7.633	8.907	10.12	11.65	27.20	30.14	32.85	36.19
20	8.260	9.591	10.85	12.44	28.41	31.41	34.17	37.57
21	8.897	10.28	11.59	13.24	29.62	32.67	36.48	38.93
22	9.542	10.98	12.34	14.04	30.81	33.92	36.78	40.29
23	10.20	11.69	13.09	14.85	32.01	35.17	38.08	41.64
24	10.86	12.40	13.85	15.66	33.20	36.42	39.36	42.98
25	11.52	13.12	14.61	16.47	34.38	37.65	40.65	44.31
26	12.20	13.84	15.38	17.29	35.56	38.89	41.92	45.64
27	12.88	14.57	16.15	18.11	36.74	40.11	43.19	46.96
28	13.57	15.31	16.93	18.94	37.92	41.34	44.46	48.28
29	14.26	16.05	17.71	19.77	39.09	42.56	45.72	49.54
30	14.95	16.79	18.49	20.60	40.26	43.77	46.98	50.89
35	18.51	20.57	22.47	24.80	46.06	49.80	53.20	57.34
40	22.16	24.43	26.51	29.05	51.81	55.76	59.34	63.69
45	25.90	28.37	30.61	33.35	57.50	61.66	65.41	69.96

附表 4　　t 分布表

n \ a	0.05	0.025	0.01	0.005	0.000 5
1	6.31	12.71	31.82	63.66	66.62
2	2.92	4.30	6.97	9.93	31.60
3	2.35	3.18	4.54	5.84	12.94
4	2.13	2.78	3.75	4.60	8.61
5	2.02	2.57	3.37	4.03	6.86
6	1.94	2.45	3.14	3.71	5.96
7	1.90	2.37	3.00	3.50	5.41
8	1.86	2.31	2.90	3.36	5.04
9	1.83	2.26	2.82	3.25	4.78
10	1.81	2.23	2.76	3.17	4.59
11	1.80	2.20	2.72	3.11	4.44
12	1.78	2.18	2.68	3.06	4.32
13	1.77	2.16	2.65	3.01	4.22
14	1.76	2.15	2.62	2.98	4.14
15	1.75	2.13	2.60	2.95	4.07
16	1.75	2.12	2.58	2.92	4.02
17	1.74	2.11	2.57	2.90	3.97
18	1.73	2.10	2.55	2.88	3.92
19	1.73	2.09	2.54	2.86	3.88
20	1.73	2.09	2.53	2.85	3.85
21	1.72	2.09	2.52	2.83	3.82
22	1.72	2.07	2.51	2.82	3.79
23	1.71	2.07	2.50	2.81	3.77
24	1.71	2.06	2.49	2.80	3.75
25	1.71	2.06	2.48	2.79	3.73
26	1.71	2.06	2.48	2.78	3.71
27	1.70	2.05	2.47	2.77	3.69
28	1.70	2.05	2.47	2.76	3.67
29	1.70	2.04	2.46	2.76	3.66
30	1.70	2.04	2.46	2.75	3.65
40	1.68	2.02	2.42	2.70	3.55
60	1.67	2.00	2.39	2.66	3.46
120	1.66	1.98	2.36	2.62	3.37
∞	1.65	1.96	2.33	2.58	3.29

附表 5

F 分布表

$a=0.10$

n_1 \ n_2	1	2	3	4	5	6	7	8	9	10
1	39.86	49.50	53.59	55.83	57.24	58.20	58.91	59.44	59.86	60.19
2	8.53	9.00	9.16	9.24	9.29	9.33	9.35	9.37	9.38	9.39
3	5.54	5.46	5.39	5.34	5.31	5.28	5.27	5.25	5.24	5.23
4	4.54	4.32	4.19	4.11	4.05	4.01	3.98	3.95	3.94	3.92
5	4.06	3.78	3.62	3.52	3.45	3.40	3.37	3.34	3.32	3.30
6	3.78	3.46	3.29	3.18	3.11	3.05	3.01	2.98	2.96	2.94
7	3.59	3.26	3.07	2.96	2.88	2.83	2.78	2.75	2.72	2.70
8	3.46	3.11	2.92	2.81	2.73	2.67	2.62	2.59	2.56	2.54
9	3.36	3.01	2.81	2.69	2.61	2.55	2.51	2.47	2.44	2.42
10	3.29	2.99	2.73	2.61	2.52	2.64	2.41	2.38	2.35	2.32
11	3.23	2.86	2.66	2.54	2.45	2.39	2.34	2.30	2.27	2.25
12	3.18	2.81	2.61	2.48	2.39	2.33	2.28	2.24	2.21	2.19
13	3.14	2.76	2.56	2.43	2.35	2.28	2.23	2.20	2.16	2.14
14	3.10	2.73	2.52	2.39	2.31	2.24	2.19	2.15	2.12	2.10
15	3.07	2.70	2.49	2.36	2.27	2.21	2.16	2.12	2.09	2.06
16	3.05	2.67	2.46	2.33	2.24	2.18	2.13	2.09	2.06	2.03
17	3.03	2.64	2.44	2.31	2.22	2.15	2.10	2.06	2.03	2.00
18	3.01	2.62	2.42	2.29	2.20	2.13	2.08	2.04	2.00	1.98
19	2.99	2.61	2.40	2.27	2.18	2.11	2.06	2.02	1.98	1.96
20	2.97	2.59	2.38	2.25	2.16	2.09	2.04	2.00	1.96	1.94
21	2.96	2.57	2.36	2.23	2.14	2.08	2.02	1.98	1.95	1.92
22	2.95	2.56	2.35	2.22	2.13	2.06	2.01	1.97	1.93	1.90
23	2.94	2.55	2.34	2.21	2.11	2.05	1.99	1.95	1.92	1.89
24	2.93	2.54	2.33	2.19	2.10	2.04	1.98	1.94	1.91	1.88
25	2.92	2.53	2.32	2.18	2.09	2.02	1.97	1.93	1.89	1.87
26	2.91	2.52	2.31	2.17	2.08	2.01	1.96	1.92	1.88	1.86
27	2.90	2.51	2.30	2.17	2.07	2.00	1.95	1.91	1.87	1.85
28	2.89	2.50	2.29	2.16	2.06	2.00	1.94	1.90	1.87	1.84
29	2.89	2.50	2.28	2.15	2.06	1.99	1.93	1.89	1.86	1.83
30	2.88	2.49	2.28	2.14	2.05	1.98	1.93	1.88	1.85	1.82
40	2.84	2.44	2.23	2.09	2.00	1.93	1.87	1.83	1.79	1.76
60	2.79	2.39	2.18	2.04	1.95	1.87	1.82	1.77	1.74	1.71
120	2.75	2.35	2.13	1.99	1.90	1.82	1.77	1.72	1.68	1.65
∞	2.71	2.30	2.08	1.94	1.85	1.77	1.72	1.67	1.63	1.60

$a=0.10$ 续附表 5

n_1 \ n_2	12	15	20	24	30	40	60	120	∞
1	60.71	61.22	61.74	62.00	62.26	62.53	62.79	63.06	63.33
2	9.41	9.42	9.44	9.45	9.46	9.47	9.47	9.48	9.49
3	5.22	5.20	5.18	5.18	5.17	5.16	5.15	5014	5.13
4	3.90	3.87	3.84	3.83	3.82	3.80	3.79	3.78	3.76
5	3.27	3.24	3.21	3.19	3.17	3.16	3.14	3.12	3.10
6	2.90	2.87	2.84	2.82	2.80	2.78	2.76	2.74	2.72
7	2.67	2.63	2.59	2.58	2.56	2.54	2.51	2.49	2.47
8	2.50	2.46	2.42	2.40	2.38	2.36	2.34	2.32	2.29
9	2.38	2.34	2.30	2.28	2.25	2.23	2.21	2.18	2.16
10	2.28	2.24	2.20	2.18	2.16	2.13	2.11	2.08	2.06
11	2.21	2.17	2.12	2.10	2.08	2.05	2.03	2.00	1.97
12	2.15	2.10	2.06	2.04	2.01	1.99	1.96	1.93	1.90
13	2.10	2.05	2.01	1.98	1.96	1.93	1.90	1.88	1.85
14	2.05	2.01	1.96	1.94	1.91	1.89	1.86	1.83	1.80
15	2.02	1.97	1.92	1.90	1.87	1.85	1.82	1.79	1.76
16	1.99	1.94	1.89	1.87	1.84	1.81	1.78	1.75	1.72
17	1.96	1.91	1.86	1.84	1.81	1.78	1.75	1.72	1.69
18	1.93	1.89	1.84	1.81	1.78	1.75	1.72	1.69	1.66
19	1.91	1.86	1.81	1.79	1.76	1.73	1.70	1.67	1.63
20	1.89	1.84	1.79	1.77	1.74	1.71	1.68	1.64	1.61
21	1.87	1.83	1.78	1.75	1.72	1.69	1.66	1.62	1.59
22	1.86	1.81	1.76	1.73	1.70	1.67	1.64	1.60	1.57
23	1.84	1.80	1.74	1.72	1.69	1.66	1.62	1.59	1.55
24	1.83	1.78	1.73	1.70	1.67	1.64	1.61	1.57	1.53
25	1.82	1.77	1.72	1.69	1.66	1.63	1.59	1.56	1.52
26	1.81	1.76	1.71	1.68	1.65	1.61	1.58	1.54	1.50
27	1.80	1.75	1.70	1.67	1.64	1.60	1.57	1.53	1.49
28	1.79	1.74	1.69	1.66	1.63	1.59	1.56	1.52	1.48
29	1.78	1.73	1.68	1.65	1.62	1.58	1.55	1.51	1.47
30	1.77	1.72	1.67	1.64	1.61	1.57	1.54	1.50	1.46
40	1.71	1.66	1.61	1.57	1.54	1.51	1.47	1.42	1.38
60	1.66	1.60	1.54	1.51	1.48	1.44	1.40	1.35	1.29
120	1.60	1.55	1.48	1.45	1.41	1.37	1.32	1.26	1.19
∞	1.55	1.49	1.42	1.38	1.34	1.30	1.24	1.17	1.00

$a=0.05$ 续附表 5

n_1 \ n_2	1	2	3	4	5	6	7	8	9	10
1	161.4	199.5	215.7	224.6	230.2	234.0	236.8	238.9	240.5	241.9
2	18.51	19.00	19.16	19.25	19.30	19.33	19.35	19.37	19.38	19.40
3	10.13	9.55	9.28	9.12	9.01	8.94	8.89	8.85	8.81	8.79
4	7.71	6.94	6.59	6.39	6.26	6.16	6.09	6.04	6.00	5.96
5	6.61	5.79	5.41	5.19	5.05	4.95	4.88	4.82	4.77	4.74
6	5.99	5.14	4.76	4.53	4.39	4.28	4.21	4.15	4.10	4.06
7	5.59	4.74	4.35	4.12	3.97	3.87	3.79	3.73	3.68	3.64
8	5.32	4.46	4.07	3.84	3.69	3.58	3.50	3.44	3.39	3.35
9	5.12	4.26	3.86	3.63	3.48	3.37	3.29	3.23	3.18	3.14
10	4.96	4.10	3.71	3.48	3.33	3.22	3.14	3.07	3.02	2.98
11	4.84	3.98	3.59	3.36	3.20	3.09	3.01	2.95	2.90	2.85
12	4.75	3.89	3.49	3.26	3.11	3.00	2.91	2.85	2.80	2.75
13	4.67	3.81	3.41	3.18	3.03	2.92	2.83	2.77	2.71	2.67
14	4.60	3.74	3.34	3.11	2.96	2.85	2.76	2.70	2.65	2.60
15	4.54	3.68	3.29	3.06	2.90	2.79	2.71	2.64	2.59	2.54
16	4.49	3.63	3.24	3.01	2.85	2.74	2.66	2.59	2.54	2.49
17	4.45	3.59	3.20	2.96	2.81	2.70	2.61	2.55	2.49	2.45
18	4.41	3.55	3.16	2.93	2.77	2.66	2.58	2.51	2.46	2.41
19	4.38	3.52	3.13	2.90	2.74	2.63	2.54	2.48	2.42	2.38
20	4.35	3.49	3.10	2.87	2.71	2.60	2.51	2.45	2.39	2.35
21	4.32	3.47	3.07	2.84	2.68	2.57	2.49	2.42	2.37	2.32
22	4.30	3.44	3.05	2.82	2.66	2.55	2.46	2.40	2.34	2.30
23	4.28	3.42	3.03	2.80	2.64	2.53	2.44	2.37	2.32	2.30
24	4.26	3.40	3.01	2.78	2.62	2.51	2.42	2.36	2.30	2.25
25	4.24	3.39	2.99	2.76	2.60	2.49	2.40	2.34	2.28	2.24
26	4.23	3.37	2.98	2.74	2.59	2.47	2.39	2.32	2.27	2.22
27	4.21	3.35	2.96	2.73	2.57	2.46	2.37	2.31	2.25	2.20
28	4.20	3.34	2.95	2.71	2.56	2.45	2.36	2.29	2.24	2.19
29	4.18	3.33	2.93	2.70	2.55	2.43	2.35	2.28	2.22	2.18
30	4.17	3.32	2.92	2.69	2.53	2.42	2.33	2.27	2.21	2.16
40	4.08	3.23	2.84	2.61	2.45	2.34	2.25	2.18	2.12	2.08
60	4.00	3.15	2.76	2.53	2.37	2.25	2.17	2.10	2.04	1.99
120	3.92	3.07	2.68	2.45	2.29	2.17	2.09	2.02	1.96	1.91
∞	3.84	3.00	2.60	2.37	2.21	2.10	2.01	1.94	1.88	1.83

$\alpha=0.05$ 续附表 5

n_1 \ n_2	12	15	20	24	30	40	60	120	∞
1	243.9	245.9	248.0	249.1	250.1	251.1	252.2	253.3	254.3
2	19.41	19.43	19.45	19.45	19.46	19.47	19.48	19.49	19.50
3	8.74	8.70	8.66	8.64	8.62	8.59	8.57	8.55	8.53
4	5.91	5.86	5.80	5.77	5.75	5.72	5.69	5.66	5.63
5	4.68	4.62	4.56	4.53	4.50	4.46	4.43	4.40	4.36
6	4.00	3.94	3.87	3.84	3.81	3.77	3.74	3.70	3.67
7	3.57	3.51	3.44	3.41	3.38	3.34	3.30	3.27	3.23
8	3.28	3.22	3.15	3.12	3.08	3.04	3.01	2.97	2.93
9	3.07	3.01	2.94	2.90	2.86	2.83	2.79	2.75	2.71
10	2.91	2.85	2.77	2.74	2.70	2.66	2.62	2.58	2.54
11	2.79	2.72	2.65	2.61	2.57	2.53	2.49	2.45	2.40
12	2.69	2.62	2.54	2.51	2.47	2.43	2.38	2.34	2.30
13	2.60	2.53	2.46	2.42	2.38	2.34	2.30	2.25	2.21
14	2.53	2.46	2.39	2.35	2.31	2.27	2.22	2.18	2.13
15	2.48	2.40	2.33	2.29	2.25	2.20	2.16	2.11	2.07
16	2.42	2.35	2.28	2.24	2.19	2.15	2.11	2.06	2.01
17	2.38	2.31	2.23	2.19	2.15	2.10	2.06	2.01	1.96
18	2.34	2.27	2.19	2.15	2.11	2.06	2.02	1.97	1.92
19	2.31	2.23	2.16	2.11	2.07	2.03	1.98	1.93	1.88
20	2.28	2.20	2.12	2.08	2.04	1.99	1.95	1.90	1.84
21	2.25	2.18	2.10	2.05	2.01	1.96	1.92	1.87	1.81
22	2.23	2.15	2.07	2.03	1.98	1.94	1.89	1.84	1.78
23	2.20	2.13	2.05	2.01	1.96	1.91	1.86	1.81	1.76
24	2.18	2.11	2.03	1.98	1.94	1.89	1.84	1.79	1.73
25	2.16	2.09	2.01	1.96	1.92	1.87	1.82	1.77	1.71
26	2.15	2.07	1.99	1.95	1.90	1.85	1.80	1.75	1.69
27	2.13	2.06	1.97	1.93	1.88	1.84	1.79	1.73	1.67
28	2.12	2.04	1.96	1.91	1.87	1.82	1.77	1.71	1.65
29	2.10	2.03	1.94	1.90	1.85	1.81	1.75	1.70	1.64
30	2.09	2.01	1.93	1.89	1.84	1.79	1.74	1.68	1.62
40	2.00	1.92	1.84	1.79	1.74	1.69	1.64	1.58	1.51
60	1.92	1.84	1.75	1.70	1.65	1.59	1.53	1.47	1.39
120	1.83	1.75	1.66	1.61	1.55	1.50	1.43	1.35	1.25
∞	1.75	1.67	1.57	1.52	1.46	1.39	1.32	1.22	1.00

$a=0.025$ 续附表 5

n_1 \ n_2	1	2	3	4	5	6	7	8	9	10
1	647.8	799.5	664.2	899.6	921.8	937.1	948.2	956.7	963.3	368.6
2	38.51	39.00	39.17	39.25	39.30	39.33	39.36	39.37	39.39	39.40
3	17.44	16.04	15.44	15.10	14.88	14.73	14.62	14.54	14.47	14.42
4	12.22	10.65	9.98	9.60	9.36	9.20	9.07	8.98	8.90	8.84
5	10.01	8.43	7.76	7.39	7.15	6.98	6.85	7.76	6.89	6.62
6	8.81	7.26	6.60	6.23	5.99	5.82	5.70	5.60	5.52	5.46
7	8.07	6.54	5.89	5.52	5.29	5.12	4.99	4.90	4.82	4.76
8	7.57	6.06	5.42	5.05	4.82	4.65	4.53	4.43	4.36	4.30
9	7.21	5.71	5.08	4.72	4.48	4.23	4.20	4.10	4.03	3.96
10	6.94	5.46	4.83	4.47	4.24	4.07	3.95	3.85	3.78	3.72
11	6.72	5.26	4.63	4.28	4.04	3.88	3.76	3.66	3.59	3.53
12	6.55	5.10	4.47	4.12	3.89	3.73	3.61	3.51	3.44	3.37
13	6.41	4.97	4.35	4.00	3.77	3.60	3.48	3.39	3.31	3.25
14	6.30	4.86	4.24	3.89	3.66	3.50	3.38	3.29	3.21	3.15
15	6.20	4.77	4.15	3.80	3.58	3.41	3.29	3.20	3.12	3.06
16	6.12	4.69	4.08	3.73	3.50	3.34	3.22	3.12	3.05	2,99
17	6.04	4.62	4.01	3.66	3.44	3.28	3.16	3.06	2.98	2.92
18	5.98	4.56	3.95	3.61	3.38	3.22	3.10	3.01	2.93	2.87
19	5.92	4.51	3.90	3.56	3.33	3.17	3.05	2.96	2.88	2.82
20	5.87	4.46	3.86	3.51	3.29	3.13	3.01	2.91	2.84	2.77
21	5.83	4.42	3.82	3.48	3.25	3.09	2.97	2.87	2.80	2.73
22	5.79	4.38	3.78	3.44	3.22	3.05	2.93	2.84	2.76	2.70
23	5.75	4.35	3.75	3.41	3.18	3.02	2.90	2.81	2.73	2.67
24	5.72	4.32	3.72	3.38	3.15	2.99	2.87	2.78	2.70	2.64
25	5.69	4.29	3.69	3.35	3.13	2.97	2.85	3.75	2.68	2.61
26	5.66	4.27	3.67	3.33	3.10	2.94	2.82	2.73	2.65	2.59
27	5.63	4.24	3.65	3.31	3.08	2.92	2.80	2.71	2.63	2.57
28	5.61	4.22	3.63	3.29	3.06	2.90	2.78	2.69	2.61	2.55
29	5.59	4.20	3.61	3.27	3.04	2.88	2.76	2.67	2.59	2.53
30	3.57	4.18	3.59	3.25	3.03	2.87	2.75	2.65	2.57	2.51
40	5.42	4.05	3.46	3.13	2.90	2.74	2.62	2.53	2.45	2.39
60	5.29	3.93	3.34	3.01	2.79	2.63	2.51	2.41	2.33	2.27
120	5.15	3.80	3.23	2.89	2.67	2.52	2.39	2.30	2.22	2.16
∞	5.02	3.69	3.12	2.79	2.57	2.41	2.29	2.19	2.11	2.05

$a=0.025$ 续附表 5

n_1 \ n_2	12	15	20	24	30	40	60	120	∞
1	976.7	984.9	993.1	997.2	1001	1006	1010	1014	1018
2	39.41	39.43	39.45	39.46	39.46	39.47	39.48	39.49	39.50
3	14.34	14.25	14.17	14.12	14.08	14.04	13.99	13.95	13.90
4	8.75	8.66	8.56	8.51	8.46	8.41	8.36	8.31	8.26
5	6.52	6.43	6.33	6.28	6.23	6.18	6.12	6.07	6.02
6	5.37	5.27	5.17	5.12	5.07	5.01	4.96	4.90	4.85
7	4.67	4.57	4.47	4.42	4.36	4.31	4.25	4.20	4.14
8	4.20	4.10	4.00	3.95	3.89	3.84	3.78	3.73	3.67
9	3.87	3.77	3.67	3.61	3.56	3.51	3.45	3.39	3.33
10	3.62	3.52	3.42	3.37	3.31	3.26	3.20	3.14	3.08
11	3.43	3.33	3.23	3.17	3.12	3.06	3.00	2.94	2.88
12	3.28	3.18	3.07	3.02	2.96	2.91	2.85	2.79	2.72
13	3.15	3.05	2.95	2.89	2.84	2.78	2.72	2.66	2.60
14	3.05	2.95	2.84	2.79	2.73	2.67	2.61	2.55	2.49
15	2.96	2.86	2.76	2.70	2.64	2.59	2.52	2.46	2.40
16	2.89	2.79	2.68	2.63	2.57	2.51	2.45	2.38	2.32
17	2.82	2.72	2.62	2.56	2.50	2.44	2.38	2.32	3.25
18	2.77	2.67	2.56	2.50	2.44	2.38	2.32	2.26	2.19
19	2.72	2.62	2.51	2.45	2.39	2.33	2.27	2.20	2.13
20	2.68	2.57	2.46	2.41	2.35	2.29	2.22	2.16	2.09
21	2.64	2.53	2.42	2.37	2.31	2.25	2.18	2.11	2.04
22	2.60	2.50	2.39	2.32	2.27	2.21	2.14	2.08	2.00
23	2.57	2.47	2.36	2.30	2.24	2.18	2.11	2.04	1.97
24	2.54	2.44	2.33	2.27	2.21	2.15	2.08	2.01	1.94
25	2.51	2.41	2.30	2.24	2.18	2.12	2.05	1.98	1.91
26	2.49	2.39	2.28	2.22	2.16	2.09	2.03	1.95	1.88
27	2.47	2.36	2.25	2.19	2.13	2.07	2.00	1.91	1.85
28	2.45	2.34	2.23	2.17	2.11	2.05	1.98	1.91	1.83
29	2.43	2.32	2.21	2.15	2.09	2.03	1.96	1.89	1.18
30	2.41	2.13	2.20	2.14	2.07	2.01	1.94	1.87	1.79
40	2.29	2.18	2.07	2.01	1.94	1.88	1.80	1.72	1.64
60	2.17	2.06	1.94	1.88	1.82	1.74	1.67	1.58	1.48
120	2.05	1.94	1.82	1.76	1.69	1.61	1.53	1.43	1.31
∞	1.94	1.83	1.71	1.64	1.57	1.48	1.39	1.27	1.00

$a=0.01$ 续附表 5

n_1 \ n_2	1	2	3	4	5	6	7	8	9	10
1	4052	4999.5	5403	5625	5764	5859	5928	5982	6022	6056
2	98.50	99.00	99.17	99.25	99.30	99.33	99.36	99.37	99.39	99.40
3	34.12	30.82	29.46	28.71	28.24	27.91	27.67	27.49	27.35	27.23
4	21.20	18.00	16.59	15.98	15.52	15.21	14.98	14.80	14.66	14.55
5	16.26	13.27	12.06	11.39	10.97	10.67	10.46	10.29	10.16	10.05
6	13.75	10.92	9.78	9.15	8.75	8.47	8.26	8.10	7.98	7.87
7	12.25	9.55	8.45	7.85	7.46	7.19	6.99	6.84	6.72	6.62
8	11.26	8.65	7.59	7.01	6.63	6.37	6.18	6.03	5.91	5.81
9	10.56	8.02	6.99	6.42	6.06	5.80	5.61	5.47	5.35	5.26
10	10.04	7.56	6.55	5.99	5.64	5.36	5.20	5.06	4.94	4.85
11	9.65	7.21	6.22	5.67	5.32	5.07	4.89	4.74	4.63	4.54
12	9.33	6.93	5.95	5.41	5.06	4.82	4.64	4.50	4.39	4.30
13	9.07	6.70	5.74	5.21	4.86	4.62	4.44	4.30	4.19	4.10
14	8.86	6.51	5.56	5.04	4.69	4.48	4.28	4.14	4.03	3.94
15	8.68	6.36	5.42	4.89	4.56	4.32	4.14	4.00	3.89	3.80
16	8.52	6.23	5.29	4.77	4.44	4.20	4.03	3.89	3.78	3.69
17	8.40	6.11	5.18	4.67	3..34	4.10	3.93	3.79	3.68	3.59
18	8.29	6.01	5.09	4.58	4.25	4.01	3.84	3.71	3.60	3.51
19	8.18	5.93	5.01	4.50	4.17	3.94	3.77	3.63	3.52	3.43
20	8.10	5.85	4.94	4.43	4.10	3.87	3.70	3.56	3.46	3.37
21	8.02	5.78	4.87	4.37	4.04	3.81	3.64	3.51	3.40	3.31
22	7.95	5.72	4.82	4.31	3.99	3.76	3.59	3.45	3.35	3.26
23	7.88	5.66	4.75	4.26	3.94	9.71	3.54	3.41	3.30	3.17
24	7.82	5.61	.72	4.22	3.90	3.67	3.50	3.36	3.26	3.17
25	7.77	5.57	4.68	4.18	3.85	3.63	3.46	3.32	3.22	3.13
26	7.72	5.53	4.64	4.14	3.82	3.59	3.42	3.29	3.18	3.09
27	7.68	5.49	4.60	4.11	3.78	3.56	3.39	3.26	3.15	3.06
28	7.64	5.45	4.57	4.07	3.75	3.53	3.36	3.23	3.12	3.03
29	7.60	5.42	4.54	4.04	3.73	3.50	3.33	3.20	3.09	3.00
30	7.56	5.39	4.51	4.02	3.70	3.47	3.30	3.17	3.07	2.98
40	7.31	5.18	4.31	3.38	3.51	3.29	3.12	2.99	2.89	2.80
60	7.08	4.98	4.13	3.65	3.34	3.12	2.95	2.82	2.72	2.63
120	6.85	4.79	3.95	3.48	3.17	2.96	2.79	2.66	2.56	2.47
∞	6.63	4.61	3.78	3.32	3.02	2.80	2.64	2.51	2.41	2.32

$\alpha=0.01$ 续附表 5

n_1 \ n_2	12	15	20	24	30	40	60	120	∞
1	6106	6157	6209	6235	6261	6287	6313	6339	6366
2	99.42	99.43	99.45	99.46	99.47	99.47	99.48	99.49	99.50
3	27.05	26.87	26.69	26.60	26.50	26.41	26.32	26.22	26.13
4	14.37	14.20	14.02	13.93	13.84	13.75	13.65	13.56	13.46
5	9.89	9.72	9.55	9.47	9.38	9.29	9.20	9.11	9.02
6	7.72	7.56	7.40	7.31	7.23	7.14	7.06	6.97	9.88
7	6.47	6.31	6.16	6.07	5.99	5.91	5.82	5.74	5.5
8	5.67	5.52	5.36	5.28	5.20	5.12	5.03	4.95	4.86
9	5.11	4.96	4.81	4.73	4.65	4.57	4.48	4.4.	4.31
10	4.71	4.56	4.41	4.33	4.25	4.17	4.08	4.00	3.91
11	4.40	4.25	4.10	4.02	3.94	3.86	3.78	3.69	3.60
12	4.16	4.01	3.86	3.78	3.70	3.62	3.54	3.45	3.36
13	3.96	3.82	3.66	3.59	3.51	3.43	3.34	3.25	3.17
14	3.80	3.66	3.51	3.43	3.35	3.27	3.18	3.09	3.00
15	3.67	3.52	3.37	3.29	3.21	3.13	3.05	2.96	2.87
16	3.55	3.41	3.26	3.18	3.10	3.02	2.93	2.84	2.75
17	3.46	3.31	3.16	3.08	3.00	2.92	2.83	2.75	2.65
18	3.37	3.23	3.08	3.00	2.92	2.84	2.75	2.66	2.57
19	3.30	3.15	3.00	2.92	2.84	2.75	2.67	2.58	2.49
20	3.23	3.09	2.94	2.86	2.78	2.69	2.61	2.52	2.42
21	3.17	3.063	2.88	2.80	2.72	2.64	2.55	2.46	2.36
22	3.12	2.98	2.83.	2.75	2.67	2.58	2.50	2.40	2.31
23	3.07	2.93	2.78	2.70	2.62	2.54	2.45	2.35	2.26
24	3.03	2.89	2.74	2.66	2.58	2.49	2.40	2.31	2.21
25	2.99	2.85	2.70	2.62	2.54	2.45	2.36	2.27	2.17
26	2.96	2.81	2.66	2.58	2.50	2.42	2.33	2.23	2.13
27	2.93	2.78	2.63	2.55	2.47	2.38	2.29	2.20	2.10
28	2.80	2.75	2.60	2.52	2.44	2.35	2.26	2.17	2.06
29	2.87	2.73	2.57	2.49	2.41	2.33	2.23	2.14	2.03
30	2.84	2.70	2.55	2.47	2.39	2.30	2.21	2.11	2.01
40	2.66	2.52	2.37	2.29	2.20	2.11	2.02	1.92	1.80
60	2.50	2.35	2.20	2.12	2.03	1.94	1.84	1.73	1.60
120	2.34	2.19	2.03	1.95	1.86	1.76	1.66	1.53	1.38
∞	2.18	2.04	1.88	1.79	1.70	1.59	1.47	1.32	1.00

参考文献

[1] 同济大学数学系.微积分.上册[M].北京:高等教育出版社,2009.
[2] 同济大学数学系.微积分.下册[M].北京:高等教育出版社,2009.
[3] 同济大学数学系.工程数学线性代数[M].北京:高等教育出版社,2009.
[4] 吴传生.经济数学线性代数[M].北京:高等教育出版社,2015.
[5] 陈晓星,江巧洪.线性代数[M].北京:高等教育出版社,2013.
[6] 陈建龙.线性代数[M].北京:科学出版社,2017.
[7] 吴传生.经济数学—概率论与数理统计[M].北京:高等教育出版社,2009.
[8] 吴传生.经济数学—概率论与数理统计学习辅导与习题选解[M].北京:高等教育出版社,2009.
[9] 盛骤,范大茵.大学文科数学[M].北京:高等教育出版社,2006.
[10] 郭洪侠,成丽.新编高等数学[M].长沙:湖南师范大学出版社,2015.
[11] 陈育栎,曾怀杰.线性代数[M].上海:上海交通大学出版社,2018.
[12] 曾怀杰,陈育栎.线性代数学习指导与习题集[M].上海:上海交通大学出版社,2018.
[13] 陈育栎.微积分学习指导与习题集.上册[M].上海:上海交通大学出版社,2016.
[14] 陈育栎.微积分学习指导与习题集.下册[M].上海:上海交通大学出版社,2016.
[15] 陈江彬.概率论与数理统计[M].上海:上海交通大学出版社,2016.
[16] 李心灿.微积分的创立者及其先驱[M].北京:高等教育出版社,2007.
[17] 盛骤,谢式千,潘承毅.概率论与数理统计[M].北京:高等教育出版社,2009.
[18] 彭美云.应用概率统计[M].北京:机械工业出版社,2009.
[19] 陈希儒.概率论与数理统计[M].合肥:中国科技大学出版社,2009.
[20] 梁飞豹,徐荣聪,刘文丽.概率论与数理统计[M].北京:北京大学出版社,2005.
[21] 周概容.概率论与数理统计[M].北京:高等教育出版社,2008.
[22] 周誓达.概率论与数理统计:经济管理类[M].北京:中国人民大学出版社,2005.
[23] 吴赣昌.概率论与数理统计[M].北京:中国人民大学出版社,2009.
[24] 梁之瞬.概率论及数理统计[M](上、下册).北京:高等教育出版社,2007.